JN171763

図で読み解く

特殊および一般相対性理論の物理的意味

小林啓祐 Kobayashi Keisuke

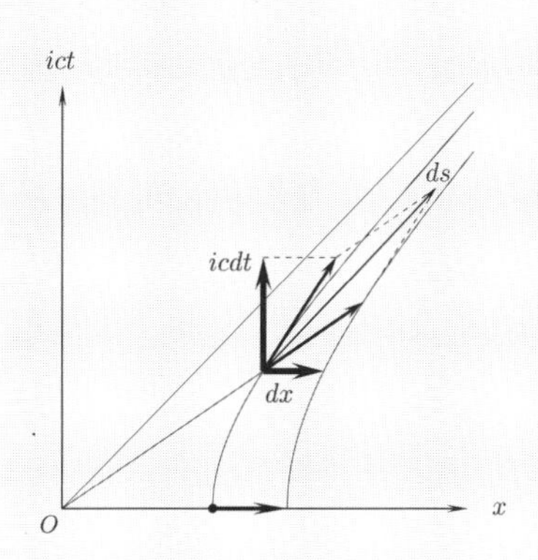

日本評論社

はじめに

オランダの物理学者ローレンツは1895年に，マクスウェルの電磁方程式が静止座標系と運動座標系で同じ形に書ける方法を考究して，空間および時間座標が両系の間に成り立つべき有名なローレンツ変換の式を導出した．運動している座標系の時間は静止系の時間座標と空間座標の奇妙な混ぜ合わせ以外の何物でもなかったが，それを局所時間 (local time) と名付けただけで，物理的な直感に訴える説明を与えることは拒否した ([1] p.22).

アインシュタインは26歳のときの1905年に「運動物体の電気力学」の論文で [2], 二つの異なった速度で等速度運動をする座標系の間の関係を表すローレンツ変換の式を，どのような速さで運動している座標系から見ても光の速さは常に一定であるとする光速度不変の原理のもとに導いた．こうしてローレンツ変換の式に新しい解釈を与え，特殊相対性理論を確立した．しかし，ローレンツはこのアインシュタインの説明を完全に受け入れることはなかった ([1] p.22). これらのことは，ローレンツ変換のような簡単な式でさえその物理的な意味を理解することがいかに難しいかを示している．

ミンコフスキーは空間–時間座標系での2点間の距離が空間座標の2乗と時間座標の2乗の差で与えられる新しい空間，ミンコフスキー空間を考案し，アインシュタインの特殊相対性理論を数学的に簡潔明快に表現することに成功した．ミンコフスキー自身は，この新しい幾何学に大層満足したが，アインシュタインはミンコフスキー幾何学は「一体に何の役に立つのか」とミンコフスキーの空間と時間の統合を鼻であしらっていた ([4] p.92).

しかし，アインシュタインは一般相対性理論を確立するためにはミンコフスキー空間の概念は必須であることに気づき，後に「ミンコフスキーの根本思想を展開して得られる一般相対性理論は，(それなしには) たぶん産着にくるまれたままで発育しなかったことだろう」と書いた ([5] p.77).

アインシュタインは，1939年に一般相対性理論から得られた大きな成果の一つであるシュバルツシルトの解で示されるブラックホールの物理的な存在を否定した．アインシュタインはじめ当時の大部分の物理学者は，ブラックホールは現実の宇宙には存在してはならない途方もない奇怪なものだと確信していた ([4] p.109).

アインシュタインの特殊相対性理論によりニュートンの運動方程式は全面的に書き換えられたが，重力のあるときの運動方程式を導くためにさらに 10 年の歳月を費やし，1915 年に重力場を扱うための一般相対性理論を完成させたが，その理論ではミンコフスキー空間が根幹をなしている．すなわち，アインシュタインの一般相対性理論はすでにあったリーマン幾何学とミンコフスキー幾何学を融合させたものであるが，リーマン幾何学の式自体が非常に複雑である以上にその物理的な意味は難解であり，式の物理的な意味の理解は容易ではない．

アインシュタインの特殊相対性理論は今では多くの人々の常識的知識になっているが，発表された当時は，相対性理論を理解できる専門家は世界で 3 人しかいないと言われていた ([6] p.137). 特殊相対性理論では異なる速さで運動する慣性系の間で，お互いに長さが短く見えたり，お互いに時計の進み方が遅くなって見えるが，我々の身の回りではその現象は無視できるほど小さい．しかし，宇宙では天体の運動速度は非常に大きく，特殊相対性理論による時計の遅れは 100 億年を超える．すなわち遠方の天体は遠ければ遠いほど高速で運動し，その結果遠い天体ほど時計は遅れてビッグバンに近い時間で生まれたことが言える．

特殊相対性理論の理解には微分方程式の知識は不要で初等関数の知識で足りる．しかし，一般相対性理論の理解には微分方程式の知識が不可欠であり，その物理的意味ははるかに難解である．

第一次大戦でロシア戦線にいたシュバルツシルトは 1915 年 11 月 25 日に発表されたアインシュタインの重力理論を読んだわずか数日後に 1 点に質量があるときのアインシュタイン方程式の厳密解を求め，アインシュタインへ送った．アインシュタインはその論文を 1916 年 1 月 16 日にプロシャアカデミーで代読した ([4] p.112). このシュバルツシルトの厳密解の物理的な意味を説明することが本書の主要な目的の一つである．

アインシュタインの一般相対性理論によって水星の近日点が100年間に太陽から見る角度で43秒(1度の43/(60×60))移動すること，太陽の重力場で星の光の進行方向の角度が1.75秒曲がることが導かれたが，この値は観測値とぴったりと一致し理論の正しさが立証された．しかし，それらの現象は一般の人々の生活とは全く無縁であった．

現在，多くの自動車でGPS (Global Positioning System, 全地球測位システム)を利用したカーナビが使われ，携帯電話，タブレットやデジタルカメラにもGPSが組み込まれ，今自分がどこにいるのかを容易に知ることが出来るようになった．このGPSは複数の人工衛星から発射される電波が受信者へ届くまでの時間を計測し，その時間を位置情報に変換しているが，重力によって時計が遅れることを補正するために，一般相対性理論から導かれる式を使っている．つまり，今や世界中の人々が毎日アインシュタインの一般相対性理論の恩恵を受けながら生活している．しかし，同時にGPSを利用した兵器で誰もがピンポイントで攻撃される危険にもさらされているが．

本書の第I部の特殊相対性理論は，筆者の最近の著書 [7] を基にしている．すなわち，2点間の長さが二つの座標の2乗の差で表される不思議なミンコフスキー空間は，ユークリッド空間の2点間の長さを与えるピタゴラスの定理を複素平面上で解析的に延長すると自動的に得られ，ローレンツ変換の式も同様にユークリッド空間での回転の式の解析的延長で得られることを図を使って分かりやすく説明する．このローレンツ変換を示す図を使うと，慣性運動を行う座標間でお互いに他の座標の時計が遅れることと長さが収縮することを明確に理解することができる．第I部には新たに特殊相対性理論による宇宙論を追加した．現在の一般相対性理論に基づく宇宙論では，宇宙は3次元空間の2次元の表面のようなもので宇宙のどの位置も宇宙の中心であると言えるとされている．しかし，宇宙空間は3次元であり4次元空間の3次元表面を思い浮かべるのは難しい．この章では宇宙の中心が存在する3次元空間でも，光速度不変の原理を使うと宇宙のどの位置も宇宙の中心であるかのように見えることを示した．

第II部では，重力に関する難解なリーマン幾何学を利用したアインシュタイン方程式を使わずにシュバルツシルトの解を重力場と加速場の等価原理を使って導き，その物理的な意味を分かりやすく説明する．このシュバルツシルトの解を使って，重力場の運動方程式を導き，水星の近日点移動，太陽の重力場による光の湾曲や重力場での時間の遅れを分かりやすく説明する．

一般相対性理論では特殊相対性理論以上に奇妙な現象が起きる．特に，質点や光がブラックホールへ落下するとき，それらの速さはブラックホールに近づくに従って遅くなり，ブラックホールの位置で光の速さでさえ零となり，ブラックホールに到達するのに無限大の時間を要する解が得られる．なぜ，このような奇妙な解が得られるのか，シュバルツシルトの解を見るだけでは，その物理的な現象を理解するのは困難であるが，特殊相対性理論から導かれる簡潔な図を使ってその物理的・数学的な意味を考察する．

式の導出は読者自身が紙と鉛筆を使わなくても良いように，途中の式を飛ばすことなく丁寧に書いた．必要とする数学的知識は高校生で習う 3 角関数や双曲線関数と大学 1 年生で教わる簡単な微分と積分の知識である．つまり，本書は大学 1 年生程度の数学的知識を持てば理解できると思う．

4 次元ユークリッド空間の長さを s として $s^2=x_1^2+x_2^2+x_3^2+x_4^2$ とすると，ミンコフスキー空間の長さ s は $s^2=x_1^2+x_2^2+x_3^2-x_4^2$ であるが，松下泰雄氏 (滋賀県立大学名誉教授) は $s^2=x_1^2+x_2^2-x_3^2-x_4^2$ の空間に興味を持っておられ，数多くの論文を精力的に書かれていた．筆者は $s^2=x_1^2+x_2^2-x_3^2-x_4^2$ の空間は，ミンコフスキー空間 $s^2=x_1^2+x_2^2+x_3^2-x_4^2$ からの解析的延長で導けるのではないか，もしそうならば，ミンコフスキー空間もユークリッド空間の解析的延長で導けるはずだ，と思ったのが本書を書く動機となった．本書を書く動機を与えてくださった松下泰雄氏に謝意を表したい．

京都大学理学研究科 宇宙物理学教室で天体観測を長年やっておられた平田龍幸氏には特殊相対性理論の宇宙論の章を読んで頂き，筆者の物理学科学生時代の同級生であった渡邊博之氏には原稿全体について詳細なコメントを頂いた．また，布川 昊氏 (京都大学名誉教授) には相対性理論に関する有益な本を紹介して頂いた．ご協力を頂いた各氏に感謝の意を表したい．

2017 年 10 月

小林啓祐

目　次

第I部

特殊相対性理論

第I部の概要

第I部では，特殊相対性理論を初心者にも分かりやすく説明するが，その要点は次のようである．

(1) ミンコフスキー空間の長さ(ノルム)の定義式は奇妙で理解し難い式でありその導入は天下り的である．本書では，その定義式が直角3角形の斜辺の長さを求めるピタゴラスの定理の式を解析的に延長する方法で得られることを分かりやすく示す．すなわち，円の式をその定義域から外へ解析的に延長を行うと双曲線関数になること，同様の解析的延長を行うと直角3角形の斜辺の長さを与えるピタゴラスの定理はミンコフスキーの空間の長さ(ノルム)の式になること，同様の解析的延長を行うとデカルト座標系の回転を表す式はミンコフスキーの空間のローレンツ変換の式になること，したがって光速一定の式は，デカルト座標系で2点間の長さが回転の角度に無関係に一定であることと数学的には同等であることを図を使って分かりやすく示す．すなわち

(a) 2次元デカルト座標系 $K(x,y)$ で円周上の2点の間の微小距離の2乗 ds^2 はピタゴラスの定理で $ds^2=dx^2+dy^2$ で与えられる．この微小距離 ds は座標系 K の回転に対して不変である．

(b) 円の式を解析的に延長して得られる双曲線で，その双曲線上の2点の間の微小距離の2乗はピタゴラスの定理を解析的に延長した $ds^2=dx^2-d\hat{y}^2$ で与えられる．この微小長さ ds はミンコフスキー空間のノルムに等しい．

(c) デカルト座標系の回転の式は解析的に延長を行うとローレンツ変換の式となり，デカルト座標系の回転に対して微小距離の2乗 $ds^2=dx^2+dy^2$ が不変であるのと同じように，ミンコフスキーの空間の長さ2乗 $ds^2=dx^2-d\hat{y}^2$ も回転に対して不変である．

(d) $y=i\hat{y}=ict$ と置くと微小長さの2乗 $ds^2=dx^2-(cdt)^2$ が座標系の変換に対して不変となり，光速度がローレンツ変換に対して不変であることがいえる．

(2) ローレンツ変換の式から運動する棒の長さは収縮し，運動する時計の動きは遅くなることが導かれる．その物理的な理由は，同時刻が座標系によって異なるためであり，その他の多くの不思議な物理現象を図を多用して分かりやすく説明する．

(3) 特殊相対性理論で等速度運動をしている二つの座標系でお互いに他の座標系の長さが短く観測されること，およびお互いに時計が遅れて観測されることから双子のパラドックスやガレージパラドックス等の矛盾が生じることが指摘されてきた．ここでは，このようなパラドックスは起きないことを図を使って分かりやすく説明する．

(4) 宇宙論では，ハッブルの法則の物理的な意味を説明する．130 億光年の遠方の天体がビッグバン直後に生まれた天体である理由は，特殊相対性理論で高速で運動する時計は遅れるからであること，宇宙マイクロ波背景放射の観測値も時計の遅れとドップラー効果で説明できること，我々の太陽系が全宇宙の中心のように観測されるのは特殊相対性理論の光速度不変の原理によることを示す．また，現在の一般相対性理論による宇宙論では宇宙の中心は求まらないことになっているが，宇宙マイクロ波背景放射の観測で中心を求めることができることを示す．

第1章

ピタゴラスの定理の解析的延長と座標系の回転

ユークリッド空間の2次元 $x-y$ 座標系では，原点と位置 (x,y) の間の距離 s はピタゴラスの定理を使って $s=\sqrt{x^2+y^2}$ で計算されるが，ミンコフスキーは原点と位置 (x,y) の間の距離を $s=\sqrt{x^2-y^2}$ の形で計算する空間を考えた．彼は，このミンコフスキー空間を使うとアインシュタインの特殊相対性理論を数学的に簡潔に記述することができることを示した．しかし，ミンコフスキーの式で表される距離 (長さ) は一見不可解で，幾何学的な意味は直感的には理解し難い．

ピタゴラスの定理 $x^2+y^2=r^2$ をその定義域 $-r\leq x\leq r$ からその外側 $x\leq -r$，$r\leq x$ へ解析的に延長すると，$y=\sqrt{r^2-x^2}$ は虚数となる．$\hat{y}$ を実数として $y=i\hat{y}$ と書き，この記号 $\hat{y}$ を使うと円の式は $x^2-\hat{y}^2=r^2$ となりこの式は双曲線を表す．

この解析的延長に伴ってピタゴラスの定理で得られる円周の弧の微小な長さ $ds=\sqrt{dx^2+dy^2}$ は解析的に延長された双曲線の弧の長さ，すなわちミンコフスキー空間の長さ $ds=\sqrt{dx^2-d\hat{y}^2}$ となることが分かる．すなわち，解析的延長の概念を使うとユークリッド空間のピタゴラスの定理で得られる長さはミンコフスキー空間の長さになることが分かる．

また，ユークリッド空間での座標系の回転の式を解析的に延長するとミンコフスキー空間での回転の式が得られるが，これは特殊相対性理論の基本となるローレンツ変換の式に相当する．すなわち，ユークリッド空間での座標系の回転では2点間の距離 $ds=\sqrt{dx^2+dy^2}$ は不変であり，この式の解析的延長からミンコフスキー空間の長さ $ds=\sqrt{dx^2-d\hat{y}^2}$ が座標系の回転に対して不変であることが保証され，$\hat{y}=ct$ と置くと，光速度不変の式となる．本章では上述のミンコフスキー空間の基本的な概念を分かりやすく説明する.

1.1 解析的延長とは何か

関数の解析的延長[1]とは，簡単に言えばある制限された領域で定義された解析関数をその定義域からその外の広い領域へ関数自体，その1階微係数，2階微係数…等無限階のすべての微係数が連続であるように滑らかに延長することである．ただし，これは必要条件で十分条件ではない．例えば，定義域が実数で $-\infty<x<\infty$ の x の解析関数 e^x, $\sin x$, $\cos x$, $\tan x$, $\sinh x$, $\cosh x$, $\tanh x$ を x および y を実数とし複素数を $z=x+iy$ として，z の全複素平面へ解析的に延長した関数はそれぞれ e^z, $\sin z$, $\cos z$, $\tan z$, $\sinh z$, $\cosh z$, $\tanh z$ である.

周知のように，指数関数と三角関数または双曲線関数の間には x を実数として次の関係がある.

$$\sin x=\frac{e^{ix}-e^{-ix}}{2i},\quad \cos x=\frac{e^{ix}+e^{-ix}}{2},\quad \tan x=\frac{e^{ix}-e^{-ix}}{i(e^{ix}+e^{-ix})},$$
$$\sinh x=\frac{e^{x}-e^{-x}}{2},\quad \cosh x=\frac{e^{x}+e^{-x}}{2},\quad \tanh x=\frac{e^{x}-e^{-x}}{e^{x}+e^{-x}} \tag{1.1}$$

これから

$$\sin ix=i\sinh x,\quad \cos ix=\cosh x,\quad \tan ix=i\tanh x \tag{1.2}$$

であることが分かる.

解析的延長を使う利点の一つはある領域，例えば実数領域で得られる関係式は多くの場合，そのまま複素平面上や虚数軸上へ延長できることである．例えば次式

$$\sin(\theta_1\pm\theta_2)=\sin\theta_1\cos\theta_2\pm\cos\theta_1\sin\theta_2, \tag{1.3}$$

$$\cos(\theta_1\pm\theta_2)=\cos\theta_1\cos\theta_2\mp\sin\theta_1\sin\theta_2, \tag{1.4}$$

$$\tan(\theta_1\pm\theta_2)=\frac{\tan\theta_1\pm\tan\theta_2}{1\mp\tan\theta_1\tan\theta_2}, \tag{1.5}$$

$$\sin\theta=\frac{\tan\theta}{\sqrt{1+\tan^2\theta}},\quad \cos\theta=\frac{1}{\sqrt{1+\tan^2\theta}}, \tag{1.6}$$

---

[1]解析的延長 (analytic continuation) は解析接続とも呼ばれる ([8] 高木 p.227).

$$\cos^2\theta+\sin^2\theta=1 \tag{1.7}$$

で実数の変数 θ_1 および θ_2 等の変域を虚数領域へ広げる解析的延長 $\theta_1\to i\theta_1$, $\theta_2\to i\theta_2$ を行うと式 (1.3) 等に対応する双曲線関数の関係式

$$\sinh(\theta_1\pm\theta_2)=\sinh\theta_1\cosh\theta_2\pm\cosh\theta_1\sinh\theta_2, \tag{1.8}$$

$$\cosh(\theta_1\pm\theta_2)=\cosh\theta_1\cosh\theta_2\pm\sinh\theta_1\sinh\theta_2, \tag{1.9}$$

$$\tanh(\theta_1\pm\theta_2)=\frac{\tanh\theta_1\pm\tanh\theta_2}{1\pm\tanh\theta_1\tan\theta_2}, \tag{1.10}$$

$$\sinh\theta=\frac{\tanh\theta}{\sqrt{1-\tanh^2\theta}}, \quad \cosh\theta=\frac{1}{\sqrt{1-\tanh^2\theta}}, \tag{1.11}$$

$$\cosh^2\theta-\sinh^2\theta=1 \tag{1.12}$$

が得られる．その他の三角関数に関する多くの関係式も上記のような単純な置き換えの解析的延長を行うと，双曲線関数に関する関係式が簡単な計算で得られる[2)].

解析的延長には次の一致の定理が成り立つ.

一致の定理 x および y を実数として $z=x+iy$ とする．二つの解析関数 $f(z)$ と $g(z)$ が共通の小さな領域 D_0 で一致する，すなわち $f(z)=g(z)$ が成り立つとする．二つの解析関数 $f(z)$ と $g(z)$ をそれぞれより広い領域 D へ解析的に延長したとする．このとき，二つの解析的延長された関数 $f(z)$ と $g(z)$ は広い領域 D で $f(z)=g(z)$ が成り立つ.

このとき，領域 D_0 は有限の長さの曲線でも良い．それゆえ，有限の長さの実軸上で $f(x)=g(x)$ が成り立てば，二つの解析的延長された関数 $f(z)$ と $g(z)$ について全複素面上で $f(z)=g(z)$ が成り立ち，当然，虚数軸上でも $f(iy)=g(iy)$ が成り立つ．この解析的延長は一意的であり，解析的延長された関数は一意的に定まる.

この一致の定理を使うと，式 (1.8)~(1.12) が成り立つことは，次のように言うことができる，すなわち式 (1.3)~(1.7) の左辺を $f(\theta)$, 右辺を $g(\theta)$ とすると，その虚数軸上への解析的延長がそれぞれ式 (1.8)~(1.12) の左辺と右辺で

[2)] キャラハン [1] は p.35 で，「最初に与えた定義からわかるように，双曲線関数と円 (三角) 関数の間には，非常に多くの面で対応する性質がある」と書いている.

あるが，実数領域の D_0 で $f(\theta)=g(\theta)$ が成り立つので，それらを虚数軸上の領域 D へ解析的延長を行った関数についても一致の定理で $f(i\theta)=g(i\theta)$ が成り立つ，ということである．

1.2 ピタゴラスの定理の解析的延長

図 1.1 に示す底辺の長さが x, 高さが y の直角 3 角形の斜辺の長さ r は，ピタゴラス[3)] の定理により

$$r^2=x^2+y^2 \tag{1.13}$$

で得られる．これから y は x の関数として

$$y=(r^2-x^2)^{\frac{1}{2}}, \quad ただし \quad -r\leq x\leq r \tag{1.14}$$

と表せる．

式 (1.14) の関数 $y(x)$ を $r<x$ の領域へ解析的延長をすることを考えよう．式 (1.14) の関数 $y(x)$ は $x=r$ では 1 階以上の微係数は無限大となる特異点なので，関数 $y(x)$ を実軸上では $x=r$ を超えて滑らかに延長することはできない．図 1.2 に示すように，u を実数，$z=x+iu$ として変数 x を複素数 z に置き換えると，$x=r$ にある特異点を避けて関数 $y(z)$ を滑らかに $r<x$ の領域へ延長できる．すなわち図の半径 ε の半円上では，位置 $x=r$ の回りの角度を φ とすると $x=r-\varepsilon e^{i\varphi}$ であり，$\varphi=0$ のときに $x=r-\varepsilon$, $\varphi=\pi$ のときに $x=r+\varepsilon$ である．関数 $y(x)$ は $r<x$ では

$$\begin{aligned} y&=\sqrt{(r+x)(r-x)}=\sqrt{(r+x)(x-r)e^{i\varphi}}|_{\varphi=\pi} \\ &=\sqrt{(r+x)(x-r)}e^{i\pi/2}=i\sqrt{x^2-r^2} \end{aligned} \tag{1.15}$$

となる．$r<x$ では $y(x)$ は虚数になるので $\hat{y}$ を実数として $y=i\hat{y}$ と書くと

$$y(x)=i\hat{y}(x), \qquad \hat{y}(x)=(x^2-r^2)^{\frac{1}{2}}, \quad ただし \quad r\leq|x| \tag{1.16}$$

である．これは書き直すと

---

3) ピタゴラス：紀元前 582 年–496 年，ギリシアの哲学者，数学者，サモス島生まれ．

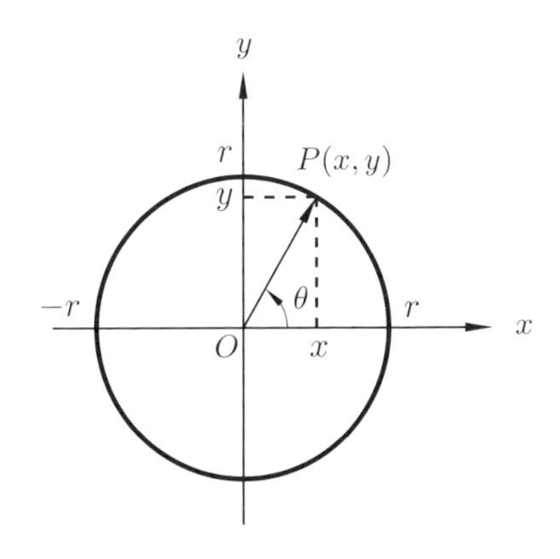

図 1.1 円 $y=\pm\sqrt{r^2-x^2}$ および角度 θ. $x=r\cos\theta$, $y=r\sin\theta$ である.

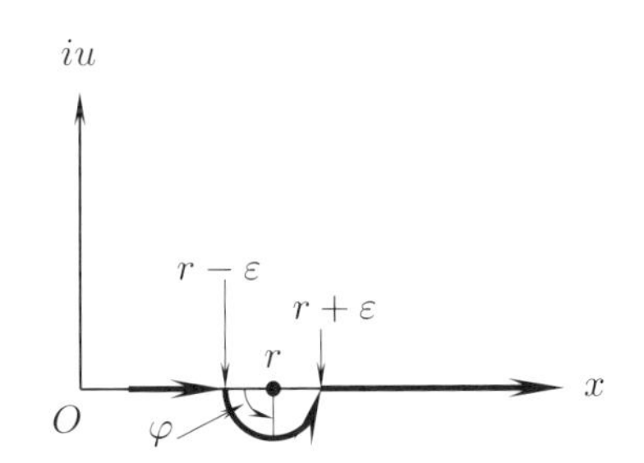

図 1.2 $x=r$ の特異点を複素平面上で避けて $r<x$ の領域へ解析的延長をするための経路.

$$x^2-\hat{y}^2=r^2 \tag{1.17}$$

と表され，これは右辺を零と置いて得られる次式

$$i\hat{y}=\pm ix \tag{1.18}$$

を漸近線に持つ双曲線の式である.

図 1.3 に 3 次元的に描いた座標系で，(x,y) 座標系の円とその解析的延長による双曲線を $(x,i\hat{y})$ 座標系に示す.

図 1.1 に式 (1.14) で表される円を示すが，この図に式 (1.17) の双曲線は書くことはできない．式 (1.17) の双曲線を描くために図 1.3 と同様に図 1.4 に示す横軸が x 軸，$\hat{y}$ を実数として縦軸が $i\hat{y}$ の座標系を考える．図で任意の位置は座標 $(x,i\hat{y})$ で表せる．この座標系を実数–虚数軸座標系または R-I 座標系と呼ぼう．図 1.4 に式 (1.17) の双曲線と式 (1.18) の漸近線を示す.

図 1.1 に示すように，円の上の位置を $P(x,y)$, 角度 θ を $\angle POx=\theta$ と置くと，

$$x=r\cos\theta, \quad y=r\sin\theta, \quad r=\sqrt{x^2+y^2}, \quad -r\le x\le r, \quad -r\le y\le r \tag{1.19}$$

である．すなわち，周知のように正弦および余弦関数は図 1.1 に示す $r=1$ の単位円の角度 θ の点 P の横軸および縦軸の値である.

変数 θ を $\hat{\theta}$ を実数として $\theta=i\hat{\theta}$, $\hat{y}$ を実数として $y=i\hat{y}$ として虚数領域へ延長すると

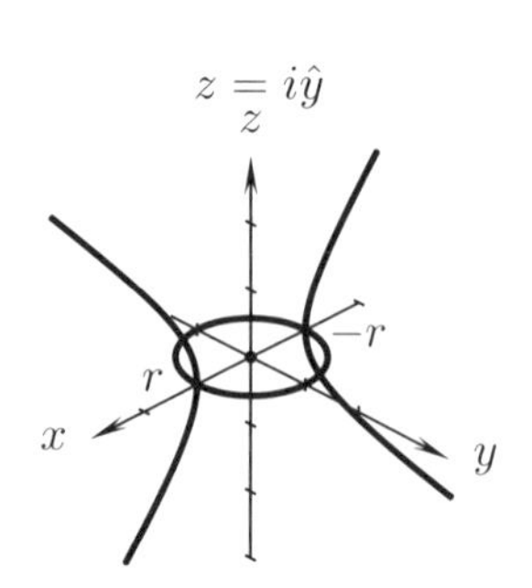

図 1.3　3次元的に描いた円の解析的延長による双曲線．(x,y) 座標系の円が $(x,i\hat{y})$ 座標系の双曲線になる．

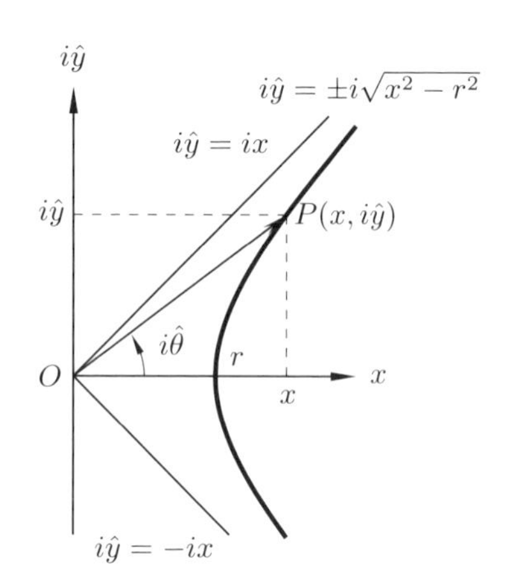

図 1.4　$x=r\cosh\hat{\theta}$, $\hat{y}=r\sinh\hat{\theta}$. 双曲線関数 $i\hat{y}=\pm i\sqrt{x^2-r^2}$.

$$x=r\cos i\hat{\theta}=r\cosh\hat{\theta}, \quad y=i\hat{y}=r\sin i\hat{\theta}=ir\sinh\hat{\theta} \tag{1.20}$$

となるから式 (1.12) を使って

$$x^2+(i\hat{y})^2=r^2,\ \ x^2-\hat{y}^2=r^2,\quad \hat{y}=\sqrt{x^2+r^2},\quad r=\sqrt{x^2-\hat{y}^2},\quad \hat{y}<x \tag{1.21}$$

である．この長さ r はミンコフスキーノルム (長さ) と呼ばれ，ミンコフスキー空間の原点と位置 $(x,i\hat{y})$ の間の長さを表す．すなわち，式 (1.19) の最後の式のピタゴラスの定理は解析的な延長により式 (1.21) のミンコフスキーノルム (長さ) の定義式となる[4]．

図 1.4 で縦軸を虚数軸としているのは，式 (1.21) のミンコフスキーの長さ r が式 (1.19) のピタゴラスの定理の解析的延長であることを分かりやすく示すためである．

解析的延長を使う大きな利点の一つは，無限大に発散する級数や発散する積分の値を有限の値で得られる場合があることで，物理学の分野では大きな威力を発揮している．そのような場合の簡単な例を付録 A に示す．

---

[4] マオールは [10] でミンコフスキー空間のノルムの説明をしているが，それがピタゴラスの定理の解析的延長で説明できることには触れていない．

1.2.1 双曲線関数の変数 $\hat{\theta}$ の幾何学的意味

三角関数の変数 θ の幾何学的な意味は必ず中学校で教わるが，双曲線関数の変数の幾何学的な意味は我が国では普通は大学でも教わらない．双曲線関数の変数の幾何学的な意味を考えるために，まず三角関数の変数の幾何学的な意味を再考しよう．三角関数を使って $y=\sin\theta$ と書いたとき，変数 θ には二つの異なる幾何学的な意味を考えることができる．一つは単位円の弧の長さ，もう一つは単位円で囲まれる面積である [8] [9]．それぞれに応じて，双曲線関数にも二つの幾何学的な意味を考えることが可能である．ここでは，前者の単位円の弧の長さの場合を考える．後者の面積の場合については付録 B で述べる[5)]．さらに付録 C で，双曲線関数の歴史や懸垂線としての双曲線についてついて考察する．

双曲線関数の変数の幾何学的な意味を知るために，円の弧長を計算する式を考えよう．一般に，関数 $y=f(x)$ が $x=x_0$ から x_1 までに描く曲線の長さ s は図 1.5 に示すように，$ds=\sqrt{dx^2+dy^2}$ をその区間で積分して得られる．すなわち

$$s=\int_{x_0}^{x_1} ds=\int_{x_0}^{x_1}\sqrt{dx^2+dy^2} \tag{1.22}$$

に式 (1.13) より得られる

$$dx=-r\sin\theta d\theta, \qquad dy=r\cos\theta d\theta \tag{1.23}$$

を代入すると

$$s(x)=r\int_0^{\theta}\sqrt{\sin^2\theta+\cos^2\theta}d\theta=r\int_0^{\theta}d\theta=r\theta \tag{1.24}$$

が得られる．これから角度 θ は $r=1$ の単位円の弧の長さであるという周知の事実が分かる．

円の弧長を計算する $|x|\leq r$ に対する式 (1.22) を $r\leq x$ へ解析的に延長しよう．式 (1.16) から得られる $dy=id\hat{y}$ を使うと

---

5) マオール [9] p.287 によれば三角関数と類似して，変数 θ が双曲線が囲む面積の 2 倍になることは 1750 年頃にヴィンチェンゾ・リッカチによって指摘された．

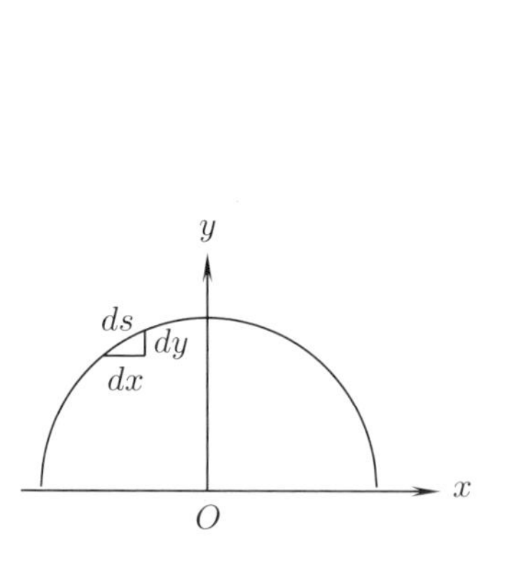

図 1.5　円の弧長の計算.

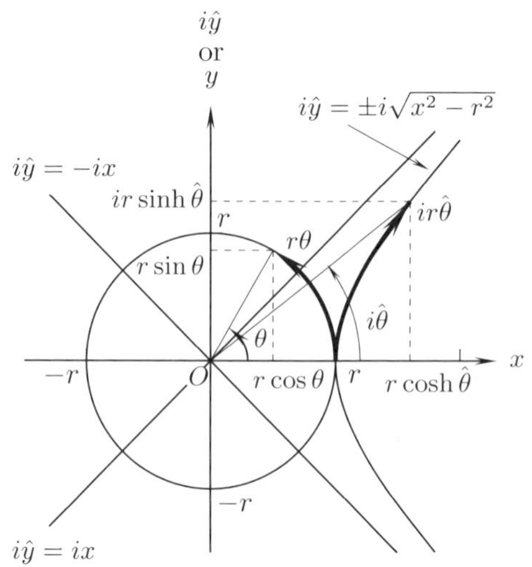

図 1.6　円と双曲線の弧の長さ $r\theta$ と $ir\hat{\theta}$. 双曲線上の位置 $x{=}r\cosh\hat{\theta}$ および $i\hat{y}{=}ir\sinh\hat{\theta}$, $\theta{=}\hat{\theta}{=}\pi/3$ のとき.

$$s=\int_x^r ds=\int_{x_0}^{x_1}\sqrt{dx^2+dy^2}=\int_x^r\sqrt{dx^2-d\hat{y}^2} \tag{1.25}$$

を得る. 式 (1.20) より得られる

$$dx=r\sinh\hat{\theta}d\hat{\theta},\qquad d\hat{y}=r\cosh\hat{\theta}d\hat{\theta} \tag{1.26}$$

を式 (1.25) で使うと

$$s=r\int_0^{\hat{\theta}}\sqrt{\sinh^2\hat{\theta}-\cosh^2\hat{\theta}}\ d\hat{\theta}=ir\int_0^{\hat{\theta}}d\hat{\theta}=ir\hat{\theta} \tag{1.27}$$

を得る.

図 1.6 で $r=1$ と置くと, 単位円の場合になる. 式 (1.27) から図 1.6 に示すように正弦関数の θ が $r=1$ の単位円の弧の長さであるのと同様に, 式 (1.20) の双曲線関数の $\hat{\theta}$ は $r=1$ のときの双曲線の弧の長さであることが分かる.

キャラハン [1] (p.46) に倣って $\hat{\theta}$ を双曲角と呼び[6]，図 1.6 のように $\hat{\theta}$ を表示しよう．図 1.6 を見れば，円と双曲線，三角関数と双曲線関数の幾何学的な関係が良く分かる．図では $\theta=\hat{\theta}=\pi/3$ としているが，両者のユークリッド的な角度は異なる．

ここで注意すべきことは，式 (1.25) で双曲線の弧の長さを求めるときに次式

$$ds^2=dx^2+dy^2=dx^2+(di\hat{y})^2=dx^2-d\hat{y}^2 \tag{1.28}$$

を使っていることである．これは (x,y) デカルト座標系でのピタゴラスの定理を $(x,i\hat{y})$ 座標系へ解析的に延長した式であり，ミンコフスキー空間の長さ (ノルム) を用いていることである．すなわち，式 (1.27) の $\hat{\theta}$ はミンコフスキーが定義した長さである．

双曲線の弧のユークリッド的な長さは $ds=\sqrt{dx^2+\hat{y}^2}$ を使えば得られるが，その長さは円の弧の長さに見た目でも等しい．ミンコフスキー空間の長さ (ノルム) については，次節でさらに詳しく考察する．

1.3 ベクトルのノルムと内積

デカルト座標系の回転およびその実数–虚数軸座標系への解析的延長について考えよう．ユークリッド空間の 2 次元デカルト座標系の位置座標を (x,y) とし，原点からこの座標への位置ベクトルを $\boldsymbol{x}$ とする．ベクトル $\boldsymbol{x}$ の要素を

$$\boldsymbol{x}=\begin{pmatrix} x \\ y \end{pmatrix}, \quad \text{または} \quad \boldsymbol{x}^T=(x,y) \tag{1.29}$$

と書くが，特に混乱が起きないときは，転置を表す添え字 T (Transpose) は省略する．

ベクトル $\boldsymbol{x}=(x,y)$ の 2 次元デカルト座標系でのノルム (長さ) $||\boldsymbol{x}||$ は通常ピタゴラスの定理を使って

$$||\boldsymbol{x}||=\sqrt{\boldsymbol{x}\cdot\boldsymbol{x}}=\sqrt{x^2+y^2} \tag{1.30}$$

で定義されるが，ここではそれを一般化した次式

[6] キャラハン [1] は p.113 で双曲線関数は三角関数と完全に並行する幾何学的定義ができるとして $i\hat{\theta}$ は双曲線の弧長であると書いている．

$$||\boldsymbol{x}|| = (\boldsymbol{x}\cdot\boldsymbol{x})^{1/2} = (x^2+y^2)^{1/2} \tag{1.31}$$

の定義を使う．このノルムの定義では，実数–虚数軸座標系でノルムは正や負の値と共に虚数の値も取れるものとする．これは，考えているすべての x および y の値に対して，ノルムが座標変数の解析関数であるために必要な要請である．式 (1.30) の平方根の記号を使う通常のノルムの定義式では，ノルムは正の符号しか取れない．

ベクトル $\boldsymbol{x}_1 = (x_1, y_1)$ と $\boldsymbol{x}_2 = (x_2, y_2)$ の内積は次式で定義される．

$$\boldsymbol{x}_1\cdot\boldsymbol{x}_2 = \boldsymbol{x}_1^T\boldsymbol{x}_2 = x_1x_2 + y_1y_2. \tag{1.32}$$

図 1.7 に示す角度 ϕ_1 および ϕ_2 を使うと，ベクトル $\boldsymbol{x}_1$ と $\boldsymbol{x}_2$ は

$$\begin{aligned} &x_1 = r_1\cos\phi_1, \quad y_1 = r_1\sin\phi_1, \quad r_1 = ||\boldsymbol{x}_1|| = (x_1^2+y_1^2)^{1/2}, \\ &x_2 = r_2\cos\phi_2, \quad y_2 = r_2\sin\phi_2, \quad r_2 = ||\boldsymbol{x}_2|| = (x_2^2+y_2^2)^{1/2} \end{aligned} \tag{1.33}$$

と表せる．これを式 (1.32) へ代入し式 (1.4) を使うと，内積は

$$\boldsymbol{x}_1\cdot\boldsymbol{x}_2 = r_1r_2(\cos\phi_1\cos\phi_2 + \sin\phi_1\sin\phi_2) = ||\boldsymbol{x}_1||\,||\boldsymbol{x}_2||\cos\phi_{12} \tag{1.34}$$

となる．ただし ϕ_{12} はベクトル $\boldsymbol{x}_1$ と $\boldsymbol{x}_2$ の間の角度で

$$\phi_{12} = \phi_2 - \phi_1 \tag{1.35}$$

である．

図 1.7 に示すような 3 個のベクトル $\boldsymbol{x}_1 = (x_1, y_1)$, $\boldsymbol{x}_2 = (x_2, y_2)$ および $\boldsymbol{x}_3 = (x_3, y_3)$ には次の関係がある．

$$\boldsymbol{x}_2 = \boldsymbol{x}_1 + \boldsymbol{x}_3, \qquad \boldsymbol{x}_3 = \boldsymbol{x}_2 - \boldsymbol{x}_1 \tag{1.36}$$

ベクトル $\boldsymbol{x}_3$ の長さはベクトル $\boldsymbol{x}_1 = (x_1, y_1)$ からベクトル $\boldsymbol{x}_2 = (x_2, y_2)$ までの距離で与えられる．すなわち

$$||\boldsymbol{x}_3|| = ||\boldsymbol{x}_2 - \boldsymbol{x}_1|| = [(x_2-x_1)^2 + (y_2-y_1)^2]^{1/2} \tag{1.37}$$

図 1.7 に示すようにベクトル $\boldsymbol{x}_3$ の長さは，その始点を原点へ平行移動した図のベクトル $\boldsymbol{x}_3'$ と同じであり，式 (1.33) と同様に

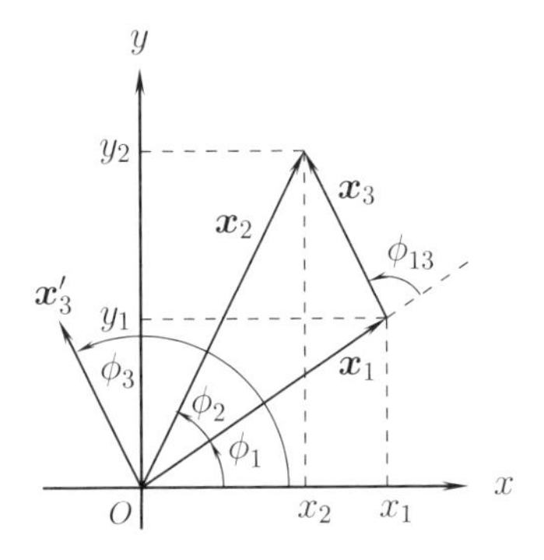

図 **1.7**　3 個のベクトル $\boldsymbol{x}_1, \boldsymbol{x}_2$ および $\boldsymbol{x}_3$ と，各ベクトルの x 軸からの角度 ϕ_1, ϕ_2 および ϕ_3.

$$
\begin{aligned}
&x_3 = r_3 \cos\phi_3, \quad y_3 = r_3 \sin\phi_3, \\
&r_3 = ||\boldsymbol{x}_3|| = (x_3^2 + y_3^2)^{1/2}, \\
&x_3 = x_2 - x_1, \quad y_3 = y_2 - y_1
\end{aligned} \tag{1.38}
$$

と書ける．また，ベクトル $\boldsymbol{x}_2$ の長さは次式

$$
||\boldsymbol{x}_2|| = ||\boldsymbol{x}_1 + \boldsymbol{x}_3|| = [(x_1 + x_3)^2 + (y_1 + y_3)^2]^{1/2} \tag{1.39}
$$

でも与えられる．

図の三つのベクトルで作られる 3 角形の各辺の長さについて考えよう．式 (1.36) を使うと

$$
\begin{aligned}
\boldsymbol{x}_2 \cdot \boldsymbol{x}_2 &= (\boldsymbol{x}_1 + \boldsymbol{x}_3) \cdot (\boldsymbol{x}_1 + \boldsymbol{x}_3) = \boldsymbol{x}_1 \cdot \boldsymbol{x}_1 + \boldsymbol{x}_3 \cdot \boldsymbol{x}_3 + 2\boldsymbol{x}_3 \cdot \boldsymbol{x}_1 \\
&= ||\boldsymbol{x}_1||^2 + ||\boldsymbol{x}_3||^2 + 2||\boldsymbol{x}_1||\,||\boldsymbol{x}_3|| \cos\phi_{13}
\end{aligned} \tag{1.40}
$$

となる．ただし，角度 ϕ_{13} は，ベクトル $\boldsymbol{x}_1$ と $\boldsymbol{x}_3$ の間の角度 $\phi_{13} = \phi_3 - \phi_1$ である．

ユークリッド空間の 3 角形については ϕ_{13} は零でなく常に

$$
\cos\phi_{13} < 1 \tag{1.41}
$$

が成り立つので，式 (1.40) よりすべてのノルムが正のとき，次式

$$
||\boldsymbol{x}_2||^2 < ||\boldsymbol{x}_1||^2 + ||\boldsymbol{x}_3||^2 + 2||\boldsymbol{x}_1||\,||\boldsymbol{x}_3|| = (||\boldsymbol{x}_1|| + ||\boldsymbol{x}_3||)^2 \tag{1.42}
$$

が成り立つ．これから

$$||\boldsymbol{x}_2|| < ||\boldsymbol{x}_1|| + ||\boldsymbol{x}_3|| \tag{1.43}$$

が得られる．すなわち，ユークリッド空間の3角形の2辺の長さの和は他の1辺の長さよりも常に長い，と言う周知の事実が得られる．

1.4　デカルト座標系の回転

図1.8に示すように，2次元座標系 $K(x,y)$ を角度 θ 回転した座標系 $K'(x',y')$ を考える．図のベクトル $\boldsymbol{x}'$ はベクトル $\boldsymbol{x}$ を回転した座標系 $K'(x',y')$ から見たときのベクトルである．

図1.8の記号を使うと，ベクトル $\boldsymbol{x}$ の成分 x および y は

$$x = r\cos\phi, \qquad y = r\sin\phi, \qquad r = \sqrt{x^2+y^2} \tag{1.44}$$

である．図1.8からベクトル $\boldsymbol{x}'$ は式(1.3)および(1.4)を使って次式のように表せることが分かる．

$$\begin{aligned} x' &= r\cos\phi' = r\cos(\phi-\theta) = r\cos\phi\cos\theta + r\sin\phi\sin\theta, \\ y' &= r\sin\phi' = r\sin(\phi-\theta) = r\sin\phi\cos\theta - r\cos\phi\sin\theta \end{aligned} \tag{1.45}$$

ただし

$$\phi' = \phi - \theta \tag{1.46}$$

である．これから，ベクトル $\boldsymbol{x}$ の座標系 K' の成分 (x',y') と K の成分 (x,y) の間に次の関係があることが分かる．

$$\begin{aligned} x' &= x\cos\theta + y\sin\theta, \\ y' &= -x\sin\theta + y\cos\theta. \end{aligned} \tag{1.47}$$

式(1.47)はベクトルと行列を使って表すと

$$\begin{pmatrix} x' \\ y' \end{pmatrix} = \begin{pmatrix} \cos\theta & \sin\theta \\ -\sin\theta & \cos\theta \end{pmatrix} \begin{pmatrix} x \\ y \end{pmatrix} \tag{1.48}$$

となる．

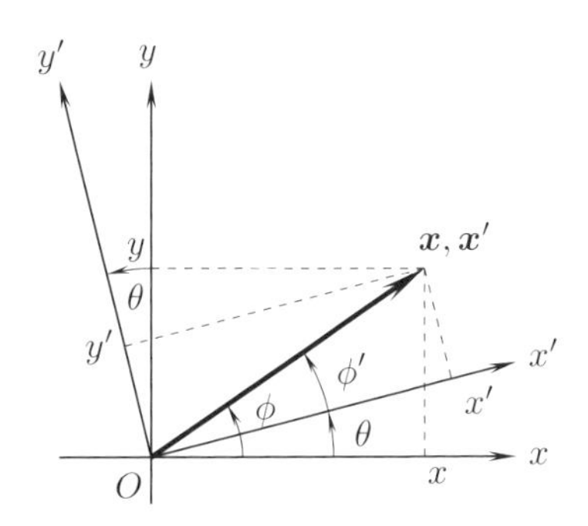

図 1.8　デカルト座標系 $K(x,y)$ の回転.

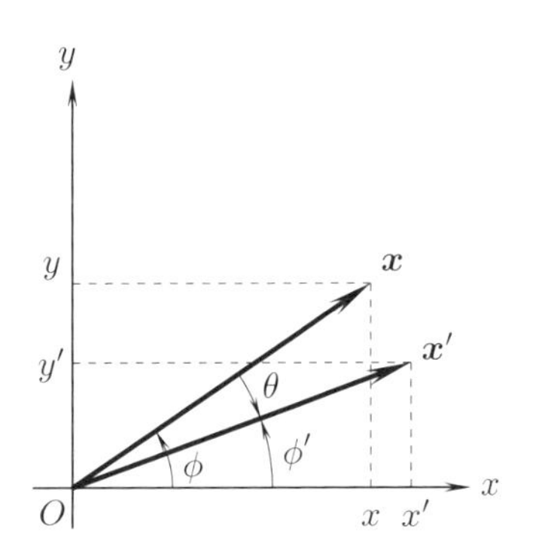

図 1.9　ベクトル $\boldsymbol{x}$ の回転.

ベクトルおよび行列

$$\boldsymbol{x}' = \begin{pmatrix} x' \\ y' \end{pmatrix}, \quad R(\theta) = \begin{pmatrix} \cos\theta & \sin\theta \\ -\sin\theta & \cos\theta \end{pmatrix}, \quad \boldsymbol{x} = \begin{pmatrix} x \\ y \end{pmatrix} \tag{1.49}$$

を使うと，式 (1.48) は

$$\boldsymbol{x}' = R(\theta)\boldsymbol{x} \tag{1.50}$$

と簡潔に書ける.

式 (1.49) の行列 $R(\theta)$ は，図 1.8 に見られるように座標系 $K(x,y)$ を座標系 $K'(x',y')$ へ角度 θ 回転させる演算子，または，図 1.9 に見られるようにベクトル $\boldsymbol{x}$ をベクトル $\boldsymbol{x}'$ へ右回りに角度 θ だけ回転させる演算子だとも解釈できるが，今後この二つの解釈を必要に応じて使う．通常左回りの回転を正とし右回りを負とするので，ベクトル $\boldsymbol{x}$ を正の角度 θ 回転させてベクトル $\boldsymbol{x}'$ を得る式は

$$\boldsymbol{x}' = R(-\theta)\boldsymbol{x} \tag{1.51}$$

である．回転角の正負が特に問題でないときは，回転の演算子 $R(\theta)$ は簡単のために単に R と書く.

ベクトル $\boldsymbol{x}'$ の長さの 2 乗は

$$\boldsymbol{x}'\cdot\boldsymbol{x}'=\boldsymbol{x}'^T\boldsymbol{x}'=(x',y')\begin{pmatrix}x'\\y'\end{pmatrix}=x'^2+y'^2 \tag{1.52}$$

である．式 (1.50) を使うと

$$||\boldsymbol{x}'||^2=\boldsymbol{x}'\cdot\boldsymbol{x}'=(R\boldsymbol{x})^T(R\boldsymbol{x})=\boldsymbol{x}^TR^TR\boldsymbol{x}=\boldsymbol{x}\cdot\boldsymbol{x}=||\boldsymbol{x}||^2 \tag{1.53}$$

が得られる．ただし，行列 R の転置行列 R^T に関する次式

$$R^TR=\begin{pmatrix}\cos\theta & -\sin\theta\\ \sin\theta & \cos\theta\end{pmatrix}\begin{pmatrix}\cos\theta & \sin\theta\\ -\sin\theta & \cos\theta\end{pmatrix}=\begin{pmatrix}1 & 0\\ 0 & 1\end{pmatrix} \tag{1.54}$$

を使った．それゆえ，行列 R の逆行列 R^{-1} はその転置行列 R^T に等しい．式 (1.50) に逆行列 R^{-1} を掛けると

$$\boldsymbol{x}=R^{-1}\boldsymbol{x}',\quad R^{-1}=R^T=\begin{pmatrix}\cos\theta & -\sin\theta\\ \sin\theta & \cos\theta\end{pmatrix} \tag{1.55}$$

が得られる．また，回転行列 R の行列式には次式

$$\det R=\det R^{-1}=\cos^2\theta+\sin^2\theta=1 \tag{1.56}$$

が成り立っている．

式 (1.53) は座標系を回転させてもベクトルの長さは変わらない．すなわち，ベクトルの長さは座標系の回転の角度 θ の大きさに無関係で不変であることを示している．これは，空間の性質が方向に依らないこと，すなわち，空間は等方的であることを意味している．

式 (1.55) を成分を使って具体的に書くと

$$x=x'\cos\theta-y'\sin\theta,$$
$$y=x'\sin\theta+y'\cos\theta \tag{1.57}$$

である．式 (1.57) は座標系 $K'(x',y')$ を式 (1.49) の行列を使って $-\theta$ 回転させると，元の座標系 $K(x,y)$ へ戻ることを意味している．それゆえ，R の逆行列は式 (1.49) の R で θ を $-\theta$ と置いたものになっている．すなわち

$$R^{-1}(\theta)=R^T(\theta)=R(-\theta). \tag{1.58}$$

座標系を θ_1 回転させた後で，さらに θ_2 回転させる場合を考えよう，すなわち

$$\boldsymbol{x}' = R(\theta_1)\boldsymbol{x}, \quad \boldsymbol{x}'' = R(\theta_2)\boldsymbol{x}'. \tag{1.59}$$

このとき，$\boldsymbol{x}''$ は元のベクトル $\boldsymbol{x}$ を用いると，次のように表せる．

$$\boldsymbol{x}'' = R(\theta_2)R(\theta_1)\boldsymbol{x}. \tag{1.60}$$

式 (1.3) 等を使うと

$$\begin{aligned} R(\theta_2)R(\theta_1) &= \begin{pmatrix} \cos\theta_2 & \sin\theta_2 \\ -\sin\theta_2 & \cos\theta_2 \end{pmatrix} \begin{pmatrix} \cos\theta_1 & \sin\theta_1 \\ -\sin\theta_1 & \cos\theta_1 \end{pmatrix} \\ &= \begin{pmatrix} \cos(\theta_2+\theta_1) & \sin(\theta_2+\theta_1) \\ -\sin(\theta_2+\theta_1) & \cos(\theta_2+\theta_1) \end{pmatrix} = R(\theta_2+\theta_1) \end{aligned} \tag{1.61}$$

となり，角度 $\theta_2+\theta_1$ の回転を一回行ったことに等しいという当然の結果が得られる．

1.4.1 内積の不変性

二つのベクトルの内積は座標系またはベクトルの回転で不変に保たれることは例えば図 1.10 を見れば明らかであるが，式を使って示そう．二つのベクトル $\boldsymbol{x}_1$ および $\boldsymbol{x}_2$ を次式

$$\boldsymbol{x}_1' = R(-\theta)\boldsymbol{x}_1, \quad \boldsymbol{x}_2' = R(-\theta)\boldsymbol{x}_2 \tag{1.62}$$

で回転させるとする．その内積は式 (1.53) を使うと

$$\begin{aligned} \boldsymbol{x}_1' \cdot \boldsymbol{x}_2' &= (R(-\theta)\boldsymbol{x}_1)^T R(-\theta)\boldsymbol{x}_2 \\ &= \boldsymbol{x}_1^T R(-\theta)^T R(-\theta)\boldsymbol{x}_2 = \boldsymbol{x}_1 \cdot \boldsymbol{x}_2 \end{aligned} \tag{1.63}$$

となり，座標の回転に対して不変であることが分かる．

式 (1.34) を使って式 (1.63) より

$$\boldsymbol{x}_1' \cdot \boldsymbol{x}_2' = ||\boldsymbol{x}_1'||\,||\boldsymbol{x}_2'||\cos\phi_{12}' = ||\boldsymbol{x}_1||\,||\boldsymbol{x}_2||\cos\phi_{12}', \quad \boldsymbol{x}_1 \cdot \boldsymbol{x}_2 = ||\boldsymbol{x}_1||\,||\boldsymbol{x}_2||\cos\phi_{12} \tag{1.64}$$

であり，これから

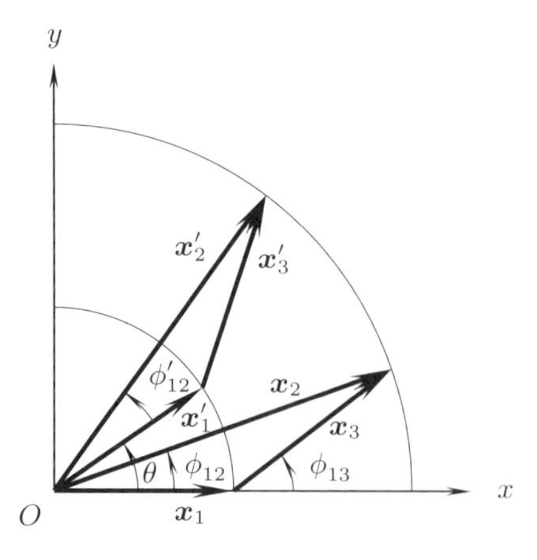

図 1.10　デカルト座標系でのベクトル $\boldsymbol{x}_1,\boldsymbol{x}_2$ および $\boldsymbol{x}_3$ の角度 θ の回転.

$$\phi'_{12}=\phi'_2-\phi'_1=\phi_{12}=\phi_2-\phi_1 \tag{1.65}$$

が分かる．すなわち，二つのベクトルの間の角度が座標系の回転に対して不変であることが式を使って示された.

1.4.2　回転前の座標系 $K(x,y)$ と回転後の座標系 $K'(x',y')$ の関係

座標系 $K(x,y)$ とそれを角度 θ 回転した座標系 $K'(x',y')$ の関係を考えよう．式 (1.57) で $x'=r$, $y'=0$ と置くと

$$\boldsymbol{x}=\begin{pmatrix}x\\y\end{pmatrix}=\begin{pmatrix}\cos\theta & -\sin\theta\\ \sin\theta & \cos\theta\end{pmatrix}\begin{pmatrix}r\\0\end{pmatrix}=\begin{pmatrix}r\cos\theta\\ r\sin\theta\end{pmatrix} \tag{1.66}$$

を得るが，これは図 1.11 の x' 軸を表す．この式で $x'=r=1,2,3,4,\cdots$ と置くと図 1.12 の x' 軸の目盛りが得られる.

同様に式 (1.57) で $x'=0$, $y'=r$ と置くと

$$\boldsymbol{x}=\begin{pmatrix}x\\y\end{pmatrix}=\begin{pmatrix}\cos\theta & -\sin\theta\\ \sin\theta & \cos\theta\end{pmatrix}\begin{pmatrix}0\\r\end{pmatrix}=\begin{pmatrix}-r\sin\theta\\ r\cos\theta\end{pmatrix} \tag{1.67}$$

を得るが，これは図 1.11 の y' 軸を表す．この式で $y'=r=1,2,3,4,\cdots$ と置くと図 1.12 の y' 軸の目盛りが得られる．このときの二つの座標系，回転前の座標

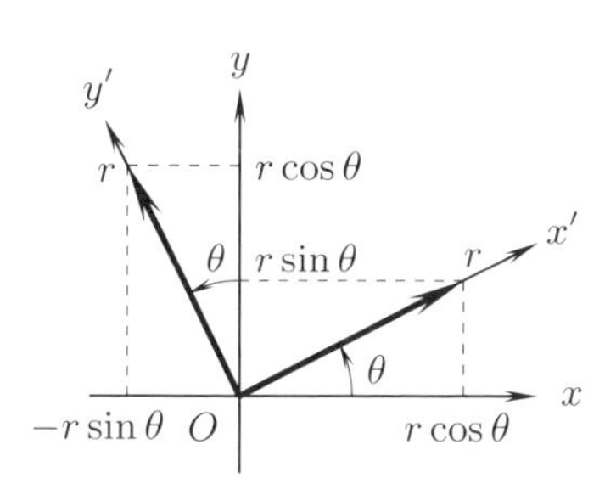

図 **1.11**　$\tan\theta=1/2$ の場合の式 (1.66) および (1.67) の $(r\cos\theta, r\sin\theta)$ と $(-r\sin\theta, r\cos\theta)$.

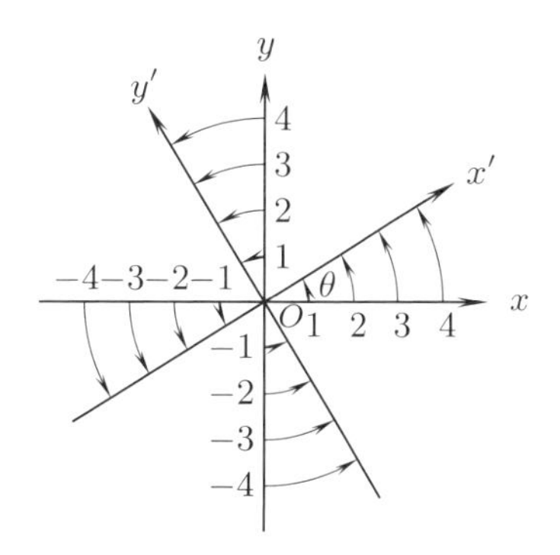

図 **1.12**　θ が実数のときの式 (1.66) および (1.67) に対応する座標系 $K'(x', iy')$ の目盛り.

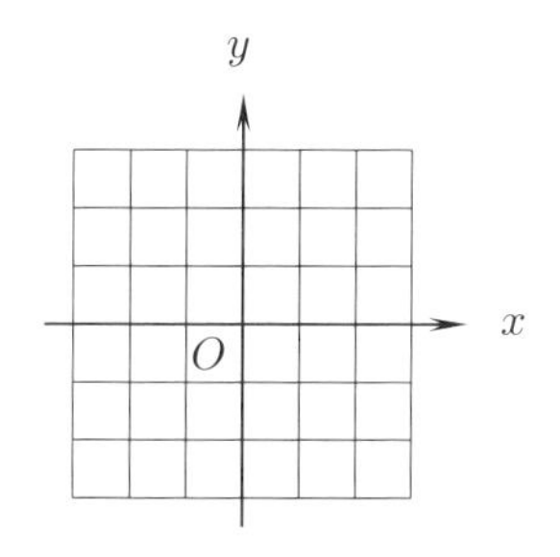

図 **1.13**　回転前のデカルト座標系 $K(x,y)$.

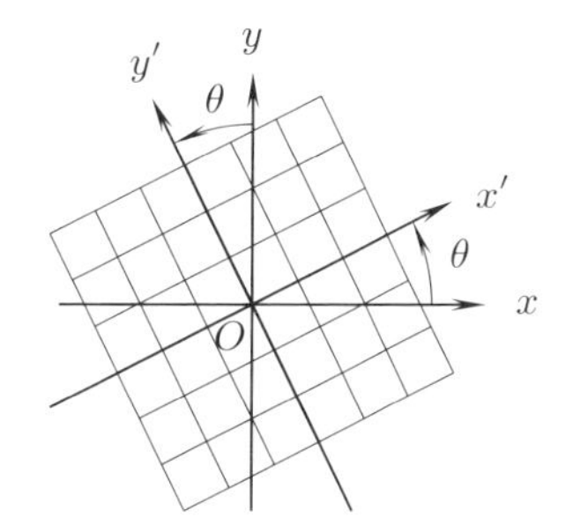

図 **1.14**　回転後のデカルト座標系．$K'(x', y')$, $\tan\theta=1/2$ のとき.

系 $K(x,y)$ と回転後の座標系 $K'(x',y')$ を図 1.13 および 1.14 に示す.

結論として，式 (1.48) の回転により図 1.13 の座標系は図 1.14 のように回転したことになる.

1.5　デカルト座標系からの解析的延長，実数–虚数軸座標系

1.5.1　実数–虚数軸座標系のベクトルの長さ (ノルム)

式 (1.16) を導いたときの解析的延長を式 (1.29) の位置ベクトルに行うと，そのベクトルの成分は $(x, i\hat{y})$ となる．このベクトルを $\boldsymbol{X}=(x, i\hat{y})$ と表そう.

すなわち

$$\boldsymbol{x}=(x,y) \quad \text{で} \quad y\to i\hat{y} \ \text{と置いて} \ \boldsymbol{X}=(x,i\hat{y}). \tag{1.68}$$

ベクトル $\boldsymbol{X}=(x,i\hat{y})$ のノルムは式 (1.31) の解析的延長を使って，すなわち，$y\to i\hat{y}$ と置いて

$$||\boldsymbol{X}||=(x^2+(i\hat{y})^2)^{1/2}=(x^2-\hat{y}^2)^{1/2} \tag{1.69}$$

で得られる．

図 1.15 に示されている原点から式 (1.17) の双曲線への位置ベクトルを $\boldsymbol{P}$ とする．図に示されている $0<x$ の領域の原点から式 (1.17) の双曲線へのベクトル $\boldsymbol{P}$ のノルムは式 (1.69) および (1.17) を使って

$$||\boldsymbol{P}||=(x^2+(i\hat{y})^2)^{1/2}=(x^2-\hat{y}^2)^{1/2}=r, \quad 0<x \tag{1.70}$$

で，ベクトル $\boldsymbol{P}$ の向きに無関係にすべて正の一定値 r である．$x<0$ の領域の双曲線へのベクトル $\boldsymbol{P}$ のノルムは，向きに無関係に

$$||\boldsymbol{P}||=[(-x)^2+(i\hat{y})^2]^{1/2}=[(e^{i\pi}x)^2-\hat{y}^2]^{1/2}=e^{i\pi}[x^2-(e^{-i\pi}\hat{y})^2]^{1/2}=-r \tag{1.71}$$

と負の一定値 $-r$ である．

式 (1.21) で $x<\hat{y}$ の場合は

$$r=\sqrt{x^2-\hat{y}^2}=\sqrt{-(\hat{y}^2-x^2)}=i\hat{r}, \quad \hat{r}=\sqrt{\hat{y}^2-x^2}, \quad x<\hat{y} \tag{1.72}$$

と書ける．これは書き直すと

$$\hat{y}^2-x^2=\hat{r}^2, \quad y=i\hat{y}=\pm i\sqrt{x^2+\hat{r}^2}, \quad x<\hat{y} \tag{1.73}$$

である．この双曲線を図 1.16 に示す．

図 1.16 に示している原点から式 (1.72) の双曲線へのベクトルを $\boldsymbol{Q}$ とすると，そのノルムは式 (1.73) を使って，向きに無関係に第 1 および 2 象限では

$$||\boldsymbol{Q}||=(x^2+(i\hat{y})^2)^{1/2}=(x^2-\hat{y}^2)^{1/2}=i(\hat{y}^2-x^2)^{1/2}=i\hat{r} \tag{1.74}$$

であり，第 3 および 4 象限では $\hat{y}$ が負なので

$$||\boldsymbol{Q}||=(x^2+(i\hat{y})^2)^{1/2}=(x^2-\hat{y}^2)^{1/2}=-i(\hat{y}^2-x^2)^{1/2}=-i\hat{r} \tag{1.75}$$

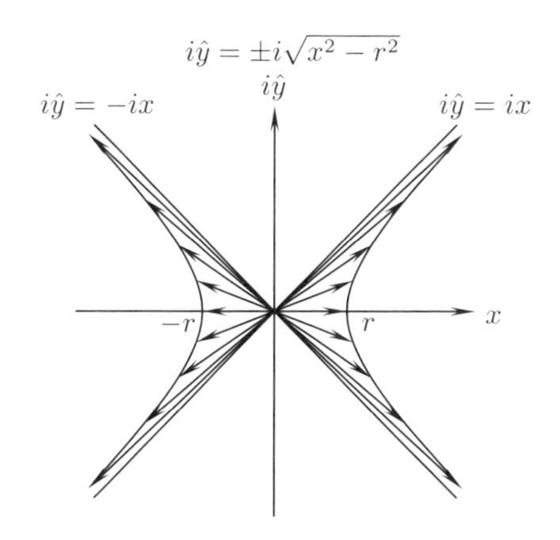

図 1.15 式 (1.70) および (1.71) の双曲線で r が等しく角度 $\hat{\theta}$ が等間隔のベクトル $\boldsymbol{P}$. $|\hat{y}|<|x|$ である.

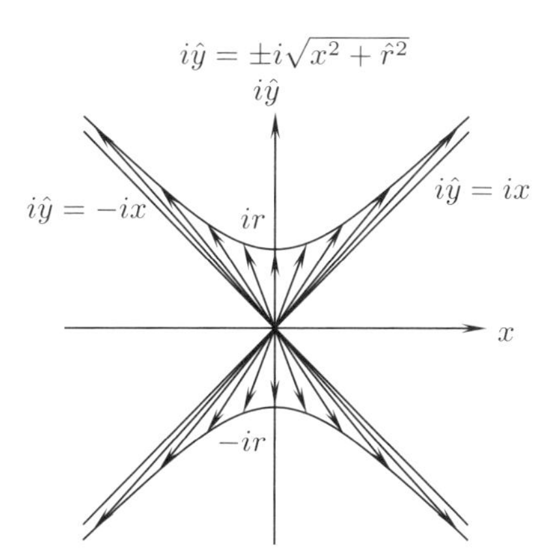

図 1.16 式 (1.74) および (1.75) の双曲線で r が等しく角度 $\hat{\theta}$ が等間隔のベクトル $\boldsymbol{Q}$. $|x|<|\hat{y}|$ である.

である．以上のことから，図 1.15 および 1.16 のベクトル $\boldsymbol{P}$ または $\boldsymbol{Q}$ は見た目には長さが異なるが，それぞれはすべて同一の長さを持っている.

負や虚数のノルムは奇異に思えるかもしれないが，図 1.15 および 1.16 に描かれているすべてのベクトルのノルムを r としてしまうよりも，正負や虚数記号を使って識別する方が，今後の取り扱いでは便利である.

2.4 節で述べるように，ミンコフスキーは特殊相対性理論を幾何学的に説明するために，ミンコフスキー空間と呼ばれる空間を考えた．その空間ではベクトル $\boldsymbol{X}=(x,y)$ のノルム (長さ) は $y<x$ のとき次式

$$||\boldsymbol{X}||=\sqrt{x^2-y^2} \tag{1.76}$$

で計算されるとした．ベクトルの表現に実数だけを使ってもノルムの定義が同じなので本書の実数–虚数軸座標系 $(x,i\hat{y})$ はミンコフスキー空間と数学的に同等であるが，ここで用いている虚数軸表示の方が初心者には分かりやすいと思うので，実数–虚数軸座標系 (R-I 座標系) を利用する.

1.5.2 実数–虚数軸座標系の 3 角形の各辺の長さ

図 1.17 の実数–虚数軸座標系にある 3 個のベクトルについて考えよう．この 3 個のベクトルにも式 (1.36) と同様の式が成り立つ．すなわち

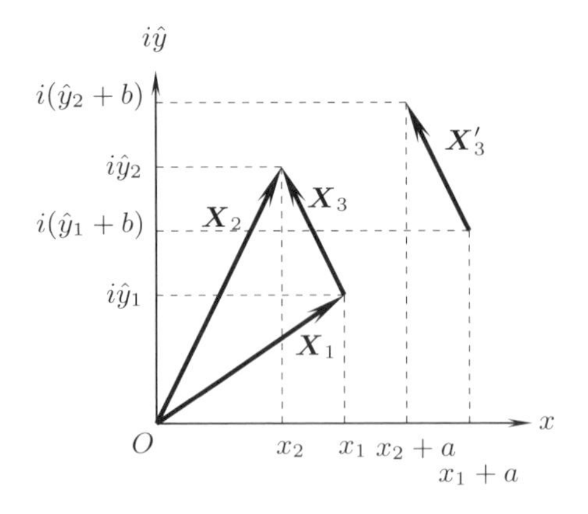

図 **1.17**　実数–虚数軸座標系の3個のベクトル $\boldsymbol{X}_1=(x_1,i\hat{y}_1)$, $\boldsymbol{X}_2=(x_2,i\hat{y}_2)$, $\boldsymbol{X}_3=\boldsymbol{X}_2-\boldsymbol{X}_1$ およびベクトル $\boldsymbol{X}_3$ を各座標軸に平行に移動したベクトル $\boldsymbol{X}'_3$.

$$\boldsymbol{X}_2=\boldsymbol{X}_1+\boldsymbol{X}_3,\quad \boldsymbol{X}_3=\boldsymbol{X}_2-\boldsymbol{X}_1 \tag{1.77}$$

が成り立つ．ベクトル $\boldsymbol{X}_3$ の成分は

$$(x_3,i\hat{y}_3)=(x_2,i\hat{y}_2)-(x_1,i\hat{y}_1)=(x_2-x_1,i(\hat{y}_2-\hat{y}_1)) \tag{1.78}$$

であり，その長さ (ノルム) は

$$||\boldsymbol{X}_3||=\sqrt{(x_2-x_1)^2+(i(\hat{y}_2-\hat{y}_1))^2}=\sqrt{(x_2-x_1)^2-(\hat{y}_2-\hat{y}_1)^2} \tag{1.79}$$

で与えられる．

図1.17に示すように，ベクトル $\boldsymbol{X}_3$ を x 軸に平行に a, $i\hat{y}$ 軸に平行に b 移動したベクトル $\boldsymbol{X}'_3$ のノルムの大きさは

$$\begin{aligned}||\boldsymbol{X}'_3||&=\sqrt{((x_2+a)-(x_1+a))^2-((\hat{y}_2+b)-(\hat{y}_1+b))^2}\\&=\sqrt{(x_2-x_1)^2-(\hat{y}_2-\hat{y}_1)^2}=||\boldsymbol{X}_3||\end{aligned} \tag{1.80}$$

となって，ベクトル $\boldsymbol{X}'_3$ のノルムは不変である．すなわちユークリッド空間と同様に，ベクトルを各座標軸に平行に移動してもそのノルムは不変である．しかし，ベクトル $\boldsymbol{X}$ の向きを変えるとノルムは変わるので，この点は実数–虚数軸座標系とデカルト座標系は大きく異なる．

図1.18に示す直角3角形 T_a の各辺の長さについて考えよう．図の直角3角

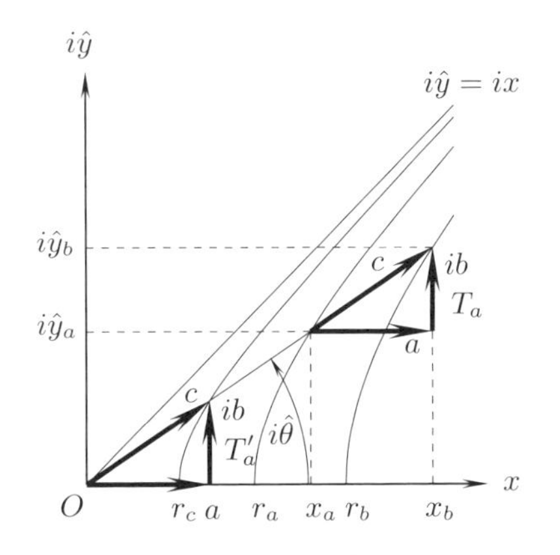

図 1.18　R-I 座標系で (a,ib) の作る 3 角形 T_a および T'_a の各辺の関係，$r_c=r_b-r_a$.

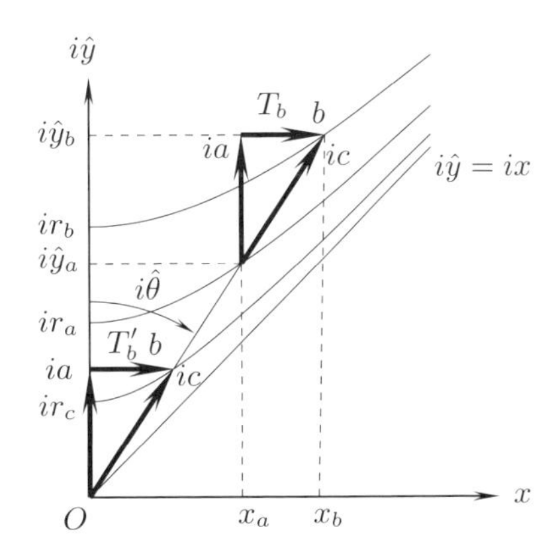

図 1.19　図 1.18 の $i\hat{y}=ix$ の直線に対称な 3 角形 T_b および T'_b の各辺の関係.

形 T_a の辺の長さ a および b が与えられているとし，$b<a$ とする．斜辺 c は，原点からの直線上にあるものとする．斜辺 c の長さは式 (1.39) を使うと

$$c=\sqrt{a^2+(ib)^2}=\sqrt{a^2-b^2},\quad b<a \tag{1.81}$$

と得られる．図の直角 3 角形 T_a を左端が原点に来るように移動したのが直角 3 角形 T'_a である．

図 1.18 の直角 3 角形 T_a の左端を通る双曲線が x 軸と交わる x 座標を r_a, 直角 3 角形 T_a の右上を通る双曲線が図の x 軸と交わる位置を r_b とする．その直角 3 角形の左端が双曲線と接する位置 $(x_a,i\hat{y}_a)$ は図 1.4 に示すように

$$x_a=r_a\cosh\hat{\theta},\quad i\hat{y}_a=ir_a\sinh\hat{\theta} \tag{1.82}$$

であり，この直角 3 角形の右上の座標 $(x_b,i\hat{y}_b)$ は

$$x_b=r_b\cosh\hat{\theta},\quad i\hat{y}_b=ir_b\sinh\hat{\theta} \tag{1.83}$$

である．式 (1.82) および (1.83) より

$$\begin{aligned}a&=x_b-x_a=r_b\cosh\hat{\theta}-r_a\cosh\hat{\theta}=(r_b-r_a)\cosh\hat{\theta},\\ b&=y_b-y_a=r_b\sinh\hat{\theta}-r_a\sinh\hat{\theta}=(r_b-r_a)\sinh\hat{\theta}\end{aligned} \tag{1.84}$$

であり，これを式 (1.81) で使うと

$$c=\sqrt{(r_b-r_a)^2\cosh^2\hat{\theta}-(r_b-r_a)^2\sinh^2\hat{\theta}}=r_b-r_a=r_c \tag{1.85}$$

が得られ，これから直角 3 角形 T_a の各辺の長さの間には

$$a=c\cosh\hat{\theta}, \quad b=c\sinh\hat{\theta} \tag{1.86}$$

の関係があることが分かる．この関係は図 1.18 の直角 3 角形 T_a の左端を原点へ平行移動した直角 3 角形 T_a' でも成り立つことでも分かる．

式 (1.86) より

$$\tanh\hat{\theta}=\frac{b}{a}, \quad \hat{\theta}=\tanh^{-1}\left(\frac{b}{a}\right) \tag{1.87}$$

である．

図 1.18 の図形を直線 $i\hat{y}=ix$ に関して対称の位置に描いたのが，図 1.19 の直角 3 角形 T_b および T_b' である．図の 3 角形 T_b の辺の長さは $b<a$ なので，斜辺の長さは式 (1.74) を使って

$$\sqrt{b^2+(ia)^2}=\sqrt{b^2-a^2}=i\sqrt{a^2-b^2}=ic, \quad b<a \tag{1.88}$$

で与えられ，この直角 3 角形 T_b を図の T_b' の位置へ移動させても各辺の長さは変わらない．図 1.18 を直線 $i\hat{y}=ix$ に関して対称の位置へ描いたことから各辺の長さの間には式 (1.86) および (1.87) の関係が成り立っている．

1.6　デカルト座標系の回転の式の解析的延長

1.4 節で得られたデカルト座標系の回転の式の y 軸を虚数軸へ解析的延長を行おう．式 (1.47) で

$$y\to i\hat{y}, \quad y'\to i\hat{y'}, \quad \theta\to i\hat{\theta} \tag{1.89}$$

と置くと

$$\begin{aligned} x'&=x\cos i\hat{\theta}+i\hat{y}\sin i\hat{\theta}, \\ i\hat{y}'&=-x\sin i\hat{\theta}+i\hat{y}\cos i\hat{\theta} \end{aligned} \tag{1.90}$$

であり，これから

$$\begin{pmatrix} x' \\ i\hat{y}' \end{pmatrix} = \begin{pmatrix} \cosh\hat{\theta} & i\sinh\hat{\theta} \\ -i\sinh\hat{\theta} & \cosh\hat{\theta} \end{pmatrix} \begin{pmatrix} x \\ i\hat{y} \end{pmatrix} \tag{1.91}$$

が得られる．

同様に，逆変換の式 (1.57) は

$$x = x' \cos i\hat{\theta} - i\hat{y}' \sin i\hat{\theta},$$
$$i\hat{y} = x' \sin i\hat{\theta} + i\hat{y}' \cos i\hat{\theta} \tag{1.92}$$

であり，これは

$$\begin{pmatrix} x \\ i\hat{y} \end{pmatrix} = \begin{pmatrix} \cosh\hat{\theta} & -i\sinh\hat{\theta} \\ i\sinh\hat{\theta} & \cosh\hat{\theta} \end{pmatrix} \begin{pmatrix} x' \\ i\hat{y}' \end{pmatrix} \tag{1.93}$$

と表せる．キャラハン [1] p.46 に倣って，式 (1.91) および (1.93) を双曲回転と呼ぼう．

式 (1.49) で定義したベクトルおよび行列は，$y \to i\hat{y}$, $\theta \to i\hat{\theta}$ と置くと

$$\boldsymbol{X}' = \begin{pmatrix} x' \\ i\hat{y}' \end{pmatrix}, \quad R(i\hat{\theta}) = \begin{pmatrix} \cosh\hat{\theta} & i\sinh\hat{\theta} \\ -i\sinh\hat{\theta} & \cosh\hat{\theta} \end{pmatrix}, \quad \boldsymbol{X} = \begin{pmatrix} x \\ i\hat{y} \end{pmatrix} \tag{1.94}$$

となる．これらの定義式を使うと，式 (1.91) および (1.93) の双曲回転の式は式 (1.50) および (1.55) と同じ形に書ける．すなわち

$$\boldsymbol{X}' = R(i\hat{\theta})\boldsymbol{X}, \quad \text{および} \quad \boldsymbol{X} = R^T(i\hat{\theta})\boldsymbol{X}',$$
$$\text{ただし} \quad R^T(i\hat{\theta}) = R^{-1} = R^* = R(-i\hat{\theta}) \tag{1.95}$$

ここで行列 R^* は行列 R の複素共役であり R の転置行列 R^T に等しい．また，式 (1.51) に対応するベクトルの双曲回転の式は

$$\boldsymbol{X}' = R(-i\hat{\theta})\boldsymbol{X} \tag{1.96}$$

である．

解析的延長の考えを使えば式 (1.53) および (1.54) はそのまま成り立つのは明らかである．すなわち

$$||\boldsymbol{X}'||^2 = \boldsymbol{X}' \cdot \boldsymbol{X}' = (R\boldsymbol{X})^T(R\boldsymbol{X}) = \boldsymbol{X}^T R^T R \boldsymbol{X} = \boldsymbol{X} \cdot \boldsymbol{X} = ||\boldsymbol{X}||^2. \tag{1.97}$$

これから

$$x'^2-\hat{y}'^2=x^2-\hat{y}^2 \tag{1.98}$$

が成り立つ．したがって，式 (1.95) の双曲回転に対して，式 (1.69) で定義されるベクトルのノルムは不変である．この双曲回転の行列式についても式 (1.56) の解析的延長として次式

$$\det R=\det R^{-1}=\cosh^2\hat{\theta}-\sinh^2\hat{\theta}=1 \tag{1.99}$$

が成り立つ．

また，式 (1.61) の 2 回の回転の合成の式は

$$\begin{aligned} R(i\hat{\theta}_2)R(i\hat{\theta}_1)&=\begin{pmatrix}\cosh\hat{\theta}_2 & i\sinh\hat{\theta}_2\\ -i\sinh\hat{\theta}_2 & \cosh\hat{\theta}_2\end{pmatrix}\begin{pmatrix}\cosh\hat{\theta}_1 & i\sinh\hat{\theta}_1\\ -i\sinh\hat{\theta}_1 & \cosh\hat{\theta}_1\end{pmatrix}\\ &=\begin{pmatrix}\cosh(\hat{\theta}_2+\hat{\theta}_1) & i\sinh(\hat{\theta}_2+\hat{\theta}_1)\\ -i\sinh(\hat{\theta}_2+\hat{\theta}_1) & \cosh(\hat{\theta}_2+\hat{\theta}_1)\end{pmatrix}=R(\hat{\theta}_2+\hat{\theta}_1) \end{aligned} \tag{1.100}$$

となり，これは式 (1.61) の解析的延長である．

1.6.1　ベクトルの内積の解析的延長

図 1.10 に示すデカルト座標系のベクトル $\boldsymbol{x}_1,\boldsymbol{x}_2$ および $\boldsymbol{x}_3$ の解析的延長について考えよう．これらのベクトルに式 (1.89) の解析的延長を行ったのが図 1.20 のベクトル $\boldsymbol{P}_1,\boldsymbol{P}_2$ および $\boldsymbol{P}_3$ である．ベクトル $\boldsymbol{x}_1,\boldsymbol{x}_2$ および $\boldsymbol{x}_3$ を角度 θ 回転したベクトルが $\boldsymbol{x}_1',\boldsymbol{x}_2'$ および $\boldsymbol{x}_3'$ であり，ベクトル $\boldsymbol{P}_1,\boldsymbol{P}_2$ および $\boldsymbol{P}_3$ を双曲角 $i\hat{\theta}$ 回転したのが $\boldsymbol{P}_1',\boldsymbol{P}_2'$ および $\boldsymbol{P}_3'$ である．

図 1.10 のベクトル $\boldsymbol{x}_1$ と $\boldsymbol{x}_2$ の内積は式 (1.32) で与えられ，その解析的延長は

$$\boldsymbol{P}_1\cdot\boldsymbol{P}_2=x_1x_2+i\hat{y}_1 i\hat{y}_2=x_1x_2-\hat{y}_1\hat{y}_2 \tag{1.101}$$

である．

今，ベクトル $\boldsymbol{P}_1$, $\boldsymbol{P}_2$ および $\boldsymbol{P}_3$ は図 1.15 のベクトル $\boldsymbol{P}$ であるとする．すなわち $\hat{y}<x$ とする．図 1.10 および 1.20 では $\phi_1=0$ であるが，一般には $\phi_1\neq 0$ である．式 (1.33) で $\phi=i\hat{\phi}$ と置くと

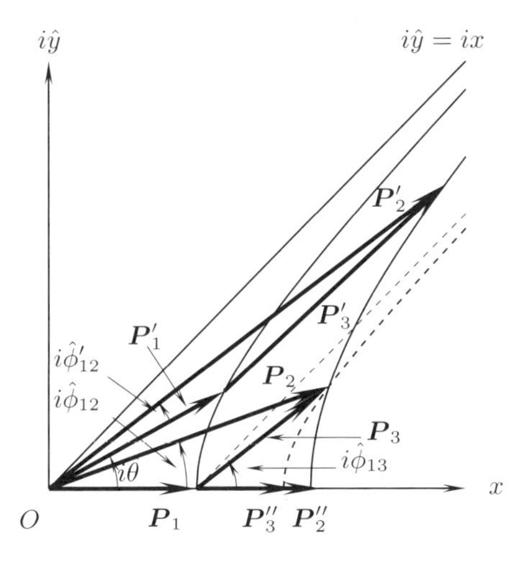

図 **1.20** R-I 座標系での不等式 $||\boldsymbol{P}_1||+||\boldsymbol{P}_3||<||\boldsymbol{P}_2||$.

$$
\begin{aligned}
&x_1=r_1\cos i\hat{\phi}_1=r_1\cosh\hat{\phi}_1, \quad y_1=i\hat{y}_1=r_1\sin i\hat{\phi}_1=ir_1\sinh\hat{\phi}_1,\\
&x_2=r_2\cos i\hat{\phi}_2=r_2\cosh\hat{\phi}_2, \quad y_2=i\hat{y}_2=r_2\sin i\hat{\phi}_2=ir_2\sinh\hat{\phi}_2
\end{aligned}
\tag{1.102}
$$

と書ける．これらを使うと

$$
\begin{aligned}
\boldsymbol{P}_1\cdot\boldsymbol{P}_2&=||\boldsymbol{P}_1||||\boldsymbol{P}_2||(\cosh\hat{\phi}_1\cosh\hat{\phi}_2-\sinh\hat{\phi}_1\sinh\hat{\phi}_2)\\
&=||\boldsymbol{P}_1||||\boldsymbol{P}_2||\cosh(\hat{\phi}_1-\hat{\phi}_2)=||\boldsymbol{P}_1||||\boldsymbol{P}_2||\cosh\hat{\phi}_{12}
\end{aligned}
\tag{1.103}
$$

が得られるが，これは式 (1.34) の解析的延長である．ただし

$$
r_1=||\boldsymbol{P}_1||=(x_1^2-\hat{y}_1^2)^{1/2}, \quad r_2=||\boldsymbol{P}_2||=(x_2^2-\hat{y}_2^2)^{1/2}, \quad \hat{\phi}_{12}=\hat{\phi}_2-\hat{\phi}_1 \tag{1.104}
$$

である．

図 1.20 のベクトル $\boldsymbol{P}_1'$ および $\boldsymbol{P}_2'$ はベクトル $\boldsymbol{P}_1$ および $\boldsymbol{P}_2$ の双曲回転で

$$
\boldsymbol{P}_1'=R(-i\theta)\boldsymbol{P}_1, \quad \boldsymbol{P}_2'=R(-i\theta)\boldsymbol{P}_2 \tag{1.105}
$$

であるが，式 (1.97) と同様の次式

$$
\boldsymbol{P}_1'\cdot\boldsymbol{P}_2'=R\boldsymbol{P}_1\cdot R\boldsymbol{P}_2=\boldsymbol{P}_1R^T\cdot R\boldsymbol{P}_2=\boldsymbol{P}_1\cdot\boldsymbol{P}_2 \tag{1.106}
$$

が成り立つので，式 (1.101) の内積は式 (1.95) の双曲回転に対して不変である．また，ベクトル $\boldsymbol{P}_1'$ と $\boldsymbol{P}_2'$ に対しても式 (1.103) および (1.104) から

$$\hat{\phi}'_{12} = \hat{\phi}'_2 - \hat{\phi}'_1 = \hat{\phi}_{12} = \hat{\phi}_2 - \hat{\phi}_1 \tag{1.107}$$

が成り立つので，二つのベクトル $\boldsymbol{P}_1$ と $\boldsymbol{P}_2$ の作る双曲角 $\hat{\phi}_{12}$ も双曲回転に対して不変である．すなわち，図 1.20 は見た目とは異なり，ベクトル $\boldsymbol{P}'_1$ と $\boldsymbol{P}'_2$ の間の双曲角 $\hat{\phi}'_{12}$ はベクトル $\boldsymbol{P}_1$ と $\boldsymbol{P}_2$ の間の双曲角 $\hat{\phi}_{12}$ に等しい．

図 1.20 で

$$\boldsymbol{P}_2 = \boldsymbol{P}_1 + \boldsymbol{P}_3, \quad \text{これから} \quad \boldsymbol{P}_3 = \boldsymbol{P}_2 - \boldsymbol{P}_1 \tag{1.108}$$

である．この式の両辺に双曲回転演算子 $R(i\theta)$ をかけて式 (1.105) を使うと

$$\boldsymbol{P}'_3 = \boldsymbol{P}'_2 - \boldsymbol{P}'_1, \quad \text{ただし} \quad \boldsymbol{P}'_3 = R(-i\theta)\boldsymbol{P}_3 \tag{1.109}$$

が得られる．これらのベクトルの長さはユークリッド幾何学で見れば双曲回転により変化して見えるが，ミンコフスキー幾何学では不変である．すなわち図 1.20 は見た目とは異なり

$$j = 1,2,3 \text{ に対して} \quad ||\boldsymbol{P}'_j|| = ||\boldsymbol{P}_j|| \tag{1.110}$$

である．

1.6.2　デカルト座標系の最短距離は実数–虚数軸座標系の最長距離

図 1.20 に示す 3 角形の各辺の長さについて考えよう．前節で書いたように，ベクトルの長さとその間の角度は双曲回転に対して不変であり，図の二つの 3 角形の各辺とその間の角度は等しいので，回転前のベクトル $\boldsymbol{P}_1, \boldsymbol{P}_2$ および $\boldsymbol{P}_3$ の作る 3 角形の各辺について考える．式 (1.108) を使って

$$\begin{aligned} ||\boldsymbol{P}_2||^2 &= ||\boldsymbol{P}_1 + \boldsymbol{P}_3||^2 = ||\boldsymbol{P}_1||^2 + ||\boldsymbol{P}_3||^2 + 2||\boldsymbol{P}_1 \cdot \boldsymbol{P}_3|| \\ &= ||\boldsymbol{P}_1||^2 + ||\boldsymbol{P}_3||^2 + 2||\boldsymbol{P}_1||||\boldsymbol{P}_3|| \cosh\hat{\phi}_{13}, \quad \hat{\phi}_{13} = \hat{\phi}_3 - \hat{\phi}_1 \end{aligned} \tag{1.111}$$

である．$\hat{\phi}_{13}$ は実数であり零でないので

$$1 < \cosh\hat{\phi}_{13} \tag{1.112}$$

である．それゆえ式 (1.111) で $\cosh\hat{\phi}_{13}$ の代わりに 1 を使うと

$$||\boldsymbol{P}_2||^2 > ||\boldsymbol{P}_1||^2 + ||\boldsymbol{P}_3||^2 + 2||\boldsymbol{P}_1||||\boldsymbol{P}_3|| = (||\boldsymbol{P}_1|| + ||\boldsymbol{P}_3||)^2 \tag{1.113}$$

が得られ，両辺の平方根を取ると

$$||\boldsymbol{P}_2|| > ||\boldsymbol{P}_1|| + ||\boldsymbol{P}_3|| \tag{1.114}$$

が得られる．すなわち，ベクトル $\boldsymbol{P}_2$ の長さはベクトル $\boldsymbol{P}_1$ とベクトル $\boldsymbol{P}_3$ の長さの和よりも大きい．

式 (1.114) はユークリッド空間の式 (1.43) と逆の一見奇妙であるがきわめて興味深い結果である．この一見奇妙な結果が得られることの理由を図 1.20 に幾何学的に示す．この図でベクトル $\boldsymbol{P}_2''$ およびベクトル $\boldsymbol{P}_3''$ はそれぞれベクトル $\boldsymbol{P}_2$ および $\boldsymbol{P}_3$ を x 軸上へ回転させたベクトルである．

ベクトル $\boldsymbol{P}_3''$ の始点はベクトル $\boldsymbol{P}_1$ の先端であり，図 1.18 の原点から $x=a$ までのベクトル $\overrightarrow{Oa}$ に相当する．それゆえ，ベクトル $\boldsymbol{P}_3$ および $\boldsymbol{P}_3''$ の先端を通る双曲線は図 1.18 の 3 角形 T_a' の右上を通る双曲線である，すなわち，ベクトル $\boldsymbol{P}_1$ の先端を原点とする座標系で描く双曲線で，図 1.20 のベクトル $\boldsymbol{P}_3$ の長さはベクトル $\boldsymbol{P}_3''$ の長さに等しい．すなわち

$$||\boldsymbol{P}_3|| = ||\boldsymbol{P}_3''|| \tag{1.115}$$

である．この図から x 軸上で

$$||\boldsymbol{P}_1|| + ||\boldsymbol{P}_3''|| = ||\boldsymbol{P}_1|| + ||\boldsymbol{P}_3|| < ||\boldsymbol{P}_2''| = ||\boldsymbol{P}_2|| \tag{1.116}$$

と式 (1.114) が成り立つことが分かる．ユークリッド空間では 2 点の最短距離はその 2 点を通る直線であるが，実数–虚数軸空間では原点からベクトル $\boldsymbol{P}_2$ の先端までの距離はベクトル $\boldsymbol{P}_1$ とベクトル $\boldsymbol{P}_3$ の長さの和よりも長い．したがって原点から $\boldsymbol{P}_2$ の先端までの直線は原点から $\boldsymbol{P}_2$ の先端までの最長距離である．

図 1.21 のベクトル $\boldsymbol{Q}_1, \boldsymbol{Q}_2$ およびベクトル $\boldsymbol{Q}_3$ 等は図 1.20 のベクトル $\boldsymbol{P}_1, \boldsymbol{P}_2$ およびベクトル $\boldsymbol{P}_3$ 等を漸近線 $i\hat{y}=ix$ に対して，対称に移動させたものである．図 1.16 のベクトル $\boldsymbol{Q}$ のノルムは式 (1.74) に示したように虚数になるので

$$|\boldsymbol{Q}| = |x^2 + (i\hat{y})^2|^{1/2} = |x^2 - \hat{y}^2|^{1/2} = (\hat{y}^2 - x^2)^{1/2} \tag{1.117}$$

と定義すると，式 (1.114) と同様の式

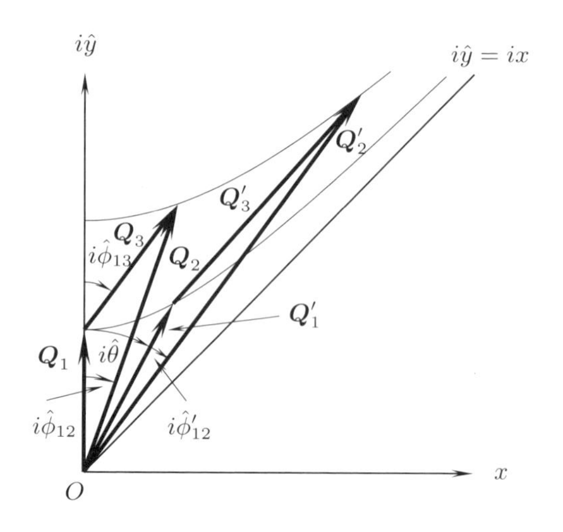

図 1.21　R-I 座標系で $|\boldsymbol{Q}_1|+|\boldsymbol{Q}_3|<|\boldsymbol{Q}_2|$.

$$|\boldsymbol{Q}_1|+|\boldsymbol{Q}_3|<|\boldsymbol{Q}_2| \tag{1.118}$$

が成り立つ．すなわち，図 1.21 のベクトル $\boldsymbol{Q}$ に関しても，3 角形の 1 辺 $\boldsymbol{Q}_2$ の長さは他の二つの辺の長さの和 $|\boldsymbol{Q}_1|+|\boldsymbol{Q}_3|$ より長い．したがって原点から $\boldsymbol{Q}_2$ の先端までの直線は原点からの最長距離である．

1.6.3　4 辺形の回転

図 1.22 にデカルト座標系の正方形を式 (1.51) を使って原点の回りにベクトル $\boldsymbol{x}$ を $\boldsymbol{x}'$ へ正と負の方向へ回転したときと，それを解析的延長を行った式 (1.96) で双曲回転をしたベクトルを図 1.23 の実数–虚数軸座標系に示す．図 1.22 および 1.23 の回転角は $\theta=\hat{\theta}=\pi/4$ である．図 1.22 のベクトル $\boldsymbol{q}_1, \boldsymbol{q}_2$ および $\boldsymbol{q}_3$ は原点から正方形の角の位置への位置ベクトルであり，それらは式 (1.48) を使って原点の回りに回転している．これらの $\boldsymbol{q}_1$ および $\boldsymbol{q}_3$ 等に対応する実数–虚数軸座標系でのベクトルが図 1.23 のベクトル $\boldsymbol{Q}_1, \boldsymbol{Q}_3$ 等で，これを式 (1.95) で回転させたベクトルが $\boldsymbol{Q}'_1, \boldsymbol{Q}'_3$ 等である．すなわち

$$\boldsymbol{Q}'_1=R\boldsymbol{Q}_1, \quad \boldsymbol{Q}'_3=R\boldsymbol{Q}_3 \tag{1.119}$$

であり，式 (1.97) を使うと

$$||\boldsymbol{Q}'_1||=||\boldsymbol{Q}_1||, \quad ||\boldsymbol{Q}'_3||=||\boldsymbol{Q}_3|| \tag{1.120}$$

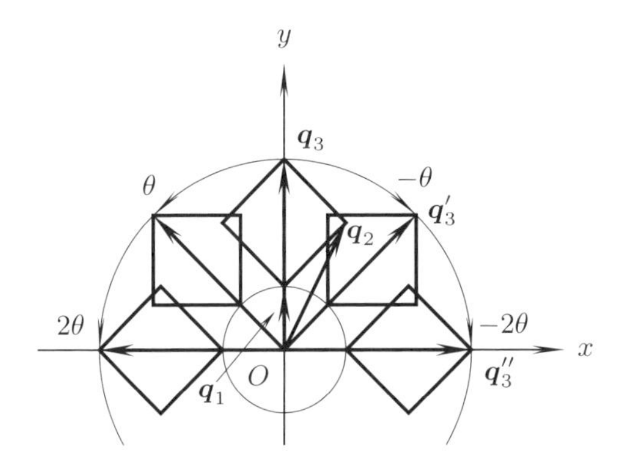

図 **1.22** デカルト座標系での 4 角形の回転.

である.

図 1.23 では回転によって正方形は長方形へ変形するが，直角四辺形の形を維持している．その理由を考えよう．原点を始点とし正方形の右の角を終点とするベクトルを $\boldsymbol{Q}_2$, 位置ベクトル $\boldsymbol{Q}_1$ の先端を始点とし，正方形の右の角を終点とするベクトルを $\boldsymbol{Q}_{12}$ とすると，次式

$$\boldsymbol{Q}_1+\boldsymbol{Q}_{12}=\boldsymbol{Q}_2, \quad \text{すなわち} \quad \boldsymbol{Q}_{12}=\boldsymbol{Q}_2-\boldsymbol{Q}_1 \tag{1.121}$$

が成り立つ．式 (1.121) に式 (1.94) の双曲回転演算子 $R(-i\hat{\theta})$ を演算すると

$$\boldsymbol{Q}'_{12}=R\boldsymbol{Q}_{12} \tag{1.122}$$

が成り立つがそのノルムは式 (1.97) により不変である．すなわち

$$||\boldsymbol{Q}'_{12}||=||\boldsymbol{Q}_{12}|| \tag{1.123}$$

ベクトル $\boldsymbol{Q}_{12}$ は x 軸に対して 45 度なのでそのノルムは零であり，したがってベクトル $\boldsymbol{Q}'_{12}$ のノルムも零であり，それゆえベクトル $\boldsymbol{Q}'_{12}$ も x 軸に対して 45 度である．同様にして 4 辺形のすべての辺は x 軸に対して 45 度となり，双曲回転後の 4 辺形は直角 4 辺形であることが分かる.

図 1.24 には，デカルト座標系で矩形を式 (1.51) を使って原点の回りに回転したときと，図 1.25 にはそれを式 (1.96) に従って解析的延長を行ったときの実数–虚数軸座標系の 4 辺形を示す.

図 1.24 のデカルト座標系では 4 辺形は回転しても各辺の長さも各辺の間の

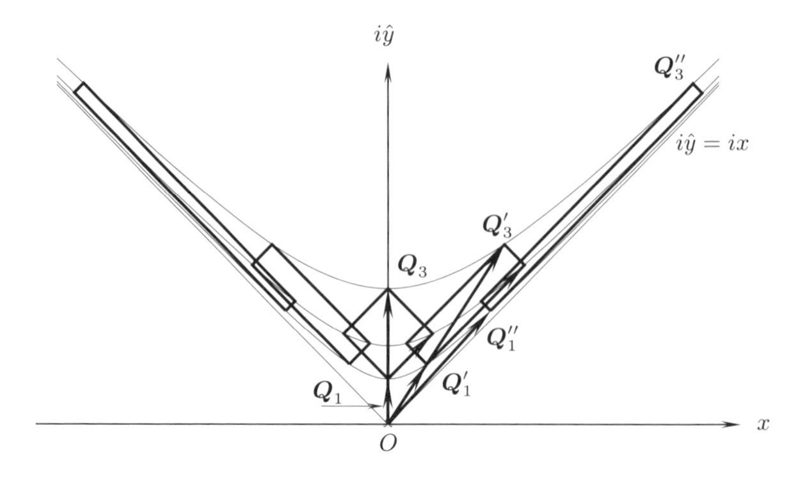

図 1.23　図 1.22 に対応する R-I 座標系での双曲回転.

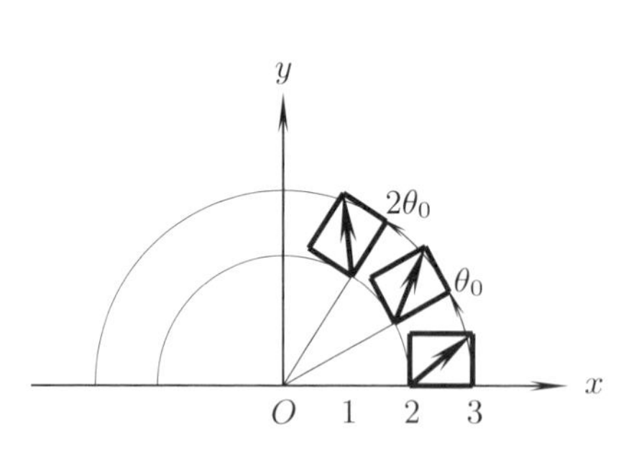

図 1.24　デカルト座標系での 4 角形の回転.

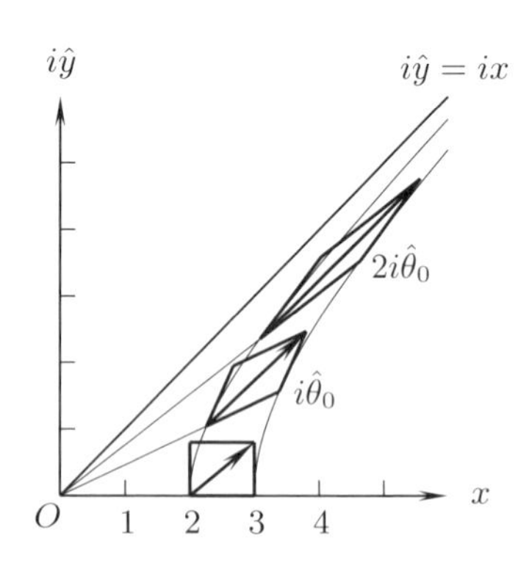

図 1.25　図 1.24 に対応する R-I 座標系での双曲回転.

角度も不変であることは直ぐに分かるが，図 1.25 ではそれらは変化しているように見える．しかし，1.6.1 節で説明したように，双曲回転でも見た目とは異なり 4 辺形の各辺の長さと各辺の間の角度も不変である.

図 1.25 で，回転前の x 軸に接した 4 辺形は双曲回転後も常にその 4 辺形が存在する双曲線の漸近線の内部にあり，漸近線を越えて回転することはない．すなわち，図 1.15 のベクトル $\boldsymbol{P}$ はベクトル $\boldsymbol{Q}$ へ変換されることはなく，逆に

ベクトル $\boldsymbol{Q}$ はベクトル $\boldsymbol{P}$ へ変換されることはない．$i\hat{y}=\pm ix$ の 2 本の漸近線は双曲回転によって越えることのできない壁になっている．

1.7 双曲回転前の座標系 $K(x,i\hat{y})$ と双曲回転後の座標系 $K'(x',i\hat{y}')$ の関係

座標系 $K(x,i\hat{y})$ とそれを双曲角 $i\hat{\theta}$ で回転した座標系 $K'(x',i\hat{y}')$ の関係を考えよう．式 (1.93) で $x'=r$, $\hat{y}'=0$ と置くと

$$\boldsymbol{X}=\begin{pmatrix} x \\ i\hat{y} \end{pmatrix}=\begin{pmatrix} \cosh\hat{\theta} & -i\sinh\hat{\theta} \\ i\sinh\hat{\theta} & \cosh\hat{\theta} \end{pmatrix}\begin{pmatrix} r \\ 0 \end{pmatrix}=\begin{pmatrix} r\cosh\hat{\theta} \\ ir\sinh\hat{\theta} \end{pmatrix} \tag{1.124}$$

を得るが，これは図 1.26 および 1.27 の x' 軸を表す．この式で $x'=r=1,2,3,4,\cdots$ と置くと図 1.27 の x' 軸の目盛りが得られる．同様に式 (1.93) で $x'=0$, $i\hat{y}'=ir$ と置くと

$$\boldsymbol{X}=\begin{pmatrix} x \\ i\hat{y} \end{pmatrix}=\begin{pmatrix} \cosh\hat{\theta} & -i\sinh\hat{\theta} \\ i\sinh\hat{\theta} & \cosh\hat{\theta} \end{pmatrix}\begin{pmatrix} 0 \\ ir \end{pmatrix}=\begin{pmatrix} r\sinh\hat{\theta} \\ ir\cosh\hat{\theta} \end{pmatrix} \tag{1.125}$$

を得るが，これは図 1.26 および 1.27 の $i\hat{y}'$ 軸を表す．

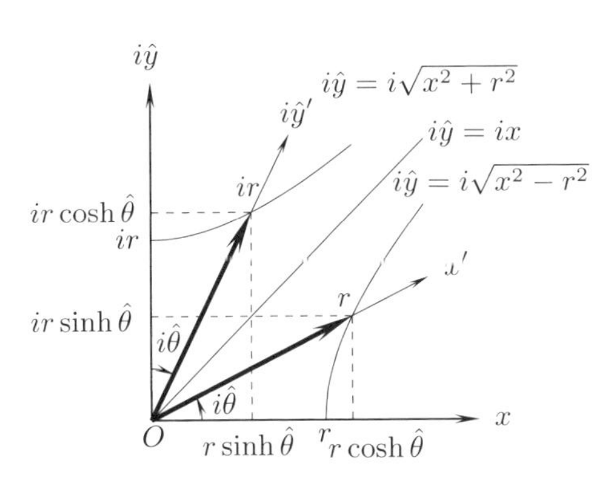

図 1.26 式 (1.91) および (1.93) に対応する座標系 $K(x,i\hat{y})$ および $K'(x',i\hat{y}')$．

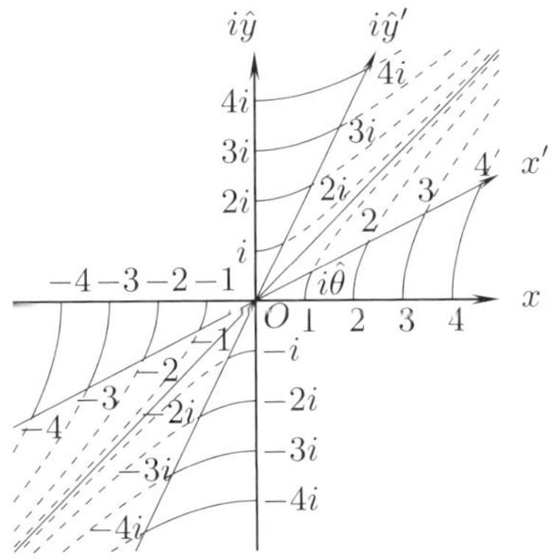

図 1.27 $\theta=i\hat{\theta}$ の場合の式 (1.91) に対応する座標系 $K'(x',i\hat{y}')$ の目盛り．

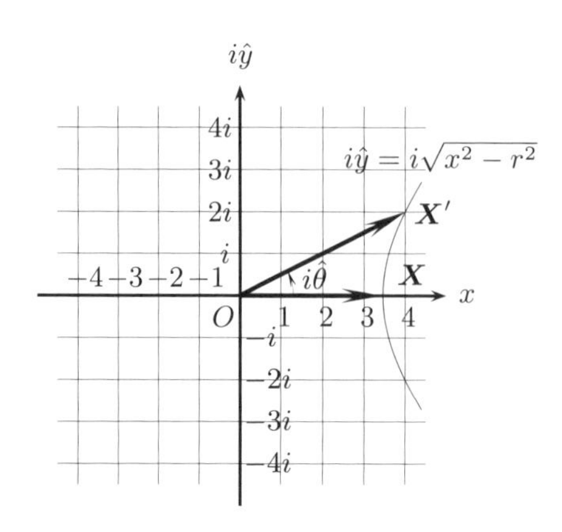

図 1.28　式 (1.91) によるベクトル $\boldsymbol{X}$ のベクトル $\boldsymbol{X}'$ への回転，$\tanh\hat{\theta} = 1/2$.

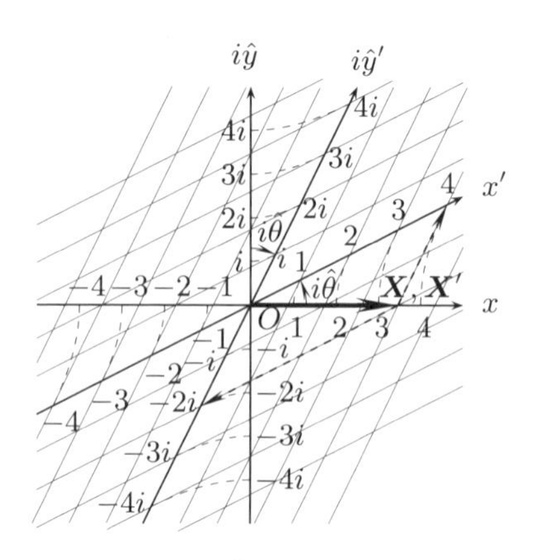

図 1.29　式 (1.91) による座標系 $K(x, i\hat{y})$ の座標系 $K'(x', i\hat{y}')$ への回転，$\tanh\hat{\theta} = 1/2$.

図 1.26 には，$x = r$ と $i\hat{y} = ir$ を通る双曲線を示す．また，図 1.27 には $\hat{y} = r = 1,2,3,4,\cdots$ と置いたときの双曲線と座標軸の目盛りを示す．

これらの図の x' 軸は x 軸に対して双曲角 $i\hat{\theta}$ の傾きを持っており，x' 軸の x 軸に対する勾配は $(x, i\hat{y}) = (r\cosh\hat{\theta}, ir\sinh\hat{\theta})$ とすると

$$x' 軸の\ x\ 軸に対する勾配 = \frac{r\sinh\hat{\theta}}{r\cosh\hat{\theta}} = \tanh\hat{\theta} \tag{1.126}$$

である．同様に $i\hat{y}'$ 軸は，$i\hat{y}$ 軸に対して双曲角 $i\hat{\theta}$ の傾きを持っており，その $i\hat{y}$ 軸に対する勾配は $(x, i\hat{y}) = (r\sinh\hat{\theta}, ir\cosh\hat{\theta})$ とすると

$$i\hat{y}' 軸の\ i\hat{y} 軸に対する勾配 = \frac{r\sinh\hat{\theta}}{r\cosh\hat{\theta}} = \tanh\hat{\theta} \tag{1.127}$$

と，式 (1.126) と同じである．また，これらの図では $\tanh\hat{\theta} = 1/2$ としているので，式 (1.11) を使うと

$$\cosh\hat{\theta} = \frac{1}{\sqrt{1 - \tanh^2\hat{\theta}}} = \frac{2\sqrt{3}}{3} \fallingdotseq 1.16, \quad \sinh\hat{\theta} = \frac{\tanh\hat{\theta}}{\sqrt{1 - \tanh^2\hat{\theta}}} = \frac{\sqrt{3}}{3} \fallingdotseq 0.577 \tag{1.128}$$

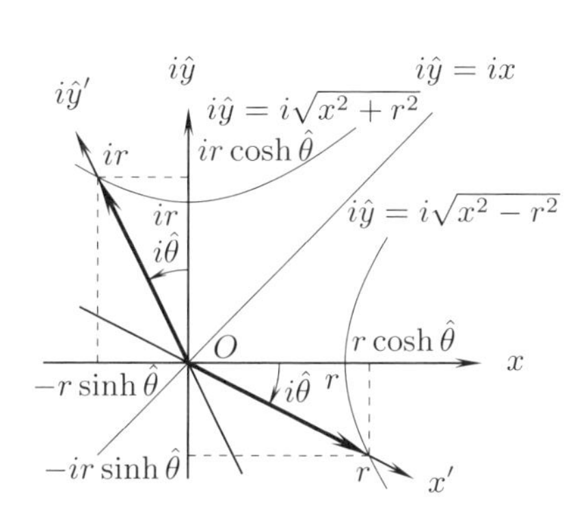

図 1.30 図 1.26 で回転角が負の場合．$\tanh\hat{\theta}=-1/2$.

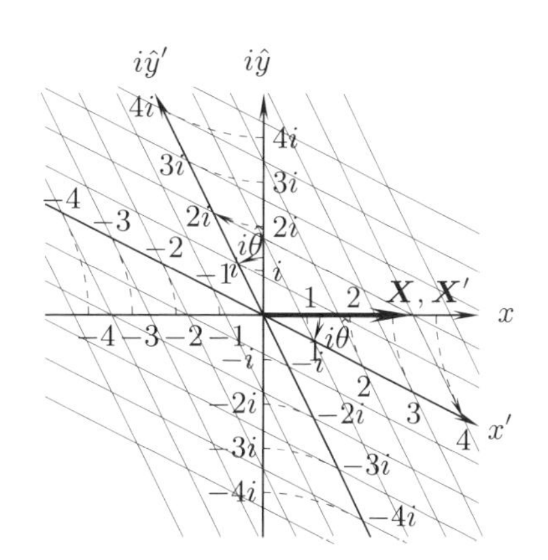

図 1.31 図 (1.29) で回転角が負の場合．$\tanh\hat{\theta}=-1/2$.

である．

双曲回転前の座標系 $K(x,\hat{y})$ に座標の線と目盛りを書き入れたのが図 1.28 であり，図 1.27 の座標系 $K'(x',i\hat{y})$ に座標の線と目盛りを書き込んだのが図 1.29 である．$i\hat{y}'=$ 一定の座標は x' 軸に平行な直線であり，$x'=$ 一定の座標は，$i\hat{y}'$ 軸に平行な直線である．図 1.28 にはローレンツ変換式 (2.30) をベクトルの回転と解釈した回転前のベクトル $\boldsymbol{X}$ と回転後のベクトル $\boldsymbol{X}'$, 図 1.29 には座標系 $K(x,i\hat{y})$ の回転と見たときの回転座標系 $K'(x',i\hat{y}')$ およびベクトル $\boldsymbol{X}$ とベクトル $\boldsymbol{X}'$ が示されている．

双曲回転角が負の場合に図 1.26 に対応するのが図 1.30 であり，この場合の図 1.29 に対応する座標系 $K(x,i\hat{y})$ と $K'(x',i\hat{y}')$ の間の関係を図 1.31 に示す．

図 1.26 および 1.30 を利用して次の二つの双曲線

$$i\hat{y}-i\sqrt{x^2-1}, \quad i\hat{y}=i\sqrt{x^2-a^2}, \quad a=\cosh\hat{\theta} \tag{1.129}$$

を描いたのが図 (1.32) および (1.33) である．図で $b=\sinh\hat{\theta}$ である．これらは長さのローレンツ収縮や時間の遅れを説明するのに必要となる．

図 1.32 で位置 $(x,i\hat{y})=(a,ib)$ を通る双曲線の接線は座標軸 $i\hat{y}'$ と平行であることを示そう．式 (1.129) の最初の双曲線の式を 2 乗して x で微分すると

$$2\hat{y}\frac{d\hat{y}}{dx}=2x, \quad \text{より} \quad \frac{d\hat{y}}{dx}=\frac{x}{\hat{y}} \tag{1.130}$$

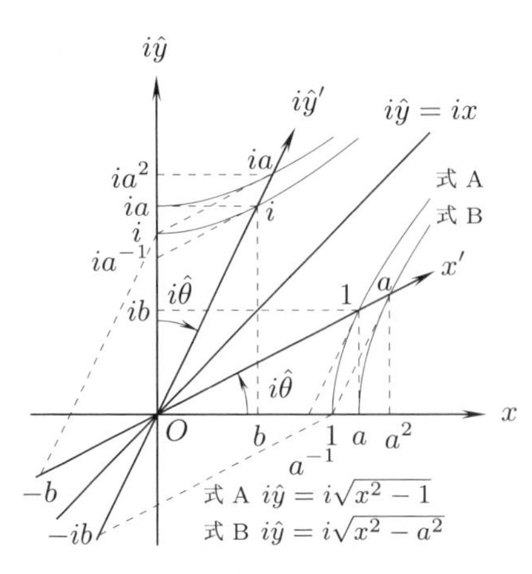

図 **1.32**　式 (1.91) および (1.93) に対応する座標系 $K(x,i\hat{y})$ および $K'(x',i\hat{y}')$, $a=\cosh\hat{\theta}$, $b=\sinh\hat{\theta}$.

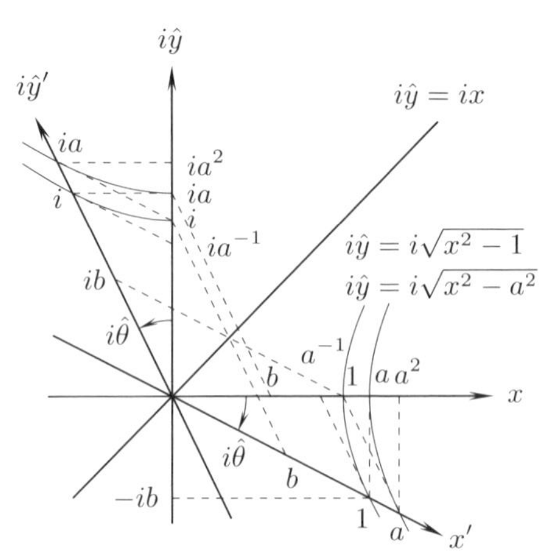

図 **1.33**　式 (1.91) および (1.93) で $\hat{\theta}\to-\hat{\theta}$ と置いたときの座標系 $K(x,i\hat{y})$ および $K'(x',i\hat{y}')$, $a=\cosh\hat{\theta}$, $b=\sinh\hat{\theta}$.

を得る．この式に位置 $(x,i\hat{y})=(a,ib)$ を代入すると，$x/\hat{y}=a/b$ であり，これは図 1.32 でみれば分かるように $i\hat{y}'$ 軸の勾配に等しい．すなわち，双曲線 $i\hat{y}=i\sqrt{x^2-1}$ の位置 $(x,iy)=(a,ib)$ での接線は座標軸 $i\hat{y}'$ と平行であることが示せた．

この接線の式は

$$\hat{y}-b=\frac{a}{b}(x-a) \tag{1.131}$$

である．$\hat{y}=0$ となる x 座標は，$a=\cosh\hat{\theta}$, $b=\sinh\hat{\theta}$ と式 (1.12) を使うと

$$-b=\frac{a}{b}(x-a)\quad より\quad x=a-\frac{b^2}{a}=\frac{1}{a}(a^2-b^2)=\frac{1}{a}=\frac{1}{\cosh\hat{\theta}} \tag{1.132}$$

と得られる．式 (1.131) の接線は図 1.32 で $(x,i\hat{y})=(1/a,0)$ と $(x,i\hat{y})=(a,ib)$ を結ぶ鎖線で描かれている．図 1.32 には $i\hat{y}=ix$ に対称の双曲線と座標が描かれている．図 1.33 は図 1.30 を使った図 1.32 に対応する座標系である．

1.8 極座標系の解析的延長

デカルト座標の位置 (x,y) を半径 r と角度 θ を使って，(r,θ) で表す座標系は極座標と呼ばれる．このとき

$$x = r\cos\theta, \quad y = r\sin\theta \tag{1.133}$$

であり，その極座標を図 1.34 に示す．この座標系に式 (1.89) の解析的延長を行うと

$$x = r\cosh\hat{\theta}, \qquad i\hat{y} = ir\sinh\hat{\theta} \tag{1.134}$$

であり，位置を $(r,i\hat{\theta})$ で表す R-I 座標系を図 1.35 に示す．この座標系はリンドラー座標系と呼ばれる．図 1.34 および図 1.35 で，原点からの直線は原点の周りに前者は $\theta_0 = 0.2\ (=11.5°)$ ごと，後者では $i\hat{\theta}_0 = 0.2i$ ごとである．

式 (1.14) を x で微分すると

$$2x + 2y\frac{dy}{dx} = 0, \quad これから \quad \frac{dy}{dx} = -\frac{x}{y} \tag{1.135}$$

が得られ，式 (1.133) を使うと

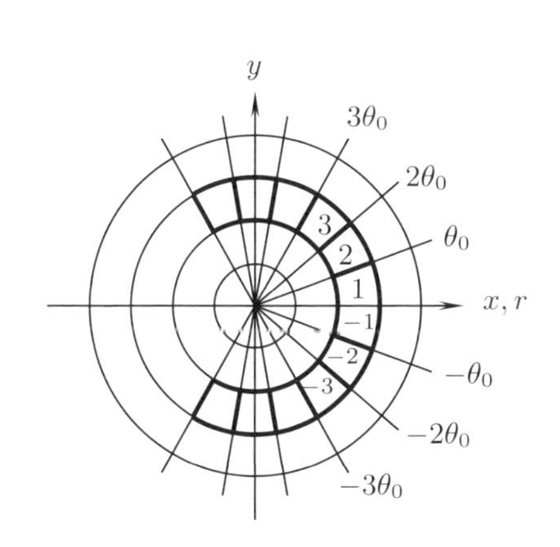

図 1.34 極座標と 4 辺形の正および負方向への回転．

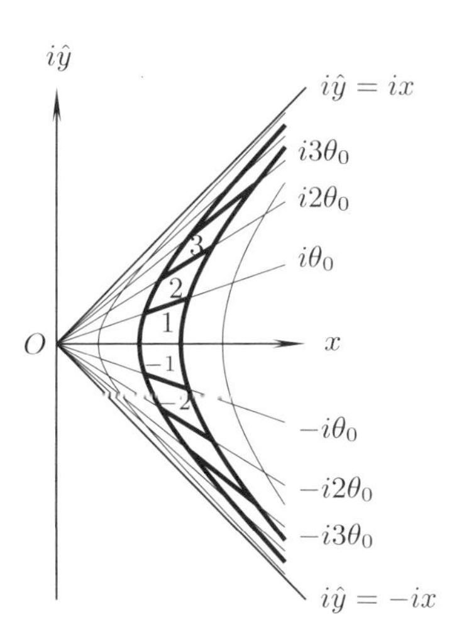

図 1.35 図 1.34 に対応する R-I 座標系と 4 辺形の正および負方向への回転．

$$\frac{dy}{dx}=-\frac{r\cos\theta}{r\sin\theta}=-\cot\theta \tag{1.136}$$

が得られる．式 (1.89) の解析的延長を行うと

$$i\frac{d\hat{y}}{dx}=-\cot i\hat{\theta}=-\frac{\sin i\hat{\theta}}{\cos i\hat{\theta}}=-\frac{\cosh\hat{\theta}}{i\sinh\hat{\theta}},\quad \text{これから}\quad \frac{d\hat{y}}{dx}=\coth\hat{\theta} \tag{1.137}$$

を得る．式 (1.136) は図 1.34 の円の接線の勾配は半径 r に無関係で角度 θ のみに依存すること，式 (1.137) は図 1.35 の双曲線の接線の勾配は定数 r に無関係で双曲角 $\hat{\theta}$ のみに依存することを示している．

図 1.34 ではデカルト座標系で原点から角度の幅 $\theta_0=0.2$ の 2 本の直線と半径 $r_1=2$ と $r_2=3$ の二つの円弧で作られる 4 辺形が 1,2,3 の数値を付けて示されている．それらの 4 辺形は原点の回りに一定の角度 $\theta_0=0.2$ で回転していると見なせる．図 1.35 はそれらの 4 辺形を式 (1.89) で解析的に延長したものである．図 1.34 の 1, 2, 3, …等の 4 辺形は回転によって各辺の長さや角度 θ_0 は不変であることは明らかであるが，図 1.35 の 1, 2, 3, …等の 4 辺形の各辺の長さや角度 $i\theta_0$ も双曲回転に対して不変である．すなわち，図 1.35 の角度 $i\theta_0$ は見た目には等しい角度には見えないがすべて等しい．

回転角が正のときは図で原点の回りを左回りに，負のときは原点の回りを右回りに回転する．図 1.34 で回転の角度 θ が大きくなると，図形は原点の回りを何度も回転するが，図 1.34 では回転の角度 $i\hat{\theta}$ が幾ら大きくなっても図の対角線内に留まり，対角線を越えることはない．

1.9　結語

デカルト座標系の円の式を解析的に延長すると双曲線の式になること，円周の弧の長さを表す式を解析的に延長すると双曲線の弧の長さが得られるが，その弧の長さは $\sqrt{dx^2-d\hat{y}^2}$ の積分で得られ，これはミンコフスキー空間のノルム (長さ) であること，それゆえ，デカルト座標系を解析的に延長するとミンコフスキー空間の座標系となることを示した．

このミンコフスキー空間の座標系を実数–虚数軸座標系で表すと，デカルト座標系での座標系の回転の式は，この実数–虚数軸座標系での双曲回転の式になり，デカルト座標系の回転ではノルム $\sqrt{dx^2+dy^2}$ が回転に対して不変

であることに対応して，その解析的延長で得られる実数–虚数軸座標系では $\sqrt{dx^2-d\hat{y}^2}$ が双曲回転に対して不変となる．解析的延長を使う利点は，ユークリッド空間で得られている式を解析的延長と言う単純な手続きで，ミンコフスキー空間で成り立つ式を自動的に導けることである．これらの結果を次章で特殊相対性理論の式を導くために利用する．

高木貞治 [8] の『解析概論』解析的延長の節には次のように書かれている．

> 局所的に与えられた $f(z)$ のすべての可能なる解析的延長を総括して，それによって一つの関数が定められるとみて，Weierstrass がそれを単性**解析函数** (monogene analytische Funktion) と名づけた，このような拡張は任意の規約による形式的の拡張とは全く違う．すなわち拡張された広範囲の各部局において，函数が種々の様式によって表わされることがあっても，それらの間に本質的の関係があって，一部局における函数の一つの砕片から，全局における函数が自然に確定するのである．　([8] 高木 p.228–229)

それゆえ，例えば円を表す関数と双曲線を表す関数は解析的延長の概念を使えば一つの関数と見なすことができる，と言うことはカール・ワイエルシュトラス (1815-1897) に従えば 19 世紀にも言えたことになる．また解析的延長の概念を使えば，ミンコフスキー空間のノルム (長さ) を計算する式 $\sqrt{x^2-y^2}$ はピタゴラスの定理による直角 3 角形の斜辺の長さを計算する式 $\sqrt{x^2+y^2}$ と同じ関数であると言えることになる．

キップ・S・ソーンは，ミンコフスキーの公式とピタゴラスの公式について，次のように書いている．

> あなたと私が採用したミンコフスキーの公式とムレディナ人の採用したピタゴラスの公式とのあいだには，たった一つだけ重要な違いがある．われわれは間隔の二乗を加えるかわりに差し引かなければならない．この引き算は，われわれが探究している時空とムレディナ人が探究している地球の表面との物理的な違いに密接に関連している……　([4] ソーン p.82)

しかし，解析的延長の概念を使えばミンコフスキーの公式とムレディナ人の採用したピタゴラスの公式には本質的な関係がある．ミンコフスキーのノルム (長さ) がピタゴラスの定理の解析的延長であることを考えると，ムレディナ人の採用したピタゴラスの公式が成り立つ空間とミンコフスキー空間の間には本質的な関係がある．

第 2 章

光探求の歴史と光速度不変の原理

2.1　光探求の歴史

光は昔から不思議な存在で，その真実の姿を求める探求には長い歴史がありその一端を表 2.1 に示す．アリストテレス (前 389-322) はこの世のものは火，水，空気と土の四元素からできており，この四元素の周囲はエーテル (Aether) で満たされ，「第五元素」としてのエーテルの存在によって太陽の熱や星の光が地上へ伝えられると考えた．このエーテルとは，ギリシャ語で「天上の空気」を意味し，天上にいる神々が呼吸する聖なる炎であると考えられた [11].

地上のすべてのものが火，水，空気と土のわずか四元素でできているとする説は現代から見れば荒唐無稽のように思えるが，当時は自然を観察した結果を論理的に説明する合理的な説明であった．植物は土地があって生長するが，その生長に太陽の光と水は必要不可欠である．動物は植物を食べ空気を吸って成長し，死んで燃やせば土に戻るが，燃えるときに発生する熱や光は植物が成長するときに太陽の光を吸収したものである．それゆえ，植物も動物もすべて火，水，空気と土の四元素でできているはずだと考えるのは，きわめて論理的で分析的な思考の結果得られた成果であった．これは古典文献学を専門とするニーチェが書いているように，世の中の出来事は感性ではなく理性によって説明されるべきだとのギリシャ人の思考法が根幹にある [1].

ユークリッド (エウクレイデス，ギリシャ，前 230–275) は，光学と幾何学とをむすびつけ (幾何光学)，光の直進性，反射および屈折などを論じた [12]．17 世紀には光の正体について粒子説と波動説が対立していた．1667 年，フックは宇宙に満ちた媒質をエーテルと呼び，光は振動であると考えた．ホイヘンスは1678年に「ホイヘンスの原理」を提唱，光を波と考えそれから反射，屈折の法則が導かれることを示し，光の波動説の基礎を作った．しかし，ホイヘンスの理論は18世紀の科学界に君臨した粒子説を唱えるニュートンの偉大さの影にかくれて，なかなか世に知られず，百年以上も無視されてきた．

光の研究に大きな影響を与えたのはニュートン (アイザック，1642–1727) である．1704年に『光学』3巻を出版し，それは，1667年に出版された『プリンキピア』3巻の大きな威光に基づいていた．『光学』の第1巻では幾何光学の理論を記述し，光の各種の色が白色光を形成する証明実験の詳細な説明が与えられている．また，光は微細粒子からできており，それゆえ他の物体で遮蔽されたときに影を生じると述べた．第2巻では，有名な「ニュートンリング」として知られる現象を説明している．ニュートンリングはフックの発見した現象で，平らなガラス板の上に小さい曲率のレンズを置き光を当てると円形の明暗の縞が交互にできる現象である．ニュートンは，明るい環に対する空気層の厚さが1,3,5,⋯に比例し，暗い環に対するそれが0,2,4,⋯に比例することを発見した．そして，一般に反射した光は一定距離進むごとに次のガラスの面を透過する性質と反射する性質とを交互に持つようになると考え，ガラス面で反射した光が空気層の厚さによって再びレンズを通過したり通過しなかったりするとしてこの現象を説明した．ニュートンはこのように，リングのできる理由を粒子説の立場から詳細に説明し，以後この現象はニュートンリングと呼ばれるようになった．第3巻では光の回折の問題を研究し，この現象を説明するために光の振動説を提唱している [13]．ニュートンの光は基本的には粒子であるとする理論はその後1821年のフレネルの理論までの117年間，ヨーロッパの科学界で正しいと信じられてきた．

当時のパリ・アカデミーは光の粒子説が主流をなし，回折の理論さえ粒子説をもとにして説明できれば，粒子説は完成されると期待して，1817年に「回折

---

[1]2006年10月の報道によると，ローマ法王ベネディクト16世はドイツのレーゲンスブルク大学で講義を行い，次のように述べた．すなわち，ヨーロッパのアイデンティティの根幹はローマのキリスト教信仰とギリシャの哲学的理性であり，その伝統を引き継いでいる国のみがヨーロッパ連合 (EU) の加盟国になる資格があると．宗教は差し置いてもギリシャの哲学的理性の重要性は今も強調されている．このギリシャおよびその後の欧米人の分析的思考法は，何事も理屈で簡単に割れきれるものではない，物事は理屈で説明できるような簡単なものではない，と言って考えること自体を止めてしまうか，止めさせようとする我が国の一部の文化とは大きく異なるように見える．

表 2.1　光探求の歴史.

年	名前	内容
BC330 年頃	アリストテレス (ギリシャ)	エーテルの存在を仮定
BC250 年頃	ユークリッド (ギリシャ)	光の直進の法則，光の反射の法則を発見
1611 年	ケプラー (ドイツ)	光の逆 2 乗の法則を発見
1620 年	スネル (オランダ)	屈折の法則を発見
1637 年	デカルト (フランス)	『屈折光学』光の屈折反射を論じる
1660 年頃	グリマルディ (オランダ)	回折現象の発見
1665 年	フック (イギリス)	ニュートン環 (リング) を発見
1667 年	フック (イギリス)	光の波動説，フックの法則
1667 年	ニュートン (イギリス)	『プリンキピア』3 巻を出版
1678 年	ホイヘンス (オランダ)	ホイヘンスの原理，波動説の基礎
1690 年	ホイヘンス (オランダ)	「光についての論考」
1704 年	ニュートン (イギリス)	『光学』3 巻を出版，光は粒子
1804 年	ヤング (イギリス)	干渉実験，光は波
1809 年	マリュス (フランス)	偏光現象の発見
1821 年	フレネル (フランス)	光横波説を確立
1831 年	エアリー (イギリス)	ニュートン環が波の干渉であることを証明
1849 年	フィゾー (フランス)	回転歯車による光速度の測定
1851 年	フィゾー (フランス)	水流のフレンネル引きずり係数の測定
1862 年	フーコー (フランス)	水中の光速を測定
1864 年	マクスウェル (イギリス)	電磁方程式を確立， 電磁波の存在を予言，光の電磁波説を提唱
1865 年	マクスウェル (イギリス)	電磁場の力学的理論，光は電磁波と予言
1887 年	マイケルソン等	エーテルに対する光速度の測定
1888 年	ヘルツ (ドイツ)	電磁波の存在を実験で確認， 電磁波の伝搬速度は光速に等しいことを確認
1892 年	ローレンツ (オランダ)	ローレンツ収縮を発表
1895 年	ローレンツ (オランダ)	ローレンツ変換を発表
1897 年	マルコーニ (イタリア)	イギリス–フランス間の無線電信に成功
1905 年	アインシュタイン (ドイツ)	特殊相対性理論
1905 年	アインシュタイン (ドイツ)	光量子仮説
1915 年	アインシュタイン (ドイツ)	一般相対性理論

の理論」を懸賞問題として出した．フレネル (1788–1827, フランス) はこれに応募したが，波動説から光の直進性を説明し，回折現象の数学的な一般理論を展開し，波動説の計算と実験が合うことを示した．審査委員のうちの粒子説をとっていた一人のポアッソン (1781–1840, フランス) が別の特殊な場合についてこの理論に従って計算し，フレネルに実験させた．その実験の結果は，ポアッソンの計算によく一致した．そこで，パリ・アカデミーの初めの期待に反して，波動説のフレネルに賞が与えられた [12]．このように，パリ・アカデミーは光の粒子説を確立するための懸賞論文で，光の波動説を最終的に認めることになった．

ニュートンリングは波動説ではレンズ面で反射した光と，ガラス面で反射した光との干渉として説明する．エアリーは偏光を利用してレンズ面から反射してくる光を取り去って調べることを考えた．ニュートンの粒子説ではレンズ面から反射してくる光がなくてもニュートンリングはできるはずであるが，波動説では消失してしまうはずである．1831 年に実験した結果ではリングは消失して，ニュートンの説明が間違いであり，波動説が正しいことが確証された [13]．

日常体感する波には，水面が上下して進む波面や耳で聞く音波がある．水面の波は進行方向の垂直方向すなわち横方向の上下に水面が振動するので横波と呼ばれるが，音波の場合は，進行方向へ空気が圧縮と膨張を繰り返す縦方向に振動する波なので，縦波と呼ばれる．いずれにしても波動の現象には，振動する媒体が必要である．光の場合はその媒体はギリシャ以来の伝統に則りエーテルと呼ばれた．地球は南北の軸の周りに 24 時間で一回転しており，その速さは地球の半径 R を $R = 6{,}378\,\mathrm{km}$ とすると，$2\pi R/24$ 時間 $= 463\mathrm{m}/$秒である．他方，地球は太陽の周りに公転しており，その速さは $2\pi \times 1.50 \times 10^8\,\mathrm{km}/365\,\mathrm{day} = 1.08 \times 10^5\,\mathrm{km/h} \fallingdotseq 30\mathrm{km}/$秒 で公転速度の方が圧倒的に大きい[2]．

光が波であればエーテルに対して一定の速さで進むはずで，光の速さは光源の速さに無関係のはずである．もし光が粒子であれば，移動する車から物を投

[2] 太陽系が我々の銀河系の縁を移動する速度は秒速 250 km, 我々の銀河系が宇宙空間 (宇宙背景放射に対して) を運動している速度は秒速 600 km と言われている．
https://imagine.gsfc.nasa.gov/ask_astro/galaxies.html

げるときのように光の速さは光源の速さに依存するかもしれない．地球の公転方向とその垂直方向の光の速さを測定すれば，エーテルに対する光の速さやエーテルに対する地球の速さおよび光源の速さの影響が分かるはずである．そのような速さを求めるために，マイケルソンとモーレは次節で述べる実験を行った．

2.2　ガリレイ変換

今，図2.1に示されている座標系 $K'(x',t')$ があり，質点が $x'=0\,\mathrm{m}, 1\,\mathrm{m}, 2\,\mathrm{m}, 3\,\mathrm{m}, 4\,\mathrm{m}, \cdots$ に静止している．すなわち $t'=0$ にあるとする．これらの質点の座標は t' 軸およびそれに平行な時間軸上である．図2.1の座標系 $K'(x',t')$ が，静止している座標系 $K(x,t)$ に対して速さ v で x 軸の正の方向へ等速運動しているとすると，座標系 $K'(x',t')$ の各座標軸は静止座標系 K では図2.2のように表される．

図2.2のように質点の運動を時間座標と位置座標を使って表す図を時空図と呼び，質点の運動の様子はこの図ですべて表せるので，この時空図は質点運動にとっては動きうる全世界であり，それゆえ世界 (world) と呼ばれる．質点の運動する時刻と位置は，この世界の1点で表せるので世界点 (world point), 時間と共に質点が移動するときに描く曲線，すなわち飛跡は世界線 (world line) と呼ばれる．

図2.2で，運動している座標系 $K'(x',t')$ の位置 (x',t') と静止している座標系 $K(x,t)$ の位置 (x,t) の間には次の関係がある．

$$x=x'+vt',$$
$$t=t' \tag{2.1}$$

逆に，座標 (x',t') を座標 (x,t) で表すと

$$x'=x-vt,$$
$$t'=t \tag{2.2}$$

である．ベクトルと行列を使って表すと

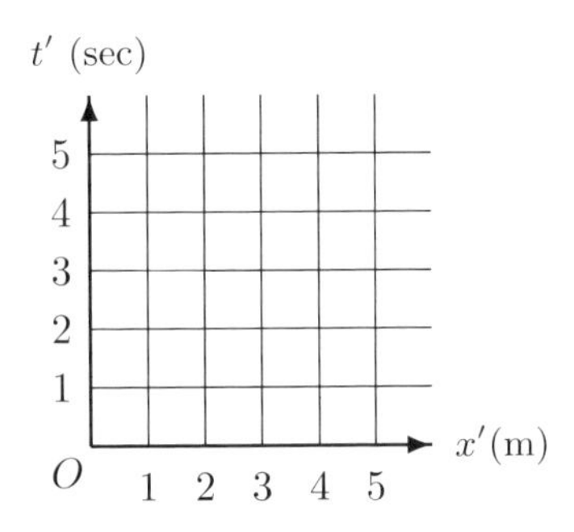

図 **2.1** 静止している座標系 $K'(x',t')$.

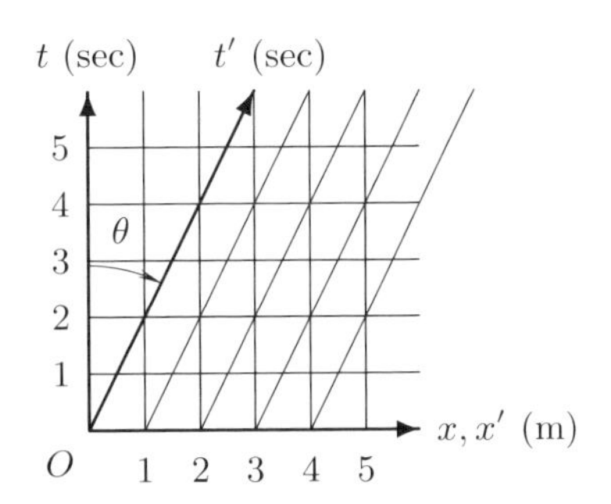

図 **2.2** 座標系 $K(x,t)$ に対して速さ v で x 軸の正方向へ運動する座標系 $K'(x',t')$.

$$\begin{pmatrix} x \\ t \end{pmatrix} = \begin{pmatrix} 1 & v \\ 0 & 1 \end{pmatrix} \begin{pmatrix} x' \\ t' \end{pmatrix}, \qquad \begin{pmatrix} x' \\ t' \end{pmatrix} = \begin{pmatrix} 1 & -v \\ 0 & 1 \end{pmatrix} \begin{pmatrix} x \\ t \end{pmatrix} \tag{2.3}$$

と書ける．お互いに等速度運動をしている二つの座標系の間の変換関係を表す式 (2.3) はガリレイ変換と呼ばれている．

静止した座標系 $K(x,t)$ から見ると，座標系 $K'(x',t')$ は v の速さで x 軸の正の方向へ運動するが，逆に座標系 $K'(x',t')$ から座標系 $K(x,t)$ を見ると，座標系 $K'(x',t')$ は静止していて，座標系 $K(x,t)$ が速さ v で x' 軸の負の方向へ運動していると観測される．座標系 $K'(x',t')$ から見ると当然であるが，この座標系 K' は静止しており，x' 軸と t' 軸は図 2.3 のように直交している．このときの座標系 $K(x,t)$ の位置 x は式 (2.2) で表せるから図 2.3 のようになることは容易に分かる．

今，座標系 K から見て，座標系 K' が速さ v_1 で x 軸の正の方向へ運動し，座標系 K' から見て，座標系 K'' が x' 軸の正の方向へ速さ v_2 で運動しているとすると，両者の座標系の間の関係は式 (2.3) より

$$\boldsymbol{x} = R(v_1)\boldsymbol{x}', \quad \boldsymbol{x}' = R(v_2)\boldsymbol{x}'', \quad \text{ただし} \quad R(v) = \begin{pmatrix} 1 & v \\ 0 & 1 \end{pmatrix}, \quad \boldsymbol{x} = \begin{pmatrix} x \\ t \end{pmatrix} \tag{2.4}$$

と表せる．したがって

$$\boldsymbol{x} = R(v_2)R(v_1)\boldsymbol{x}'' = \begin{pmatrix} 1 & v_1+v_2 \\ 0 & 1 \end{pmatrix} \begin{pmatrix} x'' \\ t'' \end{pmatrix} = \begin{pmatrix} x''+(v_1+v_2)t'' \\ t'' \end{pmatrix} \tag{2.5}$$

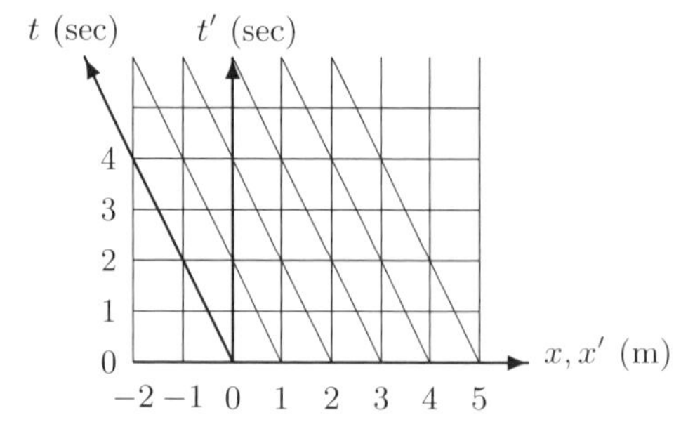

図 2.3　静止座標系 $K'(x',t')$ に対して速さ v で x' 軸の負方向へ運動する座標系 $K(x,t)$.

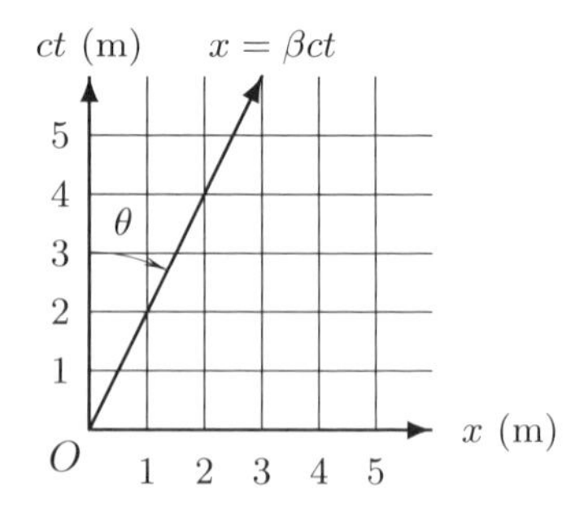

図 2.4　座標系 $K(x,ct)$ での運動. $x=vt=\beta ct$, $\beta=\dfrac{v}{c}$.

となり，静止系から見た運動の速さは二つの速さ v_1 と v_2 の単純な和になる．それゆえ，もし座標系 K' の速さ v_1 が光の速さ c の 0.6 倍，座標系 K'' が座標系 K' に対して光速度の 0.7 倍で運動しているとすると，座標系 K'' の原点に置いた質点は，静止座標系 K から見ると $v_1+v_2=1.3c$ となり，光の速さの 1.3 倍で運動することになる．

x 軸方向に速さ v で運動している質点の位置 x と時刻 t の関係は光速 c を使って次のようにも書ける．

$$x=vt=\frac{v}{c}ct=\beta ct, \quad \text{ただし} \ \ \beta=\frac{v}{c}, \quad c=2.9979246\times10^8 \ \text{m/sec} \tag{2.6}$$

ここで β は光速を単位にした速さである．時間座標軸 t の代わりに ct を用いると，速さ v の運動の世界線は図 2.4 のように描くこともできる．この図で ct 軸から直線 $x=\beta ct$ への角度を θ とすると

$$\tan\theta=\frac{x}{ct}=\beta, \quad \beta=\frac{v}{c} \tag{2.7}$$

である．ct は光が時間 t に進む距離を表す．$t=1$ 年としたときは，ct は光が 1 年間に進む距離を表すし，$ct=1\,\text{m}$ としたときは，t は光が 1 m 進む時間である．

図 2.4 のように 時間軸に t の代わりに ct を用いる利点は，二つの座標軸の次元が同じ長さなので，例えば原点から点 $(x,ct)=(2\,\text{m},4\,\text{m})$ までの長さを $\sqrt{2^2+4^2}\,\text{m}=2\sqrt{5}\,\text{m}$ と計算できることである．それに反し，図 2.3 では長さと時間を加えることはできないので，上式のように図上の 2 点間の長さを求める

ことはできない．図2.4の座標系は2.4節以後で常用される．天文学では長さの単位は光が1年間に進む距離である光年がよく使われる．

2.3　マイケルソン–モーレーの実験

マイケルソンとモーレーは1881年から1887年まで，地球上の観測者がエーテルに対してどれだけの速さで運動しているかを知るために精密な実験を行った．マイケルソンとモーレーが光の速さの変化を測るために使った干渉計を図2.5に示す．これと同じ原理のレーザ光源を用いたより精度の高い干渉計はマイケルソン干渉計として我が国でも現在販売されている．

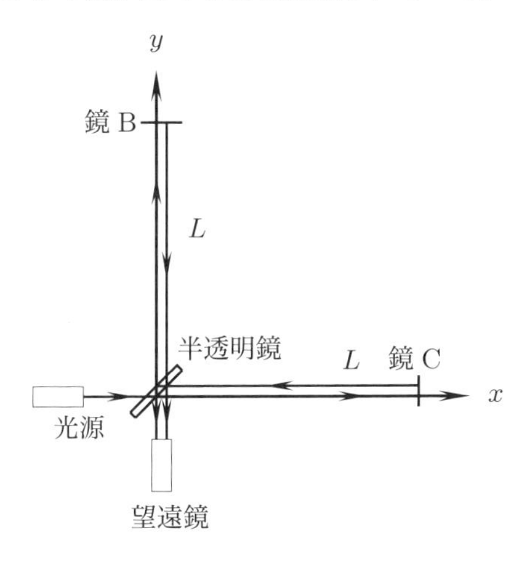

図 2.5　マイケルソン–モーレーの干渉計．

図2.5の光源からの光の半分は半透明鏡で反射されて鏡Bに達し，そこで反射されて半透明鏡を透過して望遠鏡に入る．光源からの光の半分は，透過して直進し鏡Cに達してそこで反射され，半透明鏡で反射して望遠鏡に入る．望遠鏡に入った二つの光は干渉し，望遠鏡でその干渉縞を見ることができる．ある干渉縞を観測しながらこの干渉計全体を90度回転させると，鏡Bを往復する時間と鏡Cを往復する時間の差を知ることができる．この干渉計の原理はフィゾーが1851年に水による光の引きずり効果を測定するために作った干渉計と同じであり，その精度については後の2.8節で考察する．

図2.6を見ながら，光の飛行時間を求めよう．ただし，図には鏡Cの反対側

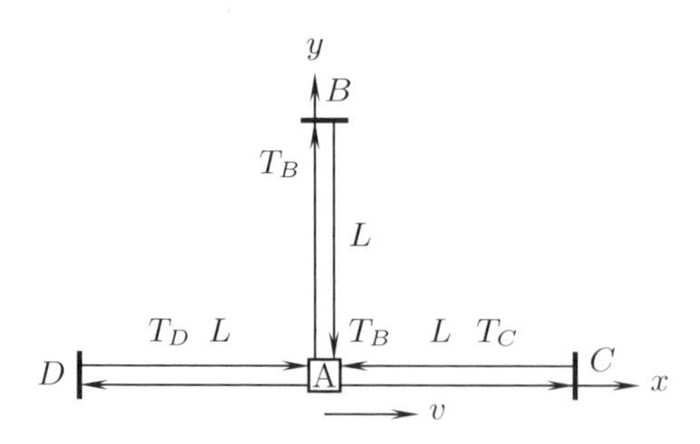

図 2.6　マイケルソン–モーレーの実験．干渉計の進行方向に垂直および平行な飛行時間 T_B および T_C, T_D.

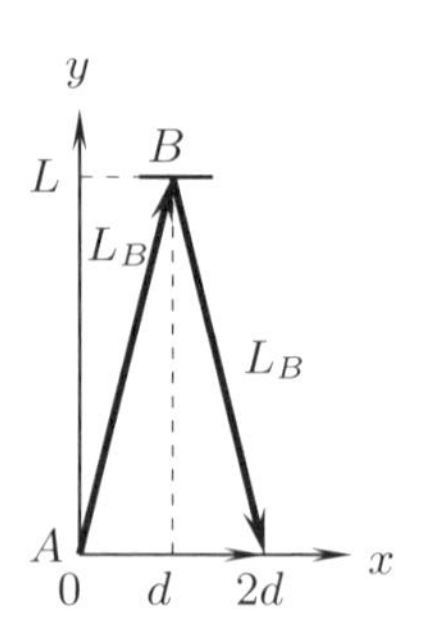

図 2.7　マイケルソン–モーレーの実験．y 軸方向の飛跡．

に鏡 D を置いた場合も描いてある．今，地球上に置かれた干渉計が図に示すように，静止したエーテルに対して速さ v で x 軸方向へ運動しているとする．観測位置 A から距離 L 離れた鏡 B に到達するまでの時間を T_B, 鏡 B への往復の時間を $2T_B$ とする．このとき，観測位置 A は図の右方向へ運動しているので，光が静止エーテル中を飛行する飛跡は図 2.7 のように 3 角形の斜辺となる．

図 2.7 の 3 角形の斜辺の長さ L_B はピタゴラスの定理を使って

$$L_B = \sqrt{d^2 + L^2} \tag{2.8}$$

であり，エーテル中で静止している時計で計った時間 T_B を使って

$$L_B = cT_B, \quad d = vT_B \tag{2.9}$$

である．この L_B および d を式 (2.8) で使うと

$$(cT_B)^2 = (vT_B)^2 + L^2, \quad \text{これから} \quad (c^2 - v^2)T_B^2 = L^2 \tag{2.10}$$

が得られ，したがって光が観測者 A から鏡 B へ到達する時間 T_B は

$$T_B = \frac{L}{\sqrt{c^2 - v^2}} = \frac{L}{c\sqrt{1 - (v/c)^2}} \tag{2.11}$$

と得られる．

次に，光が観測者 A の位置から C および D の鏡で反射して戻ってくる様子を図 2.8 に示す．図の直線 W_A は観測者 A の速さ v の運動，直線 W_C は鏡 C の速さ v の運動，直線 W_D は鏡 D の速さ v の運動を表している，すなわち図

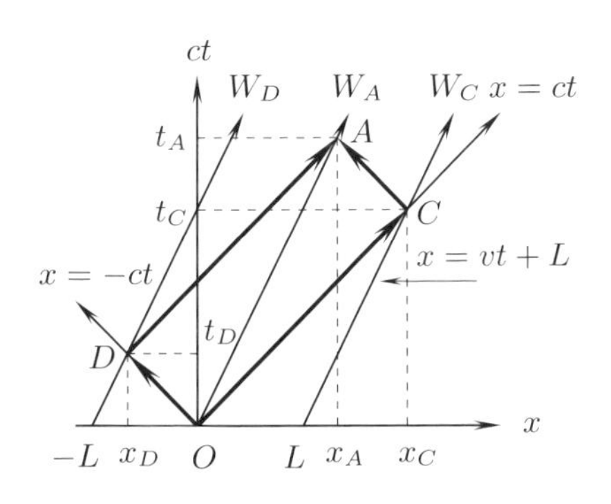

図 2.8 図 2.6 の飛行時間 $t_D < t_C$ である.

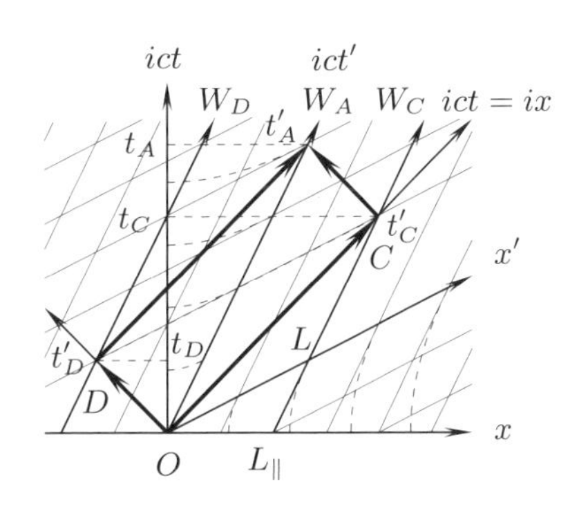

図 2.9 ミンコフスキー空間の運動座標系 $K'(x', ict)$ では $t'_D = t'_C$ である.

の直線は

$$\text{直線}\, W_A: \quad x = vt \tag{2.12}$$

$$\text{直線}\, W_C: \quad x = vt + L \tag{2.13}$$

$$\text{直線}\, W_D: \quad x = vt - L \tag{2.14}$$

と書ける.

図 2.8 の座標 (x_C, t_C) は直線 W_C と直線 $ct = x$ の交点，すなわち

$$x = vt + L, \quad x = ct \tag{2.15}$$

の根として得られ

$$t_C = \frac{L}{c - v} \tag{2.16}$$

が得られる.

図の位置 (x_D, t_D) は直線 W_D と直線 $ct = -x$ の交点，すなわち

$$x = vt - L, \quad x = -ct \tag{2.17}$$

の根として

$$t_D = \frac{L}{c + v} \tag{2.18}$$

が得られる．

図 2.8 で光が位置 C から位置 A へ進む時間は位置 O から位置 D へ進む時間に等しいことから時間 t_A は

$$t_A = t_C + t_D = \frac{L}{c-v} + \frac{L}{c+v} = \frac{2cL}{c^2-v^2} = \frac{2L}{c(1-(v/c)^2)} \tag{2.19}$$

と得られる．

式 (2.11) の $2T_B$ と式 (2.19) の t_A を比べれば，$v \neq 0$ である限り $2T_B < t_A$ である．実験の結果は干渉計を 90 度回転させても干渉縞に変化は起きなかった．すなわち常に $2T_B = t_A$ であった．まったく変化がなかったとすると，地球はエーテルに対して完全に静止していて $v=0$ であることになる．測定の誤差を考慮すると，地球のエーテルに対する速さ v は 5 km/sec 以下であった [14] (p.8)．このときの測定の光の速さに対する相対誤差は $5\times10^3/2.997\times10^8 = 1.7\times10^{-5}$ だったことになる．現在のレーザー光線を用いたより精密な測定ではエーテルに対する速さは 30 m/sec 以下とされているので，現在の測定の相対誤差は $30/2.997\times10^8 \fallingdotseq 10^{-7}$ 以下と言うことになる．

地球の自転速度は約 465 m/s, 公転速度は約 30 km/s である[3]．それゆえ，地球がエーテルに対して公転速度で運動していれば，干渉縞の変化は検出できたはずである．もし，エーテルが公転速度の方向に同じ速さで運動していれば，公転速度の方向とそれに垂直な方向の干渉縞の変化は観測されない．しかし，全宇宙のエーテルが地球と一緒に公転運動していることはあり得ない．この困難を解消するために，ローレンツは物体はその進行方向の長さが縮むと考えた．今の場合，進行方向の長さを $L_\parallel$ と書き，t_A と $2T_B$ が等しいと置くと，次式が得られる．

$$\frac{2L}{c\sqrt{1-(v/c)^2}} = \frac{2L_\parallel}{c(1-(v/c)^2)} \tag{2.20}$$

これから，進行方向の長さ $L_\parallel$ は

$$L_\parallel = L\sqrt{1-(v/c)^2} \tag{2.21}$$

となり，$v<c$ であれば $\sqrt{1-(v/c)^2}<1$ なので，$L_\parallel$ は L よりも短くなる．す

[3] 付録 D, 物理定数.

なわち，運動している物体は進行方向の長さが式 (2.21) に従って収縮すると仮定すると，マイケルソン–モーレーの実験結果 $t_A = 2T_B$ を説明できる．

次に，図 2.7 について再度考えよう．位置 A を $t = 0$ に出発した光は静止系と速さ v で運動する運動系で同時に位置 B に到達しているが，光が図の運動系の点線上を飛行する方が距離は短く，距離 L_B を飛行するよりも短い時間で位置 B に到達するはずである．同時に鏡 B に到達するには，運動系の時計が遅れると仮定すると矛盾は解消する．光が図の点線上の距離 L を飛行する運動系の時計で計った時間を T'_B と書くと

$$cT'_B = L \tag{2.22}$$

と書ける．これを式 (2.10) で使うと

$$(c^2 - v^2)T_B^2 = (cT'_B)^2$$

となり，これから

$$T_B = \frac{T'_B}{\sqrt{1 - (v/c)^2}}, \qquad T'_B = T_B\sqrt{1 - (v/c)^2} \tag{2.23}$$

が得られる．この式は，速さ v で運動している時計の時間 T'_B は式 (2.23) のように静止している時計の時間 T_B よりも遅れることを示している．アインシュタインはこの運動する物差しが収縮し，運動する時計が遅れる現象を説明する新しい原理を考えた．

2.4 光速度不変の原理と相対性原理

ローレンツは，マイケルソン–モーレーの実験と両立するように，静止系と等速運動を行っている運動系でマクスウェルの電磁方程式が同じ形に書けるようにするために第 3 章で示すローレンツ変換と呼ばれる二つの座標系の間の変換式を 1895 年に導いた．静止系と等速運動系でマクスウェルの電磁方程式が同じ形に書けると言うことは，静止系と等速運動系で電磁波の伝搬速度は同じになることを意味している．アインシュタインはマイケルソン–モーレーの実験を説明するために次の二つの原理を導入した[4]．

[4] [5] アインシュタイン p.26, p.32.

1. 光速度不変の原理　光速は光源および測定者の運動の速さに無関係に一定で不変である．すなわち，光速は静止系でも一定速度で運動しているどの慣性系でも同じである．

2. 相対性原理　力学の法則，電磁気の法則など，すべての物理法則はどの慣性系でも同じ形の式で書ける．

ここで慣性系とは等速度運動をしている系である．この光速不変の原理は，慣性系がどのような速さで運動していても，それぞれの慣性系で光の速さはすべて同じ速さ c であることを言っている．

アインシュタインの光速度不変の原理は，エーテルに対する相対速度を考えることは無意味であること，すなわち，エーテルの概念が否定されている．光速度不変の原理を使うと式 (2.21) の長さのローレンツ収縮も式 (2.23) の時間の遅れも導くことができることは，次節以降に詳述する．

この節では，前章で導いた実数–虚数軸座標系を用いると，光速度不変の原理が成り立つ座標系が得られ，そこでの双曲回転がローレンツ変換になることを示そう．

1.6 節で導いた式 (1.95) の双曲変換では，式 (1.69) で得られるノルムが不変に保たれることが式 (1.97) で示されている．それゆえ，式 (1.68) のベクトル $\boldsymbol{X}$ で

$$y = i\hat{y} = ict, \qquad \boldsymbol{X} = (x, ict) \tag{2.24}$$

と置くと，式 (1.97) の双曲回転に対する内積不変の式より次式が成り立つことになる．

$$\begin{aligned} ||\boldsymbol{X}'||^2 &= \boldsymbol{X}' \cdot \boldsymbol{X}' = (x', ict')^T (x', ict') = x'^2 - (ct')^2 \\ &= \boldsymbol{X} \cdot \boldsymbol{X} = (x, ict)^T (x, ict) = x^2 - (ct)^2. \end{aligned} \tag{2.25}$$

すなわち，光が $t=0$ で $x=0$ を速さ c で出発したとすると，その光は

$$x = ct \tag{2.26}$$

に従って運動する．このときの座標 (x, ict) は光の位置座標を表すものとなり式 (2.25) のノルム $||\boldsymbol{X}||$ は零になる．同時に，双曲変換を行った座標系 K' でのノルム $||\boldsymbol{X}'||$ も零になり

$$x' = ct' \tag{2.27}$$

が成り立つ．それゆえ，図 1.29 および 1.31 の座標系で，$\hat{y} = ct$ 等と置くと，これらの座標系 K および K' で光の速度は同じ値 c になる．

式 (1.127) で $\hat{y} = ct$, $\hat{y}' = ct'$ と置くと

$$ict'\text{軸の } ict \text{ 軸に対する勾配} = \frac{r\sinh\hat{\theta}}{r\cosh\hat{\theta}} = \tanh\hat{\theta} = \frac{x}{ct} = \frac{v}{c} = \beta \tag{2.28}$$

となり ict' 軸の ict 軸に対する勾配が得られるが，これは座標系 $K'(x', ict')$ 系が静止座標系 $K(x, ict)$ に対して速さ v で x 軸の正の方向へ運動をしていることを表している．

1.6 節で導いた式 (1.91) およびその逆の式 (1.93) で，$\hat{y} = ct$, $\hat{y}' = ct'$ と置くと次式

$$\begin{pmatrix} x' \\ ict' \end{pmatrix} = \begin{pmatrix} \cosh\hat{\theta} & i\sinh\hat{\theta} \\ -i\sinh\hat{\theta} & \cosh\hat{\theta} \end{pmatrix} \begin{pmatrix} x \\ ict \end{pmatrix} \tag{2.29}$$

および

$$\begin{pmatrix} x \\ ict \end{pmatrix} = \begin{pmatrix} \cosh\hat{\theta} & -i\sinh\hat{\theta} \\ i\sinh\hat{\theta} & \cosh\hat{\theta} \end{pmatrix} \begin{pmatrix} x' \\ ict' \end{pmatrix} \tag{2.30}$$

になる．この置き換えを行った座標系は，図 1.29 および 1.31 で $\hat{y} = ct$ 等の置き換えを行った次の図 2.10 および 2.11 である．

式 (1.11) を使うと

$$a = \cosh\hat{\theta} = \frac{1}{\sqrt{1-\beta^2}}, \quad b = \sinh\hat{\theta} = \frac{\beta}{\sqrt{1-\beta^2}}, \quad \tanh\theta = \frac{v}{c} = \beta \tag{2.31}$$

であり，1.6 節で導いた式 (1.94) で，$\hat{y} = ct$, $\hat{y}' = ct'$ と置くと次式

$$\boldsymbol{X}' = \begin{pmatrix} x' \\ ict' \end{pmatrix}, \quad \boldsymbol{X} = \begin{pmatrix} x \\ ict \end{pmatrix}, \quad R = \begin{pmatrix} \dfrac{1}{\sqrt{1-\beta^2}} & \dfrac{i\beta}{\sqrt{1-\beta^2}} \\ \dfrac{-i\beta}{\sqrt{1-\beta^2}} & \dfrac{1}{\sqrt{1-\beta^2}} \end{pmatrix} \tag{2.32}$$

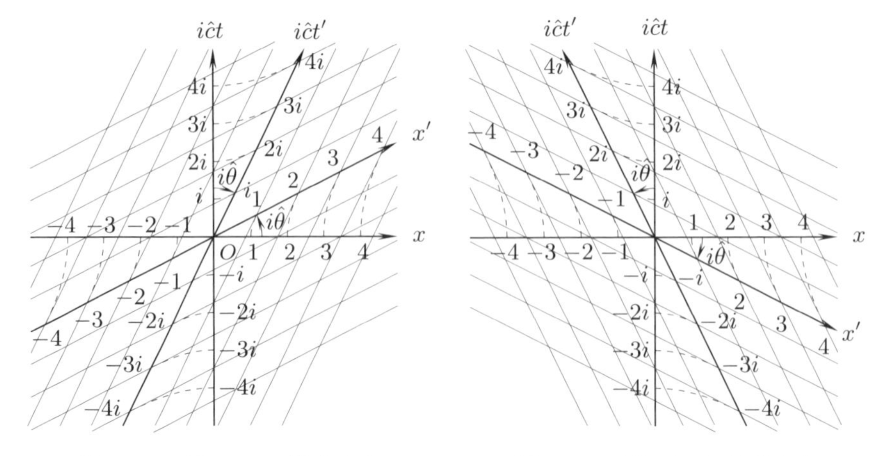

図 2.10　図 1.29 に対応する座標系．$K'(x',ict')$，$0<\beta=\tanh\hat{\theta}$ の場合．

図 2.11　図 1.31 に対応する座標系．$K'(x',ict')$，$-\beta=\tanh(-\hat{\theta})<0$ の場合．

が得られる．この式で定義するベクトル $\boldsymbol{X}$ および変換行列 R を使うと式 (2.29) および (2.30) の変換およびその逆変換は次式の形に書ける．

$$\boldsymbol{X}'=R\boldsymbol{X}, \quad \boldsymbol{X}=R^{-1}\boldsymbol{X}'=R^{*}\boldsymbol{X}'. \tag{2.33}$$

ただし，R^{*} は行列 R の複素共役行列でかつその逆行列である，すなわち

$$R^{-1}=R^{*}=R^{T}. \tag{2.34}$$

図 2.10 の座標系 $K(x,ict)$ の原点にある質点，すなわち，位置 $x=0$, 時刻 $t=0$ にある質点が速さ v で x 軸の正の方向へ飛行するとき，その質点は図の座標系 $K'(x',ict')$ の x' 軸の正方向へ飛行する．それで，図 2.10 の座標系 K' は座標系 K に対して正の方向へ速さ v で飛行していると見なせる．図 2.11 の座標系 $K'(x',ict')$ は座標系 $K(x,ct)$ に対して速さ v で x 軸の負の方向への運動を表している．

式 (2.33) を具体的に書くと

$$x'=\frac{x-vt}{\sqrt{1-\beta^{2}}}, \quad ict'=i\frac{ct-vx/c}{\sqrt{1-\beta^{2}}} \tag{2.35}$$

および

$$x=\frac{x'+vt'}{\sqrt{1-\beta^2}},\quad ict=i\frac{ct'+vx'/c}{\sqrt{1-\beta^2}} \tag{2.36}$$

となる．これらの式は有名なローレンツ変換の式に等しい．これらの式は $\beta\ll 1$ のときは式 (2.3) のガリレオ変換の式に一致する．

このように，ローレンツ変換式 (2.35) を導くのにローレンツが用いたマクスウェルの電磁方程式のようないかなる物理法則も用いていない．すなわち，ローレンツ変換は光速度一定の時空の幾何学だけを用いて得られる．

2.4.1　2 点間の同時刻の相対性

式 (2.35) および (2.36) のローレンツ変換の物理的な意味を考えよう．まず，時間座標のローレンツ変換について考える．図 1.32 で $\hat{y}=ct$ と置くと，図 2.12 が得られる．図 2.12 で，$ict=ix$ の直線は $t=t'=0$ に原点を出発した光の世界線 (光路) を示しているが，静止座標系 $K(x,ict)$ での光の速さ $x/t=c$ は運動座標系 $K'(x',ict')$ での光の速さ $x'/t'=c$ と同じであることは，x' 軸と ict' 軸が直線 $ict'=ix'$ に対して対称であることから直ぐに分かる．さらに，この図で分かる非常に重要なことは，座標系 K での同時刻と座標系 K' での同時刻が異なることである．

座標系 K での同時刻の空間座標は，x 軸に平行な直線上であり，座標系 K' での同時刻は x' 軸に平行な直線上にある．例えば，座標系 K で $t=0$ に同時刻の位置は，図の x 軸上であり，座標系 K' で $t'=0$ に同時刻の位置は，x' 軸上である．

今，式 (2.29) 式で $\boldsymbol{X}=(x,0)$ と置くと

$$\boldsymbol{X}'=\begin{pmatrix}\cosh\hat{\theta} & i\sinh\hat{\theta}\\ -i\sinh\hat{\theta} & \cosh\hat{\theta}\end{pmatrix}\begin{pmatrix}x\\ 0\end{pmatrix}=\begin{pmatrix}\cosh\hat{\theta}\\ -i\sinh\hat{\theta}\end{pmatrix}x \tag{2.37}$$

が得られ，これから式 (2.31) を使って

$$x'=x\cosh\hat{\theta}=\frac{x}{\sqrt{1-\beta^2}},\quad ict'=-ix\sinh\hat{\theta}=\frac{-i\beta x}{\sqrt{1-\beta^2}} \tag{2.38}$$

が得られる．図 2.12 に座標系 K のベクトル $\boldsymbol{X}=(x,0)=(1,0)$ および座標系 K' から見たベクトル $\boldsymbol{X}'=(a,-ib)$ を示すが，これは図 1.8 に相当する一つの

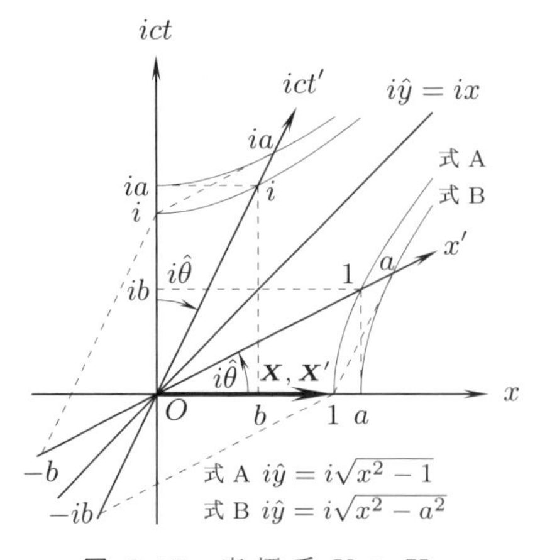

図 2.12　座標系 K の $\boldsymbol{X}=(1,0)$ からローレンツ変換で K' の $\boldsymbol{X}'=(a,-ib)$ を得る．$\boldsymbol{X}$ の後端はその先端と座標系 K で同時刻，$a=\cosh\hat{\theta}$, $b=\sinh\hat{\theta}$.

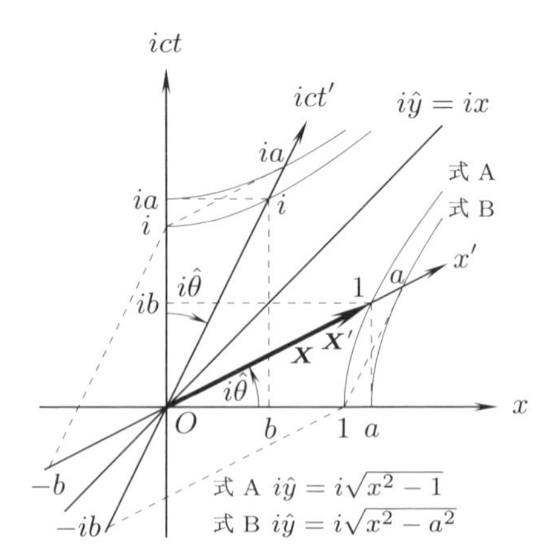

図 2.13　座標系 K' の $\boldsymbol{X}'=(1,0)$ から逆ローレンツ変換で K の $\boldsymbol{X}=(a,ib)$ を得る．$\boldsymbol{X}'$ の後端はその先端と座標系 K' で同時刻.

ベクトルを二つの異なる座標系 K および K' から見た図である.

図 2.12 の物理的な意味を考えよう．今，座標系 K でベクトル $\boldsymbol{X}$ の後端 $(x,ict)=(0,0)$ と先端 $\boldsymbol{X}=(x,ict)=(1,0)$ の 2 点で $t=0$ の同時刻に光を発したとする．座標系 K' から見ると，この 2 点はベクトル $\boldsymbol{X}'$ の後端 $(x',ict')=(0,0)$ とその先端 $\boldsymbol{X}'=(x',ict')=(a,-ib)$ である．座標系 K' では最初に $x'=a$ の位置で時刻 $ct'=-b$ で発光し，その後の $ct'=0$ の異なる時刻に原点で発光したと観測される．したがって，座標系 K ではベクトル $\boldsymbol{X}$ の先端の位置と後端は同時刻に発光するが，座標系 K' ではベクトル $\boldsymbol{X}'$ の先端の位置は後端と同時刻には発光しない.

逆に，座標系 K' で同時刻に起きる事象は座標系 K で見たときは同時刻でないことを図 2.13 に示す．この場合は，式 (2.30) の逆変換式で $\boldsymbol{X}'=(x',0)$ と置くと

$$\boldsymbol{X}=\begin{pmatrix}\cosh\hat{\theta} & -i\sinh\hat{\theta}\\ i\sinh\hat{\theta} & \cosh\hat{\theta}\end{pmatrix}\begin{pmatrix}x'\\ 0\end{pmatrix}=\begin{pmatrix}\cosh\hat{\theta}\\ i\sinh\hat{\theta}\end{pmatrix}x' \tag{2.39}$$

を得，これから式 (2.31) を使って

$$x = x'\cosh\hat{\theta} = \frac{x'}{\sqrt{1-\beta^2}}, \quad ict = ix'\sinh\hat{\theta} = \frac{i\beta x'}{\sqrt{1-\beta^2}} \tag{2.40}$$

を得る．

$x'=1$ と置いたときのベクトル $\boldsymbol{X}=(a,ib)$ および $\boldsymbol{X}'=(1,0)$ を図 2.13 に示す．図から分かるように，座標系 K' では原点 $(x',ict')=(0,0)$ と $(x',ict')=(1,0)$ の $t'=0$ の同時刻に起きた発光は座標系 K では $t=0$ で原点で発光し，$x=a$ でその後の時刻 $ct=b$ に発光すると観測される．このように，ある座標系の空間的に離れた 2 点で同時に起きる現象は，相対運動をしている他の座標系では同時ではなく，異なる時刻に起きると観測される．

2.4.2　座標系相互の間のローレンツ収縮

ローレンツ変換の空間座標の項について考えよう．図 2.14 は図 2.12 で $1\to L, a\to L_0$ および $i\to icT_0, ia\to icT$ と置き換えた図である．この図で x 軸の正方向へ運動している運動座標系 K' の x' 軸方向に長さ $||\boldsymbol{P}_0||=||\boldsymbol{P}'_0||=L_0$ の棒が固定されて座標系 K' と共に運動しているとする．

式 (2.37) で $x=L$ と置くと

$$\boldsymbol{X}=(L,0), \quad \boldsymbol{X}'=(a,-ib), \quad \text{ただし} \quad a=L\cosh\hat{\theta},\ b=L\sinh\hat{\theta} \tag{2.41}$$

である．式 (2.38) の最初の式は $x'=L_0$ と置くと

$$L_0 = L\cosh\hat{\theta} = \frac{L}{\sqrt{1-\beta^2}}, \quad \text{すなわち} \quad L=\sqrt{1-\beta^2}\ L_0 \tag{2.42}$$

となる．

図 2.14 では長さ $||\boldsymbol{P}_0||=||\boldsymbol{P}'_0||=L_0$ の棒が運動座標系 K' に固定されて速さ v で運動している時，静止座標系 K で $t=0$ の同時刻に測った棒の長さが $x=L$ に収縮したと観測されることを示している．これは式 (2.21) のローレンツ収縮であり，式 (2.37) のローレンツ変換はマイケルソン–モーレイの実験結果を説明することが分かる．棒の長さ L_0 は棒が静止している座標系で測った長さであり，棒の運動の速さに無関係に一定なので固有長と呼ばれる．

なぜ棒の長さが L_0 から L へ収縮するのかその理由を考えよう．図 2.14 でこの運動座標 K' に対して静止している棒 $\boldsymbol{P}_0$ の後端が運動する世界線は ict'

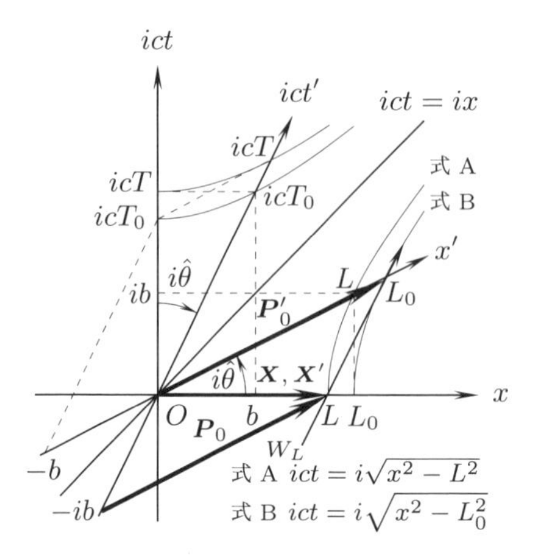

図 **2.14**　座標系 K' と共に運動している長さ $||\boldsymbol{P}_0||=||\boldsymbol{P}'_0||=L_0$ の棒は静止座標系 K の同時刻に観測すると，長さは式 (2.42) の $||\boldsymbol{X}||=L$ に収縮して見える．$ib=iL\sinh\hat{\theta}$.

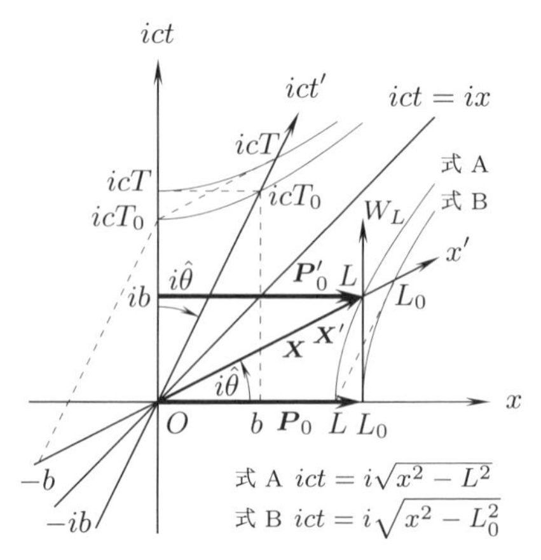

図 **2.15**　静止系 K に固定されている長さ $||\boldsymbol{P}_0||=||\boldsymbol{P}'_0||=L_0$ の棒は運動座標系 K' の同時刻に観測すると，長さは式 (2.44) の $||\boldsymbol{X}'||=L$ に収縮して見える．

軸であり，先端の世界線は図で W_L で示した直線である．図の棒 $\boldsymbol{P}_0$ は時刻 $ict'=-ib$ の時刻から二つの世界線に沿って右上方向へ運動するが，静止系 K の同時刻に測ると長さは L へ収縮して見える．その理由は，静止系 K から見ると，棒の先端は時刻 $ict=0$ に $x=L$ へ到達するが，後端は $x=0$ よりも左の位置にある．先端が図の $x'=L_0$ に来たときに後端が $x=0$ に到達し，そのときには棒の先端は $x=L$ よりも先へ進んでおり，先端が先へ進んだ分だけ棒は短く観測される．

つまり，棒の収縮は同時刻が静止座標系 K と運動座標系 K' で異なること，その結果，静止座標系 K と運動座標系 K' で棒の先端と後端を計る時刻が異なることにより起きる．このとき，運動座標系 K' に対しては棒は静止しているので長さは L_0 のままであり，実際に棒が縮むわけではないことは明らかである．

例えば，長さ 1 m の硬い石柱も光速度の 0.999999 倍の速さで運動している時は，その長さは 1 mm に縮んで見えるが，これは強い力が掛かって縮んでいるわけではない．単に，石柱の先頭と後部を計る時刻が異なるために縮んで測定されるからに過ぎない．

次に式 (2.39) の逆ローレンツ変換式について考えよう．図 2.14 を用いた図 2.15 では，固有長さ $||\boldsymbol{P}_0||=||\boldsymbol{P}'_0||=L_0$ の棒が静止座標系 $K(x,ict)$ に静止している．この棒は運動座標系 K' から見ると，x' 軸の負の方向へ運動している．逆ローレンツ変換式 (2.39) で $x'=L$ と置くと

$$\boldsymbol{X}'=(L,0),\quad \boldsymbol{X}=(a,ib),\quad \text{ただし}\quad a=L\cosh\hat{\theta},\ b=L\sinh\hat{\theta} \tag{2.43}$$

である．運動座標系 K' の同時刻から見た長さ L は式 (2.40) の最初の式で $x=L_0$ と置いて

$$L_0=L\cosh\hat{\theta}=\frac{L}{\sqrt{1-\beta^2}}\quad \text{すなわち}\quad L=\sqrt{1-\beta^2}\,L_0 \tag{2.44}$$

と書ける．

この式の物理的な意味を図 2.15 で考えよう．図の静止座標系に静止している長さ $||\boldsymbol{P}_0||=||\boldsymbol{P}'_0||=L_0$ の棒の後端の世界線は座標系 K の ict–軸で，その先端の世界線は図で W'_L と書いた ict–軸に平行な直線であり，棒は時間と共に図の上方へ運動する．棒は時刻 $ct=0$ のときに後端は運動座標系 K' の $x'=0$ にあり，時刻 $ict=ib$ のときに先端が $ict'=0$ で $x'=L$ に達するが，そのときに棒の後端は運動座標系 K' では $x'=-b'$ へ図の左方向へ移動し，運動座標系 K' の同時刻では，式 (2.44) の $x'=L$ のように収縮したと観測される．

上述のように静止座標系 K から見ると運動座標系 K' に静止している棒は式 (2.42) により収縮して見え，逆に運動座標系 K' からは静止座標系 K に静止している棒は式 (2.44) により収縮して見える．お互いに運動している他の座標系にある棒は収縮して見える．これは一見矛盾しているように見えるが，矛盾が存在しないことは 4.2 節のガレージのパラドックスの節でさらに詳細に考察する．

運動している棒の長さを測るときに，棒の前後の位置を同時刻に計る必要があるが，同時刻が座標系 K と K' で異なることによってローレンツ収縮が観測

されることが分かった[5]．この同時刻は，いわば瞬時であり光の伝わる速さのような時間遅れはない．それゆえ，もし光を送って同時刻を決めようとするときは，光が到着に要する時間は差し引かねばならない．

運動する速さ v_1 と v_2 の異なる速さの二つの運動座標系からある一つの静止している物体の長さを測るとき，速さ v_1 と v_2 のそれぞれの座標系ごとに物体の収縮の長さは異なって観測されるが，物体は観測される相手ごとに実際に伸び縮みするはずがないことは明白である．

パウリ [17] はローレンツ収縮について，次のように書いている．

> 上に述べた説明から，ローレンツ収縮は“同時刻の相対性”と密接に結びついたものであることがわかる．そのために，ローレンツ収縮は単なる見かけ上の収縮であるという考え，つまりそれはわれわれの空間，時間の測定法により引きおこされた見せかけの収縮であるという意見が生まれた．中略
> 上に説明したローレンツ収縮はたしかに見せかけの収縮ということになる．なぜなら K′ に静止している観測者からみれば棒の収縮は起こらないから．
> ([17] パウリ p.35)
>
> さらに Einstein (アインシュタイン：引用者注) は時間，空間座標の変換公式は物質の構造に対する特別な仮定にまったく関係しないことを示したが，これは実に偉大な，価値ある業績と言えよう．
> 中略
> ローレンツ収縮を原子論的に説明しようとする試みはすべて放棄すべきであるといえようか？　この疑問に関する答は「ノー」であると思う．物差しが収縮するということは単純なことではなく，非常に複雑な過程である．([17] パウリ p.39)

パウリは「物差しが収縮するということは単純なことではなく，非常に複雑な過程である」と書いているが，上に述べたようにローレンツ収縮は光速度一定の原理から導かれる時間の同時刻の相対性で明快に説明できる単純なこと，

---

[5] 文献 [14] p.17 に「相対論では同時という概念は意味がなく，重要なことは，二つの事象が時間的か空間的かということである」と書かれている．しかし，物体の長さは同時刻に測るべきで，この概念なしにローレンツ収縮は理解できない．読者は安易に読んで誤解してはいけない．アインシュタインの最初の論文 [2] の第1節の見出しは「§ 1. 同時性の定義」であり，「時間がその中で一つの役割を演ずるようなすべての判断は同時刻の事象についての判断であることを考えねばならぬ」とある．

すなわち運動している物体の先端の位置を測った後に後端の位置を測るので，その間に物体が行き過ぎて短く観測されるからであり，原子論的な説明は不要に見える．

2.4.3　固有時間 τ の物理的意味

ローレンツ変換をベクトルの回転と見なす図 1.23 を使って時間座標の物理的な意味を考えよう．図 1.23 で $\hat{y}=ct$ と置いて，ベクトルを $\boldsymbol{Q}_3=d\boldsymbol{X}$, その双曲回転を $\boldsymbol{Q}'_3=d\boldsymbol{X}'$ と置いたのが図 2.16 である．この図では静止系 $K(x,ict)$ から見た質点の運動の世界線の式を $x=vt$ とし，その世界線を ict' 軸とする．この質点が運動する世界線を時間軸 ict' とする座標系を $K'(x',ict')$ とする．式 (1.120) より

$$||d\boldsymbol{X}'||=||d\boldsymbol{X}|| \tag{2.45}$$

である．

図 2.16 の原点で時刻を合わせた二つの時計 A および B があり，時計 A は静止系 K で静止し，時計 B は座標系 $K'(x',ict')$ では静止している．このとき，時計 A は静止系 K の時刻 t を B は運動系 K' の時刻 t' を示す．図の時間幅 $d\tau_A$ は静止系 K の時計 A が刻む時間であり，時間幅 $d\tau_B$ は質点と一緒に運

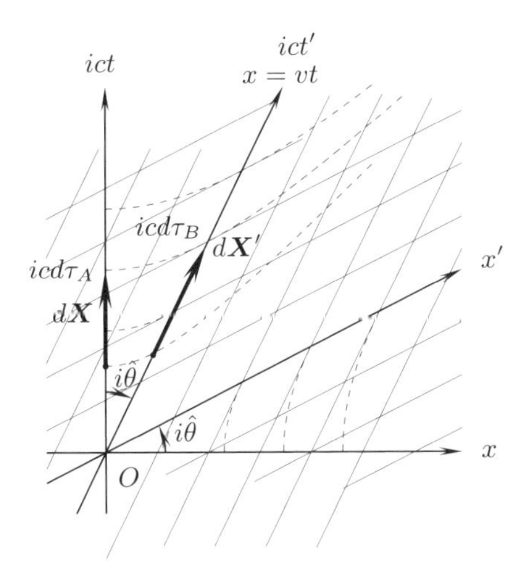

図 2.16　ローレンツ変換でベクトル $d\boldsymbol{X}$ がベクトル $d\boldsymbol{X}'$ へ双曲回転される．$||d\boldsymbol{X}||=d\tau_A=||d\boldsymbol{X}'||=d\tau_B$.

動する時計 B の刻む時間である．したがって

$$||d\boldsymbol{X}||=icd\tau_A=||d\boldsymbol{X}'||=icd\tau_B,\quad \text{ゆえに}\quad d\tau_A=d\tau_B \tag{2.46}$$

である．

時間 τ_A または τ_B は腕時計の時間のようなもので，腕時計を持っている人が止まっていてもどのような速さで運動してもその時計の進む速さは腕時計を持っている人には一定で不変である．この腕時計が刻む時間 τ は固有時間 (proper time) と呼ばれ，座標系の運動の速さに無関係である．

2.4.4　座標系相互の間の時間の遅れ

座標系相互の間の時間の遅れの式が矛盾していないこととその物理的な意味を図 2.14 を用いた図 2.17 および 2.18 を使って検証しよう．静止系 K から見て運動系 K' の物差しの目盛りは短くなるので，同時に時計の進み方が遅くならなければ，運動系で観測される光の速さは不変ではなくなる．すなわち，もし，ローレンツ収縮だけが起き時計の遅れが生じないと，運動系では光速度一定の原理がみたされなくなってしまう．運動座標系 K' の座標軸 x' と ict' 軸は図 2.17 に見られるように静止系の座標系から等しい角度で傾き，光の運動を示す直線 $ict=ix$ および $ict'=ix'$ に対して対称であり，次に示す時計の遅れは，光速が不変に保たれるためには必須である．

ローレンツ逆変換式 (2.30) で $\boldsymbol{X}'=(0,icT_0)$ と置くと

$$\boldsymbol{X}=\begin{pmatrix}\cosh\hat{\theta} & -i\sinh\hat{\theta}\\ i\sinh\hat{\theta} & \cosh\hat{\theta}\end{pmatrix}\begin{pmatrix}0\\ icT_0\end{pmatrix}=\begin{pmatrix}\sinh\hat{\theta}\\ i\cosh\hat{\theta}\end{pmatrix}cT_0 \tag{2.47}$$

が得られ，これから

$$\boldsymbol{X}=(b,icT),\quad \text{ただし}\quad T=T_0\cosh\hat{\theta},\quad b=cT_0\sinh\hat{\theta} \tag{2.48}$$

が得られる．この二つのベクトル $\boldsymbol{X}'$ および $\boldsymbol{X}$ は図 2.17 に示されている．

式 (2.48) より時間座標については

$$T=T_0\cosh\hat{\theta}=\frac{T_0}{\sqrt{1-\beta^2}} \tag{2.49}$$

が得られる．

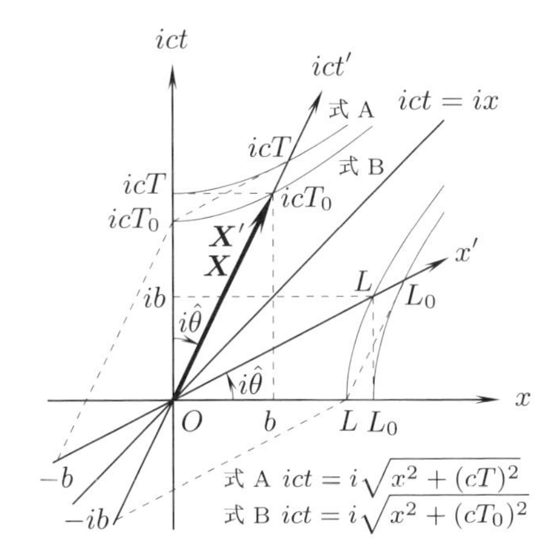

図 **2.17**　静止系 K の同時刻 $t = T$ で観測すると，式 (2.49) の運動系 K' の時刻 T_0 は遅れて見える．$b = cT_0 \sinh\hat{\theta}$.

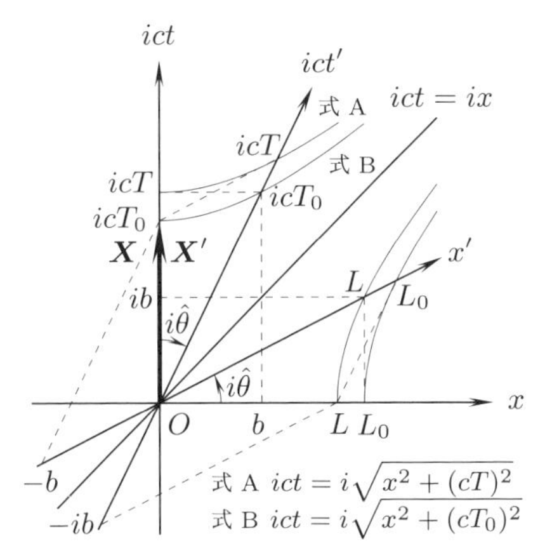

図 **2.18**　運動系 K' の同時刻 $t' = T$ で観測すると，式 (2.51) の静止系 K の時刻 T_0 は遅れて見える．

図 2.17 に示すように，運動座標系 K' の原点に固定されて速さ v で x 軸の正方向へ運動している時計の刻む時間が ict' 軸である．図 2.17 の静止座標系 K の $t = T$ の同時刻に観測する座標系 K' の時刻 $t' = T_0$ は，$T_0 < T$ なので静止座標系 K の時計 $t = T$ よりも遅れていると観測される．すなわち，運動する時計は遅れると観測される．

次にローレンツ変換式 (2.29) で $\boldsymbol{X} = (0, icT_0)$ と置くと

$$\boldsymbol{X}' = \begin{pmatrix} \cosh\hat{\theta} & i\sinh\hat{\theta} \\ -i\sinh\hat{\theta} & \cosh\hat{\theta} \end{pmatrix} \begin{pmatrix} 0 \\ icT_0 \end{pmatrix} = \begin{pmatrix} -\sinh\hat{\theta} \\ i\cosh\hat{\theta} \end{pmatrix} cT_0 \tag{2.50}$$

が得られ，これから，

$$\boldsymbol{X}' = (-b, icT), \quad \text{ただし} \quad T = T_0 \cosh\hat{\theta}, \quad b = cT_0 \sinh\hat{\theta} \tag{2.51}$$

が得られる．この二つのベクトル $\boldsymbol{X}'$ および $\boldsymbol{X}$ を図 2.18 に示す．

式 (2.51) の時間の式は式 (2.49) と同じ形である．すなわち，式 (2.51) は運動座標系 K' の同時刻 $t' = T$ に座標系 K の時刻 $t = T_0$ が観測される．それは運動座標系 K' から見ると運動している座標系 K の時計の時間 T_0 は時刻 T よりも遅れて観測されることを示している．この相互の座標系間の時計の遅れの現象は異なる位置の間の同時刻が静止座標と運動座標とでは異なることに基づ

いており，これは先に見たローレンツ収縮の起きることと同じである．この相互の座標系間の時計の遅れによる物理的に矛盾する現象は起きず，時間に関するパラドックスは存在しないことは時間のパラドックスの節 (4.1 節) で再び詳細に考察する．

2.4.5 ミンコフスキー空間で表すマイケルソン–モーレーの実験

図 2.8 の光の飛跡を図 2.14 のミンコフスキー空間に描いたのが図 2.9 である．図 2.8 では光は位置 C と位置 D の鏡に同時には到達せず $t_D < t_C$ であるが，図 2.9 では同時に到達し $t'_C = t'_D$ である．それゆえ，運動座標系 K' に居る観測者は図 2.8 の観測者と異なりこの観測からは自身の運動を知ることはできない．

そのときに運動系で観測される距離 L と静止系で観測される距離 $L_{\parallel}$ の間にはローレンツ収縮の式 (2.21) が成り立ち，運動系で観測される時間 t'_A と静止系で観測される時間 t_A の間には式 (2.23) の関係と同様の運動する時計の遅れ t'_A

$$t_A = \frac{t'_A}{\sqrt{1-(v/c)^2}} \tag{2.52}$$

が成り立っていることが分かる．

2.5 運動するミュー粒子の寿命の増大

高速で運動している時計が遅れるのは時計が実際に遅れるのではなく，見かけ上遅れるように観測されると解釈できた．高空で発生するミュー粒子が地上で観測されるのは，運動系の時計が実際に遅れると見なすことができる．このミュー粒子の寿命が増大する現象について考えよう．

発見当時はミュー中間子と呼ばれていたミュー粒子 (muon, μ) は，カール・アンダーソンとセス・ネッダーマイヤーによって 1937 年に宇宙線の中に観測された[6]．粒子が当時の放射線検出器である霧箱の中で描く飛跡から，電子と同じ電荷を持つが電子より重い質量を持つ新粒子であると推定された．

---

[6]S.H. Neddermeyer, C.D. Anderson,"Note on the Nature of Cosmic-Ray Particles", *Physical Review*, 51: 884–886 (1937).

ミュー粒子 (μ^-) の質量は $m_{\mu 0}=105.6$ MeV/c^2, 寿命は $\tau_0=2.20\times 10^{-6}$ 秒で電子 e^-, 反電子ニュートリノ $\bar{\nu}_e$ と μ ニュートリノ ν_μ に崩壊する，すなわち

$$\mu^- \to e^- + \bar{\nu}_e + \nu_\mu$$

ミュー粒子は地上 15 km の上空で高エネルギーの宇宙線が大気の原子と衝突して生まれる．生まれたときの速さを光速と仮定しても生まれてから消滅するまでに移動する距離 h は

$$h=c\tau_0=2.998\times 10^8\ \mathrm{m/s}\times 2.2\times 10^{-6}\ \mathrm{s}=660\,\mathrm{m} \tag{2.53}$$

であり，とても地表までは飛んで来られない．地上 $h_0=15\,\mathrm{km}$ の上空で生まれたミュー粒子が地上に達するには

$$\frac{h_0}{h}=\frac{15{,}000\,\mathrm{m}}{660\,\mathrm{m}}=22.7\text{ 倍} \tag{2.54}$$

以上にミュー粒子の寿命は増加せねばならない．すなわち，地上で観測されるミュー粒子の寿命は少なくとも

$$\tau=22.7\times\tau_0=4.99\times 10^{-5}\,\mathrm{s} \tag{2.55}$$

でなければならない．

運動する時計が遅れて観測されることを表す式 (2.49) を使うと，速さ v で運動するミュー粒子の寿命 τ は地上の静止系の観測者 E から見ると，固有寿命 τ_0 よりも

$$\tau=\frac{\tau_0}{\sqrt{1-\left(\dfrac{v}{c}\right)^2}} \tag{2.56}$$

へ増加する．これから

$$\frac{v}{c}=\sqrt{1-\left(\frac{\tau_0}{\tau}\right)^2}\fallingdotseq 1-\frac{1}{2}\left(\frac{\tau_0}{\tau}\right)^2=1-\frac{1}{2}\times 22.7^{-2}=0.999033 \tag{2.57}$$

が得られる．すなわち，ミュー粒子が 15,000 m の高空に生まれても，その速さが光速の 0.999033 倍であればその寿命は静止状態のとき (2.2×10^{-6} 秒) の 22.7 倍の 5.0×10^{-5} 秒と長くなり，地上まで達するので観測が可能となる．

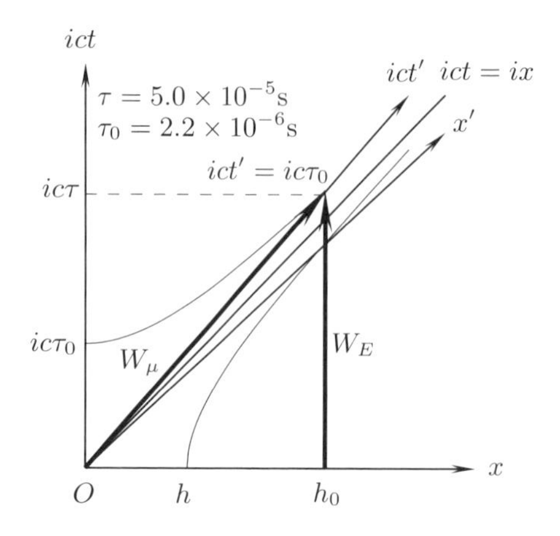

図 **2.19**　高度 15 km を原点 $x=0$, 地表を $h_0=15$ km としたときのミュー粒子の世界線 W_μ.

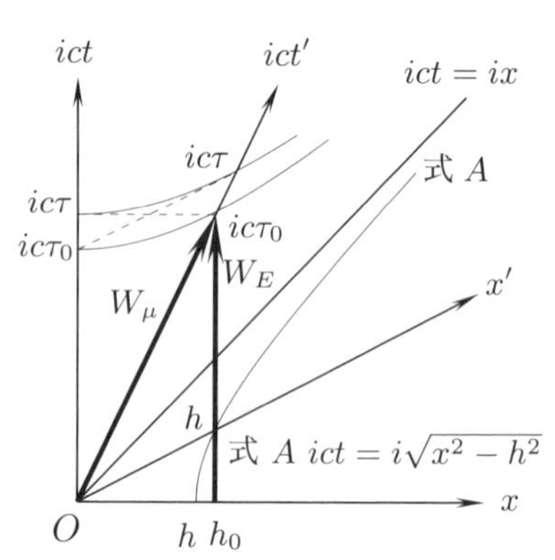

図 **2.20**　図 2.19 を図 2.15 を用いて描き直した概念図. $h=\sqrt{1-(v/c)^2}h_0$.

このとき，ミュー粒子の質量 m_μ は後に導く式 (5.51) より式 (2.55) および (2.56) を使って

$$m_\mu = \frac{m_{\mu 0}}{\sqrt{1-\left(\frac{v}{c}\right)^2}} = m_{\mu 0}\frac{\tau}{\tau_0} = 22.7 m_{\mu 0} \tag{2.58}$$

へ増大する.

ミュー粒子の運動を図 2.19 に模式的に示すが，図 2.15 を利用したものも図 2.20 に示す．飛跡を正確に描くと $ict=ix$ の直線と重なるので，重ならないようにしてある．図の静止座標系 $K(x,ict)$ の原点 $x=0$ は高度 15 km にあり，$x=h_0=15$ km は地表でそこに観測者 E が居る．図の W_E は地表の観測者 E の世界線，W_μ はミュー粒子の世界線であり，時刻 $ct=\tau=5.0\times10^{-5}$ 秒のときに $x=h_0=15$ km に居る観測者 E の位置に達する．ミュー粒子が地表の観測者 E に達したときに，地表に静止した時計ではミュー粒子が生まれてから $\tau=5.0\times10^{-5}$ 秒経っているが，ミュー粒子と一緒に運動する時計はわずかに $\tau_0=2.2\times10^{-6}$ 秒しか経っていない．この現象は，特殊相対性理論の時計の遅れは見かけ上遅れるだけでなく，実際に遅れることが観測されることになる．

図 2.19 および 2.20 で，ミュー粒子が生まれてから消滅するまでに飛行する

距離は静止系の観測者 E から見ると静止系で同時刻に測る距離 $x=h_0$ である．図 2.20 を 2.15 と比較すると，$h_0=L_0$, $h=L$ とすることができる．これを式 (2.44) で使うと

$$h=\sqrt{1-\left(\frac{v}{c}\right)^2}h_0 \tag{2.59}$$

が成り立つ．すなわち図 2.19 および 2.20 の長さ h は $h_0=15\,\mathrm{km}$ のローレンツ収縮である．式 (2.54) を使うと式 (2.59) のローレンツ収縮は

$$h=\sqrt{1-\left(\frac{v}{c}\right)^2}h_0=\frac{15\,\mathrm{km}}{22.7}=660\,\mathrm{m} \tag{2.60}$$

と書ける．これからミュー粒子が $h_0=15\,\mathrm{km}$ の高空から地上に到達することができるのは，距離 $h_0=15\,\mathrm{km}$ が $h=660\,\mathrm{m}$ へローレンツ収縮するからだとも言える．

2.6　同時刻，時間的，空間的および光的事象

二つの位置の間の同時刻の問題を再考しよう．図 2.21 の原点 O と位置ベクトル $\boldsymbol{P}$ で表した位置 $\mathrm{P}(x,ict)=(4/a,0)=(3.46..,0)$ の二つの位置は，座標系 K では共に $t=0$ で同時刻である．この座標系 K での同時刻に，この 2 点で光を発生するとする．原点 O は座標系 K および K' で同時刻であるが，位置 P は座標系 K から見て速さ $0<v$ で運動している座標系 K' から見ると $ct'=-2$ であるから，位置 P で先に発光し原点 O が後で発光することになる．これと同じ事象を図 2.22 の座標系 K から見て速さ $v<0$ で運動している座標系 K'' で見ると，位置 P の K'' 系の時間座標は $ct''=2$ なので，座標系 K'' では，原点 O で最初に発光し，その後に位置 P で発光する．論理的に考えれば，時刻の前後が逆転する関係で起きる二つの事象の間に因果関係はあり得ない．このように 2 点での時刻の前と後が逆転するのは，2 点を結ぶ位置ベクトルの勾配が図 2.23 の光の進む直線 $ict=-ix$ から $ict=ix$ の間にあるベクトル $\boldsymbol{P}$ で表せるときである．信号は，図のベクトル $\boldsymbol{Q}$ で表せる勾配を持っているときは情報の伝達は可能であるが，$\boldsymbol{P}$ で表せる勾配の 2 点間は光の速さを超えているので，伝達は不可能である．

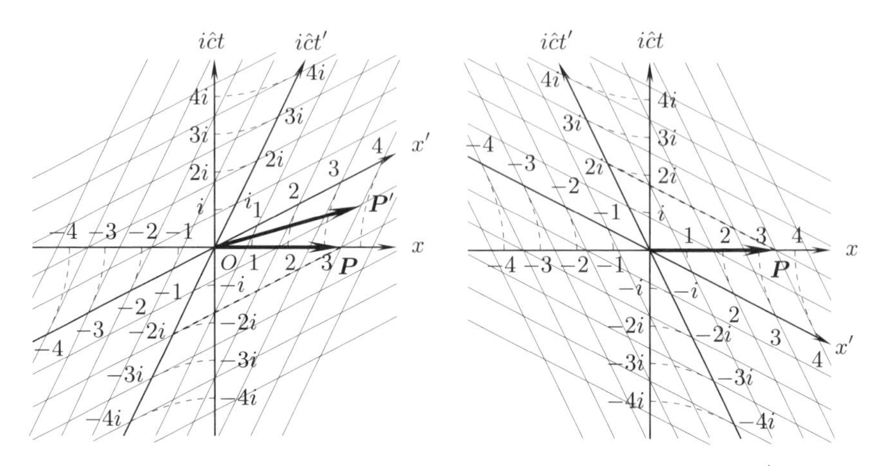

図 2.21　$0<v$ のときの座標系 $K(x, ict)$ と $K'(x', ict')$ での同時性.

図 2.22　$v<0$ のときの座標系 $K(x,ict)$ と $K''(x'',ict'')$ での同時性.

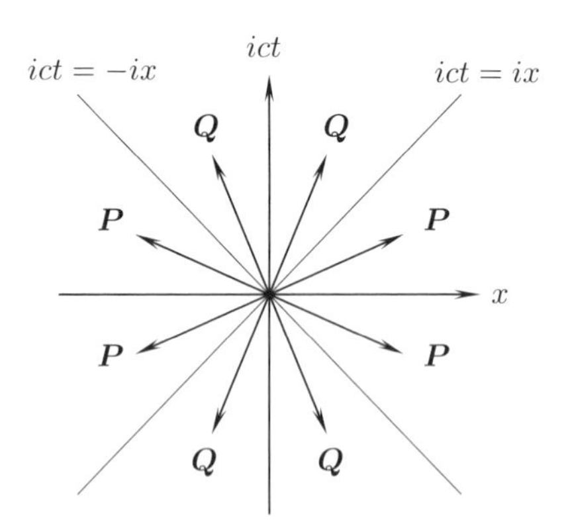

図 2.23　時間的ベクトル $\boldsymbol{Q}$ および空間的ベクトル $\boldsymbol{P}$.

ある質点が $t=0$ で原点 O を出発したとき，その飛跡は光の進む 2 本の直線の内側の図 2.23 のベクトル $\boldsymbol{Q}$ のような場合だけである．この場合は，どのような座標系から見ても位置 O と位置ベクトル $\boldsymbol{Q}$ の先端の時間の前後関係が逆転することはない．それゆえ，原点 O での事象が原因となってベクトル $\boldsymbol{Q}$ の位置の事象が起きる，すなわち，両位置の間の事象に因果関係があり得る．

逆にベクトル $\boldsymbol{P}$ で表される事象には因果律は成り立たない．例えば，ピストルの弾が光速を超えることができ，図 2.21 の原点から発射された弾が図のベクトル $\boldsymbol{P}'$ の先端に居る人に当たってその人が死ぬとする．この殺人事件は座標 $K'(x', ict')$ の観測者は，最初に時刻 $ct'=-1$ に人に弾が当たって死に，その後弾がピストルの方へ運動して $ct'=0$ にピストルに収まると観測し，発射と死亡の間の時間が逆になり因果律は成立しない．すなわち，因果律が成り立つためには，弾の速さは光速以下であることが必要である．

ミンコフスキーはベクトル $\boldsymbol{Q}$ のような位置関係を時間的 (timelike), $\boldsymbol{P}$ のような位置関係を空間的 (spacelike), 光の進む直線上を光的 (lightlike) な事象と呼んだ．

2.6.1　2 次元空間の場合

式 (1.14) の円の式は，3 次元空間では次の球の式になる．

$$x^2+y^2+z^2=r^2, \quad z=\pm\sqrt{r^2-(x^2+y^2)}, \quad ただし \quad \sqrt{x^2+y^2}\leq r. \tag{2.61}$$

この式の $r<\sqrt{x^2+y^2}$ への解析的延長は，$\hat{z}$ を実数として

$$z=i\hat{z}=ict=\pm i\sqrt{x^2+y^2-r^2}, \quad ただし \quad r\leq\sqrt{x^2+y^2} \tag{2.62}$$

である．これは書き直すと

$$x^2+y^2+(i\hat{z})^2=x^2+y^2-\hat{z}^2=x^2+y^2-(ct)^2=r^2 \tag{2.63}$$

となる．これは次式

$$x^2+y^2-(ct)^2=0, \quad すなわち \quad ict=\pm i\sqrt{x^2+y^2} \tag{2.64}$$

の漸近線を持つ図 2.24 に示す双曲面である．この円錐の側面は光円錐と呼ばれる．勾配がこの光円錐の内側にあるベクトルは時間的であり，その外側にあるベクトルは空間的で，光円錐上のベクトルは光的である．

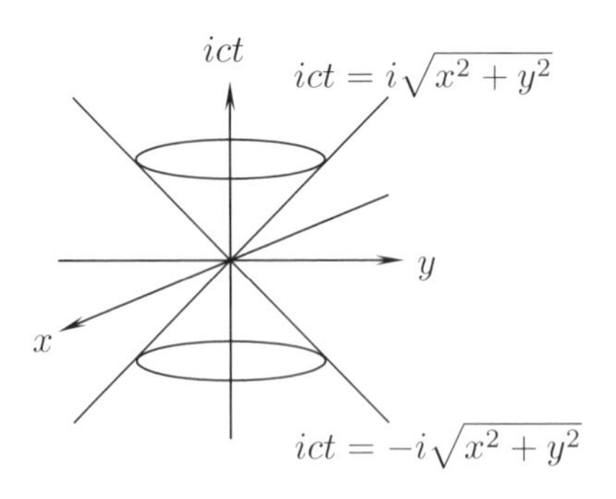

図 **2.24**　2次元 (x,y) 座標での光円錐.

2.6.2　時間を逆行する電子

ローレンス・クラウスは著書 [18] に次のように書いている.

> 伝説的な物理学者のリチャード・ファインマンは，相対性理論によれば反物質が存在することになるのはなぜかを，わかりやすく説明した最初の人物だった．そしてその説明は，空っぽの空間がじつは空っぽなどではないということを，絵で示す方法にもなったのである.
>
> ファインマンは，相対性理論によれば，異なる速度で運動する二人の観測者が距離や時間を測定したとすれば，それぞれ異なる結果を得ることを知っていた．たとえば，非常に大きな速度で運動している物体の時間は，ゆっくり流れているように見える．そして，もしも物体が光の速度よりも大きな速度で運動できるとしたら，その物体は時間を逆行するように振る舞うだろう．普通，光の速度は宇宙の制限速度だと考えられているが，それはこのためなのである.
>
> ([18] クラウス p.126–127)

ここに書かれている電子の運動の時間の逆行について考えよう．図 2.21 を利用した図 2.25 に示すように，電荷 e^- を持つ電子が静止座標系 $K(x,ict)$ で原点からベクトル $\boldsymbol{P}_1 \to \boldsymbol{P}_2 \to \boldsymbol{P}_3$ の向きに運動する場合を考えよう．ベクトル $\boldsymbol{P}_2$ は図 2.23 の空間的ベクトルであり，光速を超えた運動を表す.

図 2.25 の電子の世界線を運動座標系 $K'(x',ict')$ で表したのが図 2.26 である．ベクトル $\boldsymbol{P}_1$ 等を K' 運動座標系で表したのが $\boldsymbol{P}'_1$ 等である．ベクトル $\boldsymbol{P}'_2$ の向きの運動は時間を遡る運動である．ファイマンはこの電荷 e^- の電子の運動は電荷 e^+ を持つ陽電子の逆向きの $-\boldsymbol{P}'_2$ 方向の運動であると考えた．そし

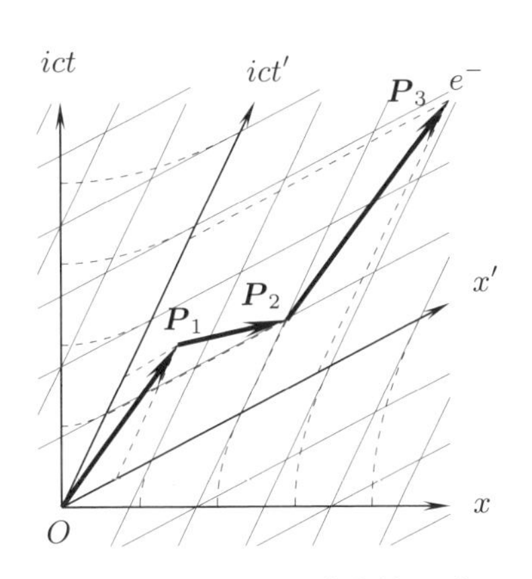

図 **2.25** e^- の電荷を持つ電子が静止座標系 $K(x,ict)$ で $\boldsymbol{P}_1 \to \boldsymbol{P}_2 \to \boldsymbol{P}_3$ のように運動するとき.

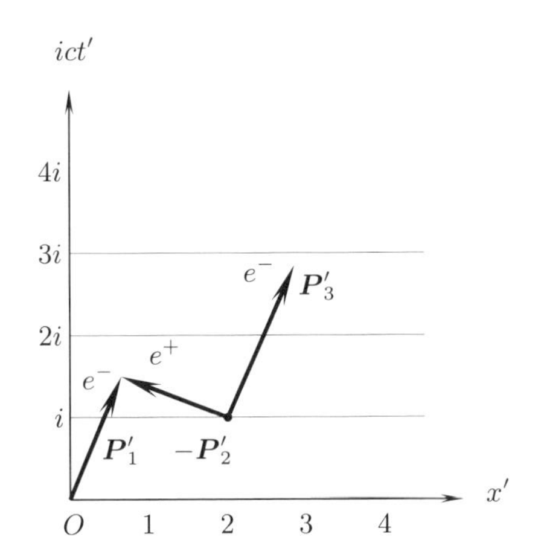

図 **2.26** 運動座標系 $K'(x',ict')$ での電子の運動. ベクトル $\boldsymbol{P}'_2$ で表される運動は時間の逆向きに運動するので逆向きのベクトル $-\boldsymbol{P}'_2$ を考える.

て, 図のベクトル $-\boldsymbol{P}'_2$ の後端で陽電子と陰電子が生まれ, ベクトル $-\boldsymbol{P}'_2$ の先端で陽電子と陰電子が消滅し, 陰電子はベクトル $\boldsymbol{P}'_3$ の向きに運動する. ファイマンはこのように真空で生まれる仮想電子との相互作用を考慮して水素のエネルギー準位を計算すると, 水素のスペクトルは 10 億分の 1 の精度で実験値と一致することを示した ([18] p.135). これは量子力学の複雑なエネルギー準位の計算の物理的な意味を理解するのに図 2.25 および 2.26 等が役立つことを示す一例である.

2.7 速度の加算

座標系 $K'(x',ict')$ が座標系 $K(x,ict)$ に対して x 軸の正方向へ v_1, 座標系 $K''(x'',ict'')$ が座標系 $K'(x',ict')$ に対して x' 軸の正方向へ v_2 の速さで運動しているとすると, 座標系 $K''(x'',ict'')$ と座標系 $K(x,ict)$ の関係は, 式 (1.100) および (2.33) より

$$\boldsymbol{X}''=R(\hat{\theta}_2)R(\hat{\theta}_1)\boldsymbol{X}=R(\hat{\theta}_2+\hat{\theta}_1)\boldsymbol{X},\quad \boldsymbol{X}'=R(\hat{\theta}_1)\boldsymbol{X},\quad \boldsymbol{X}''=R(\hat{\theta}_2)\boldsymbol{X}',$$
$$\boldsymbol{X}=R^*(\hat{\theta}_2+\hat{\theta}_1)\boldsymbol{X}'' \tag{2.65}$$

で与えられる．この第2式を式 (1.100) を使って具体的に書くと

$$\begin{pmatrix} x \\ ict \end{pmatrix}=\begin{pmatrix} \cosh(\hat{\theta}_2+\hat{\theta}_1) & -i\sinh(\hat{\theta}_2+\hat{\theta}_1) \\ i\sinh(\hat{\theta}_2+\hat{\theta}_1) & \cosh(\hat{\theta}_2+\hat{\theta}_1) \end{pmatrix}\begin{pmatrix} x'' \\ ict'' \end{pmatrix}$$
$$=\begin{pmatrix} x''\cosh(\hat{\theta}_2+\hat{\theta}_1)+ct''\sinh(\hat{\theta}_2+\hat{\theta}_1) \\ ix''\sinh(\hat{\theta}_2+\hat{\theta}_1)+ict''\cosh(\hat{\theta}_2+\hat{\theta}_1) \end{pmatrix}. \tag{2.66}$$

これより座標系 $K(x,ict)$ から見ると，座標点 $K''(x'',ict'')$ の位置 $x''=0$ の x 軸の正の方向への速さ v は式 (1.10) および (2.28) を使うと

$$\frac{x}{ct}=\frac{v}{c}=\frac{ct''\sinh(\hat{\theta}_2+\hat{\theta}_1)}{ct''\cosh(\hat{\theta}_2+\hat{\theta}_1)}=\tanh(\hat{\theta}_2+\hat{\theta}_1)=\frac{\tanh\hat{\theta}_2+\tanh\hat{\theta}_1}{1+\tanh\hat{\theta}_2\tanh\hat{\theta}_1}$$
$$=\frac{\beta_2+\beta_1}{1+\beta_2\beta_1},\quad ただし\quad \beta_1=\frac{v_1}{c},\quad \beta_2=\frac{v_2}{c} \tag{2.67}$$

と得られる．これが式 (2.5) のガリレオ変換の速度加算の式に代わる特殊相対性理論の速度加算の式である[7)]．$\tanh(\hat{\theta}_2+\hat{\theta}_1)<1$ であるから，式 (2.67) の速さは常に光速以下である，すなわち

$$\beta=\frac{v}{c}=\frac{\beta_2+\beta_1}{1+\beta_2\beta_1}<1 \tag{2.68}$$

が成り立つことが分かる．

$v_1=v_2=0.5c$ の場合を図 2.27 および 2.28 に示す．座標系 K'' の原点 $(x'',ict'')=(0,0)$ に質点が静止しているとすると，座標系 K' 上の質点の世界線は図 2.27 の ict'' 軸であり，座標系 K' に対して速さ $v_2=0.5c$ で運動している．図 2.28 では，座標系 K' は座標系 K に対して $v_1=0.5c$ で運動している．このとき，座標系 K から見た質点の速さ v/c は式 (2.67) より

$$\beta=\frac{\beta_2+\beta_1}{1+\beta_2\beta_1}=\frac{0.5+0.5}{1+0.5\times0.5}=0.8 \tag{2.69}$$

[7)] パウリによると ([17] p.131), 速度の合成則の角度を使った解釈はゾンマーフェルトによって 1909 年に初めて与えられた.

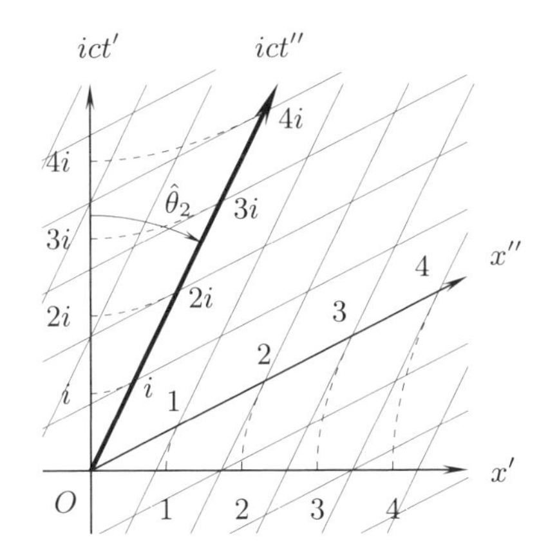

図 **2.27**　座標系 K' から見て速さ $v=0.5c$ で運動する座標系 K'' と質点の世界線の ict'' 軸.

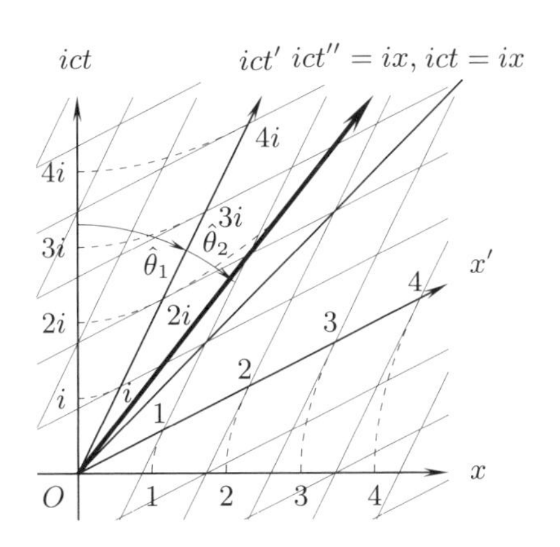

図 **2.28**　座標系 K から見て速さ $v=0.5c$ で運動する座標系 K' と質点の世界線の ict'' 軸.

であり，その運動の世界線は図の $ivt=ix$ であることはそれが座標系 K で位置 $(x,ict)=(2,2.5)$ を通っていることから分かる．この図 2.28 で $ivt=ix$ で表される質点の運動の速さは，座標系 K' では $v_2=0.5c$ であることは質点の世界線が図 2.27 で K' の座標 $(x',ict')=(1,2i)$ を通っていることから分かる．図の $\hat{\theta}_1$ は ict 軸と ict' 軸，$\hat{\theta}_2$ は ict' 軸と ict'' 軸の間の双曲角である．2.2 節のガリレオ変換の式 (2.5) では $v=(0.5+0.5)c=c$ となって光速度に等しくなるが，式 (2.67) では光速度よりも遅い．

また，2.2 節のガリレオ変換で用いた数値 $\beta_1=0.6$, $\beta_2=0.7$ の場合，座標系 $K''(x'',ict'')$ の静止座標系 K に対する運動の速さは $\beta=(0.6+0.7)/(1+0.6\times 0.7)=0.915$ となって，確かに光速度を超えない．

いずれかが光速の場合，例えば β_2-1 の場合は，$\beta=(\beta_1+1)/(1+\beta_1)=1$ となって，ガリレオ変換では $\beta=\beta_1+1$ の場合もローレンツ変換では，光の速さは c になり，アインシュタインの光速度不変の原理が確かにみたされている．

2.8　フィゾーの実験，フレネルの引きずり係数

速度の加算の例としてフレネルのエーテルの引きずり効果を考えよう ([19] p.68)．水の屈折率 n は 1.33 で水中の光の速さは c/n となり，真空中の速さの

約 70% と遅い．今，水が静止している座標系を K'，この水中の光の速さを $v_2=c/n$ とし，水が静止系 K に対して速さ v_1 で運動しているとする．このとき，静止系 K から見た水中の光の速さ v/c は式 (2.67) と $\beta_2=c/(nc)=1/n$ を使って

$$\frac{v}{c}=\frac{\dfrac{1}{n}+\dfrac{v_1}{c}}{1+\dfrac{1}{n}\dfrac{v_1}{c}} \tag{2.70}$$

となる．水の流れは光速に比べ非常に遅いので $v_1/c\ll 1$ であり，この項の 1 次までを残すと

$$\frac{v}{c}\fallingdotseq\left(\frac{1}{n}+\frac{v_1}{c}\right)\left(1-\frac{1}{n}\frac{v_1}{c}\right)\fallingdotseq\frac{1}{n}+\left(1-\frac{1}{n^2}\right)\frac{v_1}{c} \tag{2.71}$$

が得られる．したがって水中の光の速さ v は

$$v\fallingdotseq\frac{c}{n}+fv_1, \qquad f=\left(1-\frac{1}{n^2}\right) \tag{2.72}$$

と書ける．この結果はフレネルが相対性理論以前に得た結果に等しく，係数 f はフレネルの引きずり係数と呼ばれる．水中の光の速さは水の流れの速さ v_1 が零のときは $v=c/n$ であるが，引きずり係数 f は正なので水が光の進行方向へ運動すると静止系から見た光の速さは増大し，逆方向のときは減少する．これはあたかも光を伝達する媒質の水が光を引っ張っているように見えるので，エーテルの引きずり効果と呼ばれている．$n=1$ と置くとこの引きずり効果は消える．

フィゾーは図 2.29 のような装置を作ってフレネルの引きずり係数 f を 1851 年に測定した．図で光源をでた光は半透明鏡で半分は上方へ反射されて水の流れに逆向きに，半分は透過して水の流れと同じ方向へ走り，最後に望遠鏡で集められて干渉縞を作る．装置の水の流れを止めて図 2.30 の左の図のように二つの波がちょうど重なり合うように光路を調整する．それから水を流して干渉縞の強度の変化を観測する．水の流れと逆向きに走る光が同じ方向へ走る波よりも半波長 $\lambda/2$ 遅れると図の右に示すように二つの波は弱めあって光の強度は零になる．この光の強度の変化の 1%まで測定できるとする．すなわち，半波長の 1%まで測定できるとすると，光路の長さの測定の相対誤差は

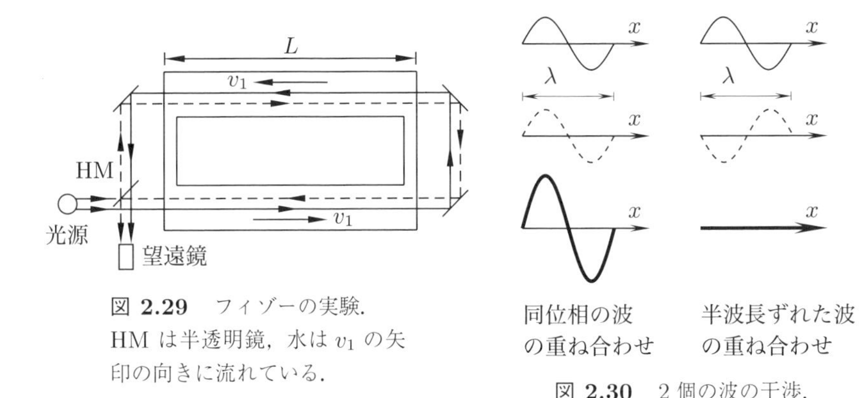

図 2.29　フィゾーの実験．HM は半透明鏡，水は v_1 の矢印の向きに流れている．

図 2.30　2 個の波の干渉．

$$\text{光路の相対誤差} = \frac{\Delta x}{2L} = 0.01 \times \frac{\lambda}{2} \times \frac{1}{2L} \tag{2.73}$$

となり，この精度まで測れることになる．フィゾーの使った値，$L = 1.5\,\mathrm{m}$, $\lambda = 530\,\mathrm{nm}$ を使うと

$$\frac{\Delta x}{2L} = 0.01 \times \frac{530 \times 10^{-9}\,\mathrm{m}}{2} \times \frac{1}{2 \times 1.5\mathrm{m}} = 8.83 \times 10^{-10} \tag{2.74}$$

となり相対誤差は非常に小さい．光が水中の距離 $2L$ を飛行する時間を T, 光の速さ v の測定誤差を Δv とすると

$$Tv = 2L, \quad \Delta x = \Delta v T = \Delta v \times \frac{2L}{v} \tag{2.75}$$

だから，水中の光の速さ v の測定誤差 Δv は

$$\Delta v = v \times \frac{\Delta x}{2L} \fallingdotseq \frac{c}{n} \times \frac{\Delta x}{2L} = \frac{3.00 \times 10^8\,\mathrm{m/sec}}{1.33} \times 8.83 \times 10^{-10} = 0.200\,\mathrm{m/sec} \tag{2.76}$$

となり，非常に小さい．フィゾーは水流の速さ $v_1 = 7\,\mathrm{m/sec}$ で実験を行ったが，式 (2.72) が成り立つことを実証できた．

このように光の干渉効果を利用すると，非常に精度の高い測定を行うことができる．この方法はすでに述べたように 2.3 節のマイケルソン–モーレイの実験でも使われ，図 2.5 の測定装置では $L = 11\,\mathrm{m}$, $\lambda = 550\,\mathrm{nm}$ であった．このときは光速の変化量を Δc とすると式 (2.73) および (2.76) を使って

$$\frac{\Delta c}{c}=\frac{\Delta cT}{cT}=\frac{\Delta x}{2L}=0.01\times\frac{\lambda}{2}\times\frac{1}{2L}=1.25\times10^{-10} \tag{2.77}$$

となるので，このとき光の速さの変化は

$$\delta c=c\frac{\Delta x}{2L}=3.00\times10^{8}\,\mathrm{m/s}\times1.25\times10^{-10}=37.5\,\mathrm{cm/s} \tag{2.78}$$

まで測れることになる．

2.9　結語

フレネルは 1821 年に光が波であることを示した．波を伝えるには媒質が必要であり，マイケルソンとモーレーは光を使ってその波を伝える媒質，エーテルに対する地球の速さを測定しようとしたが，できなかった．地球の運動方向に無関係に光の速さは一定である実験結果を説明するためにローレンツは物体はその進行方向の長さが縮むと考えた．

アインシュタインは光の速さは座標系の運動の速さに無関係に一定であるとする光速度不変の原理を導入した．この光速度不変の原理から運動する物体はその進行方向の長さが収縮すること，運動する時計は遅れることが導かれた．

ピタゴラスの定理の直角 3 角形の斜辺の長さ (ノルム) を解析的延長するとミンコフスキー空間のノルムになること，デカルト座標系の回転の式を解析的に延長するとローレンツ変換の式になること，ピタゴラスの定理の長さ (ノルム) が座標系の回転に対して不変であることはミンコフスキー空間のノルム (長さ) がローレンツ変換に対して不変になることを示した．これからミンコフスキー空間のノルムがローレンツ変換に対して一定であることは，どのような速さで運動する慣性系でも光速度が同じ値になることであることを示した．

デカルト座標系 K を解析的に延長して得られるミンコフスキー空間の座標系 $K'(x',ict')$ を使って，慣性系の間の同時刻が相対的であることを示し，この同時刻の相対性により慣性系の間で長さがお互いに縮んで観測されることおよび時間がお互いに遅れて観測されること，光速よりも早く運動することが可能になると，因果関係が成り立たなくなることを時空図の上で分かりやすく説明した．

本章で見たように，双曲線関数は特殊相対性理論と重要な関係を持つが，後の第 II 部で見るように一般相対性理論とも密接な関係がある．この相対性理論になくてはならない双曲線関数発見の歴史を付録 B および C に示した．

第3章
ローレンツ変換式の導出および ミンコフスキー空間の歴史

ローレンツ変換の式は，ローレンツが1895年に導いた後，アインシュタインにより光速度不変の原理を用いると導けることが示されたが，ローレンツ，アインシュタインおよび著名な物理学者パウリ，ファインマン等が彼等の著作でローレンツ変換をどのように導き説明しているかを見てみよう．また，ミンコフスキー等がミンコフスキー空間をどのように考えたのかも見ることにする．

3.1　電磁場の波動方程式の導出

マクスウェルはマクスウェルの電磁方程式から電磁場の波動方程式を導いた．その導出法を見てみよう．

電荷 ρ が電場 $\boldsymbol{E}$ を作ることを表す式は

$$\nabla \cdot \boldsymbol{E} = \frac{1}{\varepsilon_0}\rho \tag{3.1}$$

である．ただし，ε_0 は真空中の誘電率である．磁場 $\boldsymbol{B}$ には電荷のような源はないことを表す式は

$$\nabla \cdot \boldsymbol{B} = 0 \tag{3.2}$$

である．磁場の時間変化が電磁誘導で電場を生じることを表す式は

$$\nabla \times \boldsymbol{E} = -\frac{\partial \boldsymbol{B}}{\partial t} \tag{3.3}$$

であり，電流 $\boldsymbol{J}$ と電場の時間変化が磁場を生じることを表す式は

$$\nabla \times \boldsymbol{B} = \mu_0 \boldsymbol{J} + \mu_0 \varepsilon_0 \frac{\partial \boldsymbol{E}}{\partial t} \tag{3.4}$$

である．ただし，μ_0 は真空中の透磁率である．真空中で電荷 ρ と電流 $\boldsymbol{J}$ は零であることを使い，これらの式から磁場ベクトル $\boldsymbol{B}$ を消去すると

$$\frac{1}{c^2}\frac{\partial^2 \boldsymbol{E}}{\partial t^2} = \nabla^2 \boldsymbol{E}, \quad \text{ただし} \quad c = \frac{1}{\sqrt{\mu_0 \varepsilon_0}} \tag{3.5}$$

が得られ，これは電場が速さ c で伝搬する現象を表しているので，波動方程式と呼ばれる．上式の伝搬速度 c は光速と等しいことから光は電磁波であることが明らかになった．

マクスウェルはキングス・カレッジ・ロンドンの教授のときの1864年に電磁波の存在を理論的に証明した論文を発表した．1871年にケンブリッジ大学で実験物理学の初代教授となったが，電磁波が存在することを実験的に見つけようとはしなかった．電磁波が存在することを実験で証明したのはカールスルーエ工科大学の教授であったハインリヒ・ヘルツである．ハインリヒ・ヘルツは電磁波の実用的価値を認識していなかったと言われている．

ハインリヒ・ヘルツ (1857–1894年)[1)]

ヘルツの学生は感銘を受けた．その素晴らしい現象が何に使えるか問うた．しかし，ヘルツは彼の発見は実用的なものでは無く単にマックスウェルの電磁波と言うだけのものと思っていた．「それはずっと役には立たないだろう．」「単にマックスウェル先生が正しかったことを証明するだけの実験だ．我々の肉眼では見えない不思議な電磁波は確かに存在する．しかし，それはそこにあるだけだ．」ボン大学の彼の学生の一人がその発見の今後について聞いた．ヘルツは肩をすくめた．彼は謙虚な人であり権利を主張しない明らかに野心の無い人だった．「何もないと思う．」

電磁波を通信の手段として使えることを示したのはイタリア人のマルコーニ(1874–1937)である．1897年5月13日，マルコーニは世界初の海を越えて約6 km の無線通信に成功した．

現在の文明社会の基盤の一つは無線通信であり，1888年のヘルツの電磁波

---

1) ADVENTURES in CYBERSOUND, Heinrich Rudolph (alt: Rudolf) Hertz, Dr : 1857-1894.
`http://pandora.nla.gov.au/pan/13071/20040303-0000/www.acmi.net.au/AIC/HERTZ_BIO.html` (2017.10.25)

発見は歴史的な偉業であった．無線通信なしにはラジオ，航空機，船舶や艦船との通信[2)]，レーダー，携帯電話，衛星テレビ，GPSやスマートフォンも不可能である．

3.2 ローレンツによるローレンツ変換の導出

ローレンツは，マクスウェルの電磁方程式が静止座標系と等速運動を行っている座標系で式の形が同じになる条件式を導いた．その方法について考えよう．

x 軸方向へ進む平面波を考えよう．電磁波は横波で進行方向の x 軸に垂直な面の電場を E と書くと，式 (3.5) の波動方程式は

$$\frac{1}{c^2}\frac{\partial^2 E}{\partial t^2}=\frac{\partial^2 E}{\partial x^2} \tag{3.6}$$

である．この式が静止座標系 $K(x,ct)$ で成り立っているとして，x 軸方向へ速さ v で運動している座標系 $K'(x',t')$ では式 (3.6) はどのように書けるのか考えよう．座標 (x',t') が座標 (x,t) の関数であるとき，次式が成り立つ．

$$\begin{aligned}
\frac{\partial E}{\partial t}&=\left(\frac{\partial x'}{\partial t}\frac{\partial}{\partial x'}+\frac{\partial t'}{\partial t}\frac{\partial}{\partial t'}\right)E,\\
\frac{\partial^2 E}{\partial t^2}&=\left(\frac{\partial x'}{\partial t}\frac{\partial}{\partial x'}+\frac{\partial t'}{\partial t}\frac{\partial}{\partial t'}\right)^2 E\\
&=\left[\left(\frac{\partial x'}{\partial t}\right)^2\frac{\partial^2}{\partial x'^2}+2\frac{\partial x'}{\partial t}\frac{\partial t'}{\partial t}\frac{\partial^2}{\partial x'\partial t'}+\left(\frac{\partial t'}{\partial t}\right)^2\frac{\partial^2}{\partial t'^2}\right]E,
\end{aligned} \tag{3.7}$$

$$\begin{aligned}
\frac{\partial E}{\partial x}&=\left(\frac{\partial x'}{\partial x}\frac{\partial}{\partial x'}+\frac{\partial t'}{\partial x}\frac{\partial}{\partial t'}\right)E,\\
\frac{\partial^2 E}{\partial x^2}&=\left(\frac{\partial x'}{\partial x}\frac{\partial}{\partial x'}+\frac{\partial t'}{\partial x}\frac{\partial}{\partial t'}\right)^2 E\\
&=\left[\left(\frac{\partial x'}{\partial x}\right)^2\frac{\partial^2}{\partial x'^2}+2\frac{\partial x'}{\partial x}\frac{\partial t'}{\partial x}\frac{\partial^2}{\partial x'\partial t'}+\left(\frac{\partial t'}{\partial x}\right)^2\frac{\partial^2}{\partial t'^2}\right]E
\end{aligned} \tag{3.8}$$

[2)] 1905年3月15日，仮装巡洋艦信濃丸は対馬海峡を目指すバルチック艦隊を発見し，「敵艦見ゆ」を無線電信機で送信した．マルコーニの無線通信成功のわずかに8年目に日本が無線電信機を艦船に導入したのは驚くべき早さである．その巨大な無線送信機は横須賀市にある三笠記念艦で見ることができる．

式 (3.7) および (3.8) を式 (3.6) へ代入すると

$$\left[\frac{1}{c^2}\left(\frac{\partial t'}{\partial t}\right)^2-\left(\frac{\partial t'}{\partial x}\right)^2\right]\frac{\partial^2 E}{\partial t'^2}=\left[\left(\frac{\partial x'}{\partial x}\right)^2-\frac{1}{c^2}\left(\frac{\partial x'}{\partial t}\right)^2\right]\frac{\partial^2 E}{\partial x'^2}$$
$$+2\left(\frac{\partial x'}{\partial x}\frac{\partial t'}{\partial x}-\frac{1}{c^2}\frac{\partial x'}{\partial t}\frac{\partial t'}{\partial t}\right)\frac{\partial^2 E}{\partial x'\partial t'} \tag{3.9}$$

が得られる．

もし，次の 3 個の式

$$\frac{1}{c^2}\left(\frac{\partial t'}{\partial t}\right)^2 \quad \left(\frac{\partial t'}{\partial x}\right)^2=\frac{1}{c^2}, \qquad \left(\frac{\partial x'}{\partial x}\right)^2-\frac{1}{c^2}\left(\frac{\partial x'}{\partial t}\right)^2=1,$$
$$\frac{\partial x'}{\partial x}\frac{\partial t'}{\partial x}-\frac{1}{c^2}\frac{\partial x'}{\partial t}\frac{\partial t'}{\partial t}=0 \tag{3.10}$$

が成り立つと運動系の式 (3.9) は静止系の式 (3.6) と同じ形

$$\frac{1}{c^2}\frac{\partial^2 E}{\partial t'^2}=\frac{\partial^2 E}{\partial x'^2} \tag{3.11}$$

になる．この運動系の式で表される電磁波の伝搬速度も式 (3.6) と同じ c であるから，式 (3.10) が成り立てばどのような慣性系でも光速は不変であるとするマイケルソン–モーレーの実験を説明できることになる[3)]．

まず，ガリレオ変換の場合を考えよう．式 (2.2) を使うと

$$\frac{\partial x'}{\partial x}=1, \quad \frac{\partial x'}{\partial t}=-v, \quad \frac{\partial t'}{\partial x}=0, \quad \frac{\partial t'}{\partial t}=1 \tag{3.12}$$

であり，これらを使うと，式 (3.9) の係数は

$$\frac{1}{c^2}\left(\frac{\partial t'}{\partial t}\right)^2-\left(\frac{\partial t'}{\partial x}\right)^2=\frac{1}{c^2}, \qquad \left(\frac{\partial x'}{\partial x}\right)^2-\frac{1}{c^2}\left(\frac{\partial x'}{\partial t}\right)^2=1-\frac{v^2}{c^2},$$
$$\frac{\partial x'}{\partial x}\frac{\partial t'}{\partial x}-\frac{1}{c^2}\frac{\partial x'}{\partial t}\frac{\partial t'}{\partial t}=\frac{v}{c^2} \tag{3.13}$$

となるので，式 (3.9) は

---

3)アインシュタインが特殊相対性理論の論文を書いたとき，彼はマイケルソン–モーレーの論文を読んでいなかったとする説がある．読んでいなくともローレンツの論文を読めば光速度不変の原理は読み取れる．

$$\frac{1}{c^2}\frac{\partial^2 E}{\partial t'^2}=\left(1-\frac{v^2}{c^2}\right)\frac{\partial^2 E}{\partial x'^2}+2\frac{v}{c^2}\frac{\partial^2 E}{\partial x'\partial t'} \tag{3.14}$$

となる．これから，式 (2.2) のガリレオ変換を使うと，運動系では静止系の式 (3.6) と同じ形の式は得られない．

ローレンツはマクスウェルの電磁方程式が運動系でも静止系と同じ形になる変換式を導いた．a,b,d および e を適当な定数として x' および t' が次式で表されるとする．

$$\begin{aligned} x'&=ax+bvt,\quad \text{これから}\ \frac{\partial x'}{\partial x}=a,\quad \frac{\partial x'}{\partial t}=bv,\\ t'&=\frac{d}{c}x+et,\quad \text{これから}\ \frac{\partial t'}{\partial x}=\frac{d}{c},\quad \frac{\partial t'}{\partial t}=e \end{aligned} \tag{3.15}$$

これらを式 (3.10) の条件式へ代入した次式

$$\frac{1}{c^2}\left(\frac{\partial t'}{\partial t}\right)^2-\left(\frac{\partial t'}{\partial x}\right)^2=\frac{e^2}{c^2}-\frac{d^2}{c^2}=\frac{1}{c^2}(e^2-d^2)=\frac{1}{c^2}, \tag{3.16}$$

$$\left(\frac{\partial x'}{\partial x}\right)^2-\frac{1}{c^2}\left(\frac{\partial x'}{\partial t}\right)^2=a^2-\frac{1}{c^2}(bv)^2=a^2\left(1-\frac{v^2}{c^2}\frac{b^2}{a^2}\right)=1, \tag{3.17}$$

$$\frac{\partial x'}{\partial x}\frac{\partial t'}{\partial x}-\frac{1}{c^2}\frac{\partial x'}{\partial t}\frac{\partial t'}{\partial t}=a\frac{d}{c}-\frac{1}{c^2}(bve)=\frac{1}{c}\left(ad-\frac{v}{c}be\right)=0 \tag{3.18}$$

が成り立たなければならない．

未知数は a,b,d および e の 4 個であり，式は 3 個で式の数が足りないが，もう一つの式は次のように得られる．すなわち，変換式 (3.15) の逆変換が存在するためには，式 (3.15) の係数行列式は零であってはならない．係数行列式の値を 1 と規格化すると，次式

$$\begin{vmatrix} a & bv \\ \frac{d}{c} & e \end{vmatrix}=ae-bv\frac{d}{c}=1 \tag{3.19}$$

が得られる．

式 (3.18) より得られる

$$a=\frac{v}{c}\frac{be}{d} \tag{3.20}$$

を式 (3.19) へ代入すると

$$\frac{v}{c}b\left(\frac{e^2}{d}-d\right)=1 \tag{3.21}$$

となる．式 (3.16) を使うと

$$\frac{v}{c}b=d \tag{3.22}$$

が得られ，これを式 (3.18) で使うと

$$a=e \tag{3.23}$$

となる．

式 (3.17) から得られる

$$a^2-\frac{v^2}{c^2}b^2=1 \tag{3.24}$$

に式 (3.23) と式 (3.22) を使うと，この式は式 (3.16) に等しくなる．すなわち，式 (3.16)〜(3.19) の 4 個の式は独立ではなく，独立な式は 3 個しかない．

独立な式が足りないので

$$b^2=a^2, \quad b=\pm a \tag{3.25}$$

を仮定すると，式 (3.24) より

$$a=\frac{1}{\sqrt{1-\frac{v^2}{c^2}}} \tag{3.26}$$

が得られ，すべての定数が定まる．したがって式 (3.15) は

$$\begin{pmatrix} x' \\ t' \end{pmatrix} \begin{pmatrix} a & bv \\ \frac{d}{c} & e \end{pmatrix} \begin{pmatrix} x \\ t \end{pmatrix} \begin{pmatrix} a & -av \\ -\frac{va}{c^2} & a \end{pmatrix} \begin{pmatrix} x \\ t \end{pmatrix} \begin{pmatrix} \frac{x-vt}{\sqrt{1-\frac{v^2}{c^2}}} \\ \frac{t-\frac{vx}{c^2}}{\sqrt{1-\frac{v^2}{c^2}}} \end{pmatrix} \tag{3.27}$$

となる．すなわち式 (3.15) の座標変換の式が

$$x' = \frac{x - vt}{\sqrt{1 - \frac{v^2}{c^2}}}, \quad t' = \frac{t - \frac{vx}{c^2}}{\sqrt{1 - \frac{v^2}{c^2}}} \tag{3.28}$$

のときに，変換後の運動系の波動方程式は式 (3.11) となり，静止系の式 (3.6) と同じ形の式になる．ただし，式 (3.25) の b は負の符号を使った．正の符号は負のときの逆向きの運動に相当する．式 (3.28) の変換は式 (2.35) と同じであり，ローレンツの 1895 年の論文に発表された．

キャラハン [1] は次のように書いている．

> ローレンツは，この考えを，前の節で引用した 1895 年の論文 [19] で導入した．彼は，τ (本書では $\tau = t'$: 引用者注) を表す新しい式 —— これは観測者 R の空間座標と時間座標の奇妙な混ぜあわせ以外の何物でもない —— を “局所時間”(local time) と名付けたものの，物理的直観に訴えるような説明は与えることを拒否した．10 年ほど後に，アインシュタインがついにこれに対する説明を提案したときにも，ローレンツがそれを完全に受け入れることはなかった．(バイス [26, p.166–] 参照．注9)
>
> [19] H.A.Lorentz, Michelson's interference experiment. ln [20] *The Principle of Relativity.* Dover, 1952.
>
> [20] H. A. Lorentz, A. Einstein, H. Minkowski, and H. Weyl. *The Principle of Relativity.* Dover, New York, 1952.
>
> 注9 訳注：和訳については訳者のノート参照．　([1] キャラハン p.22)

ローレンツは 1902 年のノーベル物理学賞を受賞した卓越した物理学者であったが，アインシュタインの考えを受け入れなかったことは，数式を使って得られた量の物理的な意味の解釈がいかに難しいものであるかを示している．このことは，後にアインシュタインが当初はミンコフスキー幾何学を受け入れなかったこと，ボーアやハイゼンベルクの量子力学の確率的解釈を受け入れず量子力学を認めなかったことと軌を一にしている．

3.3　アインシュタインの説明

アインシュタインは 1905 年の論文で，時間や空間は一様であり，等速運動をしている二つの座標系の間の関係は線形でなければならないこと，光速度はどの座標系から見ても同じである，という仮定を使ってローレンツ変換の式を導いた．特殊相対性理論の多くの教科書は，このアインシュタインの方法を踏襲している．

アインシュタインは1955年の第5版の著書 [26] では，デカルト座標系の回転を表す式を利用してローレンツ変換の式を導いており，この方法も幾つかの教科書で使われている．以下に文献 [26] のアインシュタインのローレンツ変換式導出の説明を示そう．

まず引用した文章の前に次の二つの式がある．

$$x'_\mu = a_\mu + b_{\mu\alpha} x_\alpha \tag{24}$$

$$b_{\mu\alpha} b_{\nu\alpha} = \delta_{\mu\nu} = b_{\alpha\mu} b_{\alpha\nu} \tag{25}$$

特殊ローレンツ変換

座標のうちの二つだけが変換され，新しい原点を決定する a_μ は，すべて0であるとすれば，(25) を満足する (24) の形の変換のうちで最も簡単な変換が得られる．この場合，指標1と2に対しては，関係式 (25) の与える三つの独立な条件によって，

$$\begin{cases} x'_1 = x_1 \cos\phi - x_2 \sin\phi \\ x'_2 = x_1 \sin\phi + x_2 \cos\phi \\ x'_3 = x_3 \\ x'_4 = x_4 \end{cases} \tag{26}$$

を得る．

これは，空間における，(空間) 座標系の x_3 軸の周りの単なる回転である．われわれが以前に研究した (時間の変換を伴わない) 空間の回転変換は，特別な場合としてローレンツ変換に含まれているのがみられる．指標1および4に対しては，同様の方法によって

$$\begin{cases} x'_1 = x_l \cos\psi - x_4 \sin\psi \\ x'_2 = x_2 \\ x'_3 = x_3 \\ x'_4 = x_1 \sin\psi + x_4 \cos\psi \end{cases} \tag{26a}$$

が得られる．

x_1, x_2, x_3, t が実数であるという関係によって，ψ は虚数に選ぶべきである．これらの方程式を物理的に解釈するためにわれわれは，虚の角 ψ の代りに，実の光時 l と，K' の K に関する速度 v を導入する．われわれはまず

$$x_1' = x_1 \cos\psi - il \sin\psi$$

$$l' = -ix_1 \sin\psi + l \cos\psi$$

を得る．K' の原点に対しては，すなわち $x_1' = 0$ に対しては，$x_1 = vl$ でなければならないから，上の第一の方程式から

$$v = i \tan\psi \tag{27}$$

したがって

$$\begin{cases} \sin\psi = \dfrac{-iv}{\sqrt{1-v^2}} \\ \cos\psi = \dfrac{1}{\sqrt{1-v^2}} \end{cases} \tag{28}$$

を得る．したがってわれわれは

$$\begin{cases} x_1' = \dfrac{x_1 - vl}{\sqrt{1-v^2}} \\ x_2' = x_2 \\ x_3' = x_3 \\ l' = \dfrac{l - vx_1}{\sqrt{1-v^2}} \end{cases} \tag{29}$$

を得る．

これらの方程式は，有名なローレンツ変換をなしている．これは，一般論においては，四次元座標系の，虚角だけの回転を表わしている．もし光時 l の代りに普通の時間 t を導入すれば，(29) において l を ct で，v を $\dfrac{v}{c}$ で置きかえなければならない．

([26] アインシュタイン p.35–37)

この文章を読むと，どのようにして式 (24) および (25) から式 (26) が出るのか，なぜ x_4 と ψ を虚数としなければならないのか，式 (26) の角度 ϕ と式 (26a) の虚の角 ψ の関係やそれらを図に示せばどのようになっているのかが分かるが，図がないので良く分からない．それで，式 (29) が有名なローレンツ変換であると言われても，分かったような分からないような曖昧な気持ちに

なってしまう者が多いのではなかろうか.

第2章で見たように，解析的延長の概念を使えば，式(26)の角度ϕや式(26a)の虚の角ψの関係は式(1.48)および(1.89)のように明確に分かり，それを図2.14のように示せばローレンツ変換の数学的および物理的な意味が初心者にも一目瞭然に分かる.

3.4　パウリの説明

パウリもデカルト座標系の回転の式とその回転角を虚数と置いて双曲線関数に置き換えた式を使ってローレンツ変換の式を次のように説明している.

> **§ 24.**　ローレンツ変換の4次元的表現.
>
> 第I編で求めた相対論的運動学に関する結果は4次元時空という立場にたつときもっと見透しのよい形に表現される．その場合，2つの異なる表現法がある．ひとつは虚時間座標を用いるものでx^kとして
>
> $$x^1=x, \quad x^2=y, \quad x^3=z, \quad x^4=ict$$
>
> とする方法である．他は実数の時間を用いて
>
> $$x^1=x, \quad x^2=y, \quad x^3=z, \quad x^4=ct$$
>
> とする方法である．第1の方法のほうが歴史的には古く，すでにPoincaré [21] により提唱された．第2の方法はMinkowskiが彼の講演“空間と時間”においてはじめて採用したものである．これらの方法を用いると特殊ローレンツ変換(I)〔x^2, x^3が変換されないこの種のローレンツ変換を特殊ローレンツ変換と呼ぶことにする〕はそれぞれつぎのようになる：
>
> $$\begin{cases} x'^1 = x^1\cos\phi + x^4\sin\phi \\ x'^4 - \quad x^1\sin\phi + x^4\cos\phi \end{cases}$$
>
> $$\begin{cases} x'^1 = x^1\cosh\psi - x^4\sinh\psi \\ x'^4 = -x^1\sinh\psi + x^4\cosh\psi \end{cases} \tag{186}$$
>
> (虚数の角 $\phi=i\psi$).
>
> この形(特に虚時間を用いた第1の公式)は3次元ユークリッド空間R_3における座標軸の回転に対する公式と非常によく似ている．(186)の第1組の公式がはじめて姿をみせたのはMinkowoki(ママ)の論文II〔式(1)〕である．Minkowokiの論文

では ϕ のかわりに角が虚数であることがはっきりわかるように $i\psi$ とかいてある．$x'^1=0$ とすれば $x=vt$ となるはずだから，ϕ, ψ はつぎの式で与えられる：

$$\tan\phi = i\beta, \quad \tanh\psi = \beta.$$

この結果つぎの関係がなりたつ：

$$\left.\begin{aligned}
\cos\phi &= \frac{1}{\sqrt{1-\beta^2}}, \quad \sin\phi = \frac{i\beta}{\sqrt{1-\beta^2}}, \\
\cosh\psi &= \frac{1}{\sqrt{1-\beta^2}}, \quad \sinh\psi = \frac{\beta}{\sqrt{1-\beta^2}}.
\end{aligned}\right\} \tag{187}$$

虚時間座標を用いれば特殊ローレンツ変換は回転にほかならない[4)](ただし回転角は虚数である)．これに対して実時間を用いれば，それは不変な双曲線

$$(x^1)^2-(x^4)^2=1$$

の1対の共役な直径 (Konjugierte Durchmesser) から他の1対の共役な直径に移ることに相当する．前者の立場ではベクトルの共変成分と反変成分のあいだには何等の区別もない．これに反して後者では両種の成分 a_4 と a^4 のあいだには $a_4=-a^4$ という関係がある．一般的にいえば，任意のテンソルの成分の添字4を上，下させるごとに必ずその成分の符号を逆にしなければならない．

([17] パウリ p.127–128)

ここで引用されているミンコフスキー (Minkowski) の論文 II は文献 [22] である．上記の式 (186) のデカルト座標系の回転の式は，1.6節の式 (1.47) と同じであるが，この式で $\phi=i\psi$ とおいてもその下の $\cosh\psi$ と $\sinh\psi$ を使った式は得られず分かりにくい．また，パウリは直交座標の回転を示す図を使って，ローレンツ収縮や時計の遅れを説明しているが，2.4.2節に示した図2.14を使う説明の方が分かりやすいのではなかろうか．

パウリの相対性理論に関する有名な著書 [17] の原著は彼が21歳のころに書いたとのことで，引用文献の数は394編もあり，関連する論文は徹底的に調べて書かれたと思われる．パウリによると，「ローレンツ変換」とか，ローレンツ変換で定義される群を「ローレンツ群」と呼ぶことは，ポアンカレが文献 [21] で初めて行ったとある ([17] p.372)．パウリのポアンカレの論文の説明を読む

---

4) 原文では $\cosh\varphi$ とあるが，$\cosh\psi$ へ訂正した．

と分かるように，パウリはポアンカレの良き理解者であるのは間違いない．

パウリ [17] はローレンツおよびポアンカレの研究を説明した後に次のように書いている．

> 最後にこの (相対性原理の：引用者注) 新しい考えの基礎を正しく数式化して，この問題に終止符をうったのは Einstein である．1905 年の彼の論文は Poincaré の論文とほとんど同じ頃に，また 1904 年に発表された Lorentz の論文を知らないで書かれたものである．Einstein の論文は，Lorentz や Poincaré の論文に述べられていることの本質的部分をすべて包含しているばかりでなく，その体裁ははるかにエレガントで，包括的であり全問題の本質をより深く理解しているものといえよう． ([17] パウリ p.22–23)

パウリはポアンカレとアインシュタインの論文を読み比べて，アインシュタインが最も包括的に本質的部分を説明していて，誰が特殊相対性理論を確立したかの論争に終止符を打つ判断をしたと思われる．

3.5 ファインマンの説明

物理的に分かりやすい説明で定評のあるファインマンの教科書でもデカルト座標系の回転の式を使って次のように書かれている．

> “静止している” 観測者位置と時間 (x,y,z,t) と，速度 u で “運動している” 宇宙船の中の位置と時間 (x',y',z',t') との間の関係を示すローレンツ変換は，
>
> $$\begin{aligned} x' &= \frac{x-ut}{\sqrt{1-u^2/c^2}}, \\ y' &= y, \\ z' &= z, \\ t' &= \frac{t-ux/c^2}{\sqrt{1-u^2/c^2}} \end{aligned} \tag{17.1}$$
>
> である．
>
> 中略
>
> それはそのうちの一方が，他のものに対してある角度だけまわった場合である．
>
> $$\begin{aligned} x' &= x\cos\theta + y\sin\theta, \\ y' &= y\cos\theta - x\sin\theta, \\ z' &= z. \end{aligned} \tag{17.2}$$

> 中略
> 　方程式 (17.1) と方程式 (17.2) との数学的変換は**全く**同じではないからである．例えば，両者における符号がちがっているし，また，一方では $\cos\theta$, $\sin\theta$ になっているが，他方では代数的量になっている．(もちろんこの代数的量を cosine や sine と書くことは不可能ではないが，実際にはできない．) しかしそれにしても (17.1) と (17.2) の二つの式は実によく**似ている**．ただ符号がちがうのだから，時空間が実在の普通の幾何学であると考えるわけにはゆかない．特にこの点を強調するわけではないが，運動している人間は，図 17-2 (b) に示したように，光線に対して同じ傾きをしている x' 軸と t' 軸とをとって，それに投影したものを x' と t' としなければならないのである．しかし幾何学に深入りしてもあまり役に立たないからそれはやめにする；方程式を扱う方がやさしい．　([23] ファインマン p.237, 239)

　ファイマンは「方程式 (17.1) と方程式 (17.2) との数学的変換はまったく同じではないからである」と書いているがその意味は次のことだと思う．

　行列

$$A = \begin{pmatrix} a_{11} & a_{12} \\ a_{21} & a_{22} \end{pmatrix} \tag{3.29}$$

の逆行列 A^{-1} は

$$A^{-1} = \frac{1}{\det|A|} \begin{pmatrix} a_{22} & -a_{12} \\ -a_{21} & a_{11} \end{pmatrix} \tag{3.30}$$

で与えられる．ただし，$\det|A|$ は，行列 A の行列式で

$$\det|A| = a_{11}a_{22} - a_{12}a_{21} \tag{3.31}$$

である．

　式 (3.27) を

$$\boldsymbol{x}' = R\boldsymbol{x}, \qquad \boldsymbol{x}' = \begin{pmatrix} x' \\ t' \end{pmatrix}, \qquad \boldsymbol{x} = \begin{pmatrix} x \\ t \end{pmatrix} \tag{3.32}$$

と書くと，その行列 R は

$$R=\begin{pmatrix}\dfrac{1}{\sqrt{1-\beta^2}} & \dfrac{-u}{\sqrt{1-\beta^2}} \\ \dfrac{-u/c^2}{\sqrt{1-\beta^2}} & \dfrac{1}{\sqrt{1-\beta^2}}\end{pmatrix} \tag{3.33}$$

であり，その転置行列 R^T は

$$R^T=\begin{pmatrix}\dfrac{1}{\sqrt{1-\beta^2}} & \dfrac{-u/c^2}{\sqrt{1-\beta^2}} \\ \dfrac{-u}{\sqrt{1-\beta^2}} & \dfrac{1}{\sqrt{1-\beta^2}}\end{pmatrix} \tag{3.34}$$

であるが，この転置行列 R^T は式 (3.30) と比べてみれば，明らかに行列 R の逆行列ではない，すなわち

$$R^T \neq R^{-1} \tag{3.35}$$

であり，$R^T=R^{-1}$ は成り立たない．

ベクトルの長さはデカルト座標系の回転では不変であるが，それは回転の行列 R に対して式 (1.54) のように $R^T=R^{-1}$ が成り立つからである．式 (3.33) のローレンツ変換の行列に対しては $R^T=R^{-1}$ が成り立たないので，ベクトル $\boldsymbol{x}$ の長さの保存が成り立たないと思うかも知れない．しかし，式 (3.33) および (3.34) の変換行列はそれぞれ式 (2.37) および (2.39) の変換行列と同等なので，$R^T=R^{-1}$ が成り立っていなくても，式 (2.25) のようにミンコフスキー空間のベクトルの長さは不変である．すなわち，式 (3.33) の行列は，一見式 (1.48) のような回転行列ではないが，式 (1.94) の双曲回転の式と同等である．

ファイマンが，ローレンツ変換の「方程式 (17.1) と方程式 (17.2) との数学的変換はまったく同じではないからである」，「幾何学に深入りしてもあまり役に立たないからそれはやめにする」と書いたのは，式 (3.33) の行列は $R^T=R^{-1}$ が成り立っていないので，回転の式とは言えないと思ったからかもしれない．本書では，実数形式の式 (3.33) を使わず，虚数を含む式 (2.32) を使うのは，その双曲回転の行列 R が，$R^T=R^{-1}$ が成り立ち回転の式であること，したがってベクトルの長さが不変であることが明白であり，その数学的内容が分かりやすいことにある．

3.6 ミンコフスキー空間について

ミンコフスキーは次のように書いている.

> 自然的な速度の限界が $c=1$ となるように，はじめから長さの単位と時間の単位の比を選ぶことができる．このとき更に $\sqrt{-1}\cdot t=s$ を t の代りに採用すれば，2 次の微分式は
>
> $$d\tau^2=-dx^2-dy^2-dz^2-ds^2$$
>
> となり，したがって x,y,z,s について完全に対称になる．そしてこの対称性は世界公準に矛盾しないすべての法則に移される．このことからすれば，この公準の本質を数学的に非常に意味深い神秘的な形式で装うことができる.
>
> ([15] ミンコフスキー p.114–115)

すなわち，虚数の時間軸を使うことにより，座標系があたかもユークリッド幾何学であるように見え，これは神秘的であると言っている．これを読むと，アインシュタインの次の記述を思い起こす．すなわち

> **第 17 章　ミンコフスキーの四次元空間**
>
> 数学者でないものが < 四次元 > と聞くと，ある神秘的な戦慄，舞台の幽霊が生むそれに似ていなくもない感情に捉えられる.　([5] アインシュタイン p.74)

また，E・テイラーおよび J・ホイーラーは次のように書いている.

> このようにして，(t,x,y,z) で生じた事象 A と $(t+\Delta t,x+\Delta x,y+\Delta y,z+\Delta z)$ で生じた事象 B の間隔の完全な表現として，間隔が時間的な場合は
>
> $$\begin{aligned}(\text{固有時間})^2 &= (\text{時間})^2-(\text{距離})^2\\ &= (\Delta t)^2-(\Delta x)^2-(\Delta y)^2-(\Delta z)^2,\end{aligned}\tag{9}$$
>
> また間隔が空間的な場合には
>
> $$\begin{aligned}(\text{固有距離})^2 &= (\text{距離})^2-(\text{時間})^2\\ &= (\Delta x)^2+(\Delta y)^2+(\Delta z)^2-(\Delta t)^2\end{aligned}\tag{10}$$
>
> が得られる.
>
> さて，三つの正符号 —— これはユークリッド幾何学の通常の距離と同じ —— と一つの負符号を含む “固有距離” によって記述される新しい幾何学を理解するには

どうすればよいであろうか？ ミンコウスキーが1908年に行った提案に従って，時間を測るために新しい量

$$\omega=(-1)^{1/2}t$$

または

$$\Delta\omega=(-1)^{1/2}\Delta t \tag{11}$$

を導入することが出来る．この量を使うと，固有距離の表式は

$$(\text{固有距離})^2=(\Delta x)^2+(\Delta y)^2+(\Delta z)^2+(\Delta\omega)^2$$

となり，すべての符号が正になる．表面的には，新しい幾何学は4次元のユークリッド幾何学であるかの如く見える．この公式に感動したミンコウスキーは次のような有名な言葉を書き残している：“今や，空間概念それ自体も，時間概念それ自体も単なる幻影へと色あせるべしとの審判が下されたのであり，両者の或る結合のみが独立な実在として生き続けるであろう．” 今日，この空間と時間の結合は**時空**と呼ばれている． ([20] テイラー等 p.39)

また，パウリはミンコフスキーの研究について次のように書いている．

相対性理論の発展にとって Minkowski の研究 [16] はきわめて重要な基本的な役割を演じた．彼はつぎの二つの事実に着目することによって，理論をきわめて見透しのよい形式に書きあらわした：

1. もし普通の時間座標 t のかわりに虚数 $u=ict$ を用いるならば，ローレンツ群に対して，またこの群に対して不変な物理法則に関して，空間座標変数 x,y,z と虚時間座標 u の間には形式的に何等の差異も存在せず，これら4個の変数はまったく同等である．実際ローレンツ変換にとって特徴的な不変量

$$x^2+y^2+z^2-(ct)^2$$

は，u を使うと

$$x^2+y^2+z^2+u^2 \tag{18}$$

となる．したがって最初から空間と時間を分離せず，これらを一緒にして**時空**とよばれる4次元多様体として扱う方が便利である．今後はこのょうに融合的に考えた時空という多様体を Minkowski に従って“**世界**”と呼ぶことにする．

中略

このような幾何学的性質のちがいが存在するにもかかわらず，われわれはロー

> レンツ変換を世界座標の一次直交変換とみなすことができる．すなわち3次元ユークリッド空間 R_3 における座標系の回転にならって，ローレンツ変換を4次元世界座標軸の (虚の) 回転とみなすことができる．さらに，3次元ユークリッド空間における普通のベクトル解析やテンソル解析は，R_3 における座標系の一次直交変換に対する不変論であると考えられるように，ローレンツ群に対する不変論は4次元的ベクトル解析，4次元的テンソル解析の形で書きあらわされる．
>
> ([17] パウリ p.49–50)

本書では虚数の時間軸を使ってローレンツ変換はデカルト座標からの解析的延長でありより簡潔明快に理解できることを強調している．しかし，数学的な内容はすでに述べたようにノルムの定義が同一なので第2章で導入した実軸–虚数軸空間とミンコフスキー空間は同等である．

パウリ [17] (p.127) は特殊相対性理論で4次元時空を表すとき，先にポアンカレにより ict 軸の虚数軸を用いた座標系が提唱され，後にミンコフスキーは実数軸 ct を用いた座標系を採用したと書いている．ミンコフスキー空間でノルムを計算するときに $||\boldsymbol{X}||=x^2+(ict)^2$ と書くとピタゴラスの定理と同じ形であることが容易に分かるが，実数で書くと特別の注意が必要になる．それゆえ，本書では分かりやすさを重視して時間軸は虚数軸としている．

明らかにミンコフスキーは解析的延長のような数学的手段でミンコフスキー空間を導いたのではなく，式の美しさから直感的に導いたように見える．そのような直感は格別の才能を持つ者にしかできない．ミンコフスキーの論文には図が少なく，彼が思い浮かべたであろうミンコフスキー空間のイメージを普通の人が思い浮かべるのは難しい．

3.7　ウィックの回転

本書で用いている解析的延長は，ウィックの回転 (Wick rotation) と呼ばれる方法を想起させるとの指摘を受けた[5]．ここで，本書の方法とウィックの回

---

[5] [7] の原稿を松下泰雄氏および2003年のポアンカレ賞を受賞された荒木不二洋氏にお見せしたところ，数学的には "Wick rotation" と呼ばれる方法を想起するとのコメントを頂いた．また，荒木氏のコメントによれば構成的場の理論 (Constructive Field Theory) は相対論的場の理論を Wick rotation で可換な確率場に変える手法を使って大発展を遂げたとのことである．

転の関係について簡単に説明しよう.

ウィックは論文 [24] で，運動量の 3 次元変数とエネルギー変数の合計 4 変数の相対論的な波動関数を含む積分を計算する時，解析的延長を使って座標系をデカルト座標系のように扱えるようにすると，積分が従来の式を使って容易に行えるようになり非常に便利であると書いている[6]．その方法を簡単に説明する.

4 次元のユークリッド空間の位置座標ベクトル $\boldsymbol{x}$ のノルムの 2 乗は

$$||\boldsymbol{x}||^2 = x_1^2 + x_2^2 + x_3^2 + x_4^2 \tag{3.36}$$

であるが，相対論的なミンコフスキー空間のベクトルのノルムの 2 乗は式 (1.69) を 4 次元へ拡張すると

$$||\boldsymbol{X}||^2 = x_1^2 + x_2^2 + x_3^2 - x_4^2 \tag{3.37}$$

となる．ただし $x_4 = ct$ である.

位置座標ベクトルの代わりに後の 5.2 節で述べる運動量エネルギーベクトル $\boldsymbol{P}$ を考えると，そのデカルト座標系でのノルムの 2 乗は

$$||\boldsymbol{p}||^2 = p_1^2 + p_2^2 + p_3^2 + p_4^2 \tag{3.38}$$

の形であり，相対論的なミンコフスキー空間の運動量エネルギーベクトルのノルムの 2 乗は式 (3.37) の形で

$$||\boldsymbol{P}||^2 = p_1^2 + p_2^2 + p_3^2 - p_4^2 \tag{3.39}$$

と書ける.

変数 p_4 について積分するときに，変数 p_4 の複素平面を考えると，元の積分は座標 p_4 の実軸に沿った積分であるが，被積分関数が解析関数であることを使って p_4 複素平面の虚軸 ip_4 に沿った積分へ書き直せるとする．そうすると，式 (3.39) のノルムの 2 乗は $p_4 \to ip_4$ と置いて，式 (3.38) となる．これは広く

---

[6] G.C.Wick は筆者の専門とする原子炉物理の分野では，ウィック・チャンドラセカール方程式の発案者として著名である (G.C.Wick, *Zeits. f. Physik*, **121**, 702 (1943))．彼は 1 次元板状体系のボルツマン輸送方程式で角度については離散座標を用いて解く方法で，その離散座標点を適当に選ぶと解は球面調和関数法の解と同じにできることを示した．筆者らは彼らのアイデアを拡張して，2 次元ボルツマン輸送方程式の離散座標方程式の解が球面調和関数法の解と同等にする方法を考案した ([25] p.438).

使われているユークリッド空間のノルムの2乗だからユークリッド空間で使われている従来からの多くの式を積分に利用することができるようになる，ということである．このとき，積分経路を実軸から虚軸へ移す解析的延長が，あたかも変数p_4の座標軸を90°回転するように見えるので，ウィックの回転とよばれるのだと思われる．

このように，ミンコフスキー空間の変数を$x_4 \to ix_4$と置くとノルムはユークリッド空間と同じ形になること自体は前節で述べたように，すでにミンコフスキーも指摘していることである．

本書で用いる解析的延長は，式(1.14)の$y(x)$を$|x| \leq r$から$r < |x|$の領域へ延長すること，そのときに$y(x) \to i\hat{y}$となることは，ウィックの回転と同じであるが，本書ではそれは回転とは呼ばない．

本書では，上の式で言えばユークリッド空間の式(3.36)からミンコフスキー空間の式(3.37)を導くために解析的延長を使っており，積分を容易にするためにミンコフスキー空間の式(3.39)からユークリッド空間の式(3.38)を導いているウィックの回転の方法とは導き方が逆向きである．

また，本書で言う回転は，図1.8，1.9および式(1.47)のユークリッド空間での回転であり，この回転の式を解析的に延長した式(1.93)から式(2.33)のミンコフスキー空間のローレンツ変換の式を導いており，ウィックの回転とは回転の意味がまったく異なる．

すなわち，ウィックの回転では積分路を実軸から虚軸へ90°回転させるが，本書ではユークリッド空間の座標系の任意の角度の回転が，ミンコフスキー空間の任意の速度の座標系間のローレンツ変換に対応していて，回転の角度は90°に固定はされていない．

3.8　結語

上に示したように，アインシュタイン，ミンコフスキー，パウリ，ファインマン等は皆ローレンツ変換を3次元ユークリッド空間における座標系の回転の式と対比させている．パウリはポアンカレおよびミンコフスキーの論文を引用して，ローレンツ変換の式は「3次元ユークリッド空間における座標軸の回転に対する公式と非常によく似ている，虚時間軸を用いればローレンツ変換は虚数の角度を持つ回転である」，と書いている．しかし，回転角が虚数の回転が何を意味するのか，文章だけでは読者には分かりにくい．

また，ファインマンは「しかし，それにしても二つの式は実によく似ている．ただ符号がちがうのだから，時空間が実在の普通の幾何学であると考えるわけにはゆかない」，「しかし幾何学に深入りしてもあまり役に立たないからそれはやめにする；方程式を扱う方がやさしい」と書いており，似ているのはあまり根拠のない偶然だろうという感じがある．

しかし，3 次元ユークリッド空間における座標系の回転の式とローレンツ変換の式は似ているのではなく，解析学の解析的延長の概念を使えば同一の式であると言え，回転角が虚数の回転角になることもわかり，その虚数の回転角も図で示せば初心者にも回転の幾何学的な意味は容易に理解できる．

第4章
パラドックス

静止座標系 K の観測者から見ると，運動している座標系 K' の時計は遅れて見え，長さは縮んで見える．しかし，相対性原理に従えばすべての慣性系は同等である．座標系 K' の観測者から見れば座標系 K' は静止しており，座標系 K が運動していて，時計が遅れたり長さが縮んだりするのは座標系 K の方である．これは矛盾していると主張する者がいてもおかしくない．

相対性理論を支持する者は，それが相対性理論の神髄であると主張する．しかし，これだけを言っていては信じるか否かの信仰の問題で神学論争になってしまう．この一見パラドックスに見える現象を具体的に考えよう[1)]．

4.1 双子のパラドックス

まず，双子のパラドックスについて考えよう．A と B の双子がいるとする．今，A が静止していて，B がロケットに乗って図 4.1 の x 軸の正の方向へ光速に近い速さで位置 B_0 から B_1 まで A の時計で $T_0^A = 50$ 年飛行し，そこで向きを逆にして A に向かって位置 B_1 から位置 B_2 まで再び A の時計で $T_0^A = 50$ 年飛行するとする．B の時計は出発時 B_0 で零として A の時計で 50 年飛行した位置 B_1 でわずかに $T_B = 0.01$ 年しか経過していなかったとする．式 (2.49) を使うと，このときのロケットの速さ $\beta = v/c$ は

$$\beta = \sqrt{1-(T_B/T_0^A)^2} \fallingdotseq 1-\frac{1}{2}(T_B/T_0^A)^2 = 1-2\times10^{-4} = 0.9998 \tag{4.1}$$

---

1) 文献 [20] には多くのパラドックスの問題があり興味深いが，解答の図は簡潔すぎ分かり難い．

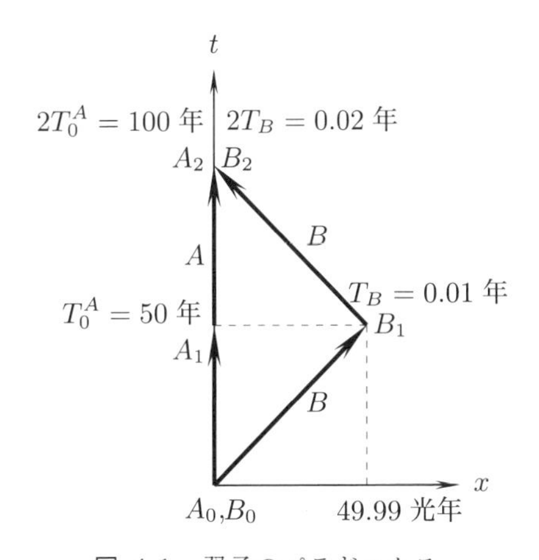

図 **4.1** 双子のパラドックス．座標系 K で A が静止し B が運動．

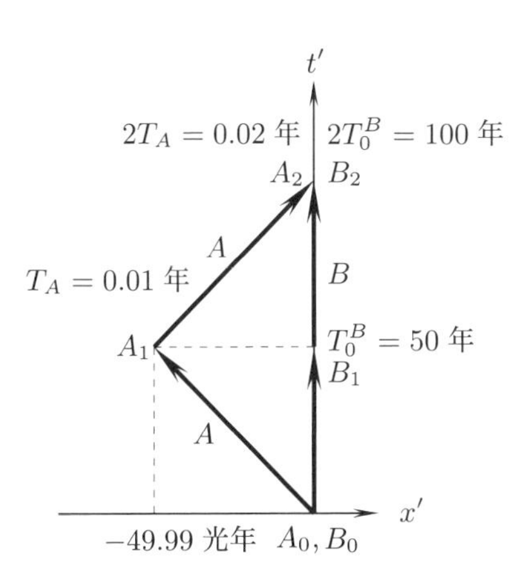

図 **4.2** 双子のパラドックス．座標系 K' で A が運動し B が静止．

である．A が位置 A_2 で B と再会したときに，A の年齢は $2T_0^A = 2 \times 50 = 100$ 歳なのに B は $2T_B = 2 \times 0.01$ 年 $= 0.02$ 歳にしかならない．

この現象を B に固定した図 4.2 の座標系 K' から見てみよう．この B が静止している座標系 K' からは図 4.2 に示すように，A が高速で x 軸の負の方向へ運動し，それから正の方向へ向きを変えて運動しているように見える．位置 B_2 で A と B が再会したときに，A が高速で運動しているから $2T_A = 0.02$ 歳であるが B は静止しているから $2T_0^B = 100$ 歳になり，図 4.1 の場合と矛盾することになる．これが有名な双子のパラドックスと呼ばれるものである．

この疑問に対する通常の解答は，図 4.1 では二人が再会するためには出発した 50 年後の位置 B_1 で B はロケットを減速させて向きを 180 度変え，再び加速するという加速度運動を行っている．他方，図 4.2 では A が加速度運動を行い，B は加速度運動はしていない．したがって，両者の運動は対等ではなく，図 4.1 および図 4.2 は別々の事象でありパラドックスは存在しないと言うものである [28].

第 2 章で運動による時間の遅れを考えたときは，二つの座標系の間でお互いに時計の遅れが観測されるだけで，実際に時計が遅れるわけではないと考えることも可能であった．しかし，図 4.1 で位置 B_2 で B と A が出会ったとき，運動をしている B の時計は A の時計よりも実際に遅れていると言わなければな

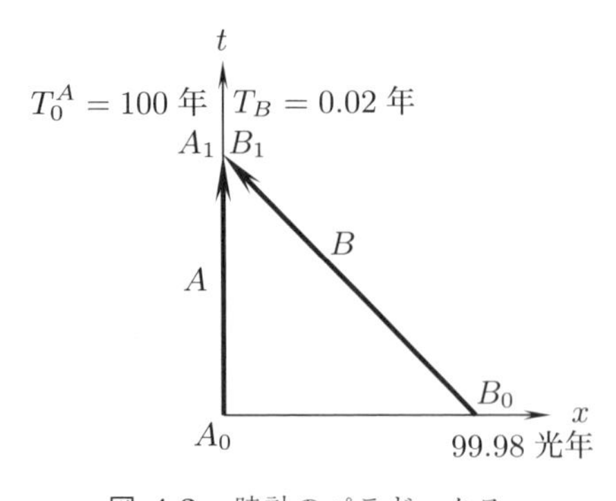

図 4.3　時計のパラドックス．A が静止し B が位置 B_0 から B_1 へ運動．

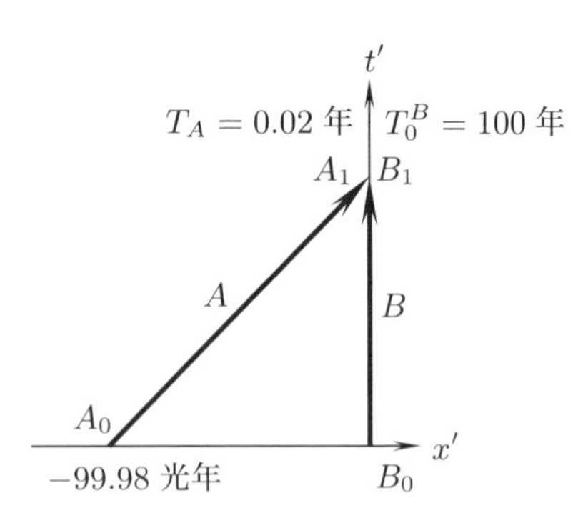

図 4.4　時計のパラドックス．B が静止し A が位置 A_0 から A_1 へ運動．

らない．

加速度運動を考えると複雑なので，加速度運動をしない等速度運動だけを行っている次のような問題を考えよう．図 4.3 に示すように，座標系 K で静止している A から 99.98 光年離れた位置 B_0 に B が居て，ロケットに乗って先の問題と同じ速さで A に向かっているとしよう．そうすると，100 年後に位置 $A_1 = B_1$ で A と B は出会うが，A は静止しているので 100 歳になり，B は高速で運動してきたので時計の動きが遅くなって 0.02 歳にしかなっていない．

B が静止している座標系 K' から見ると，図 4.4 のように A が高速で運動しており，この場合は，位置 $A_1 = B_1$ で A が 0.02 歳で，B が 100 歳となる．今の場合は A および B も等速度運動しているので，運動は対称であり図 4.3 および 4.4 も同等のはずである．簡単のために，この問題を時計のパラドックスと呼ぼう．

位置 A_1 で A と B が出会った時，図 4.3 では A が 100 歳で B が 0.02 歳，図 4.4 では A が 0.02 歳で B が 100 歳となることは明らかに矛盾しているように見える．この疑問に対して竹内 薫氏は著書で次のように説明している．

> さて，それでは，太郎から見ると次郎の時計が遅れていて，次郎から見ると太郎の時計が遅れる不可思議な状況は，どうすれば理解できるだろうか．
>
> 実は，このような考えは，哲学者の間では，むしろ常識となっている．うそだと思うなら，そこらへんの路地を歩いている哲学者をつかまえて，質問してみればいい．「もしもし，太郎から見ると次郎の時計が遅れていて，次郎から見ると太郎の

> 時計が遅れるなんて可能でしょうか？」と．
>
> すると，哲学者は，にやりと笑って，「もちろん可能ですとも．私どもの専門用語では，そういう状況を『間主観性（かんしゅかんせい）の問題』と言います」と答えるに違いない．
>
> 「間主観性」または「相互主観性」というのは，ひらたく言うと，客観性に対するアンチテーゼ (反命題)，あるいは，見方によっては，客観と主観の対立をアウフヘーベン (止揚) したシンテーゼ (統合命題) だと言えよう．
>
> 中略
>
> それに対してアルバート (アインシュタイン：引用者注) の相対的世界観では，どれが動いていてどれが静止しているかというのは無駄な問いで，運動は相対的でしかない．何かに対して別の何かが動いているのであって，運動はあくまでも相対運動でしかない．
>
> 太郎は，自分が静止していて次郎が動いていると主観的に考える．次郎は，自分のほうが静止していて太郎が動いていると主観的に考える．
>
> どちらが正しいかと問うのは無意味である．太郎は太郎なりに正しいのだし，次郎は次郎なりに正しい． ([27] 竹内 p.33–34)

ここでは抽象的な哲学の問題としてでなく，物理の問題として具体的に考えよう．この問題を図 2.11 および 2.10 を利用して，図 4.3 および 4.4 に相当する図 4.5 および 4.6 を使って考えよう．図 4.5 では，A は静止座標系 $K(x,ict)$ で静止しており，A から 2 光年離れた位置 B_0 に B が居て，B は A へ向かって飛行している．B が A と位置 $A_1=B_1$ で出会うのは静止座標系 K から見て出発してから $T_0^A=4$ 年目であり，A は 4 歳年を取る．B はその 4 年間に 2 光年飛行するのでその速さ v は

$$v=2\text{ 光年}/4\text{ 年}=0.5c, \quad \text{すなわち} \quad \beta=\frac{v}{c}=0.5 \tag{4.2}$$

である．B はこの間に

$$T_B=\sqrt{1-\beta^2}\times 4\text{ 年}=\sqrt{1-(1/2)^2}\times 4\text{ 年}=\frac{\sqrt{3}}{2}\times 4\text{ 年}\fallingdotseq 3.46\text{ 年} \tag{4.3}$$

の年を取る．すなわち，A は $T_0^A=4$ 年の歳を取ったのにも係わらず，B は $T_B=3.46$ 年しか歳を取っていない．

図 4.6 では B が運動座標系 $K'(x',ct')$ で静止していて，A が速さ $\beta=0.5$ で B に向かって飛行している．両者とも等速度運動であり，運動は対称的であ

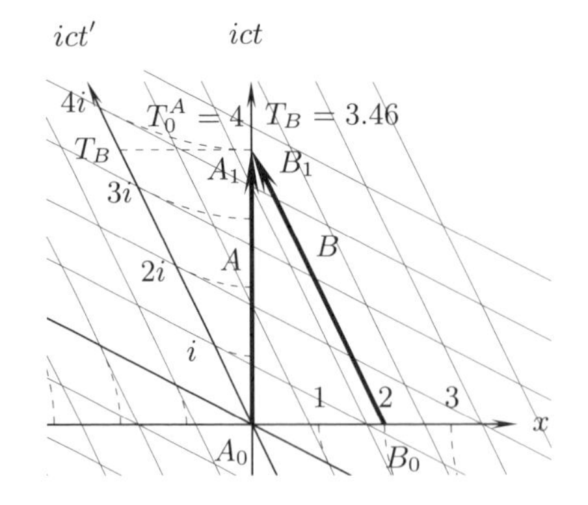

図 **4.5**　静止座標系 K で A が静止し，A から見て $t=0$ の同時刻に B が発進．

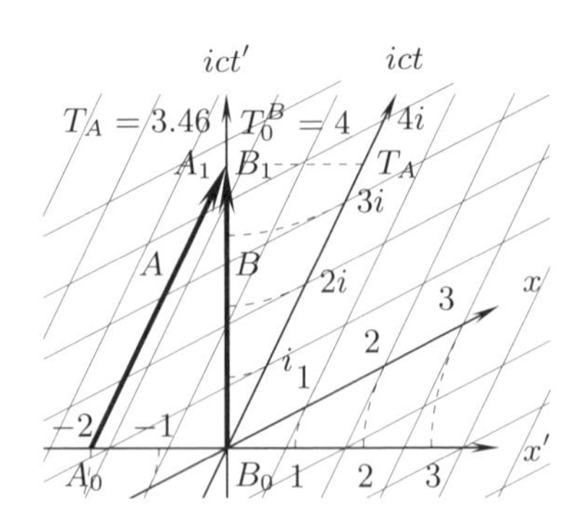

図 **4.6**　静止座標系 K' で B が静止し，B から見て $t'=0$ の同時刻に A が発進．

る．両者が $A_1=B_1$ で出会ったときに，図 4.6 では B が静止していて $T_0^B=4$ 年の歳を取っているが A は式 (4.3) と同じ計算で $T_A=3.46$ 年しか歳を取っていない．

どちらも自分の方が若いと主張でき矛盾は解消されないように見える．しかし，実は図 4.6 で表した運動は図 4.5 の運動と同一ではない．図 4.5 では A から見て $t=0$ の同時刻に B が位置 B_0 を発進している．図 4.5 に対応する時空図は図 4.6 ではなく，次の図 4.7 である．図 4.7 では図 4.6 のように B が静止していて，A が運動しているが，B から見て $t=0$ の同時刻に A が動き始めている．この図では A が B と出会うまでの A の時間は図で読み取れるようにちょうど 4 年であり，B の時計は 3.46 年経過し，図 4.5 とまったく同じである．すなわち，図 4.3 および 4.4 で予想されるようなパラドックス，矛盾は存在しない．

A が運動して B が静止している図 4.6 に対応する A が静止し B が運動している図は図 4.8 であり，これらの図では A から見て B は $t'=0$ の同時刻に発進しており，図 4.6 と図 4.8 の間にパラドックスは存在しない．このように，どの座標系から見て同時刻なのかを考えることにより，見かけのパラドックスは解消する．

以上の考察を元に図 4.1 の問題を再考しよう．図 4.1 の問題は図 4.5 の座標系 K を利用すると，図 4.9 のように書ける．この図で A は座標系 K で静止し

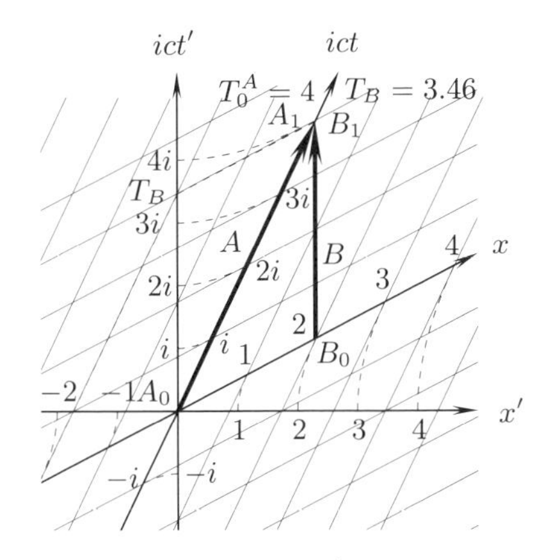

図 **4.7**　座標系 K' で B が静止し，B から見て $t=0$ の同時刻に A が発進.

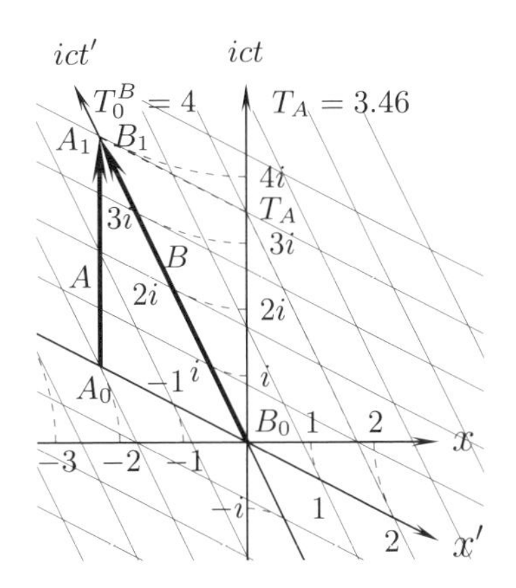

図 **4.8**　座標系 K' で A が静止し，A から見て $t'=0$ の同時刻に B が発進.

ており，B は速さ $\beta=0.5$ で位置 $B_0 \to B_1 \to B_2$ と運動し，位置 B_2 で A と出会う．図 4.9 で T_0^A と T_B の関係は図 2.14 の T_0 と T の関係と同じである.

図 4.9 の B の運動を B が位置 B_1 から B_2 では座標系 K' で静止するように図 4.7 を利用して描いたものを図 4.10 に示す．図で線分 $\overline{B_0B_1}$ は図 4.9 の線分 $\overline{B_0B_1}$ より長く見えるが両者の ict' 軸成分が等しいことは，次のように分かる．すなわち，図 4.9 の線分 $\overline{B_0B_1}$ の先端が原点 O に来るように x 軸に沿って移動した後端の位置 B_0 が B'_0 であるが，線分 $\overline{B_0B_1}$ と線分 $\overline{B'_0O}$ の ict' 軸成分はどちらも $T_B=3.46\cdots$ で等しく，これは図 4.9 の線分 $\overline{B_0B_1}$ の ict' 成分 T_B に等しい.

また，図 4.10 の線分 $\overline{B_1B_2}$ は図 4.9 の線分 $\overline{B_0B_1}$ よりも一見短く見えるが，図 4.9 の線分 $\overline{B_0B_1}$ の ict' 軸成分が等しいことは線分 $\overline{B_1B_2}$ を ict' 軸上へ x 軸に沿って ict' 軸上へ移動させると分かる．図 4.10 で位置 $A_2=B_2$ で静止している B が A と出会ったときのそれぞれの年齢は図 4.9 の場合と同じであり，パラドックスは存在しない.

結論として，1.5 節で導入した座標系を使って同時刻の相対性を図を使って考えることにより，難解な哲学の概念を用いることなく，物理の問題として時計のパラドックスは存在しないことを簡潔明快に理解することができる．図 4.9 と似た双曲線上の運動による時計の遅れは 5.4.3 節で詳しく考察する.

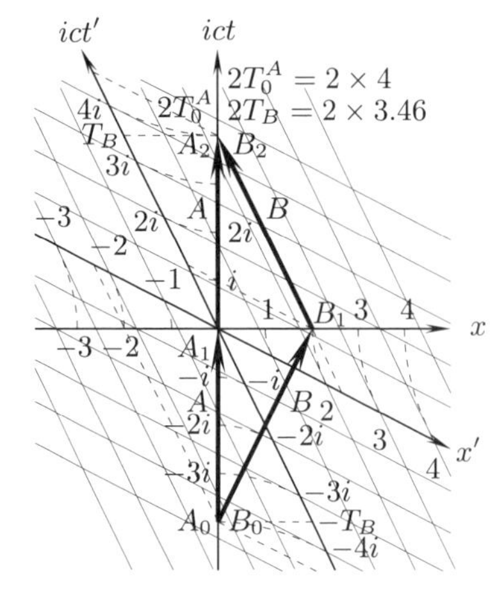

図 **4.9**　A の静止座標系 K で B が位置 $B_0 \to B_1 \to B_2$ と運動し，位置 $A_2 = B_2$ で A と出会う．

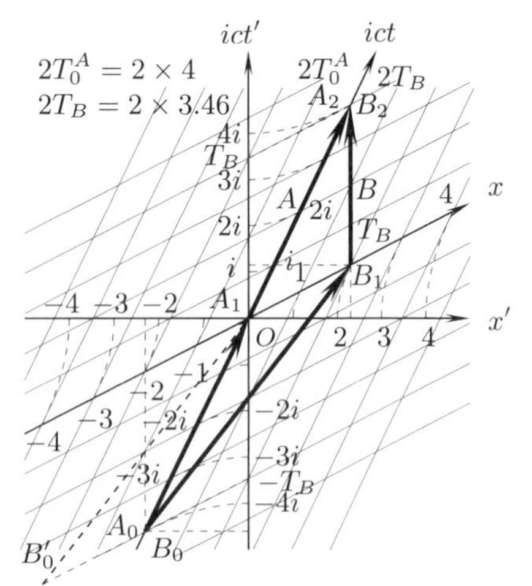

図 **4.10**　図 4.9 を B が位置 B_1 から B_2 では座標系 K' で静止するように描いた図．

4.2　ガレージのパラドックス

ガレージのパラドックスと呼ばれている問題を具体的に考えるために，数値を使って考えよう．静止しているときに幅 $L_0^A = 4\,\mathrm{m}$ の格納庫 A と長さ $L_0^B = 4\,\mathrm{m}$ のロケット B があるとする．ロケットが高速で飛行し，静止している格納庫から見ると，長さが半分の $L_B = 2\,\mathrm{m}$ にローレンツ収縮するとしよう．このとき，式 (2.42) より静止しているときの長さ L_0^B と L_B の比は

$$\frac{L_B}{L_0^B} = \sqrt{1-\beta^2} = \frac{1}{2}, \quad \text{これから} \quad \beta = \sqrt{1-(1/2)^2} = \frac{\sqrt{3}}{2} \fallingdotseq 0.866 \tag{4.4}$$

である．すなわち，ロケットが光速の 0.866 倍の速さで飛行するとその長さは半分に見える．その様子は図 4.11 に示してある．

逆に，ロケットから見れば，格納庫の方が $\beta = 0.866$ の速さで逆向きに飛行しており，図 4.12 に示すようにその長さが半分になっている．すなわち

$$\frac{L_A}{L_0^A} = \sqrt{1-\beta^2} = \frac{1}{2} \tag{4.5}$$

図 4.11 では，$x=0$ と $x=4\,\mathrm{m}$ にある格納庫の扉をロケットに触れることな

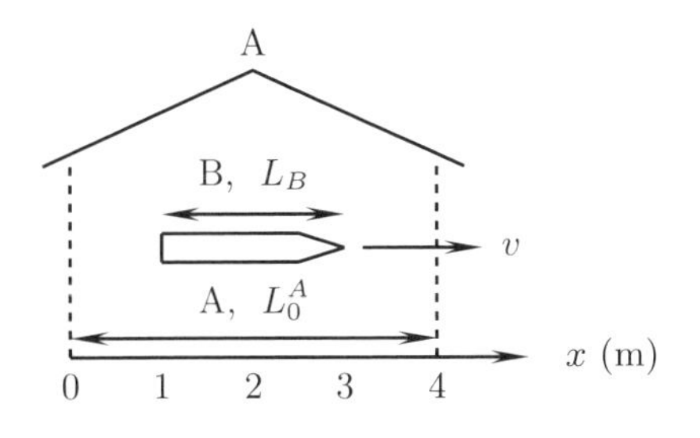

図 4.11 ガレージのパラドックス．ガレージ A が静止しロケット B が運動.

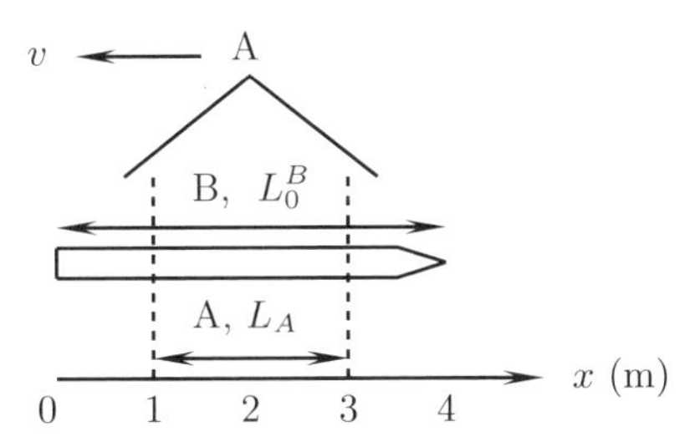

図 4.12 ガレージのパラドックス．ガレージ A が運動しロケット B が静止.

しに閉めることができる．しかし，図 4.12 で扉を閉めようとするとロケットを切断してしまう．一体，本当にロケットを切断することなしに扉を閉めることができるのだろうか．これは明らかに神学論争ではなく，物理の問題である．

図 4.13 および図 4.14 では，座標系 K には長さ $L_0^A=4\,\mathrm{m}$ の格納庫 A が静止していて，$x=0$ に格納庫の左端，$x=4\,\mathrm{m}$ にその右端があり，左端の世界線は ict 軸，右端の世界線は図の W_A である．座標系 K' には長さ $L_0^B=4\,\mathrm{m}$ のロケット B が静止していて，$x'=0$ にロケットの後端があり先端は $x'=4\,\mathrm{m}$ で，後端の世界線は ict' 軸，先端の世界線は図の W_B である．

図 4.13 では，静止座標系 K に対して座標系 K' が速さ v で右へ運動しており，図 4.14 では静止座標系 K' に対して座標系 K が速さ v で左へ運動している．ただし，この図は式 (2.10) を流用したので，速さ $\beta=\tanh\hat{\theta}=1/2$ の場合である．それでこのときは収縮率は $\sqrt{1-\beta^2}=0.866$ であるが，パラドックスの本質には関係ない．

図 4.13 で，時間と共に格納庫はその右端は W_A と書いている世界線の上を，その左端は ict の時間軸の上を上へ向かって移動する．

速さ $\beta=0.866$ の高速で飛行しているロケットの長さは，座標系 K' で $ct'=-2\,\mathrm{m}$ のときを $\overrightarrow{O'B'}$ および $ct'=0$ のときを $\overrightarrow{OB}$ で示してあるが，その長さは座標系 K' では静止しているので L_0^B である．時間と共にロケットはその先端は W_B と書いている世界線の上を，その後端は ict' の時間軸の上を右上へ向かって運動する．

さて，図 4.13 でロケットはその先端が座標系 K の $x=3.46\,\mathrm{m}$ の位置 B' に時刻 $ct'=-2\,\mathrm{m}$ で $t=0$ に到達する．ロケットの後端は $x=0$ に $ct'=0$ で $ct=0$

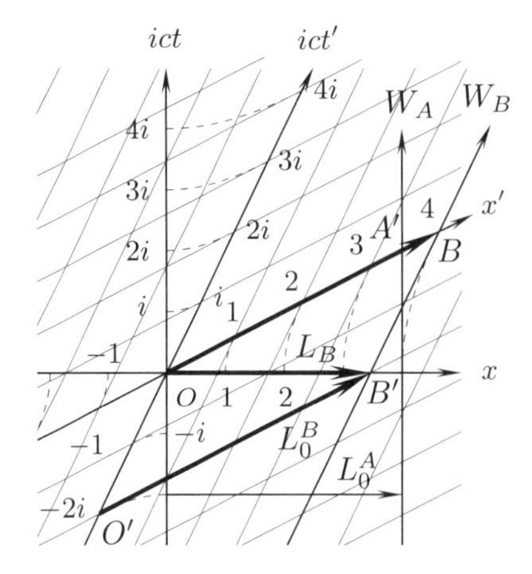

図 4.13　ガレージ A が K 系で静止し K' に居るロケット B が運動．単位 m.

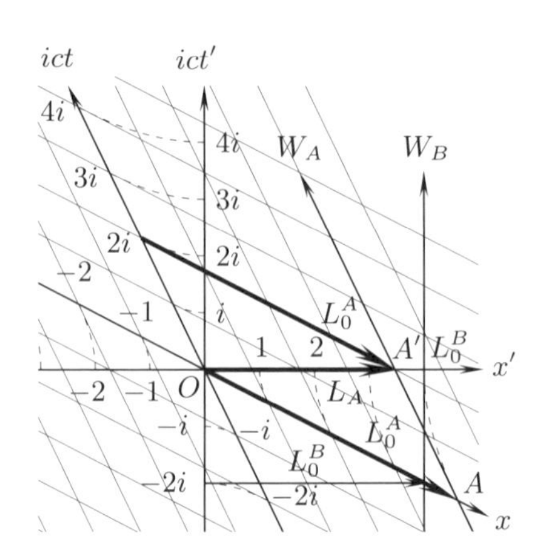

図 4.14　K に居るガレージ A が運動しロケット B が K' 系で静止．単位 m.

のときに到達する．それゆえ，静止系 K では，ロケットの長さは $t=0$ の同時に測定して，その長さ L_B は式 (2.42) に従って

$$L_B=\overrightarrow{OB'}=\sqrt{1-\beta^2}\times\overrightarrow{OB}=\sqrt{1-\beta^2}L_0^B=\sqrt{1-\beta^2}\times 4\,\mathrm{m}=3.46...\ \mathrm{m} \tag{4.6}$$

に収縮していると観測する．ロケットの先端が $x=3.46...\,\mathrm{m}$ に来た $t=0$ のときに，格納庫の右側の扉を閉め，後端が $x=0$ に来たときに左の扉を閉めれば，図 4.11 の前後の扉を $t=0$ の同時に閉めたことになり，ロケットは完全に格納庫に収まったと観測される．もちろん，右側の扉を閉めっぱなしにしておくと，ロケットの先端が右側の扉に激突するので，衝突する前に右側の扉は開けねばならない．

次に図 4.14 で，静止系 K' にロケット B が静止していて格納庫 A は座標系 K と共に速さ β で負の方向へ運動している場合を考えよう．時刻 $ct=0$ で格納庫の左端はロケットの静止している座標系 K' の x' 軸に触れ，$ct=2\,\mathrm{m}$ のときに右端は座標系 K' の x' 軸に触れる．座標系 K' の観測者は $ct'=0$ の同時刻に，格納庫の長さは $\overrightarrow{OA'}=L_A=3.46...\,\mathrm{m}$ へ収縮したと測定する．すなわち，図 4.12 のように，格納庫の長さはロケットよりも短いと観測する．それゆえ，ロケットの静止している座標系 K' の同時刻にはガレージの扉を閉めることは

できない.

図 4.11 のように扉を閉めることができた状態をロケットの静止している K' 系から見ると，図 4.13 で $ct'=-2\,\mathrm{m}$ のときに右側の扉を閉め，$ct'=0$ のときに左側の扉を閉めたからで，そのときには右側の扉は開いている．すなわち，K' 系から見るとガレージの扉は同時には閉じられておらず，最初に右の扉を閉めてから開け，それから左の扉を閉めている，つまり，ロケットの先端と後端がちょうどガレージ内にいるように別々の時刻に扉を開閉しているからである．

ガレージが運動している図 4.14 では，図 4.14 の $\overrightarrow{OA'}=L_A$ は $L_0^A=\overrightarrow{OA}$ のローレンツ収縮である．

結論として，ガレージのパラドックスも物体の収縮は長さを測るための同時刻が座標系によって異なるために起きた異なる二つの観測の結果であり，二つの座標で同時刻が異なることを考慮すればパラドックスは存在しない．

4.3 電車のパラドックス

時間に関するパラドックスは前節のように解消される．同種の問題であるが，もう一つ，電車のパラドックスと呼ばれているパラドックスについて考えよう [28] (p.9)．電車の中央に観測者 B が居り，電車の前の位置 B_1 と後の位置 B_0 から光を同時に観測者 B へ向かって発光する．この電車は電車の外にいる観測者 A に対して速さ v で図 4.15 に示すように，図の右方向へ進行しているとする．これは，マイケルソンとモーレーの実験の所で見た図 2.6 の問題と似ている．観測者 B から見れば，電車は静止しているので図 4.16 に示すように，前後から来る光は同時に B の位置に到着する．

他方，プラットフォームに立っている観測者 A から見ると，光が電車の中央に達するまでに電車の中央は図 4.17 に示すように右へ移動しており，光の運動を 45 度の直線で表すと，図に示すように同時刻には到着しないで，少しの時間差があるはずである．同時刻が慣性系で異なり，B の慣性系で同時刻であっても A の慣性系で同時刻でないのは当然のことである，というのが相対性理論の主張だから，これは問題はないと言えるだろうか．文献 [28] によると，この電車には爆弾が仕掛けてあり，B の位置に光が同時に到達するときはドッカーンと爆発するが，同時でないときは爆発しないようになっていた．そ

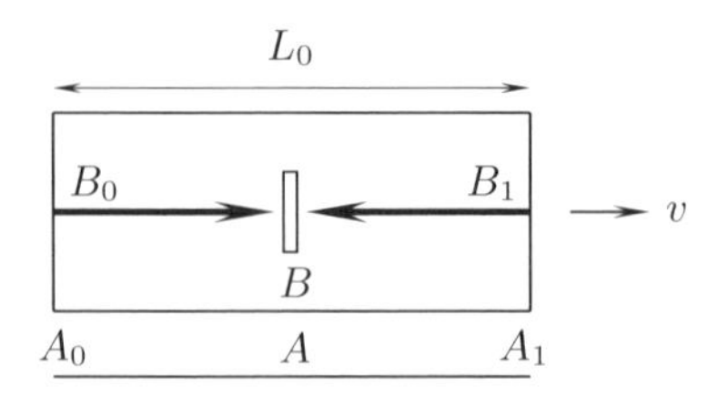

図 4.15　観測者 A が静止し B が運動.

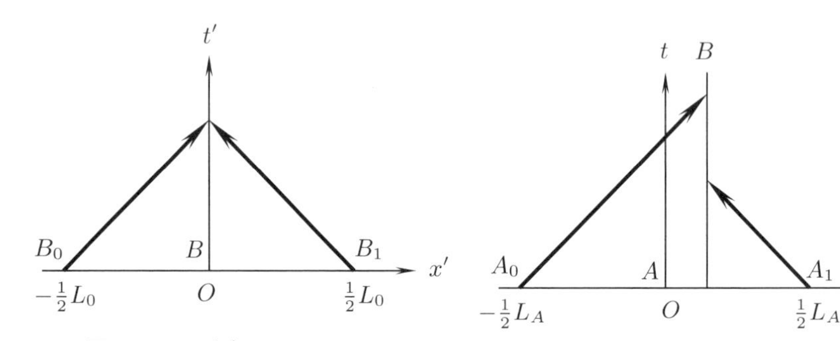

図 4.16　電車のパラドックス．座標系 K' で B が静止．静止している電車の全長は L_0 とする．

図 4.17　電車のパラドックス．座標系 K で観測者 A は静止．B が運動している．

うすると，観測者 B にとっては爆弾は爆発し観測者 B は死亡するが，観測者 A から見ると爆発は起きず B は死亡しない．これはやはり矛盾で無視できないパラドックスであり，検討の必要がある．

図4.17の事象を図2.10の時空図に描いたのが図4.18である．位置 A_0 と A_1 間の距離は $L_0=6\,\mathrm{m}$ で，電車は速さ $v/c=\beta=0.5$ で右方向へ走っているとしている．電車の中央 B は図の ict' 軸上を上方へ時間と共に移動する．電車の前および後から発した光は，$x=\pm L_0/2$ の位置から x 軸に45度の角度で中央へ向かっている．

図4.18で光が位置 A_0 から観測者 B に到達する時間 ct_A^0 を考えよう．図から分かるようにこの時間は

$$ct=2x,\ ct=x+3 \text{ の交点から }\quad ct_A^0=6 \tag{4.7}$$

と得られる．

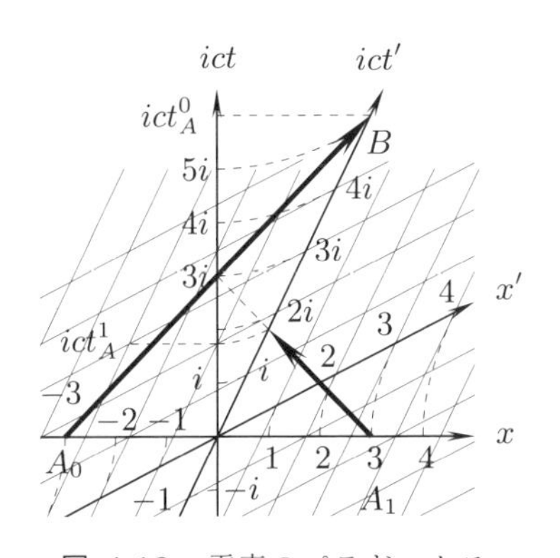

図 4.18 電車のパラドックス．静止座標系 K に居る観測者 A から見て同時の場合，$\overline{A_0A_1}=L_A=6$ としたとき．

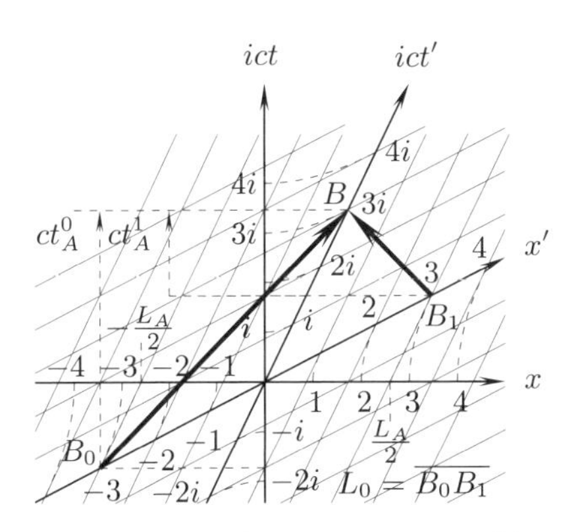

図 4.19 電車のパラドックス．運動座標系 K' に居る観測者 B から見て同時の場合，$\overline{B_0B_1}=L_0=6$，$L_A=\sqrt{1-\beta^2}L_0$．

電車の前の位置 A_1 から発した光が観測者 B に到達する時間 ct_A^1 は

$$ct=2x,\ ct=-x+3 \text{ の交点から } \quad ct_A^1=2 \tag{4.8}$$

と得られ，観測者 A から見ると前方から来る光は，後ろから来る光に比べて 1/3 の時間で到着する．

この図 4.18 で光が中央に達する時刻は，図 4.17 のように前方と後方で相当に異なっており，爆弾の爆発は起きそうもない．しかし，この図にも同時刻の適用について間違いがある．

図 4.18 では静止している観測者 A から見て同時刻に，電車の前後から光が発せられたとしている．しかし，実際は図 4.16 に示されているように観測者 B から見て同時刻に発射されるとせねばならない．座標系 K' にいる観測者 B から見て同時刻に光が発射されたとするのが図 4.19 である．この図も座標系 K にいる観測者 A は静止し，座標系 K' にいる観測者 B は $\beta=0.5$ で運動している．光は，運動している電車の中央より後へ $x'=-3\,\mathrm{m}$，前へ $x'=3\,\mathrm{m}$ の位置から観測者 B から見て同時に発射され，同時に電車の中央に到達している．中央に到着する時間は，観測者 B の時計では二つの光とも $ct'=3\,\mathrm{m}$ (光が 3 m 進むのに要する時間) であることが図から分かる．

観測者 B だけでなく，観測者 A にとっても光は同時に中央に達し，両観測者とも爆発は起きたという同じ結論を得るので，パラドックスは存在しない．このことは，空間の異なる位置の2点に関する同時性は，それを観測する座標系によって異なり，ある座標系で同時でも他の座標系では同時ではない．しかし，空間のある1点で起きる現象が同時か否かは，観測者の座標系には依存せず，もしある座標系で見て同時であれば，他のすべての座標系から見ても同時であることを意味している．

図2.14から分かるように静止系Kに居る観測者Aから見る電車の長さL_Aは図4.19のように$L_A = \sqrt{1-\beta^2}L_0$とローレンツ収縮している．それゆえ，図4.18の位置A_0およびA_1は正確には原点の方向へ移動されねばならないが，現象の本質は変わらない．

4.4　2台の宇宙船のパラドックス

松田および木下は図4.20に示す2台の宇宙船のパラドックスの問題を提起している．

> **2台の宇宙船のパラドックス**
>
> 全く同じ形と性能を持つ2台の宇宙船AとBを用意する．宇宙船は当初S系(静止座標系K)に静止しており，(図4.20のように)同一線上に向きを同じにして間隔L_0で並べられている．このとき観測者は宇宙船の外におり，ずっとS系(K系)に留まっている．ある瞬間，宇宙船は観測者に対して，同時に加速を開始する．加速中はその速度が時々刻々変化するが，2台の宇宙船の性能が同じであることから，瞬間瞬間の速度は2台とも同じであると観測者は観測する．観測者が見た加速終了もまた同時であり，最終的に観測者に対して到達する速度u (v)も全く同じである．　　　　( )内引用者注 ([30] 松田，木下)

このとき，静止系Kから見た2台の宇宙船の間隔Lは式(2.44)，すなわち次式

$$L = \sqrt{1-\beta^2}L_0, \quad \beta = \frac{v}{c} \tag{4.9}$$

に従ってローレンツ収縮するか？という問題である．

期待される一つの答えは，2台の宇宙船の性能が同じであることから，各時刻の速度は2台とも同じでありしたがってその間隔もL_0のままであり，加速

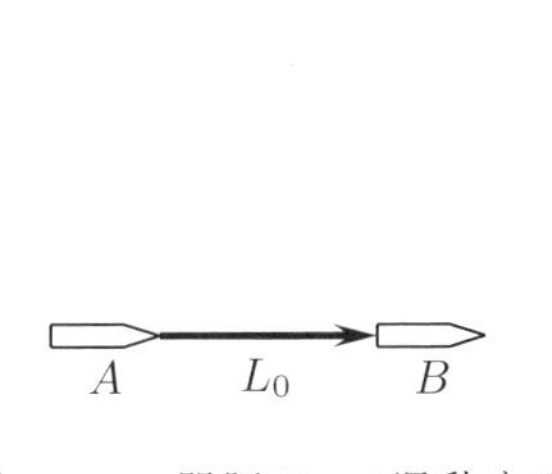

図 4.20　間隔 L_0 で運動する 2 台の宇宙船.

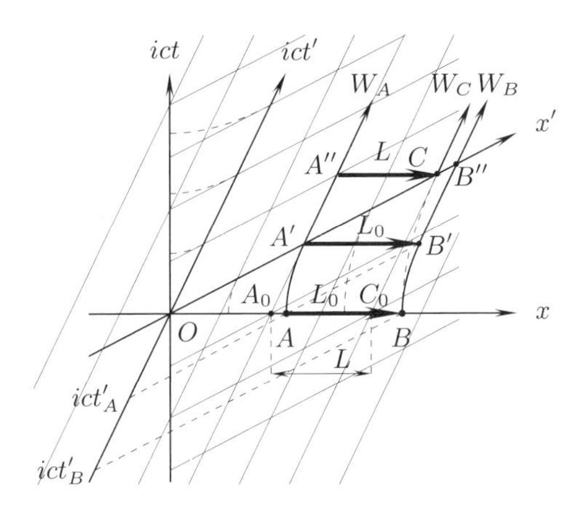

図 4.21　間隔 L_0 で運動する 2 台の宇宙船の世界線 W_A および W_B と宇宙船 C の世界線 W_C, $L=\overline{A_0B_0}=\sqrt{1-\beta^2}\ L_0$.

終了もまた同時で最終的に観測者に対して到達する速度 v もまったく同じなのだから，観測者が見た加速終了時の間隔 L_0 も出発時と同じである．それゆえ，二つの宇宙船は長さ L_0 の棒で固定したと考えることもでき，この棒が速さ v で運動するのだから，棒すなわち宇宙船の間隔 L は式 (4.9) に従ってローレンツ収縮する，というものである．

しかし，この回答は誤りであり，静止系 K から見た宇宙船の間隔は加速中も加速終了後も静止時と同じ L_0 である，というのが松田等の答えである．松田等の答えが正しいことを今まで使ってきた図を流用した図 4.21 を使って説明しよう．双曲線上の運動は次の 5.4 節に示すように等加速度運動である．

図の座標系 $K'(x',ict')$ は座標系 $K(x,ict)$ に対して宇宙船の最終速度 v で等速運動をしている系である．図の世界線 W_A は宇宙船 A の世界線，宇宙船 B の世界線 W_B は宇宙船 A の世界線 W_A を x 軸の正方向へ L_0 だけ平行移動したものである．図の 2 台の宇宙船は始めに座標系 K の x 軸上の位置 A と B に静止していて，$t=0$ の同時に発進し加速して速さ v になった位置 A' および B' でエンジンを停止する．位置 B'' は位置 B' から ict' 軸に平行に引いた直線が x' 軸に交わる位置である．速度が v に達した後は，宇宙船 A および B はそれぞれ図の世界線 W_A および W_B の線上を右上方へ速さ v で等速運動をする．

世界線 W_B は世界線 W_A を右へ L_0 だけ平行移動したものであるから，明らかに宇宙船の間隔は加速中も加速終了後も座標系 K から見て常に L_0 のままで不変であり，式 (4.9) のようなローレンツ収縮は起きない．この問題は，スイスにあるヨーロッパ原子核共同研究機構セルンにいた著名な量子力学の専門家のベルも提起し，そこにいた他の著名な物理学者の反対にあったとのことで，相対論の物理的な意味を知ることの困難さを示している．

上記の説明にもなお専門家による反論があったとのことなので，なぜこの場合は式 (4.9) のローレンツ収縮が起きないのかをローレンツ収縮が起きる場合と比較しながらもう少し詳しく考察しよう．図 4.21 で世界線 W_C の点線部分は直線 $ict = ix$ を漸近線とする図 1.27 と類似の双曲線である．この世界線 W_C の双曲線上を宇宙船 C が運動し，x' 軸上に来たときの位置が C で，この位置で加速を止める．その後宇宙船 C は一定速度で図の世界線 W_C の実線部分を運動する．位置 C から x 軸に平行な直線が世界線 W_A と交わる位置を A'' とする．

図の位置 A' と位置 C での接線の勾配は式 (1.137) のように等しく，$\hat{y} = ct$ と置くと分かるように $\tanh\hat{\theta} = v/c$ である．すなわち，位置 A', C および B'' での速さはすべて v で等しい．

図 4.21 を図 1.15 と比較すると分かるように $\overline{OB} = \overline{OC}$, $\overline{OA} = \overline{OA'}$ なので $\overline{AB} = L_0 = \overline{A'C}$ であり，宇宙船 C が世界線 W_C 上を運動する時は，宇宙船 A と C の間の距離は運動系 K' でも L_0 のままである．それゆえ，宇宙船 A と C を剛体棒で固定しても剛体棒の長さは不変であり剛体棒には引っ張りまたは圧縮の力は働かない．

図 4.21 で線分 $\overline{A'A''}$ を延長して x 軸と交わる点を A_0, 双曲線の位置 C での接線が x 軸と交わる点を C_0 とする．図の線分 $\overline{OC}$ と線分 $\overline{OC_0}$ を図 2.14 を見ながら比較すると

$$\overline{OC_0} = \sqrt{1-\beta^2} \times \overline{OC}, \quad \overline{OA_0} = \sqrt{1-\beta^2} \times \overline{OA'}, \quad \beta = \frac{u}{c} \tag{4.10}$$

が成り立つことが分かる．

$$L = \overline{OC_0} - \overline{OA_0} = \overline{A_0C_0}, \quad L_0 = \overline{OB} - \overline{OA} = \overline{AB} \tag{4.11}$$

を使うと宇宙船 A と宇宙船 C の世界線の実線部分の間隔 $\overline{A''C} = \overline{A_0C_0} = L$ と

L_0 の間には次式が成り立つ.

$$\overline{A_0C_0}=\overline{A''C}=L=\sqrt{1-\beta^2}\times L_0=\sqrt{1-\beta^2}\times\overline{AB} \tag{4.12}$$

すなわち宇宙船 C が世界線 W_C 上を運動する時は，宇宙船 A と C の間の静止系での間隔 L は L_0 のローレンツ収縮になっている．また，明らかに

$$\overline{A'C}=L_0<\overline{A'B''} \tag{4.13}$$

である．このため，もし二つの宇宙船をロープで繋いでいたら，ロープを引っ張る力がかかり切断されるはずである．

x' 軸上で式 (4.13) の不等式が成り立つ理由は，世界線 W_B のすなわち世界線 W_A の加速時の加速度の大きさが世界線 W_C のときよりも大きいからである．式 (1.70) で表せる双曲線上の運動の加速度 a は後の式 (5.66) および (5.71) から分かるように

$$a=\frac{f_x}{m_0}=\frac{c^2}{r} \tag{4.14}$$

で与えられる．すなわち原点から宇宙船 A_0 までの距離 r は小さいほど加速度 a は大きく，宇宙船 A_0 と同じ加速度を持つ世界線 W_B 上の運動は世界線 W_C 上の運動よりも加速度が大きいので，位置 C よりも位置 B'' へとより遠方となる．

もう一つの説明が可能である．すなわち，図の宇宙船 B は運動座標系 K' から見ると，宇宙船 A の $t'=t'_A$ よりも前の時刻 $t'=t'_B$ に発進し時刻 $t'=t'_A$ まで宇宙船 A は止まっているので両者の間隔を広げるからとも言える．このとき，宇宙船 C が宇宙船 A よりも小さい加速度の世界線 W_C 上の運動であれば K' 座標系での宇宙船間の距離が L_0 のままである．

松田等 [30] は次のように書いている[2)]．

> 「ここでは宇宙船 A に搭乗している観測者の視点で考えることとする．もっとも奇妙な経験だと思われるのは，加速の前後で，2 台の宇宙船の間隔が瞬間的に開いてしまうということである．言うなれば，宇宙船 B が超光速で瞬間移動してしまうのである.」中略

---

2) 本節の A と B が松田等のそれ等と一致するように，松田等の A を B，B を A へ書き換えた．

> 「宇宙船 A の搭乗者は，極短時間で終了する加速期間の前後で，宇宙船 B が瞬間的に離れるのと同時に，宇宙船Bの時計が急速に動くのを観測するのである.」
> ([30] 松田等)

この説明について考えよう．宇宙船 A と B の間の距離を静止座標系 K の同時刻 $t=0$ で測ると同図の $\overline{AB}$ であるが，運動座標系 K' の同時刻 $t'=t'_A$ で測ると図の $\overline{AB'}$ のように瞬間的に移動するように見える．時間についても座標系 K' の時計を使うと，宇宙船 B は図の $t'=ict'_B$ へ時計が急速に動いたように見える．しかし，この距離の増大や時間の変化は座標系 K で測るか，座標系 K' で測るかの違いによって生じるものであり，宇宙船 B が瞬時に移動するわけではないことは，図4.21の世界線 W_B に不連続さはなく，滑らかな線であることから分かる.

例えば経度の原点がグリニッジ天文台である座標系を K とし，座標系 K の東経180度を原点とする新しい座標系を K' と呼ぶとする．明石市は座標系 K では東経135なので座標系 K' では西経45度になる．我が国がこの新しい座標系 K' を採用しても，明石市の位置が採用時に瞬時に180度移動するわけではない．元の座標系 K で表示すれば依然として東経135度のままであり，上記の宇宙船の位置もこれと同じ状況である.

結論として次のように言える.

(1)　図4.21のように，静止座標系 K から見て同時に同じ加速度で発進した二つの宇宙船の間隔 L_0 は加速中も加速終了後も静止時と同じで，宇宙船の間隔はローレンツ収縮しない．その理由は，図の宇宙船 B は宇宙船 C よりも大きい加速度で運動し，かつ運動座標系 K' から見ると，宇宙船 A よりも前の時刻に発進し，宇宙船 C よりも大きい加速度で宇宙船 A との間隔を広げるからである.

(2)　運動座標系 K' から見て宇宙船 C が宇宙船 A より先に出発しても，図4.21の世界線 W_C の双曲線上を運動するように加速すると，運動系 K' の同時に観測しても宇宙船の間隔は L_0 のままである．このとき静止系 K の同時刻にこの宇宙船の間隔 L を測ると式(4.9)のローレンツ収縮をしている.

松田等は式を眺めるだけでなく図にして見ることの重要性を強調しているが，それは本書の持論でもある．式だけや言葉だけで説明するより図も使う方がずっと明快に現象を理解でき，物理現象を正しく理解するのに大いに役立つ．

4.5 結語

序文でも書いたように特殊相対性理論には，一見奇妙に見えるいろいろなパラドックスが沢山あるが，デカルト座標系から解析的延長で得られる座標系を使って，パラドックスとされていた問題を図上で考察することにより，パラドックスではないことを簡潔明快に示すことができ，その座標表示の有用性を示すことができたと思う[3)][4)]．

すなわち，ローレンツ変換の式を眺めるだけではその物理的な意味を理解するのは非常に困難であり，アインシュタイン等の教科書の難解な説明を読むだけでは，種々のパラドックスの原因を知ることは難しく，それが現在まで種々の論争が続いた理由であろう．図の上でどの量がどのように表されるかを見る方が物理的な意味もより深く理解でき，一見パラドックスと思われる現象もそうではないことを明快に理解できたことと思う．

[3)] アインシュタインの論文が発表されて以来約 100 年後の今も相対性理論の専門家によってローレンツ変換の解釈について次に示す雑誌で，論争が行われている．これはいかにローレンツ変換の物理的解釈が難しいかを示している．

[4)] 松田卓也，木下篤哉「相対論の正しい間違え方番外編 著者からの回答」『パリティ』2001 年 6 月号 61 頁，原田 稔「『反論：相対論の正しい間違え方』に対する回答への反論」『パリティ』2001 年 4 月号 53 頁，渡辺洋希「『相対論の正しい間違え方』に対する回答への反論」『パリティ』2001 年 5 月号 61 頁，須藤晃俊「『反論：相対論の正しい間違え方』への反論」『パリティ』2001 年 10 月号 58 頁，伊藤仁之「ローレンツ収縮の落とし穴」『パリティ』2002 年 6 月号 61 頁，松田卓也，木下篤哉「伊藤仁之教授の反論への反論」『パリティ』2002 年 6 月号 65 頁．

第5章
相対論的運動方程式

ニュートンの運動方程式では速度の時間微分である加速度は外力に比例し，外力が働いている限り加速度が生じる．この結果，速度は時間と共に増大し，質点の速度は光速度を超えることが可能になる．これは，質点の速度は光速度を超えないとする特殊相対性理論とは相容れない．この章ではニュートンの運動方程式を修正して上記の矛盾を解消する方法を考える．ここではローレンツ変換に対して不変な形の運動方程式を解析的延長の考えを使って導こう．

このために，3次元空間の運動量ベクトルとスカラー量のエネルギーを成分に持つ4次元の運動量エネルギーベクトルを考え，それをローレンツ変換する式を導く．その式から質量とエネルギーの間の有名な関係式，$E=mc^2$ が導かれる．この関係式を使って，ウランの核分裂で発生するエネルギーを具体的に考察する．さらに，加速度一定の場合の相対論的な運動方程式を解き，その世界線は実数–虚数軸座標系の双曲線になることを示す．

5.1 解析的延長による固有速度および固有加速度ベクトル

図1.7のベクトル $\boldsymbol{x}_3$ を $d\boldsymbol{x}$ と書くと

$$d\boldsymbol{x}=\boldsymbol{x}_2-\boldsymbol{x}_1, \quad d\boldsymbol{x}=(dx,dy)=(x_2-x_1,y_2-y_1) \tag{5.1}$$

である．このベクトル $d\boldsymbol{x}$ を図1.8の角度 θ 回転した座標系 $K'(x',y')$ で見たベクトル $\boldsymbol{x}'$ は式(1.50)を使って

$$d\boldsymbol{x}'=Rd\boldsymbol{x} \tag{5.2}$$

と表せる．図 1.8 を利用してこれらのベクトルを図示すると例えば図 5.1 のようになる．

今，2 次元デカルト座標の微小位置ベクトルを $d\boldsymbol{x}$ とし，その長さを ds とすると，座標系 $K(x,y)$ での dx,dy,ds とその座標系を角度 θ 回転させた座標系 $K'(x',y')$ での dx', dy', ds' との関係は

$$||d\boldsymbol{x}'||^2 = dx'^2 + dy'^2 = ds'^2 = ||R\boldsymbol{x}\cdot R\boldsymbol{x}|| = ||d\boldsymbol{x}||^2 = dx^2 + dy^2 = ds^2 \tag{5.3}$$

である．すなわち，ベクトル $d\boldsymbol{x}$ の長さ $||d\boldsymbol{x}|| = ds$ は，デカルト座標系の回転角に無関係に一定である．

微小ベクトル $d\boldsymbol{x}$ を実数–虚数軸座標系へ解析的延長，すなわち，式 (1.68) の $y \to i\hat{y}$ への延長と式 (2.24) の置き換え $y \to ict$ を行うと

$$d\boldsymbol{x} = (dx,dy) \to d\boldsymbol{X} = (dx,icdt) \tag{5.4}$$

である．式 (5.2) の解析的延長は

$$d\boldsymbol{X}' = Rd\boldsymbol{X} \tag{5.5}$$

である．図 1.8 の座標系を回転させた解釈を使えば，図 5.2 で微小ベクトル $d\boldsymbol{X}$ を座標系 K の成分で表したのが $d\boldsymbol{X} = (dx,icdt)$ であり，運動している座標系 K' で表したのが $d\boldsymbol{X}' = (dx',icdt')$ である．明らかに，式 (1.97) と同様の次式

$$d\boldsymbol{X}'\cdot d\boldsymbol{X}' = Rd\boldsymbol{X}\cdot Rd\boldsymbol{X} = d\boldsymbol{X}^T R^T Rd\boldsymbol{X} = d\boldsymbol{X}\cdot d\boldsymbol{X} \tag{5.6}$$

が成り立つ．すなわち，図 5.2 に示すこの微小ベクトルの長さの 2 乗

$$ds^2 = ||d\boldsymbol{X}||^2 = dx^2 + (icdt)^2 = ||d\boldsymbol{X}'||^2 = dx'^2 + (icdt')^2 = ds'^2 \tag{5.7}$$

はローレンツ変換に対して不変である．図 5.2 のベクトル $d\boldsymbol{X}$ と $d\boldsymbol{X}'$ のベクトルは図の上では同じであり，それらの成分は異なるが長さは同じである．

ベクトル $d\boldsymbol{X}$ および $d\boldsymbol{X}'$ は図 1.16 のベクトル $\boldsymbol{Q}$ で $0 < dx < ct$ とする．このときは ds は虚数となるので τ を実数として

$$ds = icd\tau \tag{5.8}$$

と置く．この記号を使うと，式 (5.7) は次のように書き直せる．

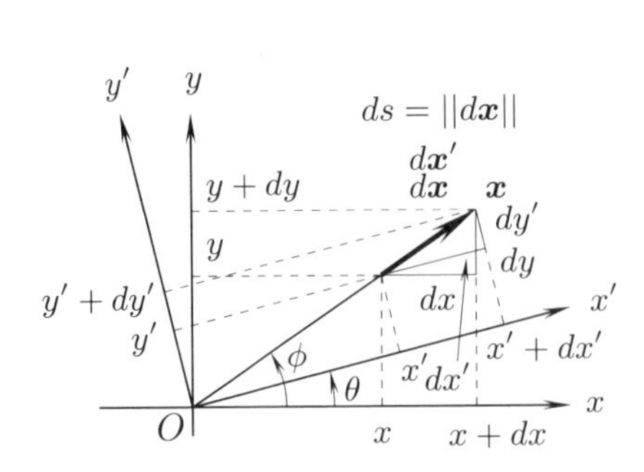

図 5.1 デカルト座標系 $K(x,y)$ の微小ベクトル $d\boldsymbol{x}$ と回転座標系 $K'(x',y')$ での微小ベクトル $d\boldsymbol{x}'$.

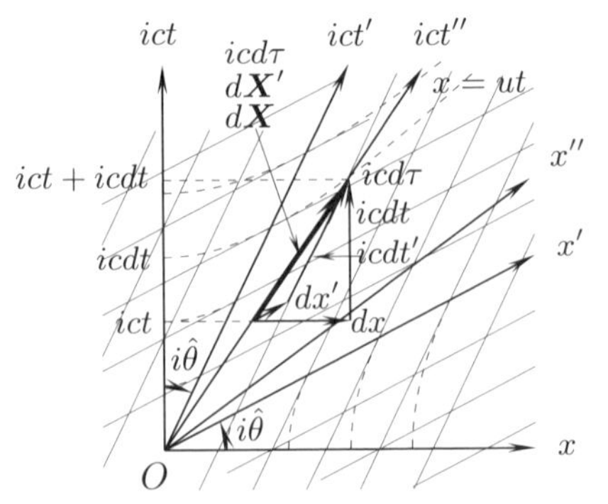

図 5.2 静止座標系 K で質点が速さ u で運動しているときの微小ベクトル $d\boldsymbol{X} = (dx,icdt)$ と運動座標系 K' での微小ベクトル $d\boldsymbol{X}' = (dx',icdt')$.

$$ds = (dx^2 - (cdt)^2)^{1/2} = (1-(u/c)^2)^{1/2} icdt = (1-(u'/c)^2)^{1/2} icdt' = icd\tau \tag{5.9}$$

ただし

$$u = \frac{dx(t)}{dt}, \quad u' = \frac{dx'(t')}{dt'} \tag{5.10}$$

で，$u(t)$ は静止座標系 $K(x,ict)$ から見た質点の座標 $x(t)$ の運動の速さ，$u'(t')$ は運動座標系 $K'(x',ict')$ から見た質点の座標 $x'(t')$ の運動の速さであり，一般には一定ではなく時間と共に変化する．

式 (5.9) は

$$d\tau = (1-(u/c)^2)^{1/2} dt = (1-(u'/c)^2)^{1/2} dt' \tag{5.11}$$

と書ける．この式は，質点と一緒に運動する時計の時間の進み $d\tau$ は静止系 K の時計の進み dt や運動系の座標系 K' の時計の進み dt' よりも式 (2.49) のように遅れることを示している．

図 5.2 では，運動する質点の固有時間 $d\tau$ は座標系 K や K' から見ても同じ値であること，すなわち，ローレンツ変換に対して不変であることを示している．

5.1.1 相対論的速度と加速度

式 (5.4) を ds で割り式 (5.8) を使うと

$$\frac{d\boldsymbol{X}}{ds}=\frac{1}{ic}\frac{d\boldsymbol{X}}{d\tau}=\frac{1}{ic}\frac{d}{d\tau}(dx,icdt)=\frac{1}{ic}\overline{\boldsymbol{U}} \tag{5.12}$$

と表せる．ただしベクトル $\overline{\boldsymbol{U}}$ は

$$\overline{\boldsymbol{U}}=\frac{d\boldsymbol{X}}{d\tau}=\left(\frac{dx}{d\tau},ic\frac{dt}{d\tau}\right) \tag{5.13}$$

である．ベクトル $\overline{\boldsymbol{U}}$ は固有速度ベクトルと呼ばれる．

式 (5.5) の両辺を $d\tau$ で割ると

$$\frac{d\boldsymbol{X}'}{d\tau}=R\frac{d\boldsymbol{X}}{d\tau} \tag{5.14}$$

が得られる．この式を得るのに，$ds=icd\tau$ はローレンツ変換 R に対して不変であることを使っている．

式 (5.13) の固有速度ベクトルを使うと式 (5.14) のローレンツ変換は

$$\overline{\boldsymbol{U}}'=R\overline{\boldsymbol{U}} \tag{5.15}$$

と書け，式 (5.5) のローレンツ変換と同じ形である．

式 (5.14) を τ でさらに微分すると

$$\frac{d^2\boldsymbol{X}'}{d\tau^2}=R\frac{d^2\boldsymbol{X}}{d\tau^2} \tag{5.16}$$

を得る．固有加速度ベクトルを

$$\overline{\boldsymbol{A}}=\frac{d^2\boldsymbol{X}}{d\tau^2} \tag{5.17}$$

で定義すると，固有加速度ベクトルのローレンツ変換は式 (5.15) と同じ形

$$\overline{\boldsymbol{A}}'=R\overline{\boldsymbol{A}} \tag{5.18}$$

である．固有加速度ベクトル $\overline{\boldsymbol{A}}$ の具体的な式は後で考える．

5.1.2　2点間の最長固有時間

本節のすべてのベクトルは図2.23の時間的ベクトル $\boldsymbol{Q}$ であるとする．図5.3に示すベクトル $\boldsymbol{X}_1$ の始点から先端の位置に直線的に運動するときと $\boldsymbol{X}_2$ から $\boldsymbol{X}_3$ の経路を通って大回りして運動する場合とどちらが短い固有時間で到着するかを考えよう．各ベクトルについて速度が一定であることと式(5.11)を使うと

$$
\begin{aligned}
||\boldsymbol{X}_1|| &= \sqrt{x_1^2+(ict_1)^2} = i\sqrt{1-(u_1/c)^2}ct_1 = ic\tau_1, \quad u_1 = \frac{x_1}{t_1}, \\
||\boldsymbol{X}_2|| &= \sqrt{x_2^2+(ict_2)^2} = i\sqrt{1-(u_2/c)^2}ct_2 = ic\tau_2, \quad u_2 = \frac{x_2}{t_2}, \\
||\boldsymbol{X}_3|| &= \sqrt{(x_1-x_2)^2+(ic(t_1-t_2))^2} = i\sqrt{1-(u_3/c)^2}c(t_1-t_2) = ic\tau_3, \\
&\quad u_3 = \frac{x_1-x_2}{t_1-t_2}
\end{aligned}
\tag{5.19}
$$

を得る．すなわち，各ベクトルのノルムはそのベクトルで表される運動の固有時間を意味している．

これらの3個のベクトルで表される質点の速さ u_1, u_2 および u_3 はすべて光速以下であることを使うと，式(1.118)の不等式の結果が使える．この不等式から，$\boldsymbol{X}_1$ の大きさ $|\boldsymbol{X}_1|$ は，$\boldsymbol{X}_2$ と $\boldsymbol{X}_3$ の大きさ $|\boldsymbol{X}_2|$ と $|\boldsymbol{X}_3|$ の和よりも大きい．すなわち

$$
\tau_1 > \tau_2 + \tau_3 \tag{5.20}
$$

が成り立つ．それゆえ，$\boldsymbol{X}_2$ と $\boldsymbol{X}_3$ の経路の方が $\boldsymbol{X}_1$ の経路よりも短い固有時間で到着する．

特殊相対性理論では，異なる速さで運動する時計は離れた2点間では，お互いに時計が遅れるので，時計の遅れは見かけ上であると言えた．しかし，図5.3の場合は，原点で合わせた時計をベクトル $\boldsymbol{X}_1$ を運動する時計Aと，ベクトル $\boldsymbol{X}_2$ と $\boldsymbol{X}_3$ の経路を運動する時計 B は，ベクトル $\boldsymbol{X}_1$ の先端で出会ったときに，式(5.20)のように時計 B は時計 A よりも遅れるが，お互いに遅れるのではなく，時計 B は時計 A よりも実際に遅れると言える．

次に，図5.4に示す曲線に沿った運動について考えよう．この曲線に沿った運動は図に示すように，折れ線で近似できる．図には $\boldsymbol{X}_2$ の運動は，それを斜

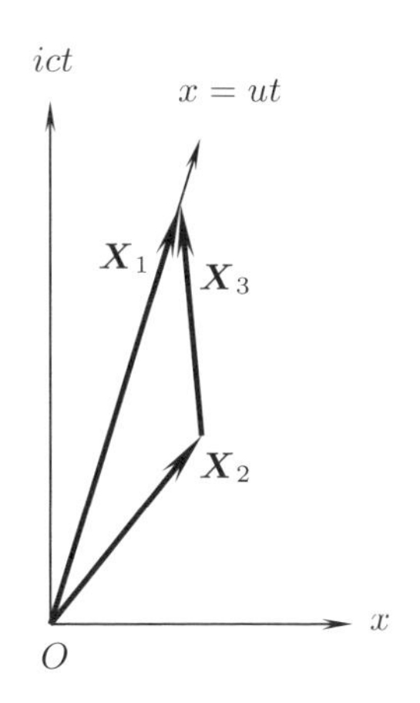

図 **5.3** ベクトル $\boldsymbol{X}_1$ の先端の位置に直線的に行くときと，$\boldsymbol{X}_2$ から $\boldsymbol{X}_3$ の経路を通って行く場合．

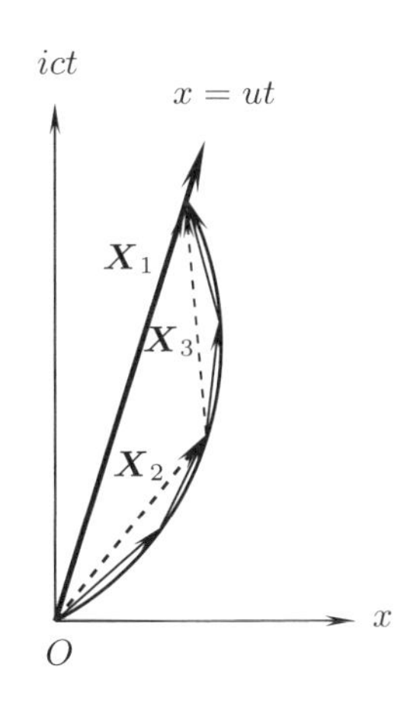

図 **5.4** $\boldsymbol{X}_1$ の位置に直線的に行くときと，弧の経路 B を行く場合．

辺とする 3 角形の他の 2 辺でより正確に曲線を近似できる．限りなく 3 角形を増やした極限では曲線の経路を B とすると，この経路に沿った固有時間 τ_B は

$$\int_B ds = \int_B icd\tau = ic\tau_B = \int_B \sqrt{dx^2 + (icdt)^2} = i\int_B \sqrt{1 - \left(\frac{dx}{cdt}\right)^2}\, cdt \tag{5.21}$$

より得られ，式 (1.118) の不等式を使うと

$$\tau_1 > \tau_B \tag{5.22}$$

が成り立つ．それゆえ，原点からベクトル $\boldsymbol{X}_1$ の先端へ行く運動は，図の曲線に沿った経路を通る場合に固有時間が短いことが分かる．一般的に曲線上の運動は多角形上の運動で近似でき，多角形上の各辺上では等速運動と見なせ，ローレンツ変換を区間ごとに利用できる．

原点からベクトル $\boldsymbol{X}_1$ の先端へ行く時に，最も固有時間が長いのがベクトル $\boldsymbol{X}_1$ を世界線とする経路である．質点に外力が働かないときの運動は，図 5.3 および 5.4 のベクトル $\boldsymbol{X}_1$ の直線であり，それから外れる $\boldsymbol{X}_2 + \boldsymbol{X}_3$ のベクトル上や経路 B のような線上ではない．一般にミンコフスキー空間で物理的に起きる運動は固有時間が最も長くなる運動である．

5.2　相対論的運動方程式

速度ベクトル $\boldsymbol{U}$ を

$$\boldsymbol{U}=\frac{d\boldsymbol{X}}{dt}=\left(\frac{dx}{dt},\frac{icdt}{dt}\right)=(u_x,ic) \tag{5.23}$$

と定義すると，式 (5.13) の固有速度ベクトル $\overline{\boldsymbol{U}}$ は式 (5.11) を使って

$$\overline{\boldsymbol{U}}=\frac{d\boldsymbol{X}}{d\tau}=\frac{dt}{d\tau}\frac{d\boldsymbol{X}}{dt}=\frac{dt}{d\tau}\boldsymbol{U}=\frac{dt}{d\tau}(u_x,ic)=\frac{1}{\sqrt{1-(u/c)^2}}(u_x,ic) \tag{5.24}$$

と表せる．ただし

$$u_x=\frac{dx}{dt} \tag{5.25}$$

は，質点の運動の速さで，今は x 軸方向の 1 次元の運動しか考えていないので，簡単のために $u_x=u$ と書く．加速度運動を考えるので一般に速さ u は時間と共に変化する．固有速度ベクトル $\overline{\boldsymbol{U}}$ の長さの 2 乗は

$$\overline{\boldsymbol{U}}\cdot\overline{\boldsymbol{U}}=\frac{u^2-c^2}{1-(u/c)^2}=-c^2 \tag{5.26}$$

と定数となる．

運動量ベクトル $\boldsymbol{P}$ を静止しているときの質量 m_0 を使って次式で定義しよう．

$$\boldsymbol{P}=m_0\overline{\boldsymbol{U}}=\frac{m_0}{\sqrt{1-(u/c)^2}}(u,ic)=(mu,imc)=m\boldsymbol{U} \tag{5.27}$$

ただし m は相対論的質量で

$$m=\frac{m_0}{\sqrt{1-(u/c)^2}} \tag{5.28}$$

である．この質量 m を簡単に運動質量と呼ぼう．m_0 は質点が静止しているときの質量であり，静止質量 (rest mass) または固有質量 (proper mass) と呼ばれ，今後運動しているときの運動質量 m と区別をする必要があるときに添え字 0 を付けることにする．この運動量ベクトル $\boldsymbol{P}$ の長さの 2 乗も

$$\boldsymbol{P}\cdot\boldsymbol{P}=m_0^2\overline{\boldsymbol{U}}\cdot\overline{\boldsymbol{U}}=-m_0^2c^2 \tag{5.29}$$

と定数である．

ここで使われた固有質量 m_0 は質点が静止している座標系から見た物理量という意味で，式 (2.46) の固有時 τ および式 (2.42) の静止した物体の長さ L_0 と同様の運動の速さに無関係な物体の持つ固有の量である．

式 (5.27) の運動量ベクトルのローレンツ変換は，式 (5.15) の両辺に m_0 を掛けた

$$\boldsymbol{P}'=R\boldsymbol{P}, \quad \boldsymbol{P}=R^{-1}\boldsymbol{P}', \quad \boldsymbol{P}=(mu,imc) \tag{5.30}$$

である．式 (5.30) でベクトル $\boldsymbol{P}$ の要素の u は座標系 K での質点の速度で，後の式 (5.33) を考えるときは外力による加速度運動を行っており，この速度 u は時間と共に変化するが，速さ $v=\beta c$ は座標系 K と K' の間の相対速度で一定なので，変換行列 R は時間に無関係に一定である．運動量ベクトル $\boldsymbol{P}'$ のノルムも式 (5.29) のように定数になるので，そのノルムはローレンツ変換に対して不変である．すなわち

$$||\boldsymbol{P}'||=||R\boldsymbol{P}||=||\boldsymbol{P}|| \tag{5.31}$$

である．

2 次元ユークリッド空間のニュートンの運動方程式は運動量ベクトルを $\boldsymbol{p}$, 外力のベクトルを $\boldsymbol{f}$ とすると，次式のように書ける．

$$\frac{d\boldsymbol{p}}{dt}=\boldsymbol{f}, \quad \boldsymbol{p}=\left(m_0\frac{dx}{dt},m_0\frac{dy}{dt}\right), \quad \boldsymbol{f}=(f_x,f_y) \tag{5.32}$$

運動量ベクトル $\boldsymbol{p}$ はローレンツ変換に対して不変ではないので，この式は明らかにローレンツ変換に対して不変ではない．

ローレンツ変換に対して不変な運動方程式を導こう．それが次式の形をしていると仮定する．

$$\frac{d\boldsymbol{P}}{d\tau}=\boldsymbol{F}, \quad \boldsymbol{P}=(mu,imc), \quad \boldsymbol{F}=(F_x,F_t) \tag{5.33}$$

式 (5.33) の運動量ベクトル $\boldsymbol{P}$ および固有時間 τ はローレンツ変換に対して不変なので，式 (5.33) の左辺はローレンツ変換に対して不変である．右辺のベクトル $\boldsymbol{F}$ をどう決めればよいかを考える．式 (5.11) を使うと，式 (5.33) は

$$\frac{dt}{d\tau}\frac{d\boldsymbol{P}}{dt}=\frac{1}{\sqrt{1-(u/c)^2}}\frac{d}{dt}(mu,imc)=\boldsymbol{F} \tag{5.34}$$

と書ける．これから

$$\frac{d(mu)}{dt}=\sqrt{1-(u/c)^2}F_x, \tag{5.35}$$

$$\frac{id(mc)}{dt}=\sqrt{1-(u/c)^2}F_t \tag{5.36}$$

である．

F_x を

$$F_x=\frac{1}{\sqrt{1-(u/c)^2}}f_x \tag{5.37}$$

と置き，式 (5.35) と式 (5.32) のニュートンの運動方程式を比較すると

$$\frac{d(mu)}{dt}=f_x \tag{5.38}$$

が得られる．これがニュートンの運動方程式に変わるローレンツ変換に不変な相対論的運動方程式である．式 (5.32) のニュートンの運動方程式との違いは，静止質量 m_0 の代わりに式 (5.28) の相対論的質量が使われていることである．この質量は速度 u が光速に近づくにつれて限りなく大きくなり，質点の速度が光速度に達することを妨げ光速以上の速さはないとする相対性理論の要請をみたすことになる．

式 (5.29) の両辺を固有時間 τ で微分すると

$$\frac{d\boldsymbol{P}}{d\tau}\cdot\boldsymbol{P}=0 \tag{5.39}$$

が得られる．この式の微分項に式 (5.33) を使うと

$$\boldsymbol{F}\cdot\boldsymbol{P}=F_x mu+F_t imc=0 \tag{5.40}$$

が得られる．これから F_t は

$$F_t=\frac{i}{c}F_x u \tag{5.41}$$

でなければならないことが分かる．

式 (5.36) と式 (5.37) を使うと

$$ic\frac{dm}{dt}=\sqrt{1-(u/c)^2}F_t=\sqrt{1-(u/c)^2}\frac{i}{c}F_x u=\frac{i}{c}f_x u \tag{5.42}$$

が得られる．これを書き直すと

$$\frac{dmc^2}{dt}=f_x u \tag{5.43}$$

となる．この式の右辺は外力が単位時間当たりに質点へ行う仕事を表している．それゆえ，左辺は質点の得るエネルギーの増加率を表すべきであり，E を

$$E=mc^2 \tag{5.44}$$

と置くと，E はエネルギーの元 (ディメンジョン) を持っていて質点のエネルギーを表すと解釈できる．この関係はアインシュタインにより初めて導かれた [31]．式 (5.44) は式 (5.28) を使うと

$$E=\frac{m_0c^2}{\sqrt{1-(u/c)^2}} \tag{5.45}$$

と書ける．

式 (5.44) を使うと，式 (5.43) は

$$\frac{dE}{dt}=f_x u \tag{5.46}$$

と質点のエネルギー増加を表す分かり易い式になる．式 (5.44) を使うと運動量ベクトルの式 (5.27) は

$$\boldsymbol{P}=\left(mu, i\frac{E}{c}\right)=\left(p, i\frac{E}{c}\right), \quad p=mu \tag{5.47}$$

と表せる．それゆえ，ベクトル $\boldsymbol{P}$ は運動量エネルギーベクトルとも呼ばれる．

また，式 (5.29) の固有運動量ベクトルの長さの 2 乗の式は

$$\boldsymbol{P}\cdot\boldsymbol{P}=p^2-\frac{E^2}{c^2}=m^2u^2-\frac{E^2}{c^2}=-m_0^2c^2 \tag{5.48}$$

と書けるので，エネルギー E は静止質量エネルギーと運動エネルギーの項の和で

$$E=c\sqrt{p^2+m_0^2c^2}=\sqrt{(mcu)^2+(m_0c^2)^2} \tag{5.49}$$

とも表せる．

有名な式 (5.44) の質量とエネルギーの関係式は，アインシュタインが特殊相対論を出すより前にポアンカレによって，電磁場の慣性に相当するものと電磁場のエネルギーの関係として導かれていた [32]．式 (5.44) は電磁場のない電気的に中性の質点に対しても成り立つから，ポアンカレによって電磁気方程式から得られた結果を電磁場のない場合へ一般化した式であると考えられる．

5.3　運動量エネルギーベクトル

式 (5.30) のローレンツ変換の物理的な意味を理解するために，まず，運動座標系 K' で $u'=0$ で $\boldsymbol{P}'=(0,im_0c)$ と置いた簡単な場合を考えよう．式 (5.30) の 2 番目の式と式 (2.32) の変換行列 R の転置行列を使うと

$$\boldsymbol{P}=\begin{pmatrix} p \\ imc \end{pmatrix}=\begin{pmatrix} \cosh\hat{\theta} & -i\sinh\hat{\theta} \\ i\sinh\hat{\theta} & \cosh\hat{\theta} \end{pmatrix}\begin{pmatrix} 0 \\ im_0c \end{pmatrix}=\begin{pmatrix} \sinh\hat{\theta} \\ i\cosh\hat{\theta} \end{pmatrix}m_0c$$
$$=\begin{pmatrix} b \\ ia \end{pmatrix}m_0c=\frac{1}{\sqrt{1-\beta^2}}(\beta)m_0c, \quad a=\cosh\hat{\theta}, \quad b=\sinh\hat{\theta} \tag{5.50}$$

を得，これから

$$p=\frac{\beta m_0c}{\sqrt{1-\beta^2}}=\frac{m_0v}{\sqrt{1-\beta^2}}=mv, \qquad m=\frac{m_0}{\sqrt{1-\beta^2}} \tag{5.51}$$

である．

図 5.5 に式 (5.50) で求めたベクトル $\boldsymbol{P}$ と変換前の $\boldsymbol{P}'$ の座標を示す．図のベクトル $\boldsymbol{P}$ を座標系 K の座標で表したのが $\boldsymbol{P}=(b,ia)m_0c$ で，そのベクトルを座標系 K' の座標で表したものがベクトル $\boldsymbol{P}'=(0,im_0c)$ である．座標のすべての目盛りは式 (5.50) から分かるように m_0c 倍されなければならないが，幾つかを除いて省略している．また，図 1.9 のベクトルを回転させる解釈では，図 5.6 の座標系 K のベクトル $\boldsymbol{P}'=(0,im_0c)$ が図の $\boldsymbol{P}=(p,imc)=(bm_0c,iam_0c)$ へ双曲回転されたことになる．

図 5.5 の運動座標系 K' でベクトル $\boldsymbol{P}'=(0,im_0c)$ で表される状態は，質量が m_0 で運動量は零である．図の $\hat{\theta}=\tanh^{-1}(1/2)$ のローレンツ変換は，運動

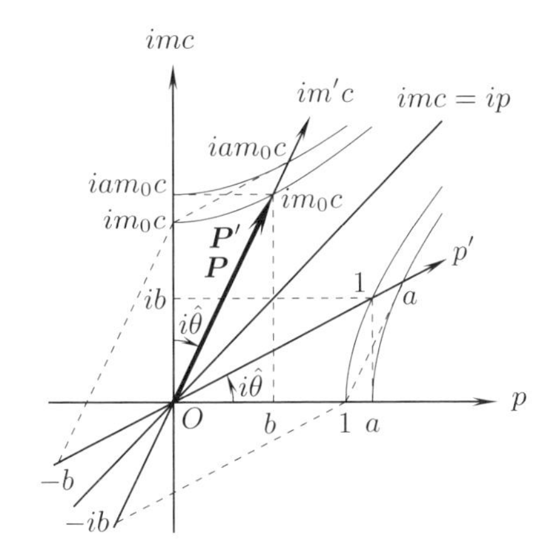

図 5.5 式 (5.50) の運動量ベクトル $\boldsymbol{P}'=(0,im_0c)$ のローレンツ変換．一部の座標の値には m_0c を掛けるのを省略している．$a=\cosh\hat{\theta}$, $b=\sinh\hat{\theta}$.

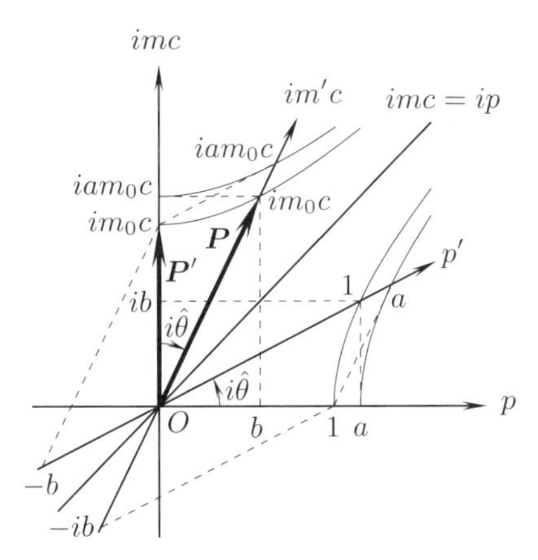

図 5.6 式 (5.50) の運動量ベクトル $\boldsymbol{P}'=(0,im_0c)$ と $\boldsymbol{P}=(b,ia)m_0c$．一部の座標の値には m_0c を掛けるのを省略している．

系 K' は速さ $v=0.5c$ で正の方向へ運動していることを意味し，静止座標系 K から見ると，図の運動量 $\boldsymbol{P}=(p,imc)=(b,ia)m_0c$ を持っていると見なされる．すなわち，運動座標系 K' では静止質量のみを持っていて，運動量が零でも静止している座標系 K からは，運動質量 m と運動量 p を持っていると見なされると言うことである．

質量および運動量に付く $1/\sqrt{1-\beta^2}$ の因子は，ローレンツ変換で運動量ベクトルの長さが座標系の相対速度に無関係に不変であるために必要な因子である．すなわち，式 (5.29) で示したように

$$||\boldsymbol{P}||^2=p^2+(imc)^2=\frac{(\beta m_0c)^2}{1-\beta^2}-\frac{(m_0c)^2}{1-\beta^2}=-(m_0c)^2,$$
$$||\boldsymbol{P}'||^2=(icm_0)^2=-(cm_0)^2=||\boldsymbol{P}||^2 \tag{5.52}$$

であり，確かに変換前と後の運動量ベクトルのノルムは等しい．

次に，$\boldsymbol{P}'=(p_0,0)$ と置いた場合を考えよう．このとき式 (5.30) の 2 番目の式は

$$\boldsymbol{P}=\begin{pmatrix} p \\ imc \end{pmatrix}=\begin{pmatrix} \cosh\hat{\theta} & -i\sinh\hat{\theta} \\ i\sinh\hat{\theta} & \cosh\hat{\theta} \end{pmatrix}\begin{pmatrix} p_0 \\ 0 \end{pmatrix}=\begin{pmatrix} \cosh\hat{\theta} \\ i\sinh\hat{\theta} \end{pmatrix}p_0$$

$$=\begin{pmatrix} a \\ ib \end{pmatrix}p_0=\frac{1}{\sqrt{1-\beta^2}}\begin{pmatrix} 1 \\ i\beta \end{pmatrix}p_0,\quad a=\cosh\hat{\theta},\quad b=\sinh\hat{\theta} \tag{5.53}$$

となる．これから

$$p=\frac{p_0}{\sqrt{1-\beta^2}},\quad imc=\frac{i\beta p_0}{\sqrt{1-\beta^2}},\quad \text{ゆえに}\quad m=\frac{\beta p_0}{c\sqrt{1-\beta^2}} \tag{5.54}$$

が得られる．

図 5.7 では式 (5.53) のベクトル $\boldsymbol{P}'=(p_0,0)$ が座標系 K' の座標で示してあり，このベクトルを座標系 K で表したのが $\boldsymbol{P}=(a,ib)p_0$ である．他方，図 1.9 のベクトルを回転させた解釈では，図 5.8 では座標系 K でベクトル $\boldsymbol{P}'=(p_0,0)$ がベクトル $\boldsymbol{P}=(a,ib)p_0$ へ双曲回転されたことになる．式 (5.54) は，図 5.7 のように運動系 K' で $\boldsymbol{P}'=(p_0,0)$ と質量が零であっても，静止系 K ではベクトル $\boldsymbol{P}=(a,ib)p_0$ となり，式 (5.54) の質量 m を持っていると観測される．静止質量を持たない $m_0=0$ の粒子が運動量を持つ時は式 (5.49) よりエネルギー $E=pc$ を持つ．

ニュートリノはベータ崩壊のエネルギー保存則をみたすためにパウリによって 1930 年に考え出された仮想的な粒子だった．ニュートリノが静止質量を持つか否かは長年の間議論されてきたが[1)]，その静止質量が例え零であっても運動量を持つ粒子はエネルギーを持ち，運動をしている他の慣性系からは式 (5.54) で与えられる運動質量 m を持つように観測されることになる[2)]．この運動質量は後に述べる一般相対性理論の慣性質量と重力質量の等価原理で重力作用を及ぼすはずである．

[1)]1987 年 2 月 23 日午後 4 時 35 分小柴昌俊によって 15 万光年離れた大マゼラン雲の超新星 SN 1987A からの電子ニュートリノの観測時刻が光学観測との間で理論的に有意な差を観測できなかったことから，きわめて小さな上限値 (電子の質量の 100 万分の 1 以下) が得られており，共同研究チームは電子ニュートリノの質量は 2.5 eV/c^2 以下としている．

[2)]2015 年のノーベル物理学賞は東京大学宇宙線研究所 所長 梶田隆章氏ら 2 名にニュートリノが質量を持つことを示す振動の発見により授与された．

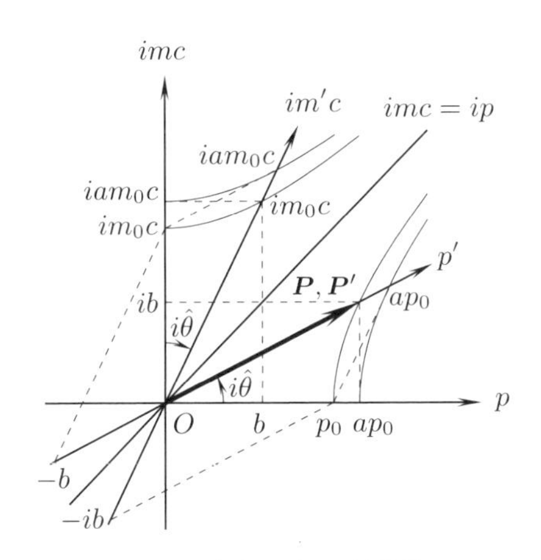

図 **5.7**　式 (5.53) の運動量ベクトル $\boldsymbol{P}'=(p_0,0)$ のローレンツ変換．一部の座標の値に p_0 を掛けるのを省略している．

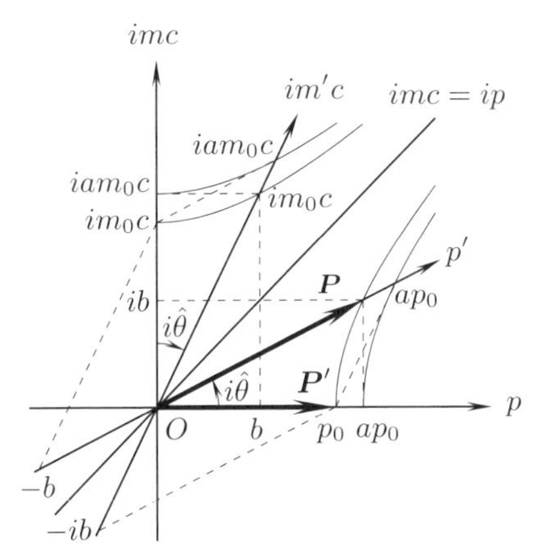

図 **5.8**　式 (5.53) の運動量ベクトル $\boldsymbol{P}'=(p_0,0)$ を双曲回転した $\boldsymbol{P}=(a,ib)p_0$．一部の座標の値に p_0 を掛けるのを省略している．

5.4　双曲線上の運動

5.4.1　回転運動と双曲線上の運動

ユークリッド空間で半径 r の円の式は式 (1.19) である．式 (1.19) の極座標表示の角度 θ を定数 ω とパラメータ τ を使って $\theta=\omega\tau$ と置いて代入すると

$$x=r\cos\omega\tau, \qquad y=r\sin\omega\tau \tag{5.55}$$

となる．τ が増大すると，上の式で表される位置は，図 5.9 のように半径 r の円の上を反時計回りに移動する．パラメータ τ が時間に比例していると，式 (5.55) は加速度が円の中心に向く等加速度運動を表す．この運動を実数–虚数軸座標系へ移すために式 (5.55) で $\hat{\omega}$ を実数として，$\omega=i\hat{\omega}$, $y=ict$ と置くと

$$x=r\cosh\hat{\omega}\tau, \qquad ict=ir\sinh\hat{\omega}\tau, \qquad x^2-(ct)^2=r^2 \tag{5.56}$$

となる．この式で表される点は図 5.10 の双曲線上を運動する．座標 x の運動の速さは

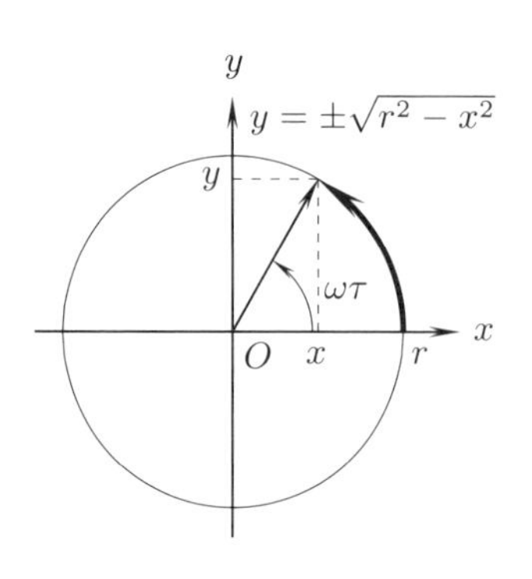

図 5.9　デカルト座標系での円運動.

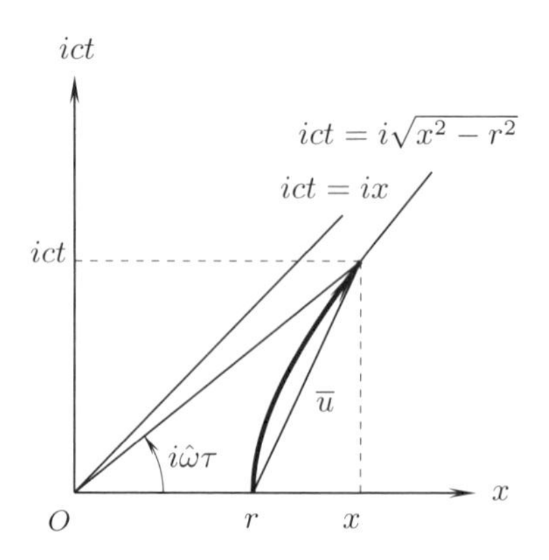

図 5.10　デカルト座標系での円運動に相当する実数–虚数軸座標系での運動.

$$u=\frac{dx}{dt}=\frac{dx}{d\tau}\frac{d\tau}{dt}=\frac{\dfrac{dx}{d\tau}}{\dfrac{dt}{d\tau}}=\frac{r\hat{\omega}\sinh\hat{\omega}\tau}{\dfrac{r\hat{\omega}\cosh\hat{\omega}\tau}{c}}=c\tanh\hat{\omega}\tau \tag{5.57}$$

である．したがって

$$\frac{u}{c}=\tanh\hat{\omega}\tau<1 \tag{5.58}$$

であり，速度は τ と共に増大するが，光速度を超えることはない．すなわち，デカルト座標系の運動を実数–虚数軸座標系へ移すと，質点の速さは自動的に光速以下に制限される.

質点が $\tau=0$ で図 5.10 の $t=0$, $x=r$ の位置を出発した後の位置 x までの平均速度 $\overline{u}$ は

$$\frac{\overline{u}}{c}=\frac{x-r}{ct}=\frac{r\cosh\hat{\omega}\tau-r}{r\sinh\hat{\omega}\tau}=\tanh\frac{\hat{\omega}\tau}{2}<\tanh\hat{\omega}\tau=\frac{u}{c}<1 \tag{5.59}$$

で，当然のことであるが，u/c よりも小さい.

式 (5.56) より $ct\ll r$ のときは

$$x=(r^2+(ct)^2)^{1/2}=r\left(1+\left(\frac{1}{r}\right)^2(ct)^2\right)^{1/2}\fallingdotseq r+\frac{1}{2r}(ct)^2+\cdots \tag{5.60}$$

が得られる．すなわち，運動の初期では，重力が一定の場の落下運動と同様

に，放物運動を行い半径 r が小さいほど加速度は大きい．これは式 (5.56) および (5.57) で $\hat{\omega}\tau \ll 1$ のときに

$$ct \fallingdotseq r\hat{\omega}\tau, \quad u \fallingdotseq c\hat{\omega}\tau \tag{5.61}$$

となって，τ が時間 t に比例し，速度 u が時間に比例して増大することに対応している[3]．

5.4.2 一定の外力による加速度運動

質量 m_0 の質点に外力 f_x が x 軸方向に働くときのニュートンの運動方程式は

$$m_0 \frac{du}{dt} = f_x, \quad \frac{du}{dt} = a, \quad ただし \quad u = \frac{dx}{dt}, \quad a = \frac{f_x}{m_0} \tag{5.62}$$

であり，a は質点の加速度である．$t=0$ で $u=0$ として，式 (5.62) を積分すると

$$u = \frac{dx}{dt} = at \tag{5.63}$$

を得る．$t \to \infty$ のときに速さ u は無限大となり，光速を超える．式 (5.63) をさらに積分すると，C を積分定数として式 (5.60) の最後の式の第 2 項と同じ

$$x = \frac{1}{2}at^2 + C \tag{5.64}$$

を得る．

1 次元の相対論的運動方程式は式 (5.38) より静止質量を m_0, 物体に働く外力を f_x とすると

$$m_0 \frac{d}{dt}\left(\frac{u}{\sqrt{1-(u/c)^2}}\right) = f_x, \quad u = \frac{dx}{dt} \tag{5.65}$$

と書ける．外力 f_x は位置および時間に無関係に一定とし，$a = f_x/m_0$ と置くとこれはニュートンの運動方程式の加速度である．

この微分方程式の解は次に示すように容易に求まる，すなわち，式 (5.65) の両辺に dt を掛けて積分すると，C を任意定数として

[3] 以上の考察はパウリの文献 [17] p.134 に相当している．

$$\frac{u}{\sqrt{1-(u/c)^2}}=at+C, \quad \text{ただし} \quad a=\frac{f_x}{m_0} \tag{5.66}$$

が得られる．$t=0$ のとき，$u=0$ の初期条件を使うと，$C=0$ である．式 (5.66) を 2 乗すると

$$u^2=(1-(u/c)^2)(at)^2, \quad \left(1+\left(\frac{at}{c}\right)^2\right)u^2=(at)^2, \quad u^2=\frac{(at)^2}{1+\left(\frac{at}{c}\right)^2} \tag{5.67}$$

となり，これから

$$\frac{dx}{dt}=u=\frac{at}{\sqrt{1+\left(\frac{at}{c}\right)^2}} \tag{5.68}$$

が得られる．

次式

$$\frac{d\sqrt{1+y^2}}{dy}=\frac{y}{\sqrt{1+y^2}}, \quad \int\frac{ydy}{\sqrt{1+y^2}}=\sqrt{1+y^2} \tag{5.69}$$

を使うと，C を任意定数として式 (5.68) の解

$$x(t)=\frac{c^2}{a}\sqrt{1+\left(\frac{at}{c}\right)^2}+C \tag{5.70}$$

が得られる．ここで任意定数 C を解が $t=0$ で $x=c^2/a$ となるように決めると，$C=0$ となり，式 (5.70) は

$$x^2-(ct)^2=r^2, \quad ct=\sqrt{x^2-r^2}, \quad r=\frac{c^2}{a} \tag{5.71}$$

となる．これは双曲線の式であり，その漸近線は右辺を零と置いた

$$ct=\pm x \tag{5.72}$$

である．式 (5.71) の ct を使うと，式 (5.68) の速さは

$$\frac{u}{c}=\frac{1}{c}\frac{dx}{dt}=\frac{at}{c\sqrt{1+\left(\frac{at}{c}\right)^2}}=\sqrt{1-\left(\frac{c^2}{ax}\right)^2}=\sqrt{1-\left(\frac{r}{x}\right)^2} \tag{5.73}$$

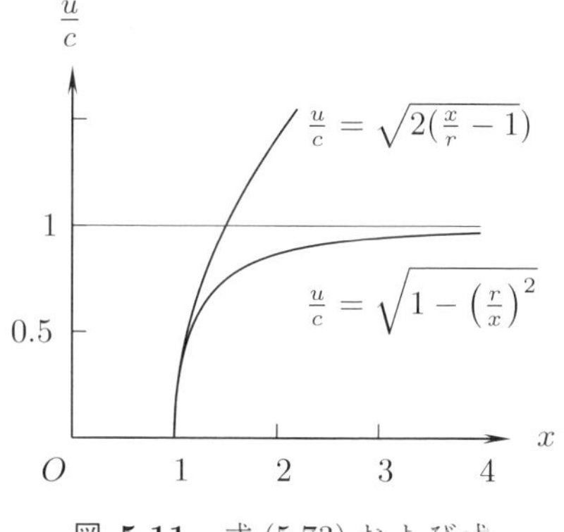

図 5.11　式 (5.73) および式 (5.74) の速さ u/c, $r=c^2/a=1$ と置いている.

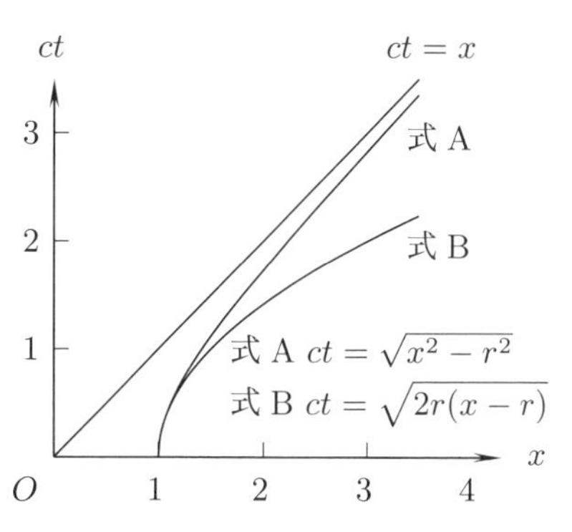

図 5.12　式 (5.71) の双曲線, 式 (5.72) の漸近線. $r=c^2/a=1$ と置いている.

と表せる.

$t=0$ のときに $x=r=c^2/a$ となる式 (5.62) のニュートンの運動方程式の解は, 式 (5.63) および (5.64) を使って

$$\frac{u}{c}=\sqrt{2\left(\frac{x}{r}-1\right)},\qquad ct=\sqrt{2r(x-r)} \tag{5.74}$$

と表せることが分かる.

式 (5.74), (5.71) および (5.73) の非相対性理論と相対性理論の場合の速さ, および位置を図 5.11 および 5.12 に示す. 非相対性理論の場合は質点の速さは光速を超えるが, 相対性理論の場合は光速を超えないことが分かる.

5.4.3 双曲線上の運動による固有時間の遅れ

図 5.12 すなわち図 5.13 の双曲線上を運動する時計の固有時間の遅れについて考えよう. 時計は図の位置 B_0 から出発し, 一定の加速度で減速して位置 B_1 では静止し, その後速度を上げて位置 B_2 に到達するとする. この運動は式 (5.71) の一定の加速度 $a=c^2/r$ を持つ等加速度運動である. 図 5.13 の双曲線上の位置は式 (1.20) より

$$x=r\cosh\hat{\theta},\qquad ict=ir\sinh\hat{\theta} \tag{5.75}$$

と表せる.

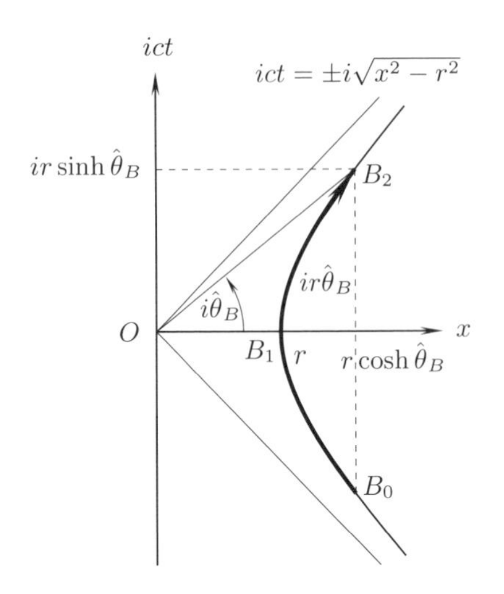

図 **5.13**　双曲線上の位置 B_1 から B_2 まで運動する時計の固有時間 $\tau_B = \dfrac{c}{a}\hat{\theta}_B$.

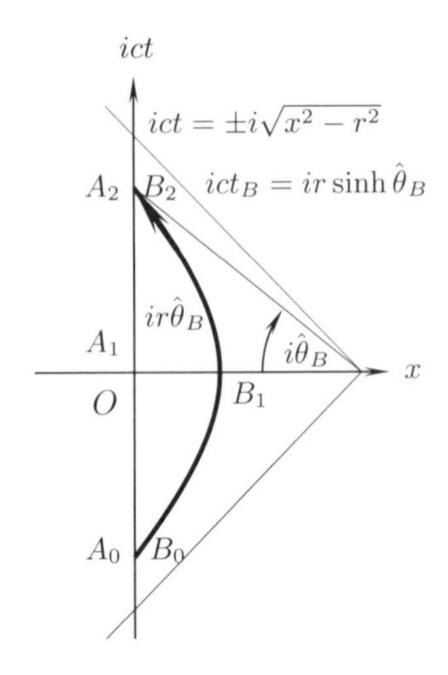

図 **5.14**　図 5.13 を反転させた双曲線上を運動する時計の固有時間．位置 A_0 と B_0 および A_2 と B_2 は同じ位置である．

式 (5.8) および (5.9) で式 (1.12) および (1.26) を使って得られる次式

$$ds = icd\tau = (dx^2 - (cdt)^2)^{1/2} = [(r\sinh\hat{\theta})^2 - (r\cosh\hat{\theta})^2]^{1/2}d\hat{\theta} = ird\hat{\theta} \qquad (5.76)$$

を図 5.13 の $\hat{\theta} = 0$ から $\hat{\theta}_B$ まで積分すると式 (1.27) と同じように，τ_B を位置 B_2 での固有時間として

$$ic\tau_B = ir\hat{\theta}_B, \quad これから \quad \hat{\theta}_B = \frac{c\tau_B}{r} = \frac{a}{c}\tau_B, \quad ただし \quad r = \frac{c^2}{a} \qquad (5.77)$$

が得られる．

図 5.13 で x が負のときの双曲線を描き，そのときの ict 軸を適当に移動させたのが図 5.14 の双曲線である．図 5.13 の位置 B_0, B_1 および B_2 はそれぞれ図 5.14 の位置 B_0, B_1 および B_2 に対応しており，したがって式 (5.77) の τ_B および $\hat{\theta}_B$ はそれぞれ図 5.14 の τ_B および $\hat{\theta}_B$ に等しい．

図 5.14 で位置 A_0 から位置 A_2 までの ict 軸上の時間は位置 A_1 から位置 A_2 までの時間を t_A とすると $2t_A$ である．また，位置 B_0 から位置 B_1 を通って位置 B_2 までの固有時間は式 (5.77) の τ_B を使って $2\tau_B$ であり，その比は式

(5.77) を使うと

$$\frac{2\tau_B}{2t_A}=\frac{\tau_B}{t_A}=\frac{c\tau_B}{r\sinh\hat{\theta}_B}=\frac{\frac{a}{c}\tau_B}{\sinh\frac{a}{c}\tau_B} \tag{5.78}$$

で与えられる．$x/\sinh x<1$ であることを使うと，式 (5.78) より

$$\frac{\tau_B}{t_A}<1, \quad \text{すなわち} \quad \tau_B<t_A \tag{5.79}$$

であることが分かる．これは双曲線上を運動している時計は静止している時計よりも常に遅れることを示している．

図 5.13 の双曲線上の運動の速さは式 (1.26) を使うと

$$\frac{u}{c}=\frac{1}{c}\frac{dx}{dt}=\tanh\hat{\theta} \tag{5.80}$$

であり，したがって位置 B_2 での速度 u_B は

$$\frac{u_B}{c}=\frac{1}{c}\left.\frac{dx}{dt}\right|_{x=x_{B_2}}=\tanh\hat{\theta}_B \tag{5.81}$$

で与えられる．この式と式 (5.77) を使うと，図 5.14 の位置 B_0 での時計の運動の初速度は

$$\frac{u_B}{c}=\tanh\hat{\theta}_B=\tanh\frac{a}{c}\tau_B \tag{5.82}$$

である．

式 (1.11) および (5.82) を使うと式 (5.78) は次のように書ける．

$$\frac{2\tau_B}{2t_A}=\frac{\tau_B}{t_A}=\frac{a}{c}\tau_B\frac{\sqrt{1-\tanh^2\frac{a}{c}\tau_B}}{\tanh\frac{a}{c}\tau_B}=\frac{\sqrt{1-\left(\frac{u_B}{c}\right)^2}}{\frac{u_B}{c}}\tanh^{-1}\frac{u_B}{c} \tag{5.83}$$

図 5.15 に $2\tau_b/2t_A$ を u_B/c の関数として示す．例えば $u_B/c=0.999$ のときは $2\tau_b/2t_A=0.170$ である．これは図 5.14 で位置 A_0 で太郎と花子が同年齢の 20 歳とし，花子が双曲線上の運動をするとする．位置 A_2 で二人が再会したときに，太郎は 50 歳年をとって 70 歳になるとすると，花子は 20 歳 +50 歳 $\times 0.170=28.5$ 歳にしかならないことを示している．後の第 7 章の宇宙論で示

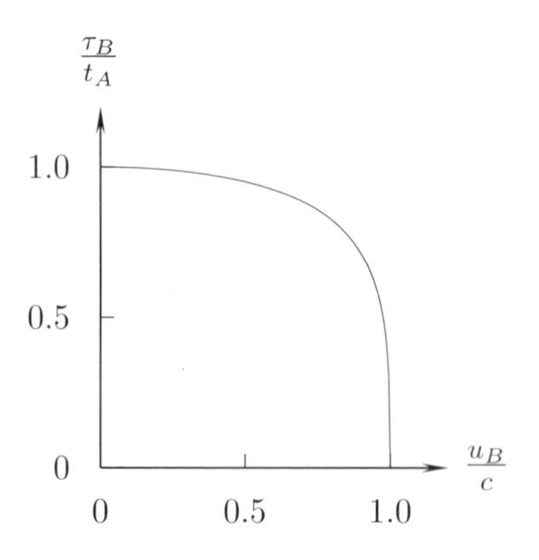

図 5.15　初速度 u_B/c と固有時間の遅れ τ_B/t_A の関係.

すように，高速で運動する天体の固有時間の遅れは 130 億年近くにも達する.

5.4.4 剛体棒の加速運動

剛体棒の加速運動は 4.4 節の宇宙船のパラドックスで考えたが，ここで少し補足する．図 5.16 に示す静止しているときの長さ L_0 の剛体棒がその後端が $x=r_0$, 先端が $x=r_1$ の双曲線を世界線とする運動を行っているとする．図の $x=r_0$ と $x=r_1$ の双曲線運動の加速度は式 (5.71) より

$$a_0=\frac{c^2}{r_0}, \quad a_1=\frac{c^2}{r_1} \tag{5.84}$$

であり，棒の後端の加速度は先端の加速度よりも大きく，したがって後端の速さは先端の速さよりも大きい．その結果，剛体棒は圧縮されて長さが図の L のように短縮されたと思うかも知れない．図の局所慣性系 $K'(x',ict')$ は棒に固定した座標系であり，この座標系から見た棒の長さは図の座標系 K' の原点から図の x' 軸の先端までの長さであり，これは図 1.15 の説明から分かるように L_0 である．したがって，棒の前後の速さが静止系から見て異なっても，剛体棒に圧縮の力は働かない．それゆえ，図の長さ L は明らかに静止時の棒の長さ L_0 のローレンツ収縮であるが，棒の速さは棒の後端と先端で異なるので，式 (2.44) のような一つの速度 $\beta=v/c$ で簡単には表せない．

剛体棒を $t=0$ から加速運動をさせ，ある時刻で加速を止めて一定速度で運

動させる場合を考えよう．図 5.17 の W_A および W_B は剛体棒の後端および先端の世界線である．棒の後端の位置 A_1, 先端の位置 B_2 は局所座標系では同時でありそこで加速を止め，その後は一定速度で運動している．後端の位置 A_1 と先端の位置 B_2 での速度は図 4.21 で説明したように等しい．このとき，図の長さ L', L'' および L''' は静止時の長さ L_0 のローレンツ収縮になっている．

5.4.5 回転円盤上の時間の遅れとローレンツ収縮

円盤上の座標 (x,y) が次式のように角速度 ω で回転しているとする．

$$x = r\cos\omega t, \qquad y = r\sin\omega t \tag{5.85}$$

今，半径 r 方向の運動はないので r は変化しないとすると，時刻 t の微小変化による座標の微小変化は

$$dx = -r\omega\sin\omega t\cdot dt, \qquad dy = r\omega\cos\omega t\cdot dt \tag{5.86}$$

である．

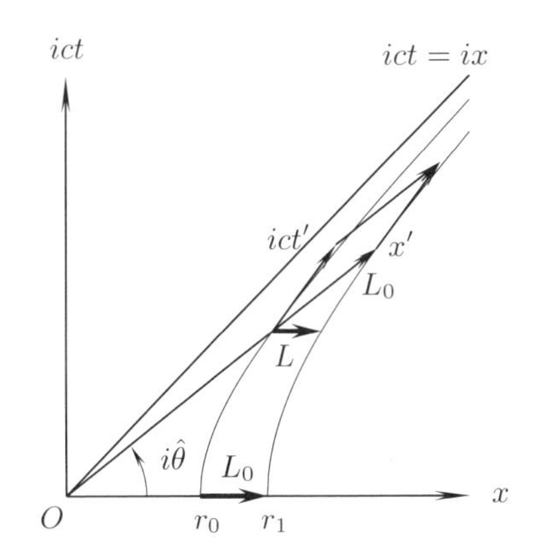

図 5.16 二つの双曲線上の間の距離 L は L_0 のローレンツ収縮になっている．

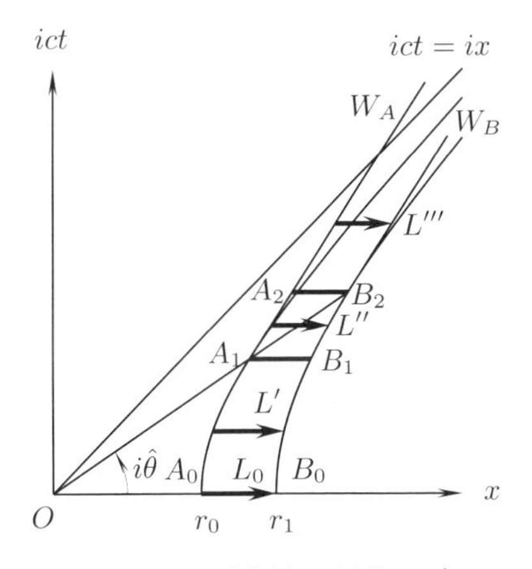

図 5.17 剛体棒の運動．L', L'' および L''' は L_0 のローレンツ収縮になっている．

3 次元ミンコフスキー空間のベクトル $\boldsymbol{X} = (x,y,ict)$ の微小距離の 2 乗は

$$ds^2 = d\boldsymbol{X}\cdot d\boldsymbol{X} = dx^2 + dy^2 - (cdt)^2 \tag{5.87}$$

である．式 (5.86) を式 (5.87) へ代入すると

$$ds^2 = (-r\omega\sin\omega t\cdot dt)^2 + (r\omega\cos\omega t\cdot dt)^2 - (cdt)^2$$
$$= (r\omega dt)^2 - (cdt)^2 = \left(\left(\frac{v}{c}\right)^2 - 1\right)(cdt)^2 \tag{5.88}$$

が得られる．ただし円周方向の速さ v を

$$v = r\omega \tag{5.89}$$

とした．

$ds^2 < 0$ なので，式 (5.8) のように $ds = icd\tau$ と置くと，式 (5.88) より

$$cd\tau = \sqrt{1 - \left(\frac{v}{c}\right)^2}\, cdt \tag{5.90}$$

が得られる．これは半径 r の位置にある時計が円周方向に速さ v で運動していると，静止座標からは式 (5.90) の時計の遅れが観測されることを示している．

次に，この回転する円盤は周方向にローレンツ収縮することを示そう．式 (5.88) で $\phi = \omega t$, $d\phi = \omega dt$ と置くと

$$ds^2 = dx^2 + dy^2 - (cdt)^2 = r^2 d\phi^2 - (cdt)^2 \tag{5.91}$$

を得る．$ds^2 > 0$ として，$ds = d\sigma$ と置くと

$$ds = d\sigma = \sqrt{(rd\phi)^2 - (cdt)^2} = \sqrt{1 - \left(\frac{cdt}{rd\phi}\right)^2}\, rd\phi \tag{5.92}$$

となる．

図 5.18 のように x 軸を $r\phi$ 軸，x' 軸を σ 軸とすると，$cdt/rd\phi$ は σ 軸の x 軸に対する勾配なので

$$\frac{cdt}{rd\phi} = \tanh\hat{\theta} \tag{5.93}$$

と表せる．同じ図 5.18 から分かるように，ict' 軸の $ictx$ に対する双曲角には

$$\tanh\hat{\theta} = \frac{v}{c} \tag{5.94}$$

の関係がある．式 (5.93) および式 (5.94) を式 (5.92) で使うと

$$d\sigma = \sqrt{1 - \left(\frac{v}{c}\right)^2}\, rd\phi \tag{5.95}$$

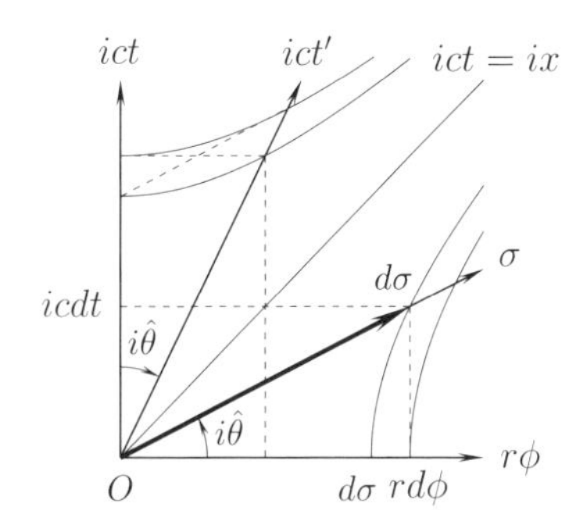

図 5.18　式 (5.92) の $rd\phi$, cdt および $d\sigma$. $d\sigma$ は $rd\phi$ のローレンツ収縮である.

が得られる．この式を ϕ について，0 から 2π まで積分すると

$$\sigma = 2\pi r\sqrt{1-\left(\frac{v}{c}\right)^2} \tag{5.96}$$

が得られる．すなわち，半径 r の位置で速さ v で回転する円盤の円周の長さは式 (5.96) のようにローレンツ収縮し，$2\pi r$ よりも短くなる.

5.5　3 次元空間の場合

今までの 1 次元空間の結果を 3 次元空間へ拡張しよう．3 次元ユークリッド空間の座標や速度等を次のように書く.

3 次元位置ベクトル　$\boldsymbol{x} = (x, y, z)$,

3 次元速度ベクトル　$\boldsymbol{u} = \dfrac{d\boldsymbol{x}}{dt} = \left(\dfrac{dx}{dt}, \dfrac{dy}{dt}, \dfrac{dz}{dt}\right) = (u_x, u_y, u_z)$,

3 次元加速度ベクトル　$\boldsymbol{a} = \dfrac{d\boldsymbol{u}}{dt} = \left(\dfrac{d^2x}{dt^2}, \dfrac{d^2y}{dt^2}, \dfrac{d^2z}{dt^2}\right) = (a_x, a_y, a_z)$,

3 次元運動量ベクトル　$\boldsymbol{p} = m_0\boldsymbol{u} = m_0(u_x, u_y, u_z)$,

$$u^2 = \boldsymbol{u}\cdot\boldsymbol{u} = u_x^2 + u_y^2 + u_z^2 \tag{5.97}$$

式 (2.24) の座標ベクトル，式 (5.23) および (5.24) の速度ベクトル，式 (5.47) の運動量エネルギーベクトル等は 3 次元空間の場合は次のようになる.

$$
\begin{aligned}
&\text{4 元座標ベクトル} && \boldsymbol{X}=(x,y,z,ict)=(\boldsymbol{x},ict),\\
&\text{4 元速度ベクトル} && \boldsymbol{U}=\frac{d\boldsymbol{X}}{dt}=\left(\frac{dx}{dt},\frac{dy}{dt},\frac{dz}{dt},ic\right)=(\boldsymbol{u},ic),\\
&\text{4 元加速度ベクトル} && \boldsymbol{A}=\frac{d\boldsymbol{U}}{dt}=\left(\frac{d^2x}{dt^2},\frac{d^2y}{dt^2},\frac{d^2z}{dt^2},0\right)=(\boldsymbol{a},0),\\
&\text{4 元運動量ベクトル} && \boldsymbol{P}=m\boldsymbol{U}=(m\boldsymbol{u},imc)=\left(\boldsymbol{p},i\frac{E}{c}\right),\\
&\text{固有 4 元速度ベクトル} && \overline{\boldsymbol{U}}=\frac{d\boldsymbol{X}}{d\tau}=\frac{dt}{d\tau}\frac{d\boldsymbol{X}}{dt}=\frac{dt}{d\tau}\boldsymbol{U}=\frac{dt}{d\tau}(\boldsymbol{u},ic),\\
&\text{固有 4 元加速度ベクトル} && \overline{\boldsymbol{A}}=\frac{d\overline{\boldsymbol{U}}}{d\tau}=\frac{d^2\boldsymbol{X}}{d\tau^2}=\alpha\boldsymbol{U}+\lambda^2\boldsymbol{A}.
\end{aligned}
\tag{5.98}
$$

ここで

$$
\begin{aligned}
&\text{ローレンツ因子} && \lambda=\frac{dt}{d\tau}=\frac{1}{\sqrt{1-(u/c)^2}},\\
& && \alpha=\frac{d^2t}{d\tau^2}=\frac{1}{(1-(u/c)^2)^2}\frac{1}{c^2}\left(\boldsymbol{u}\cdot\frac{d\boldsymbol{u}}{dt}\right)\\
&\text{相対論的質量} && m=\frac{m_0}{\sqrt{1-(u/c)^2}},\\
&\text{相対論的エネルギー} && E=mc^2=c\sqrt{\boldsymbol{p}^2+m_0^2c^2}
\end{aligned}
\tag{5.99}
$$

である．

式 (5.98) の $\overline{\boldsymbol{A}}$ の式が成り立つことを示そう．式 (5.98) の定義より

$$
\overline{\boldsymbol{A}}=\frac{d\overline{\boldsymbol{U}}}{d\tau}=\frac{d}{d\tau}\left(\frac{dt}{d\tau}\frac{d\boldsymbol{X}}{dt}\right)=\frac{d^2t}{d\tau^2}\frac{d\boldsymbol{X}}{dt}+\frac{dt}{d\tau}\left(\frac{dt}{d\tau}\frac{d^2\boldsymbol{X}}{dt^2}\right)
\tag{5.100}
$$

となる．式 (5.97) より

$$
\frac{du^2}{dt}=2u\frac{du}{dt}=2u_x\frac{du_x}{dt}+2u_y\frac{du_y}{dt}+2u_z\frac{du_z}{dt}
\tag{5.101}
$$

すなわち

$$
u\frac{du}{dt}=\boldsymbol{u}\cdot\frac{d\boldsymbol{u}}{dt}
\tag{5.102}
$$

である．また，次式が成り立つ．

$$\frac{d^2t}{d\tau^2}=\frac{d}{d\tau}\frac{1}{\sqrt{1-(u/c)^2}}=\frac{dt}{d\tau}\frac{d}{dt}\frac{1}{\sqrt{1-(u/c)^2}}=\frac{1}{(1-(u/c)^2)^2}\frac{u}{c^2}\frac{du}{dt}$$
$$=\frac{1}{(1-(u/c)^2)^2}\frac{1}{c^2}\left(\boldsymbol{u}\cdot\frac{d\boldsymbol{u}}{dt}\right). \tag{5.103}$$

これらを式 (5.100) で使うと

$$\overline{\boldsymbol{A}}=\frac{d^2t}{d\tau^2}(\boldsymbol{u},ic)+\left(\frac{dt}{d\tau}\right)^2\left(\frac{d\boldsymbol{u}}{dt},0\right)=\alpha\boldsymbol{U}+\lambda^2\boldsymbol{A}$$
$$=\frac{1}{(1-(u/c)^2)^2}\frac{1}{c^2}\left(\boldsymbol{u}\cdot\frac{d\boldsymbol{u}}{dt}\right)(\boldsymbol{u},ic)+\frac{1}{1-(u/c)^2}\left(\frac{d\boldsymbol{u}}{dt},0\right) \tag{5.104}$$

が得られる．

4 元座標ベクトルのローレンツ変換は，座標系の運動方向が x 軸方向とすると式 (2.32) を使って

$$\boldsymbol{X}'=R\boldsymbol{X}=\begin{pmatrix}\frac{1}{\sqrt{1-\beta^2}} & 0 & 0 & \frac{i\beta}{\sqrt{1-\beta^2}}\\ 0 & 1 & 0 & 0\\ 0 & 0 & 1 & 0\\ \frac{-i\beta}{\sqrt{1-\beta^2}} & 0 & 0 & \frac{1}{\sqrt{1-\beta^2}}\end{pmatrix}\begin{pmatrix}x\\ y\\ z\\ ict\end{pmatrix}$$
$$=\begin{pmatrix}\frac{x}{\sqrt{1-\beta^2}}-\frac{\beta ct}{\sqrt{1-\beta^2}}\\ y\\ z\\ \frac{-i\beta x}{\sqrt{1-\beta^2}}+\frac{ict}{\sqrt{1-\beta^2}}\end{pmatrix} \tag{5.105}$$

であり，式 (2.35) と同じである．

次に，固有 4 元加速度ベクトル $\overline{\boldsymbol{A}}$ のローレンツ変換を考えよう．式 (5.104) の右辺第 1 項は $1/c^2$ の項があるので，第 2 項よりも小さいと仮定して無視する．すなわち，式 (5.99) の記号を使うと $\alpha\ll\lambda$ を仮定する．式 (5.18) のローレンツ変換はベクトル $\boldsymbol{u}$ の方向を x 軸に選ぶと

$$\overline{\boldsymbol{A}}'=\begin{pmatrix}\dfrac{1}{1-(u'/c)^2}\dfrac{du'_x}{dt'}\\ \dfrac{1}{1-(u'/c)^2}\dfrac{du'_y}{dt'}\\ \dfrac{1}{1-(u'/c)^2}\dfrac{du'_z}{dt'}\\ \overline{A}_4{}'\end{pmatrix}=\begin{pmatrix}\dfrac{1}{\sqrt{1-\beta^2}} & 0 & 0 & \dfrac{i\beta}{\sqrt{1-\beta^2}}\\ 0 & 1 & 0 & 0\\ 0 & 0 & 1 & 0\\ \dfrac{-i\beta}{\sqrt{1-\beta^2}} & 0 & 0 & \dfrac{1}{\sqrt{1-\beta^2}}\end{pmatrix}$$

$$\times\begin{pmatrix}\dfrac{1}{1-(u/c)^2}\dfrac{du_x}{dt}\\ \dfrac{1}{1-(u/c)^2}\dfrac{du_y}{dt}\\ \dfrac{1}{1-(u/c)^2}\dfrac{du_z}{dt}\\ 0\end{pmatrix}=\begin{pmatrix}\dfrac{1}{\sqrt{1-\beta^2}}\dfrac{1}{1-(u/c)^2}\dfrac{du_x}{dt}\\ \dfrac{1}{1-(u/c)^2}\dfrac{du_y}{dt}\\ \dfrac{1}{1-(u/c)^2}\dfrac{du_z}{dt}\\ \dfrac{-i\beta}{\sqrt{1-\beta^2}}\dfrac{1}{1-(u/c)^2}\dfrac{du_x}{dt}\end{pmatrix} \tag{5.106}$$

が得られる．座標系 K' の運動の速さを $v=c\beta=u$ と選ぶと次式が得られる．

$$\overline{\boldsymbol{A}}'=\begin{pmatrix}\dfrac{du'_x}{dt'}\\ \dfrac{du'_y}{dt'}\\ \dfrac{du'_z}{dt'}\\ \overline{A}_4{}'\end{pmatrix}=\begin{pmatrix}\dfrac{1}{(1-(u/c)^2)^{3/2}}\dfrac{du_x}{dt}\\ \dfrac{1}{1-(u/c)^2}\dfrac{du_y}{dt}\\ \dfrac{1}{1-(u/c)^2}\dfrac{du_z}{dt}\\ \dfrac{-i\beta}{(1-(u/c)^2)^{3/2}}\dfrac{du_x}{dt}\end{pmatrix} \tag{5.107}$$

これはパウリ [17] p.133 の式 (194) に相当する．

式 (5.33) の運動方程式は座標系 K' では

$$\frac{d\boldsymbol{P}'}{d\tau}=m_0\frac{d\overline{\boldsymbol{U}}'}{d\tau}=m_0\overline{\boldsymbol{A}}'=\boldsymbol{F}' \tag{5.108}$$

と書ける．式 (5.107) を使うと

$$m_0\overline{\boldsymbol{A}}'=m_0\begin{pmatrix}\dfrac{du'_x}{dt'}\\ \dfrac{du'_y}{dt'}\\ \dfrac{du'_z}{dt'}\\ \overline{A}_4{}'\end{pmatrix}=\begin{pmatrix}\dfrac{m_0}{(1-(u/c)^2)^{3/2}}\dfrac{du_x}{dt}\\ \dfrac{m_0}{1-(u/c)^2}\dfrac{du_y}{dt}\\ \dfrac{m_0}{1-(u/c)^2}\dfrac{du_z}{dt}\\ \dfrac{-im_0\beta}{(1-(u/c)^2)^{3/2}}\dfrac{du_x}{dt}\end{pmatrix}=\boldsymbol{F}' \tag{5.109}$$

が得られる．運動方程式を

$$\text{質量}\times\text{加速度}=\text{外力} \tag{5.110}$$

の形であると考えると，運動方向への質量を縦質量，運動方向に垂直方向の質量を横質量と呼ぶと

$$\text{縦質量}=\frac{m_0}{(1-(u/c)^2)^{3/2}},\quad \text{横質量}=\frac{m_0}{1-(u/c)^2} \tag{5.111}$$

と言える．これはアインシュタインの論文 [2] p.28 の式と同等である．

5.6 質量とエネルギーの数値例

特殊相対性理論から得られた式を使った数値例を考えよう．

5.6.1 電子の速度

速さ u で運動している電子の質量は式 (5.28) で与えられる．電子が真空中で電位差 V で加速された時に得るエネルギーは eV (エレクトロンボルト) で表され，このとき静止している電子が得るエネルギー E は式 (5.28) を使って

$$E=mc^2-m_0c^2=\left(\frac{1}{\sqrt{1-\beta^2}}-1\right)m_0c^2 \tag{5.112}$$

である．電子の静止質量エネルギーが $m_0c^2=511\,\mathrm{keV}$ であることを使うと式 (5.112) より，電子の速さ $\beta=u/c$ は

$$\beta=\sqrt{1-\frac{1}{\left(1+\frac{E}{511\,\mathrm{keV}}\right)^2}} \tag{5.113}$$

で得られる．またこのときの質量の増加率は

$$\frac{\Delta m}{m_0}=\frac{m-m_0}{m_0}=\frac{1}{\sqrt{1-\beta^2}}-1 \tag{5.114}$$

である．これらの式から，例えば $E=10\,\mathrm{keV}$, $30\,\mathrm{keV}$ と置くと，$\beta=0.19$, 0.33 および 質量増加率 $\Delta m/m_0=2.0\%$ および 5.9% が得られる．これは光速の19%および 33% の速さであり，電子の質量は静止しているときよりも 2.0% または5.9% 増加する．以前の家庭のテレビのブラウン管でも 30 kV 位までの電圧は使われており，電子の運動を解析し高解像度で綺麗な画面を作るためには相対論的運動方程式を使うことも必要になる．

茨城県つくば市にある高エネルギー加速器研究機構の放射光科学研究施設では，25 億電子ボルトに加速された電子を電子貯蔵リングに貯蔵し，その電子が磁石で曲がるときに放出される放射光を取り出し，物質に照射してその性質を調べている．25 億電子ボルトの電子の速さは $\beta=0.999999979$ と限りなく光速に近く，質量の増加割合は $\Delta m/m_0=4{,}890$ となり，相対論的な運動方程式を使わなければそのような超高精密の加速器の設計は不可能である．

5.6.2　核分裂エネルギー

ウラン 235 に中性子が衝突して核分裂を起こすと，種々の二つの核分裂片ができるが，頻度が高いのはハーンが化学的に分離し，核分裂が起きていることを確証したバリウム 135 が生成される反応 [33] である．このときにできる他の核はモリブデン 98 で同時に 3 個の中性子も発生する．すなわち このときの反応は n を中性子，ΔM を質量欠損として

$$^{235}\mathrm{U}+\mathrm{n} \rightarrow {}^{135}\mathrm{Ba}+{}^{98}\mathrm{Mo}+3\mathrm{n}+\Delta M$$

である．

このときに生じる質量の減少 ΔM と発生するエネルギー ΔMc^2 を式 (5.44) を利用して計算してみよう．炭素 12 の質量を 12 としたときの相対質量を表す各元素の原子質量単位 (amu) の質量は質量分析計による精密な測定で表 5.1

表 **5.1** ^{235}U 等の質量

名前	原子質量 単位 (amu)
^{235}U	235.043933
^{135}Ba	134.905668
^{98}Mo	97.905405
中性子 n	1.008665

表 **5.2** 単位の変換と発熱量 [39]

1 amu の質量	1.66054×10^{-24} g
1 amu のエネルギー	931.5 MeV
1 W (ワット)	1 J (ジュール)/sec
1 eV	1.602×10^{-19} J
1 cal	4.186 J
1 g の TNT 火薬	1,000 cal [34]
1 cm^3 の石油	10,000 cal

のように得られている．

原子の amu 単位の質量を元素記号で表すと，核分裂時の質量欠損 ΔM は

$$\Delta M=[^{235}\mathrm{U}-(^{135}\mathrm{Ba}+^{98}\mathrm{Mo}+2\mathrm{n})]\mathrm{amu}=0.2155\,\mathrm{amu} \tag{5.115}$$

であり，このときの生成エネルギー ΔMc^2 は

$$\Delta Mc^2=\Delta M\times c^2=0.2155\mathrm{amu}\times\frac{931.5\mathrm{MeV}}{\mathrm{amu}}=200.8\mathrm{MeV} \tag{5.116}$$

と得られる．この質量の減少分 ΔM とウラン質量の比は

$$\frac{\Delta M}{^{235}\mathrm{U}}=\frac{0.2155}{235.0}=0.000917 \tag{5.117}$$

であり，ウラン質量の約 0.1% が核分裂により消えてなくなることになる．

ウラン 235 1 g 当たりの核分裂エネルギーは式 (5.116) を使うと

$$\begin{aligned}&^{235}\mathrm{U}\ 1\,\mathrm{g}\ \text{当たりの核分裂エネルギー}=\frac{200.8\ \mathrm{MeV}}{^{235}\mathrm{U\,amu}}\times\frac{1.602\times10^{-19}\,\mathrm{J}}{\mathrm{eV}}\\&\quad\times\frac{\mathrm{amu}}{1.66054\times10^{-24}\,\mathrm{g}}=8.23\times10^{10}\,\mathrm{J/g}=8.23\times10^{7}\,\mathrm{kWsec/g}\end{aligned} \tag{5.118}$$

であり，TNT 火薬と比べると 1 g 当たりの TNT 火薬の発熱量 4,186 J/g を用いて

$$\frac{8.24\times10^{10}\,\mathrm{J}}{4{,}186\,\mathrm{J}}=1.97\times10^{7} \tag{5.119}$$

すなわち，ウラン 235 の質量当たりのエネルギー発生量は TNT 火薬の 1,970 万倍である．

広島に落とされた原爆の放出エネルギーは TNT 火薬の 15 kトンといわれており，J 単位のエネルギーは

$$\text{TNT 15 kトンのエネルギー} = 15\text{kトン} \times \frac{4{,}186\,\text{J}}{\text{g}} = 6.28 \times 10^{13}\,\text{J} \qquad (5.120)$$

である．このときに核分裂を起こしたウラン 235 の重量は式 (5.118) を使って

$$\begin{aligned}\text{核分裂}^{235}\text{U の重量} &= \frac{\text{TNT15 kトンのエネルギー}}{^{235}\text{U 1 g 当たりの核分裂エネルギー}} = \frac{6.28 \times 10^{13}\,\text{J}}{8.23 \times 10^{10}\,\text{J/g}} \\ &= 762\,\text{g} \end{aligned} \qquad (5.121)$$

であり，これは爆弾に使用された ^{235}U の総重量 64 kg [35] の約 1.2%に過ぎず，残りの約 98.8%の ^{235}U は大気中に飛散した．また，核分裂で消滅した ^{235}U の質量は式 (5.117) より

$$\begin{aligned}\text{核分裂で消滅した質量} &= \text{核分裂}^{235}\text{U の重量} \times \frac{\Delta \text{M}}{^{235}\text{U}} \\ &= 762\,\text{g} \times 0.000917 = 0.699\,\text{g}\end{aligned} \qquad (5.122)$$

すなわち，わずか約 0.7 g に過ぎない．

次に，電気出力 100 万 kW の原子力発電所の 1 日当たりのウラン消費量を求めてみよう．核分裂エネルギーの 200.8 MeV のうち，正確に言うと 12 MeV はベータ崩壊に伴うニュートリノにより原子炉の外へ放出され[4)]，原子炉内の発熱に寄与しない．しかし，発生する正味 2 個の中性子は原子炉内で他の核に捕獲され捕獲ガンマ線を放出するので，ニュートリノの漏洩によるエネルギー損失はほぼ打ち消される．発電系の熱効率を 35%とすると，1 日当たりに必要な原子炉の発生熱エネルギーは

$$\text{1 日当たりの原子炉の発熱エネルギー} = \frac{100\text{ 万 kW}}{0.35} = 286\text{ 万kWday} \qquad (5.123)$$

であり，このときのウラン 235 消費量は式 (5.118) を使って

[4)] ニュートリノの持ち出すエネルギーは全発生エネルギーの 6%できわめて大きく，その個数も膨大である．この原子炉から漏洩するニュートリノを利用してニュートリノの質量を測定する研究も行われている．

$$\text{ウラン 235 消費量/day} = \frac{\text{1 日当たりの原子炉の発熱エネルギー}}{{}^{235}\text{U 1 g 当たりの核分裂エネルギー}}$$
$$= \frac{286 \times 10^4\,\text{kWday/day}}{8.23 \times 10^7\,\text{kW/g}} = 3.00\,\text{kg/day} \qquad (5.124)$$

である．すなわち，1 日当たり 3.00 kg のウラン 235 が消費される．これに 1 年 = 365 日を掛けると

$$\text{1 年間のウラン 235 の使用量} = 3.00\,\text{kg/day} \times 365\,\text{day} = 1.09\,\text{トン} \qquad (5.125)$$

となる．

原油 1 リットル当たりの発熱量は 10,000 kcal, その密度は $0.9\,\text{g/cm}^3$ で 1 cal = 4.186 J を使うと，原油 1 g 当たりの発熱量は

$$\text{原油 1g 当たりの発熱量} = \frac{10{,}000\,\text{kcal}}{\text{リットル}} \times \frac{\text{cm}^3}{0.9\,\text{g}} \times \frac{4.186\,\text{J}}{\text{cal}} = 4.65 \times 10^4\,\text{J/g} \qquad (5.126)$$

である．この原油の質量当たりの発熱量は意外にも TNT 火薬よりも大きく，TNT 火薬 1 g 当たりの発熱量 4,186 J/g の 11.1 倍である．これと式 (5.118) のウラン 235 の発熱量と比較すると

$$\frac{{}^{235}\text{U 1 g 当たりの発熱量}}{\text{原油 1 g 当たりの発熱量}} = \frac{8.24 \times 10^{10}\,\text{J/g}}{4.65 \times 10^4\,\text{J/g}} = 1.77 \times 10^6 \qquad (5.127)$$

となる．すなわち，^{235}U 1 g 当たりの発熱量は原油の 1.77 百万倍である．

この電気出力 100 万 kW の発電所のエネルギー源としてウランの代わりに原油を使用したとしよう．式 (5.127) の値を式 (5.124) の 1 日当たりのウラン 235 の消費量に掛けると，1 日当たりの原油消費量は

$$\text{1 日当たりの原油消費量} = \frac{3.00\,\text{kg}}{\text{day}} \times 1.77 \times 10^6 = 5.31 \times 10^6\,\text{kg/day}$$
$$= 5.31\,\text{千トン/day} \qquad (5.128)$$

となる．この発電所を 100 日間 (ほぼ 3 か月間) 運転すると，50 万トンタンカーで運んだ石油を全量消費することになるが，原子炉のウラン 235 の消費量は 300 kg である．

原子炉中の ^{235}U が燃焼と共に減少し原子炉の中性子増倍率が1以下になると，原子炉は臨界を保つことができなくなって中性子束は零になり停止してしまう．それゆえ，核燃料の燃焼と共に臨界性がどのように変化するかを知ることは原子炉の安全な運転のためにもきわめて重要であり，このための中性子増倍率の計算による正確な予測は必要不可欠である．また，装架した核燃料がどれだけの電力を原子炉が臨界以下になるまでに発生できるかは原子炉運転の経済性に大きく係わっており，生み出された電力と消費された核燃料の量は，計算と計測で厳重に監視されている．

このように，特殊相対性理論から得られる諸公式は現在の科学研究の最先端だけでなく，国民全体の生活にも密接に関係している．しかしこれは特殊相対性理論が未来永劫に真理であることを保証するものではない．もし，特殊相対性理論で説明できない新しい現象が発見されたら，当然新しい理論が必要になる．しかしその場合でも，特殊相対性理論が現在役立っている現象には将来も同様に役立つことは，今もニュートン力学が多くの現象で充分な正確さで使えるのと同様である．

5.7 結語

デカルト座標系のベクトルおよび座標系が原点の周りに回転する式を解析的に延長するとミンコフスキー空間のベクトルおよびローレンツ変換の式になることを利用して，特殊相対性理論で成り立つ運動量エネルギーベクトルおよび相対論的運動方程式を導いた．また，運動量エネルギーベクトルおよびそのローレンツ変換の物理的な意味を理解するためにそれらを図示した．ニュートリノの静止質量がたとえ零であっても運動する座標系から見ると質量を持つと観測されることも示した．また，特殊相対性理論から得られる質量とエネルギーの関係式を用いて，原子炉で消費するウランの量と発生する核エネルギーの数値例も示した．

第6章
光の非相対論的および相対論的ドップラー効果

救急車やパトカーの警笛の音は接近するときは高音 (高い周波数) になり，通り過ぎて離れて行くときは低音 (低い周波数) に変化する．この日常的に経験する現象はドップラー効果と呼ばれている．光の場合も光の源が接近するときと離れて行くときは光の振動数，したがって波長は変化する．光源の動く速さが光速に比べて遅い非相対論のときと，無視できないほど速い相対論のときの二つの場合のドップラー効果について考えよう．

6.1　非相対論的ドップラー効果

まず，光の源の速さが光速に比べて遅いときの非相対論的な場合のドップラー効果について考えよう．光源が静止しているときは，2 次元の平面上では図 6.1 に示すように光は光源を中心とする同心円状の波面を作りながら外へ広がって行く．図に時間 t の間に $\nu_0 t$ 個の波が源から広がる様子を示す．このときの光の波長を λ_0, 1 秒間の振動数を ν_0, 周期を t_0 とする．光源が発光を始めてから t 秒後には $\nu_0 t$ 個の波が光源から放出され，次式

$$\lambda_0 = \frac{ct}{\nu_0 t} = \frac{c}{\nu_0}, \quad \lambda_0 \nu_0 = c, \quad t_0 = \frac{1}{\nu_0}, \quad ct_0 = \frac{c}{\nu_0} = \lambda_0 \tag{6.1}$$

が成り立つ．この波長 λ_0 および周期 t_0 は光源に対して静止している座標系で測った長さおよび周期であり，光源の運動の速さと無関係の固有の長さおよび固有の周期である．

光源が速さ v で x 軸方向へ運動しているときの波面は図 6.2 に示すようになる．波は t 秒後に半径 ct の円に広がり，光源は $\nu_0 t$ 個の波を出すが，この間に

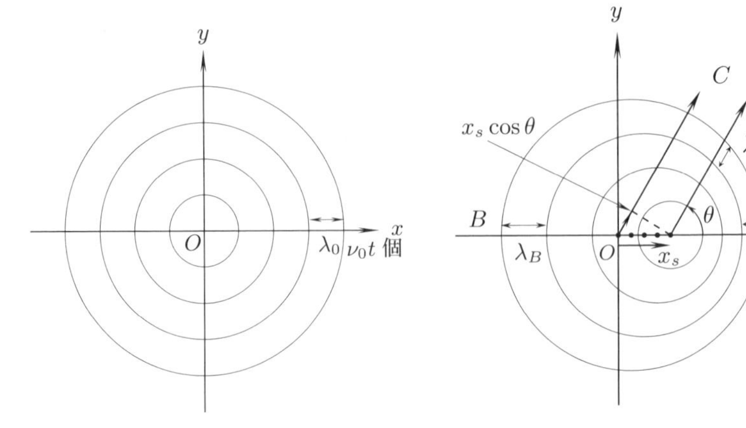

図 6.1　光源が静止しているときに生じる波面.

図 6.2　光源が速さ v で運動しているときに●印の位置から生じる光の波面.

光源は距離 $x=vt$ へ移動する．図 6.2 の波長 λ_A および λ_B と振動数 ν_A および ν_B, また周期 t_A および t_B についても，式 (6.1) と同様の式が成り立つ．すなわち

$$\lambda_A = \frac{c}{\nu_A} = ct_A, \quad t_A = \frac{1}{\nu_A}, \tag{6.2}$$

$$\lambda_B = \frac{c}{\nu_B} = ct_B, \quad t_B = \frac{1}{\nu_B} \tag{6.3}$$

図 6.2 から分かるように，光源の進む方向の観測者 A が観測する波の波長 λ_A, 振動数 ν_A および周期 t_A は

$$\lambda_A = \frac{ct-vt}{\nu_0 t} = \frac{c-v}{\nu_0} = \lambda_0\left(1-\frac{v}{c}\right), \quad \nu_A = \frac{c}{\lambda_A} = \frac{\nu_0}{1-\dfrac{v}{c}}, \quad t_A = t_0\left(1-\frac{v}{c}\right) \tag{6.4}$$

であり，光源の後方の観測者 B が観測する波の波長 λ_B, 振動数 ν_B および周期 t_B は

$$\lambda_B = \frac{ct+vt}{\nu_0 t} = \frac{c+v}{\nu_0} = \lambda_0\left(1+\frac{v}{c}\right), \quad \nu_B = \frac{c}{\lambda_B} = \frac{\nu_0}{1+\dfrac{v}{c}}, \quad t_B = t_0\left(1+\frac{v}{c}\right) \tag{6.5}$$

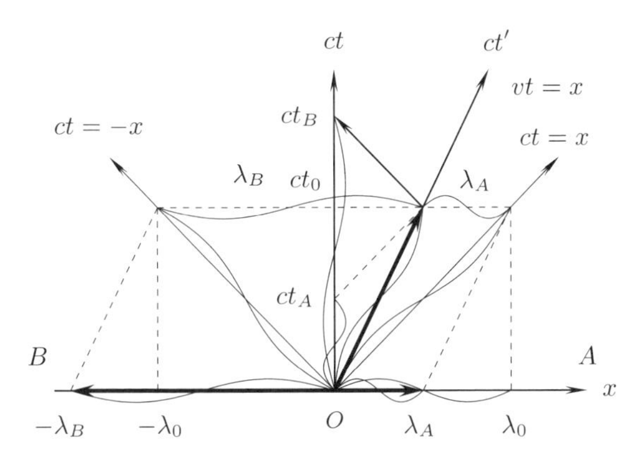

図 6.3 図 6.2 の観測者 A および B が観測する非相対論的ドップラー効果.

である.

次に，観測者が図 6.2 の C の位置にいる場合に観測する波長を求めよう．光源の運動の速さ v の方向 C への成分は，x 軸と観測者 C の方向の角度を θ とすると $v\cos\theta$ であり，これを式 (6.4) で使うと，観測者 C が観測する波の波長 $\lambda(\theta)$ および振動数 $\nu(\theta)$ は

$$\lambda(\theta)=\frac{ct-vt\cos\theta}{\nu_0 t}=\lambda_0\left(1-\frac{v}{c}\cos\theta\right),\qquad \nu(\theta)=\frac{\nu_0}{1-\dfrac{v}{c}\cos\theta} \tag{6.6}$$

である．この式で，$\theta=0$ のときが式 (6.4), $\theta=\pi$ のときが式 (6.5) である．図 6.2 で波の伝搬速度を音速とすると，サイレンを鳴らしながら走る救急車が図の原点から右方向へ走る時に，式 (6.6) より右端の $\theta\fallingdotseq 0$ では振動数は高く，観測者 C の真横の $\theta=\pi/2$ では振動数の変化はなくなり，左端の方では $\theta\fallingdotseq\pi$ で振動数が低くなることを示している.

図 6.2 の観測者 A および B が観測するドップラー効果を図 6.3 の $K(x,ct)$ 座標系で示す．光源は速さ v で $x=vt$ の直線上を運動しており，簡単のために波は 1 波長だけ描いてある．光源の運動により観測者 A が観測する波長は λ_A へ縮み，観測者 B には波長 λ_B へ引き延ばされる.

6.2　相対論的ドップラー効果

光源の運動の速さが光速に比べて無視できないときは，特殊相対性理論を使う必要がある．図 6.4 に静止座標系 $K(x,ict)$ に対して，その x 軸方向へ速さ v で運動している座標系 $K'(x',ict')$ を図 2.14 を利用して示した．図 6.4 で光源は座標系 K' の ict' 軸上を速さ v で運動しているとする．相対論の図 6.4 と非相対論の図 6.3 との違いは，静止座標系 K から見ると，運動座標系 K' の時計は遅れて見えることである．それゆえ，図の ict' 軸上の周期 t_0 と静止座標系 K から見て同時刻の ict 軸上の t'_0 の間には式 (2.49) の関係，すなわち

$$t'_0=\frac{t_0}{\sqrt{1-\left(\dfrac{v}{c}\right)^2}} \tag{6.7}$$

が成り立つ．これに対応して x' 軸上の波長 λ_0 は図 6.4 に示すようになる．

図 6.4 に示すように非相対論のときの観測者 A が観測する波長は x 軸上に示した λ_A であるが，相対論のときは x 軸の正方向へ λ_A よりも右へ移動した λ_A^R である．すなわち，相対論的波長 λ_A^R は図 2.14 から分かるように，式 (2.44) の最初の式を使って非相対論的波長 λ_A よりも

$$\lambda_A^R=\frac{\lambda_A}{\sqrt{1-\left(\dfrac{v}{c}\right)^2}} \tag{6.8}$$

のように長くなる．これに式 (6.2) と式 (6.4) を使うと

$$\lambda_A^R=\frac{\lambda_0\left(1-\dfrac{v}{c}\right)}{\sqrt{1-\left(\dfrac{v}{c}\right)^2}}=\lambda_0\sqrt{\frac{1-\dfrac{v}{c}}{1+\dfrac{v}{c}}},\quad \nu_A^R=\nu_0\sqrt{\frac{1+\dfrac{v}{c}}{1-\dfrac{v}{c}}},\quad t_A^R=t_0\sqrt{\frac{1-\dfrac{v}{c}}{1+\dfrac{v}{c}}} \tag{6.9}$$

が得られる．同様に図 6.4 より観測者 B が観測する相対論的波長は式 (6.5) を使って

$$\lambda_B^R=\frac{\lambda_B}{\sqrt{1-\left(\dfrac{v}{c}\right)^2}} \tag{6.10}$$

と λ_B よりも長くなり，式 (6.3) を使うと

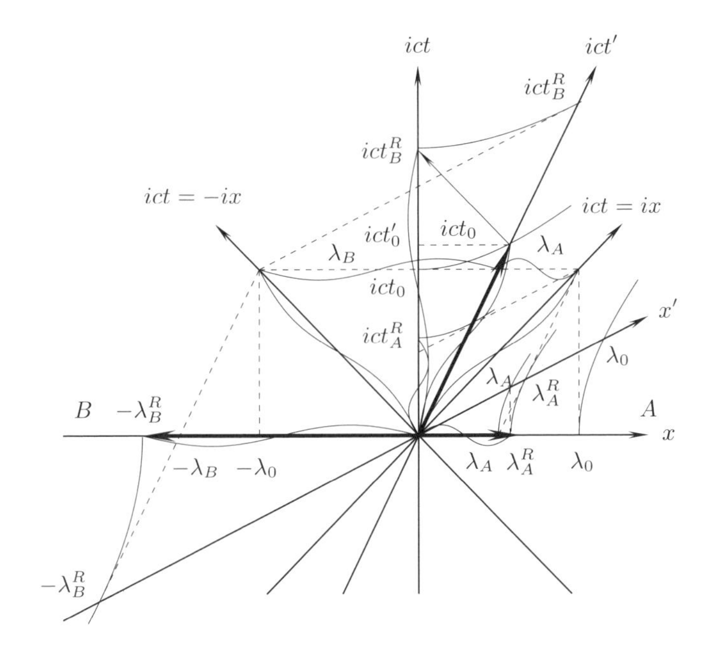

図 6.4　相対論的ドップラー効果．光源は ict' 軸上を $x=vt$ の速さで運動している．

$$\lambda_B^R = \frac{\lambda_0\left(1+\dfrac{v}{c}\right)}{\sqrt{1-\left(\dfrac{v}{c}\right)^2}} = \lambda_0\sqrt{\frac{1+\dfrac{v}{c}}{1-\dfrac{v}{c}}}, \quad \nu_B^R = \nu_0\sqrt{\frac{1-\dfrac{v}{c}}{1+\dfrac{v}{c}}}, \quad t_B^R = t_0\sqrt{\frac{1+\dfrac{v}{c}}{1-\dfrac{v}{c}}} \qquad (6.11)$$

が得られる．

図 6.2 の観測者 C が観測する相対論的波長および振動数は，式 (6.8) および式 (6.10) と同様にして

$$\lambda_C^R(\theta) = \frac{\lambda(\theta)}{\sqrt{1-\left(\dfrac{v}{c}\right)^2}} = \frac{\lambda_0\left(1-\dfrac{v}{c}\cos\theta\right)}{\sqrt{1-\left(\dfrac{v}{c}\right)^2}}, \qquad \nu_C^R(\theta) = \frac{\nu_0\sqrt{1-\left(\dfrac{v}{c}\right)^2}}{1-\dfrac{v}{c}\cos\theta} \qquad (6.12)$$

と得られる．

非相対論的な式 (6.6) と相対論的な式 (6.12) の違いの一つは，前者は角度 θ が 90 度のときは波長の変化を生じないが，後者の相対論の式では $\theta=90$ 度

のときでも波長は分母の因子 $\sqrt{1-(v/c)^2}$ で長くなることである．すなわち式 (6.12) で観測者 C が光源の運動方向と直角の位置にいる $\theta=\pi/2$ の場合の波長は

$$\lambda^R(\pi/2)=\frac{\lambda_0}{\sqrt{1-\left(\dfrac{v}{c}\right)^2}} \tag{6.13}$$

と長くなる．これは運動する光源の時計が観測者の居る方向に無関係に分母の因子で遅くなることに依っている．

非相対論と相対論な式のもう一つの違いは，式 (6.5) では $v=c$ のとき，波長 $\lambda_B=2\lambda_0$ と光源の静止時の 2 倍にしかならないが，式 (6.11) では

$$\lambda_B^R=\lim_{v\to c}\lambda_0\sqrt{\frac{1+\dfrac{v}{c}}{1-\dfrac{v}{c}}}\to\infty \tag{6.14}$$

と無限大になることである．次章で述べるように，光のドップラー効果は天体が我々の太陽系から飛び離れて行く速さを測定するために使われているが，光速で運動する天体が発する光の波長は非相対論的ドップラー効果では 2 倍しか長くならない．

水素原子の第一励起状態から基底状態へ落ちるときに放射されるライマンアルファ線の固有波長は 121.5 nm であるが，2006 年に最も遠方の天体から来るライマンアルファ線は 973 nm と観測された[1)]．このとき波長はドップラー効果により $\lambda_B^R/\lambda_0=973/121.5=8.01$ 倍と 2 倍以上に引き延ばされたことになり，これは宇宙で特殊相対性理論が成り立っている証拠になると考えられる．観測の精度に関しては，波長が 2 倍しか長くならないときよりも 2 倍以上に長くなる方がより正確な速度の測定が可能になる．

図 6.3 および図 6.4 の第 1 象限のみを利用した図 6.5 および図 6.6 を使っても式 (6.4), (6.5), (6.9) および (6.11) を導くことができる．図 6.5 および図 6.6 で光源は図 6.3 および図 6.4 と同様に $x=vt$ の関係で座標軸 ct' または ict' 上を運動し，その光源から発する光を位置 $x=0$ と $x=x_A$ で観測する．直線 W_c^+

[1)]「すばる望遠鏡，過去最遠の銀河を発見」(2006 年 9 月 14 日 すばる望遠鏡), AstroArts, 天文ニュース．「IOK-1」は分光観測からまぎれもなく 128.8 億光年の距離にある銀河だと確認された．

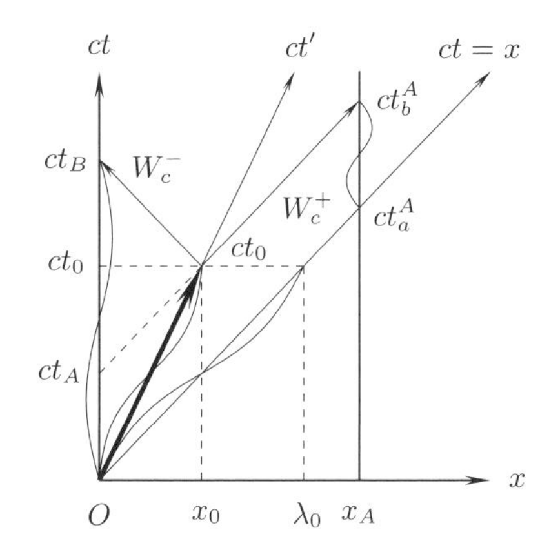

図 6.5 非相対論的ドップラー効果．光源は ct' 軸方向へ $x=vt$ の速さで運動している．$ct_A=ct_b^A-ct_a^A=ct_0-x_0$.

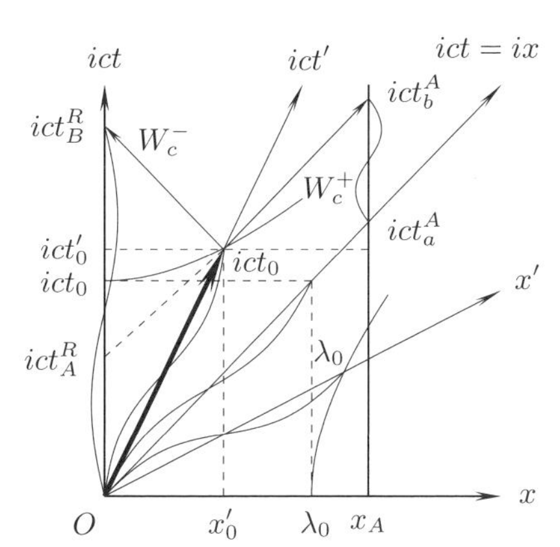

図 6.6 相対論的ドップラー効果．光源は ict' 軸方向へ $x=vt$ の速さで運動している．$ct_A^R=ct_b^A-ct_a^A=ct'_0-x'_0$.

および W_c^- は位置 (x_0,ct_0) から x 軸の正および負の方向へ光が進む線である．位置 $x=0$ および $x=x_A$ で観測される波はそれぞれ図 6.2 の観測者 B および観測者 A が観測する波に相当する．

座標軸 ct' または ict' 軸上で時刻 $t'=0$ に発せられた光は，位置 $x=0$ には時刻 $t=0$ に，位置 $x=x_A$ には時刻 $t=t_a^A$ に到達し，時刻 $t'=t_0$ に発せられた光は，位置 $x=0$ には時刻 $t=t_B$ または $t=t_B^R$ に，位置 $x=x_A$ では時刻 $t=t_b^A$ に到達する．したがって ct' 軸上で光源の周期 t_0 の波は位置 $x=0$ では周期は t_B または t_B^R と，$x=x_A$ では周期は $t_A=t_b^A-t_a^A$ と観測される．

図 6.5 および図 6.6 の位置 x_0 および x'_0 は

$$x_0=vt_0, \qquad x'_0=vt'_0 \tag{6.15}$$

で与えられる．

非相対論の場合は図 6.5 から $x=x_A$ で観測される波の周期 t_A は

$$ct_A=ct_b^A-ct_a^A=ct_0-x_0=(c-v)t_0=\left(1-\frac{v}{c}\right)ct_0 \tag{6.16}$$

となり，式 (6.4) が得られる．$x=x_B$ で観測される波の周期 t_B は式 (6.15) を使って

$$ct_B = ct_0 + x_0 = (c+v)t_0 = \left(1+\frac{v}{c}\right)ct_0 \tag{6.17}$$

より式 (6.5) が得られる．

相対論の場合は図 6.6 から $x=x_A$ で観測される波の周期 t_A^R は式 (6.16) より

$$ct_A^R = ct'_0 - x'_0 = (c-v)ct'_0 = \left(1-\frac{v}{c}\right)ct'_0 = \left(1-\frac{v}{c}\right)\frac{ct_0}{\sqrt{1-\left(\frac{v}{c}\right)^2}} \tag{6.18}$$

となり，式 (6.9) が得られる．$x=x_B$ で観測される波の周期 t_B^R は

$$ct_B^R = ct'_0 + x'_0 = \left(1+\frac{v}{c}\right)ct'_0 = \left(1+\frac{v}{c}\right)\frac{ct_0}{\sqrt{1-\left(\frac{v}{c}\right)^2}} \tag{6.19}$$

より式 (6.11) が得られる．

6.3　光源と観測者が運動しているときの非相対論的ドップラー効果

図 6.7 で直線 W_A^+ および W_A^- は速さ V_A または $-V_A$ で運動する観測者 A を表し，その他の直線は図 6.5 と同じである．図 6.7 の各直線は次式で表せる．

W_c^+の直線　$ct = x + ct_0 - x_0$,　原点 O から V_Aと書いてある直線　$V_A t = x$,

ただし　$vt_0 = x_0$　　(6.20)

図 6.7 で世界線 W_A^+ 上で観測される非相対論の周期 $t_A^+ = (ct_b^{A+} - ct_a^{A+})$ の ct 軸成分は光の直線 W_c^+ と直線 $V_A t = x$ の交点，すなわち

$$ct = x + ct_0 - x_0, \quad V_A t = x \tag{6.21}$$

の交点より，式 (6.4) を使って

$$t_A^+ = \frac{ct_A}{c-V_A} = \frac{c}{c-V_A}\left(1-\frac{v}{c}\right)t_0 = \frac{1-\dfrac{v}{c}}{1-\dfrac{V_A}{c}}t_0 \tag{6.22}$$

と得られる．

式 (6.2) を使って周期 t_A を波長に書き直すと，光源と観測者が運動しているときのドップラー効果による波長

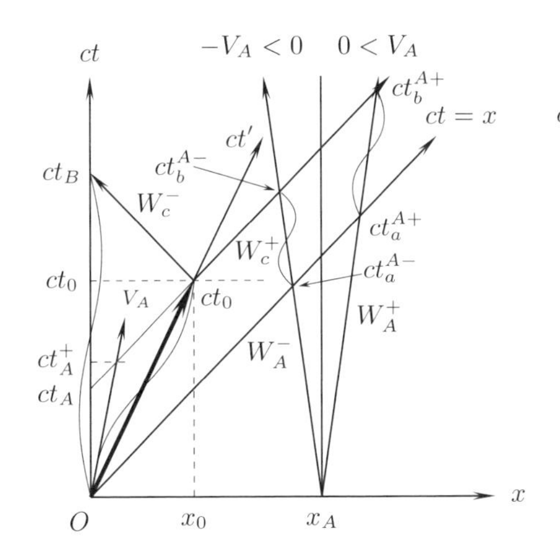

図 6.7 非相対論的ドップラー効果．光源と観測者 A が運動するとき，$ct_A=ct_0-x_0$.

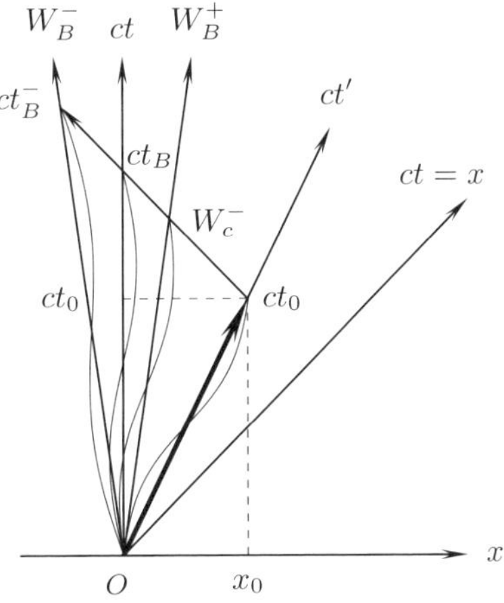

図 6.8 非相対論的ドップラー効果．光源と観測者 B が運動するとき．

$$\lambda_A=\frac{c-v}{c-V_A}\lambda_0=\frac{1-\dfrac{v}{c}}{1-\dfrac{V_A}{c}}\lambda_0 \tag{6.23}$$

が得られる．観測者 A が直線 W_A^- 上を運動している場合は，上式で $V_A\to -V_A$ と置けば良い．

観測者 B が観測するドップラー効果は図 6.8 を使って上記と同じように得られる．図 6.8 で直線 W_B^- を運動する B が観測する周期 t_B^- は，直線 W_c^- と直線 W_B^- の交点として得られる．すなわち

$$\text{直線 } W_c^-: ct=ct_B-x, \quad \text{直線 } W_B^-: x=-V_Bt \tag{6.24}$$

の交点として

$$t_B^-=\frac{c}{c-V_B}t_B=\frac{1+\dfrac{v}{c}}{1-\dfrac{V_B}{c}}t_0 \tag{6.25}$$

と得られる．

観測者 B の観測する波長は式 (6.3) を使って

$$\lambda_B = \frac{1+\dfrac{v}{c}}{1+\dfrac{V_B}{c}}\lambda_0 \tag{6.26}$$

と得られる．観測者が直線 W_B^+ 上を運動する時は，上式で $V_B \to -V_B$ と置けば良い．

6.4 光源と観測者が運動しているときの相対論的ドップラー効果

速さ V_A で運動している観測者 A が観測する相対論的ドップラー効果を図 6.9 に示す．光源は速さ v で ict' 軸上を運動し，観測者 A は速さ V_A で世界線 W_A^+ または W_A^- 上を図 6.7 と同様に運動する．

前節と同じ方法で，図 6.9 を見ながら相対論的周期 t_{A+}^R を求めよう．図 6.9 に示す $V_A\!:\!V_At=x$ の直線は線分 $\overline{ct_a^{A+}ct_b^{A+}}$ をその下端が原点に来るように平行移動した線分である．この直線と直線 W_c^+ の交点は

$$\begin{gathered}\text{直線 } W_c^+\!:\!ct=x+ct_A^R,\ \ \text{直線 } V_A\!:\!V_At=x,\\ \text{ただし式 (6.18) より } ct_A^R=ct_0'-x_0'=\sqrt{\frac{1-\dfrac{v}{c}}{1+\dfrac{v}{c}}}ct_0\end{gathered} \tag{6.27}$$

の交点の ict 座標を icT とすると

$$t=T=\frac{ct_0'-x_0'}{c-V_A}=\frac{c}{c-V_A}\sqrt{\frac{1-\dfrac{v}{c}}{1+\dfrac{v}{c}}}t_0 \tag{6.28}$$

と得られる．この交点の値 T と図 6.9 の t_{A+}^R の間には式 (2.49) と同じ形の

$$t_{A+}^R=\sqrt{1-\left(\frac{V_A}{c}\right)^2}\,T \tag{6.29}$$

の関係がある．

式 (6.28) を式 (6.29) で使うと光源と観測者 A が W_A^+ 上で運動しているときの相対論的周期は

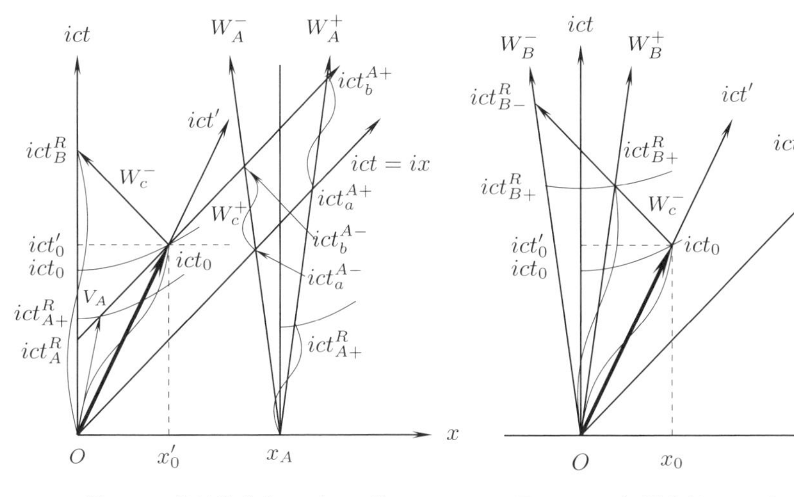

図 6.9　相対論的ドップラー効果．光源と観測者 A が運動するとき，$ct_A^R = ct'_0 - x'_0$.

図 6.10　相対論的ドップラー効果．光源と観測者 B が運動するとき．

$$t_{A+}^R = \sqrt{\frac{1+\frac{V_A}{c}}{1-\frac{V_A}{c}}}\sqrt{\frac{1-\frac{v}{c}}{1+\frac{v}{c}}} \times t_0 \tag{6.30}$$

と得られる．

式 (6.2) を使って周期 $t_+^R A$ から相対論的ドップラー効果による波長および振動数は

$$\lambda_{A+}^R = \sqrt{\frac{1+\frac{V_A}{c}}{1-\frac{V_A}{c}}}\sqrt{\frac{1-\frac{v}{c}}{1+\frac{v}{c}}}\lambda_0, \quad \nu_{A+}^R = \sqrt{\frac{1-\frac{V_A}{c}}{1+\frac{V_A}{c}}}\sqrt{\frac{1+\frac{v}{c}}{1-\frac{v}{c}}}\nu_0 \tag{6.31}$$

と得られる．これらの結果は $V_A = 0$ のときは式 (6.9) に等しく，$V_A = v$ のときは源と観測者の間の相対運動は零となり予想されるようにドップラー効果は消える．

観測者が直線 W_A^- 上を運動している時は上の式で $V_A \to -V_A$ と置いて

$$t_{A-}^R = \sqrt{\frac{1-\dfrac{V_A}{c}}{1+\dfrac{V_A}{c}}}\sqrt{\frac{1-\dfrac{v}{c}}{1+\dfrac{v}{c}}}t_0,\quad \lambda_{A-}^R = \sqrt{\frac{1-\dfrac{V_A}{c}}{1+\dfrac{V_A}{c}}}\sqrt{\frac{1-\dfrac{v}{c}}{1+\dfrac{v}{c}}}\,\lambda_0,$$

$$\nu_{A-}^R = \sqrt{\frac{1+\dfrac{V_A}{c}}{1-\dfrac{V_A}{c}}}\sqrt{\frac{1+\dfrac{v}{c}}{1-\dfrac{v}{c}}}\nu_0 \tag{6.32}$$

が得られる．

観測者 B が観測する相対論的ドップラー効果を図 6.10 に示す．光源は速さ v で ict' 軸上を運動し，観測者 B は速さ V_B で世界線 W_B^+ 上または W_B^- を運動する．観測者 B が観測する相対論的ドップラー効果は世界線 W_B^+ では式 (6.30) で $v \to -v, V_A \to -V_B$ と置いた次式

$$t_{B+}^R = \sqrt{\frac{1-\dfrac{V_B}{c}}{1+\dfrac{V_B}{c}}}\sqrt{\frac{1+\dfrac{v}{c}}{1-\dfrac{v}{c}}}t_0,\quad \lambda_{B+}^R = \sqrt{\frac{1-\dfrac{V_B}{c}}{1+\dfrac{V_B}{c}}}\sqrt{\frac{1+\dfrac{v}{c}}{1-\dfrac{v}{c}}}\lambda_0,$$

$$\nu_{B+}^R = \sqrt{\frac{1+\dfrac{V_B}{c}}{1-\dfrac{V_B}{c}}}\sqrt{\frac{1-\dfrac{v}{c}}{1+\dfrac{v}{c}}}\nu_0 \tag{6.33}$$

であり，この結果は $V_B=0$ のときは式 (6.11) に等しく，$V_B=v$ のときは予想されるようにドップラー効果はなくなる．W_B^- 上の運動では式 (6.33) で $V_B \to -V_B$ と置いた

$$t_{B-}^R = \sqrt{\frac{1+\dfrac{V_B}{c}}{1-\dfrac{V_B}{c}}}\sqrt{\frac{1+\dfrac{v}{c}}{1-\dfrac{v}{c}}}t_0,\quad \lambda_{B-}^R = \sqrt{\frac{1+\dfrac{V_B}{c}}{1-\dfrac{V_B}{c}}}\sqrt{\frac{1+\dfrac{v}{c}}{1-\dfrac{v}{c}}}\lambda_0,$$

$$\nu_{B-}^R = \sqrt{\frac{1-\dfrac{V_B}{c}}{1+\dfrac{V_B}{c}}}\sqrt{\frac{1-\dfrac{v}{c}}{1+\dfrac{v}{c}}}\nu_0 \tag{6.34}$$

である．

6.5　円周上にある光源が外向きに運動し，観測者が x 軸方向へ運動しているとき

円上にある光源が半径方向の外向きに速さ v で運動し，観測者Bが原点近傍で速さ V_B で x 軸方向へ運動している時に観測する相対論的ドップラー効果について考えよう．その様子を図6.2を利用した図6.11に示す．図では x_B が拡大されて描かれているが，x_B は円の半径に比べて非常に小さいとする．すなわち，c を光速として $x_B=V_Bt \ll ct$ とする．

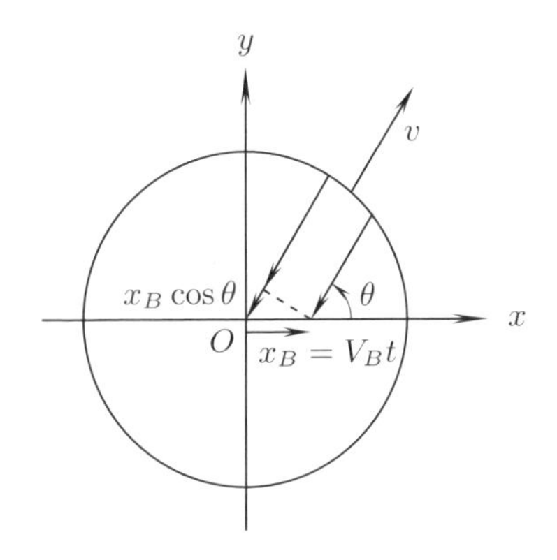

図 6.11　光源は円周上を外向きに速さ v で運動し，観測者は原点近傍で速さ V_B で x 軸方向へ運動している．運動距離 $x_B=V_Bt$ は円の半径に比べて非常に小さいとする．

式(6.12), 式(6.33)および図6.10を利用すると観測者Bが原点近傍で観測する光の振動数 ν_B は次式で書ける．

$$\nu_B^R=\frac{\sqrt{1-\left(\dfrac{V_B}{c}\right)^2}}{1-\dfrac{V_B}{c}\cos\theta}\sqrt{\frac{1-\dfrac{v}{c}}{1+\dfrac{v}{c}}}\nu_0 \tag{6.35}$$

この式は $\theta=0$ のときは

$$\nu_B^R=\frac{\sqrt{1-\left(\dfrac{V_B}{c}\right)^2}}{1-\dfrac{V_B}{c}}\sqrt{\frac{1-\dfrac{v}{c}}{1+\dfrac{v}{c}}}\nu_0=\sqrt{\frac{1+\dfrac{V_B}{c}}{1-\dfrac{V_B}{c}}}\sqrt{\frac{1-\dfrac{v}{c}}{1+\dfrac{v}{c}}}\nu_0 \tag{6.36}$$

となり，式 (6.33) と同じ形になる．また，$\theta=\pi$ のときは

$$\nu_B^R=\frac{\sqrt{1-\left(\dfrac{V_B}{c}\right)^2}}{1+\dfrac{V_B}{c}}\sqrt{\frac{1-\dfrac{v}{c}}{1+\dfrac{v}{c}}}\nu_0=\sqrt{\frac{1-\dfrac{V_B}{c}}{1+\dfrac{V_B}{c}}}\sqrt{\frac{1-\dfrac{v}{c}}{1+\dfrac{v}{c}}}\nu_0 \tag{6.37}$$

となり，式 (6.34) と同じ形になる．

6.6　結語

光源および観測者の運動による光のドップラー効果を非相対論と相対論の場合について説明した．光のドップラー効果は，宇宙論で天体が運動する速さを測定する重要な観測手段である．本章で得られたドップラー効果の式を使って次章の宇宙論で，天体の観測結果を詳しく説明する．

第7章

特殊相対性理論による宇宙論

天体の観測技術も観測結果を説明する理論も日進月歩であるが，それらを一般の人々が理解することは非常に難しくなっている．通常，宇宙論は一般相対性理論を基に論じられているが，一般相対性理論の式は難解で物理的な意味を知ることは大変に難しい．

重力場で加速運動を行っている天体も短い時間で見れば等速運動を行っていると見なすことができ，等速運動を行っている天体は特殊相対性理論で説明できるはずである．例えば一般相対性理論の結論として，宇宙のどの位置も宇宙の中心に居るように見なされるので，宇宙のどの位置も宇宙の中心と言える．したがって宇宙には定まった中心はないとされている．しかし，3 次元空間に中心や重心がないのは理解し難い．宇宙に中心や重心があるとしても宇宙のどの位置も宇宙の中心と見なされる理由を特殊相対性理論の光速度不変の原理を使って簡潔に示す．

また宇宙背景放射の観測から我々の銀河系は速さ 370 km/s で宇宙背景放射の源に対して運動していることが分かっているが，その物理的な意味は不明とされている．特殊相対性理論の光速度不変を表す時空図を使うと，この速さは宇宙の中心 (重心) に対する速さであると説明できることを示す．

7.1　ビッグバン宇宙論

最新の宇宙論では，宇宙は約 138 億年前に爆発的膨張 (ビッグバン，Big Bang) で生まれ，その後膨張を続けているとされている．宇宙の膨張を図式的

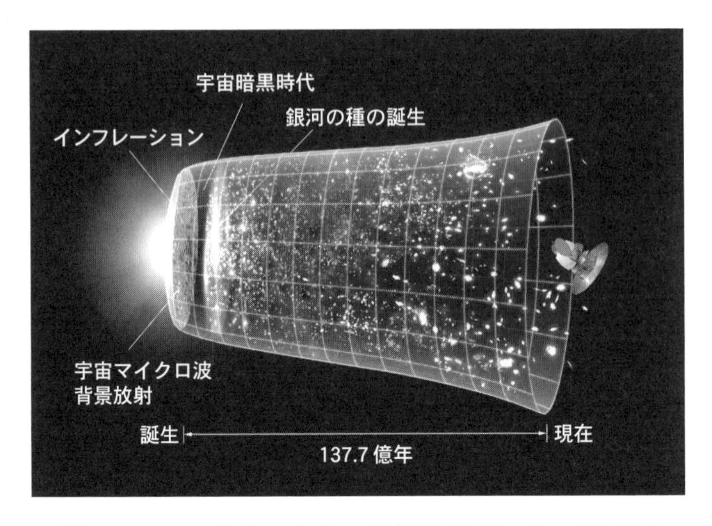

図 7.1 137.7 億年の宇宙の時間発展 (Credit : NASA/WMAP Science Team).

に表したものを図 7.1 に示す[1].

図の横方向は時間で，左端がビッグバンが始まった時，右端が現時点を示している．縦方向は宇宙の広がりを示し空間は 2 次元的に描かれている．左端の時刻 $t=0$ で大爆発が起きて急速に宇宙が膨張し，その結果温度が下がり $t=38$ 万年に陽子やヘリウム原子核に電子が捕獲され水素原子やヘリウム原子ができた．ヘリウム原子や水素原子に電子が捕獲されて中性となった結果，それまで電子によって散乱されていた光は宇宙空間を自由に飛び回れるようになり，これは「宇宙の晴れ上がり」と呼ばれている．このときに発せられた光が図の左端の緑色の部分であり (元のカラー写真では左端は緑色)，その光は 7.3 節で説明する宇宙背景放射のマイクロ波 (CMB, Cosmic Microwave Background) として現在観測される．$t=4$ 億年に水素やヘリウムが重力の引力で集まり，最初の星や銀河が作られ始め (First Stars Form)，その後宇宙は一定の速さで膨張してきた．46 億年前に地球が生まれ，現在は $t=138$ 億年で宇宙は加速膨張しているとされている．

---

[1] National Aeronautics and Space Administration, NASA WMAP (Wilkinson Microwave Anisotropy Prove) Timeline of Universe Credit: NASA/WMAP Science Team, `http://map.gsfc.nasa.gov/media/060915/index.html` (12-21-2012) より．

次節で詳しく説明するように，1929年，エドウィン・ハッブルは銀河が地球に対してあらゆる方向に遠ざかっており，その速度は地球から各銀河までの距離に比例していることを発見した．この事実は現在「ハッブルの法則」と呼ばれている．

遠方の銀河がハッブルの法則に従って遠ざかっているという観測事実から宇宙が膨張しているという結論が得られる．宇宙膨張を過去へと外挿すれば，宇宙の初期にはすべての物質とエネルギーが1か所に集まる高温度・高密度状態にあったことになる．この初期状態，またはこの状態からの爆発的膨張をビッグバンという．

ビッグバン理論は次の三つの仮定に依存しているとされる．

1. 物理法則の普遍性
2. 宇宙原理
3. コペルニクスの原理

「宇宙原理」とは，「大きなスケールで見れば，宇宙は空間的に一様かつどの方向も同じ，すなわち等方で特別の方向はない」という原理である．「コペルニクスの原理」は，天文学者コペルニクスが地動説を唱え，地球が宇宙の中心といった特別な場所ではないとしたことを意味するが，現在はその意味が拡張され「宇宙原理」と同じとされている．

上記の説明を常識的に考えると不思議に思われるのは次の3点である．

(1) 約130億年前の大昔に生まれた直後の天体が130億光年の遠方でなぜ現在見えるのか？ なぜ，天体が遠ければ遠いほどビッグバンにより近い時期の生まれて間もない天体なのか？

130億光年遠方の天体の光は130億年前に発したのは間違いない．しかし，例えばビッグバンで宇宙のある1点で生まれた天体が50億光年の遠方へ運動するには，光速でも50億年かかり，100億光年の遠方へ運動するには，光速でも100億年かかる．それゆえ，天体が遠ければ遠いほどビッグバンよりも古い天体のはずである．

(2) なぜ，宇宙に中心はないのか？ 宇宙の天体の観測データは3次元空間のデータとして整理されている．それは宇宙は3次元空間であることを示しており，また，宇宙の大きさは有限とされている．有限の3次元の空間には必ず中心や重心があるのに，なぜ，宇宙には宇宙原理が成り立ち宇宙の中心や重心がないのか？

(3)　宇宙背景放射は今から138億年前のビッグバン直後に放射されたとされている．その光は今は138億光年の遠方へ飛び散っているはずであるが，その光がなぜ現在の地球上であらゆる方向から来るのが観測されるのか？138億光年/2＝69億光年遠方に鏡があって反射されたのであれば反射光を観測できるがそのような鏡があるはずはない．

現在，宇宙は加速膨張をしているとしても短い時間内では星や銀河はほぼ等速度運動を行っていると見なせ，したがって特殊相対性理論を適用できると思われる．それゆえ，星や銀河の運動を特殊相対性理論で解釈することは良い近似のはずである．

7.1.1　宇宙の膨張，ハッブルの法則

エドウィン・ハッブルとミルトン・ヒューメイソンは，1929年に天体が我々から遠ざかる速さとその天体までの距離が正比例することを表すハッブルの法則を最初に定式化した [37]．すなわち v を我々の銀河系から計った遠方の天体の遠ざかる速さ，D をその天体までの距離とすると次式

$$v = H_0 D \tag{7.1}$$

が成り立つことを観測データで示した．ここで H_0 はハッブル定数と呼ばれているが，式 (7.1) から分かるように，距離 D が長さの次元なので，定数 H_0 は時間の逆数の次元を持っている．

特殊相対性理論を使うと，天体の遠ざかる速さは赤方偏移の測定値から，遠ざかる天体の発する光の波長がドップラー効果で長くなる式を使って求められる．天体までの距離は，天体の真の明るさを何らかの方法で推定し，それを見かけの明るさと比べる標準光源法で求めることができる．ハッブル等が式 (7.1) を導いたときの実験値を図7.2に示す．この論文のハッブル定数は $H_0 = 530\,(\mathrm{km/s})/\mathrm{Mpc}$ である．

ハッブル定数で使われる距離 D は歴史的に Mpc (メガパーセク) で表される．1 pc (パーセク，parallax (視差) と second (秒) から命名) とは，太陽の周

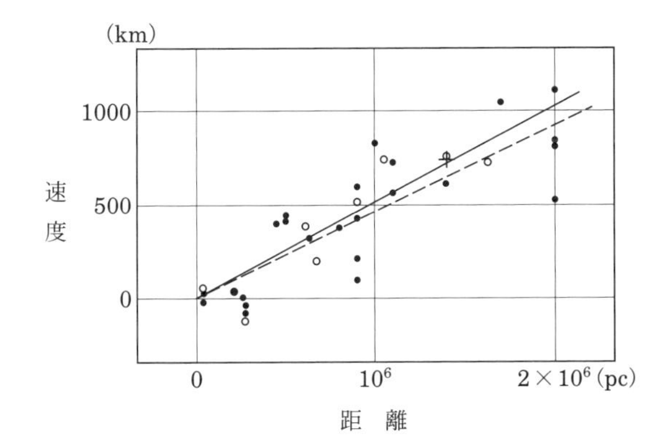

図 7.2 ハッブルによる銀河系からの距離と後退速度の関係．$H_0=530$ (km/s)/Mpc＝1/18.4 億年 (E. Hubble, *PNAS*, **15**, Issue 3, 168–173 (1929)).

りを回る地球から遠方の星を見たとき，地球の公転の円の直径を挟む角度が1度となるときの距離で，1 pc=3.26156 光年である．このハッブル定数を (1/億年) の単位で求めよう．

1pc＝3.26156 光年を使うと

$$\frac{\text{Mpc}}{\text{km/s}}=\frac{3.26\,\text{年}\times10^6\times3.00\times10^5\,\text{km/s}}{\text{km/s}}=9.78\times10^3\text{億年} \tag{7.2}$$

だから，ハッブル定数 $H_0=530$ (km/s)/Mpc は

$$\frac{1}{H_0}=\frac{\text{Mpc}}{530\,\text{km/s}}=\frac{1}{530}\times\frac{\text{Mpc}}{\text{km/s}}=\frac{9.78\times10^3\text{億年}}{530}=18.4\text{ 億年} \tag{7.3}$$

と得られる．

ハッブルの後を継いでパロマ山の 200 インチ望遠鏡で長年ハッブル定数を求め続けたアラン・サンディジ [38] (p.260) はハッブル定数を (km/s)/Mpc の単位で 1956 年に 180, 60 年代初めに 100, 1956 年に 75, 1999 年には 55 (p.697) の値を報告している．これらの値は時間の逆数の単位ではそれぞれ $H_0=$ 1/54.3 億年，1/97.8 億年，1/130 億年および 1/178 億年である．このようなハッブル定数の測定値の変化は天体までの距離の測定がいかに難しいかを示している．

ハッブル定数 (Hubble constant) の値

2008年に公表されたWMAPによる初期の観測では，70.5±1.3 km/s/Mpcという値が与えられていた[2)]．その後，NASAの赤外線宇宙望遠鏡スピッツァーによる遠赤外線の観測から74.3±2.1 km/s/Mpcという値が得られた[3)]．2012年に，NASAの人工衛星WMAPなどの観測による69.32±0.80 km/s/Mpcという値が与えられた[4)]．2013年には，プランクの観測結果により67.15±1.2 km/s/Mpcという新しい値が与えられた[5)]．

WMAP (Wilkinson Microwave Anisotropy Probe: ウィルキンソン・マイクロ波異方性探査機) は アメリカ航空宇宙局 (NASA) が2001年打ち上げた宇宙探査機で2010年まで宇宙マイクロ波背景放射 (CMB) の温度を全天にわたって観測した．宇宙マイクロ波背景放射については後の節で考察する．

式 (7.1) のハッブル定数の最も正確な値として上記の値 $H_0 = 67.15 \pm 1.2$ (km/s)/Mpc は，『理科年表』[39] に与えられている $H_0 = 70$ (km/s)/Mpc

$$H_0 = \frac{70\,\mathrm{km/s}}{\mathrm{Mpc}} = \frac{1}{\dfrac{1}{70} \times 9.77791 \times 10^3 \text{億年}} = \frac{1}{140\text{ 億年}} \tag{7.4}$$

とほぼ同じだが，次に示すNASAの赤外線宇宙望遠鏡スピッツァーによって与えられていた2012年の値 (74.3 ± 2.1) km/s/Mpc [37]

$$H_0 = \frac{74.3\,\mathrm{km/s}}{\mathrm{Mpc}} = \frac{1}{\dfrac{1}{74.3} \times 9.77791 \times 10^3 \text{億年}} = \frac{1}{132\text{ 億年}} \tag{7.5}$$

より小さい．

パールムッター等は1999年にIa型超新星の観測で距離を求めて赤方偏移と距離の関係を示す図7.3を作った [40]．図の下から2番目の実線は加速膨張も

---

2) E. Komatsu *et al.*, “Five-Year Wilkinson Microwave Anisotropy Probe (WMAP) Observations: Cosmological Interpretation” (2008). `https://arxiv.org/abs/0803.0547` (2017.10.5).

3) NASA’s “Infrared Observatory Measures Expansion of Universe” (2012). `https://www.jpl.nasa.gov/news/news.php?feature=3537` (2017.10.25).

4) C. L. Bennett, “Nine-Year Wilkinson Microwave Anisotropy Probe (WMAP) Observations: Final Maps and Results arXiv” (2013). `https://arxiv.org/abs/1212.5225`

5) 「「プランク」が宇宙誕生時の名残りを最高精度で観測」, AstroArts, 天文ニュース (2013). `http://www.astroarts.co.jp/news/2013/03/22planck/index-j.shtml` (2017.10.25).

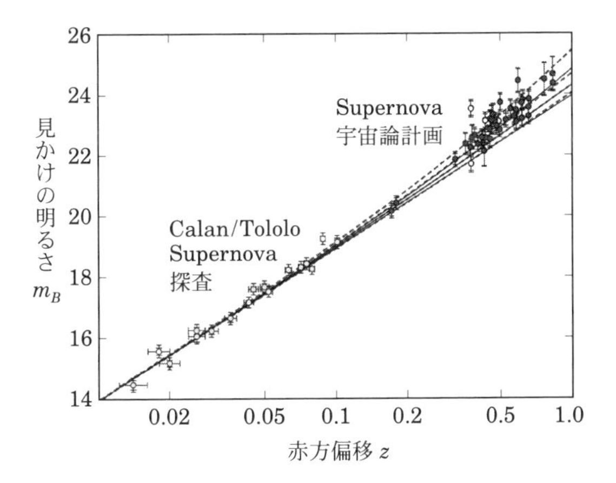

図 7.3 横軸は後退速度を表す赤方偏移 z, 縦軸は天体までの距離の対数を表す見かけの明るさ m_B, Supernova 宇宙論計画からの 42 個の高赤方偏移型 Ia supernovae と Calan/Tololo Supernova 探査の 18 個の低赤方偏移型 Ia supernovae のハッブルダイアグラム (S. Perlmutter, G. Aldering, G. Goldhaber *et al.*, *Astrophys. J.*, **517**, 565–586 (1999), Fig.1. ©AAS. Reproduced with permission).

減速収縮もしない場合で，この実線より上の天体は等速度運動の天体よりも遠方に居ること，遠方に居る天体は等速度運動よりも加速されたことを示し，この実線より下の天体は等速度運動よりも近くに居る天体は等速度運動よりも減速されたことを示すとされている [40].

図の赤方偏移 z が 0.4 より大きい所では実線の上にいる天体が多いので，パールムッター等は宇宙膨張は加速していると結論した．この研究で天体は加速されつつあり，宇宙膨張は加速していることが立証されたとされ，2011 年にノーベル物理学賞がソウル・パールムッターとブライアン・シュミット，アダム・リースの 3 名に授与された．

表 7.1 に『理科年表』[39] に与えられている天体の赤方偏移 z と距離 D の値を示す．表の赤方偏移 z は，静止状態の天体が発する光の固有波長を λ_0, 速さ v で遠ざかる天体の発する光の観測される波長を λ' とすると

$$z = \frac{\Delta\lambda}{\lambda_0} = \frac{\lambda' - \lambda_0}{\lambda_0} = \frac{\lambda'}{\lambda_0} - 1 \tag{7.6}$$

表 7.1　天体の赤方偏移と距離

番号	名称	等級	赤方偏移	距離 D	後退速度	1/ハッブル定数
n			z	(億光年)	$\beta=v/c$	$1/H_0$ (億年)
1	おとめ座団	9.4	0.0039	0.59	0.0039	151
2	ろ座団	10.3	0.0046	0.63	0.0046	137
3	ポンプ座団	13.4	0.0087	1.2	0.0087	138
4	ケンタウルス座団	13.2	0.0110	1.5	0.0109	138
5	うみへび座 I 団	12.7	0.0114	1.6	0.0113	142
6	くじゃく座 II 団	14.7	0.0139	1.9	0.0138	138
7	かに座団	13.4	0.0160	2.2	0.0159	138
8	ペルセウス座団	12.5	0.0183	2.5	0.0181	138
9	–	13.5	0.0215	3.0	0.0213	136
10	かみのけ座団	13.5	0.0232	3.2	0.0229	140
11	–	13.9	0.0309	4.2	0.0304	138
12	ヘルクレス座団	13.8	0.0371	5.1	0.0364	140
13	–	15.7	0.0518	7.0	0.0505	139
14	かんむり座団	15.6	0.0721	9.6	0.0695	138
15	–	17.0	0.136	17	0.1268	134
16	–	17.4	0.203	25	0.1827	137
17	–	17.8	0.373	41	0.3068	134
18	Cl0024+1654	–	0.392	43	0.3192	135
19	Cl0016+1609	–	0.55	54	0.4122	131
20	MS1054−0321	–	0.82	70	0.5362	131
21	RDCSJ0910+5422	–	1.11	83	0.6332	131
22	XMMXCS J2215	–	1.46	94	0.7164	131
23	C1 J1449+0856	–	2.00	105	0.8	131
24	IOK-1	–	6.964	128.8	0.9689	133
25	直線	–	–	133	1.0000	133

番号 $n=1\sim23$ の天体は『理科年表』(平成 29 年度版) 天体の距離と絶対等級【天 61】(137) [39] より引用．『理科年表』には，番号，名称，等級，赤方偏移および距離が記載されており，後退速度 β, ハッブル定数 H_0 の記載はない．番号 24 IOK-1 は文献 [41] の表 1 より引用したが，式 (7.6) で $\lambda_0=1215.6$Å, $\lambda'=9682$Å である．この天体はすばる望遠鏡で 2006 年に発見され，128.8 億光年離れており，当時の最速の銀河とされている．

で定義されている.

赤方偏移は一般相対性理論では，天体が放射した光が地球に届くまでの間に空間自体が伸びて波長が引き伸ばされる宇宙の膨張のためであると解釈されているが，特殊相対性理論では天体が運動することによるドップラー効果によると考える．ドップラー効果の式 (6.11) より赤方偏移 z を使うと光源の運動の速さの比 v/c は $\lambda_B^R = \lambda'$ と置いて

$$\frac{\lambda'^2}{\lambda_0^2} = \frac{1+\dfrac{v}{c}}{1-\dfrac{v}{c}}, \quad \text{より} \quad \frac{v}{c} = \frac{\left(\dfrac{\lambda'}{\lambda_0}\right)^2 - 1}{\left(\dfrac{\lambda'}{\lambda_0}\right)^2 + 1} = \frac{(z+1)^2-1}{(z+1)^2+1} \tag{7.7}$$

で得られる．この値を表の後退速度の欄に示す．表の 24 番の IOK-1 の後退速度は，文献 [41] の表 1 に与えられている赤方偏移 $z = 6.964$ から得られる値である．現在観測されている最も遠方の天体は 128.8 億光年離れた IOK-1 であり，現在より 128.8 億年前，ビッグバンから 7.8 億年後の銀河とされている [41].

表の距離 D と式 (7.1) を使った次式

$$\frac{1}{H_0} = \frac{D/c}{v/c} \tag{7.8}$$

から得られるハッブル定数を最後の欄に示す.

すばる望遠鏡による過去最遠の銀河の発見に関する天文ニュース (AstroArts) の記事を次に紹介する.

> **すばる望遠鏡，過去最遠の銀河を発見**【2006 年 9 月 14 日 すばる望遠鏡】
>
> 生まれたばかりの銀河は，大質量星が放射する「ライマン・アルファ輝線」で特に強く輝く．ライマン・アルファ輝線は波長 121.6 ナノメートルの紫外線だが，遠方の銀河は赤方偏移によって波長が大きく伸び，赤外線で観測されることになる．今回の観測にあたり，国立天文台の家正則教授らは，波長 973 ナノメートル付近の赤外線しか通さないフィルターを開発した．CCD の感度と地球大気による吸収を考えると，波長の長さとしてはこれが限界だという.
>
> どのような宇宙膨張モデルを採用するかによって，赤方偏移の度合いと距離の関係は変わってくるが，近年国立天文台での発表で用いられてきたモデルに基づけ

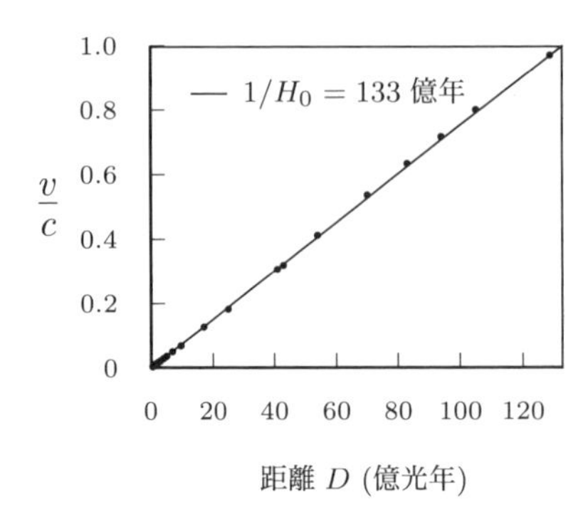

図 7.4　表 7.1 の銀河系からの距離 D と後退速度 $\beta=v/c$ の関係．直線の勾配は $H_0=1/133$ 億年 (表 7.1 より).

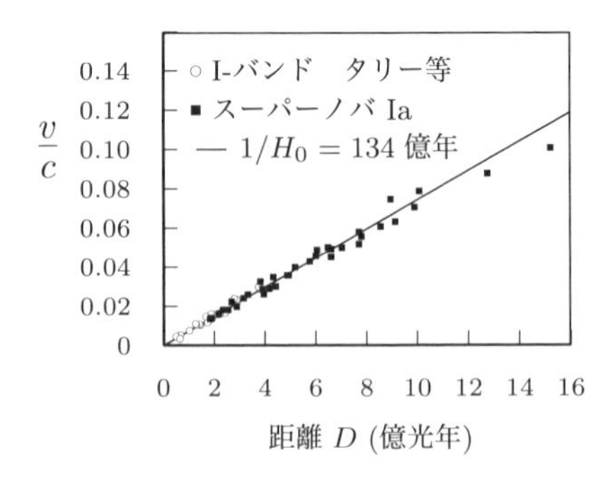

図 7.5　パールムッター等の使ったデータによる距離 D と速さ v/c. 直線の勾配は $H_0=1/134$ 億年 (W. L. Freedman, B. F. Madore, B. K. Gibson *et al.*, *Astrophys J.*, 553:47–72 (2001), Table6, Table7).

> ば，今回開発されたフィルターの通過波長は約 128.8 億光年離れた銀河の光に相当する．なお，このモデルでは宇宙年齢は 136.6 億歳となる．
> 中略
> 128.8 億光年離れた IOK-1 は現在より 128.8 億年前，ビッグバンから 7.8 億年後の銀河だ．　　(AstroArts, 天文ニュース，2006 年 9 月)

表 7.1 の後退速度 $\beta=v/c$ と地球から天体までの距離 D の関係を図 7.4 に示す．図の直線は各観測点を通るように引いたが，後退速度 $v/c=1$ のときに $D=133$ 億光年となっており，このときのハッブル定数は $H_0=1/133$ 億年でこの値は表 7.1 の番号 25 の「直線」の行に示した．

パールムッターの描いた図 7.3 は，距離と後退速度の図ではないので，図 7.4 と直接は比較できない．フリードマンはパールムッター等と同じデータを用いて距離と後退速度を表にしており，その数値を用いたハッブル図を図 7.5 に示す．図 7.4 および図 7.5 のハッブル定数はほぼ同じであり，パールムッター等の図 7.3 のような $z=0.5, \beta=0.4$ 付近で，直線から上側へ外れる傾向は見えない．

7.1.2 ハッブルの法則の物理的な意味

ハッブルの法則は，一般相対性理論を使った説明では空間が膨張するからであるとされる．ミンコフスキー空間の微小な距離 ds は $K(x,ict)$ 座標では式 (5.7) のように

$$ds^2 = dx^2 - (cdt)^2 \tag{7.9}$$

と表せるが，空間が 3 次元の場合は

$$ds^2 = dx^2 + dy^2 + dz^2 - (cdt)^2 \tag{7.10}$$

と表せる．書き方を簡潔にするために式 (7.10) を

$$ds^2 = \sum_{\mu,\nu=1}^{4} g_{\mu,\nu} dx_\mu dx_\nu \tag{7.11}$$

と書く．ただし，$x_1 = x, x_2 = y, x_3 = z, x_4 = ct$ であり，$g_{\mu\nu}$ は計量テンソルと呼ばれ，式 (7.10) の計量テンソルは

$$g_{\mu\nu} = \begin{pmatrix} 1 & 0 & 0 & 0 \\ 0 & 1 & 0 & 0 \\ 0 & 0 & 1 & 0 \\ 0 & 0 & 0 & -1 \end{pmatrix} \tag{7.12}$$

である．

一般相対性理論を使った宇宙論では最も簡単な平坦宇宙の場合，図 7.4 および 7.5 の宇宙の膨張を幾何学的に説明するために ds^2 は $a(t)$ を時間と共に増大する関数として

$$ds^2 = a^2(t)dx^2 + a^2(t)dy^2 + a^2(t)dz^2 - (cdt)^2 \tag{7.13}$$

と表すが，このときの計量テンソルは

$$g_{\mu\nu} = \begin{pmatrix} a^2(t) & 0 & 0 & 0 \\ 0 & a^2(t) & 0 & 0 \\ 0 & 0 & a^2(t) & 0 \\ 0 & 0 & 0 & -1 \end{pmatrix} \tag{7.14}$$

である．宇宙の膨張は天体が運動するためにおこるのではなく，天体は空間に固定されていて空間が膨張するとされている．しかし，空間が式 (7.13) のように膨張することを物理的に理解するのは難しい．この章では，図 7.4 および 7.5 で表されるハッブルの法則の物理的な意味を特殊相対性理論の運動力学を使って考えよう．

観測されるすべての天体がほぼ等速度で我々の銀河系から遠ざかっている以上，時間を遡れば宇宙のすべての天体は我々の銀河系に集まるはずである．時間 t_H を $t_H=1/H_0$ と定義し，我々の銀河系を原点 $x=0$ とする．図 7.6 の原点で $t=0$ で発した光が時刻 $t=t_H$ のときに到達する位置の座標は $(x,ict)=(x_H,ict_H)$ で，この直線を光の世界線 W_A とし，座標 $(x,ict)=(x_H,ict_H)$ で発した光が銀河系の現在の時刻，座標 $(0,i2ct_H)$ へ向かって進む光の世界線を W_B とする．ただし $x_H=ct_H$ である．

位置 (x_H,ict_H) と $(0,i2ct_H)$ を結ぶ直線，光の世界線 W_B は

$$x=-ct+2ct_H=-ct+2x_H \tag{7.15}$$

で表せる．図 7.6 に示すように，ある天体が図の世界線 W_B 上，すなわち位置 (x_H,ict_H) と $(0,i2ct_H)$ を結ぶ直線上に来たときに発する光を銀河系の観測者は時刻 $t=2t_H$ に観測できる．

7.1.2.1　等速度運動のみの場，$t=0$ のときに $x=b_n$ から運動する時

表 7.1 の番号 n の天体が時刻 $t=0$ に運動を開始し，図 7.6 に示す式 (7.15) の世界線 W_B へ向かって等速運動を行う天体の式は b_n を適当な定数として

$$x=v_nt+b_n=\beta_nct+b_n,\quad \beta_n=\frac{v_n}{c},\quad n=1,2,\cdots,24 \tag{7.16}$$

と表せる．この式の定数 b_n は表 7.1 の距離 $x=D_n$ のとき $\beta_n=v_n/c$ と置き式 (7.15) および (7.16) を使うと

$$b_n=(1+\beta_n)D_n-2\beta_nx_H \tag{7.17}$$

と得られる．

式 (7.17) の D_n および β_n に表 7.1 の D および β と $t_H=1/H_0=133$ 億年を使って，式 (7.16) の直線を描いたのが図 7.7 である．もしすべての天体の世界線が $t=0$ で $x=0$ の原点に集まれば，宇宙の最初にすべての天体は 1 点にあっ

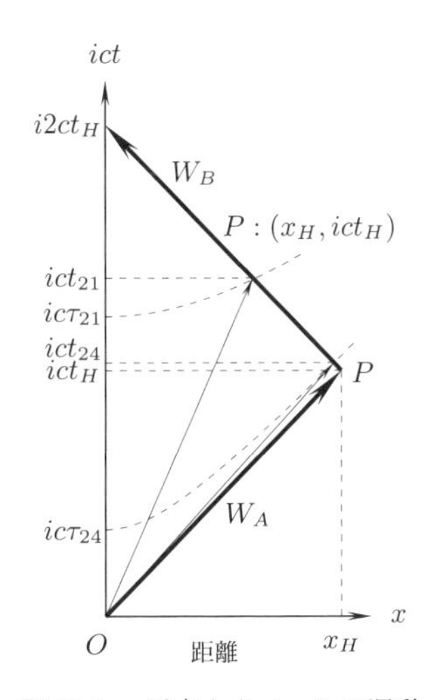

図 7.6　原点から $t=0$ で運動した天体が世界線 W_B 上で発する光を時刻 $t=2t_H$ で $x=0$ に居る我々の銀河系の観測者が観測できる．

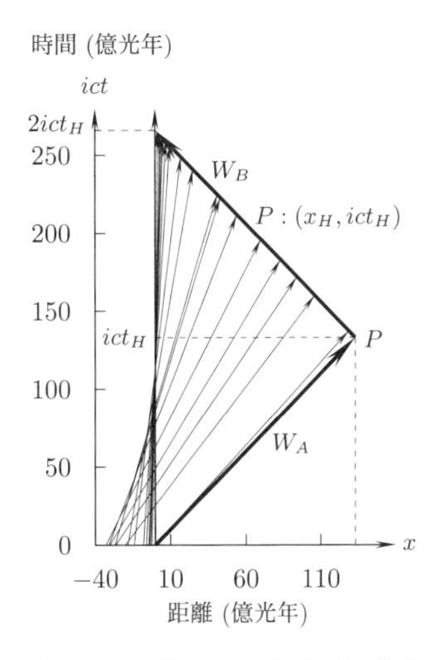

図 7.7　表 7.1 の D および β を使って得られる天体の世界線．$t_H=1/H_0=133$ 億年とした．

たとするビッグバン理論と合致する．しかし，図 7.7 の $t=0$ では，天体は $x=0$ から $x=-33$ 億光年の間に広がっている．すなわち，時間を遡っても天体は原点の 1 点には集まっていない．

図 7.7 で 24 個の天体は $t=0$ から世界線 W_B へ向かって等速度運動をするが，世界線 W_B の位置に来たときの天体の光が $2ct_H=2\times133$ 億年後に $x=0$ にある地球に到達し，天体望遠鏡で観測される．表 7.1 で $n=24$ の天体 IOK が最も高速であり，その世界線は光の世界線 W_A に最も近い．図 7.7 から分かるように，地球から最も遠い位置にある天体は $x_H=133$ 億光年である．つまり，我々の銀河系から見た宇宙の大きさは $x_H=133$ 億光年であり，光速を超える運動が存在しない限りそれよりも遠い天体は存在しない．

式 (7.3) に示したようにハッブル定数 H_0 は表 7.1 の値を使うと 133 億年分の 1 であるが，この $t_H=1/H_0=133$ 億年 の値は地球から最も遠い位置の 133 億光年にある天体から発せられた光が地球に到達する時間であり，特殊相対性理論による解釈では地球から見た宇宙の大きさが 133 億光年であると言う物理的な意味を持っている．7.2.3 節で見るように，運動している銀河系からではなく静止している宇宙の中心から見ると宇宙の大きさは $x_H=133$ 億光年よりも大きくなる．図 7.7 では，現時点はビッグバンが起きてから $2ct_H=2\times133$ 億年の年月が経ったことになる．

7.1.2.2　等速度運動のみの場合，$t=0$, $x=0$ から運動する時

次に，式 (7.16) で $b_n=0$ とし，すべての天体が原点 $(x,ict)=(0,0)$ から運動すると仮定しよう．すなわち天体の運動を

$$x=v_nt=\frac{v_n}{c}ct=\beta_nct \tag{7.18}$$

と仮定する．このとき図 7.6 の世界線 W_B に到達したときの天体の時間座標は，式 (7.18) を式 (7.15) で使って

$$ct=\frac{2x_H}{1+\beta_n} \tag{7.19}$$

と得られる．これから速さ β の天体が図 7.6 の世界線 W_B に到達したときの座標は

$$(x,ict)=\left(\frac{2\beta x_H}{1+\beta},\frac{i2x_H}{1+\beta}\right),\ \text{すなわち}\ \left(\frac{x}{x_H},i\frac{ct}{x_H}\right)=\left(\frac{2\beta}{1+\beta},\frac{2i}{1+\beta}\right) \tag{7.20}$$

と得られる．

速さ β と天体が世界線 W_B に到達するときの位置 x の関係は式 (7.15) を使って

$$\beta=\frac{v}{c}=\frac{x}{ct}=\frac{x}{2x_H-x}=\frac{x/(x_H)}{2-x/(x_H)} \tag{7.21}$$

と書ける．これから天体が世界線 B に到達したときの位置と速さの関数関係は x/x_H の関数であり，x_H の値の大きさ自体には関係しないことが分かる．

表 7.1 の後退速度 β_n を式 (7.18) で使って得られる天体の世界線を図 7.8 に示す．また，後退速度 β と式 (7.21) の位置 x との関係 $(x,\beta)=(x,x/(2x_H-x))$ を図 7.9 に点線で，表 7.4 の β_n の値を使った値を黒丸で示す．図 7.9 には図 7.4 の直線と観測点も示してある．

図 7.9 では座標 $(x_n,\beta_n)=(x_n,x_n/(2x_H-x_n))$ は図 7.4 のような直線上には並ばず，点線の曲線上に来る．位置が我々の太陽系に近い天体と最も遠い天体

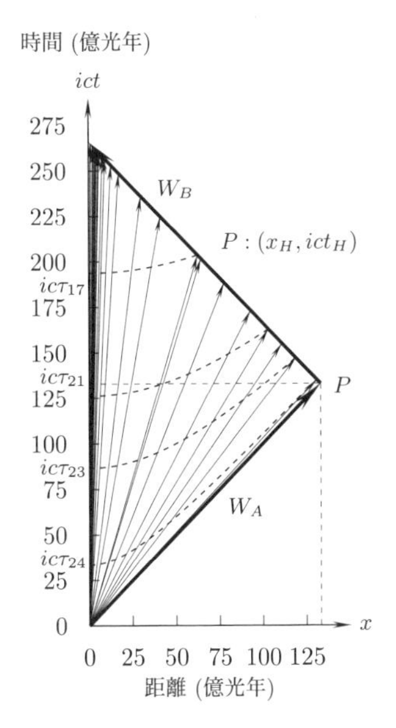

図 **7.8** 表 7.4 の β_n を式 (7.18) で使った天体の世界線. τ_n は天体の固有時間, $x_H = ct_H, t_H = 1/H_0 = 133$ 億年.

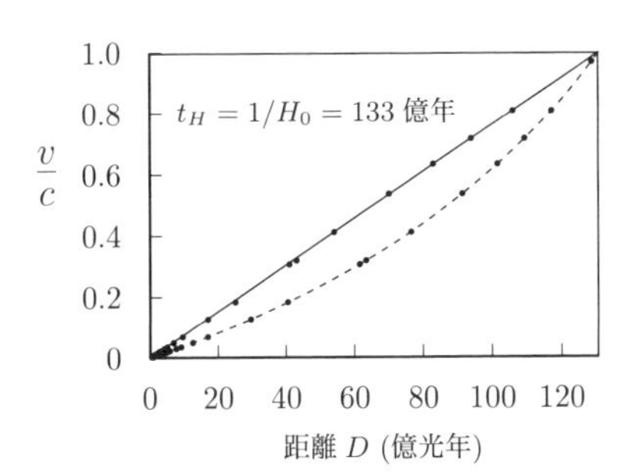

図 **7.9** 図 7.8 に対応する天体の位置と速さの関係. 式 (7.21) の β と表 7.1 の β_n, 表 7.1 の (D_n, β_n), $n=1,\cdots,24$ を使用. 点線は式 (7.21).

IOK-1 だけが直線に近い[6]. 図で β が 0.2 や 0.8 に近い所では, 式 (7.21) の勾配は図 7.4 の直線の勾配よりも小さいかまたは大きいが, これは図 7.3 で説明した減速膨張や加速膨張を示しているわけではない.

世界線 W_B 上の天体の距離 D_n と速さ β_n の関係が直線的でなく, 図 7.9 の曲線上に並ぶ理由を図 7.10 を使って考えよう. 図 7.10 の横軸が距離座標で, 上の図の縦軸は時間であるが下の図の縦軸は速さ $\beta = v/c$ である. 光の速さが無視できる場合は原点から出発した天体は上の図の時刻 $ct = 10$ のときに $G_1, G_2, \cdots$ の位置に来る. 天体 $G_2, G_3, \cdots$ 等の速さは天体 G_1 の速さの 2 倍, 3 倍等でありその原点からの距離も, 天体 G_1 の 2 倍, 3 倍等である. それゆえ, それらの位置と速さを図示すると, 下の図のように直線上に並ぶ.

しかし, 光の飛行時間が無視できない場合は, 位置 $x = 0$ に居る観測者は天

[6] 図 7.4 のすべての天体が直線上に載っているのは, 多くの観測データから直線に載るものだけを選んだことはないだろうか.

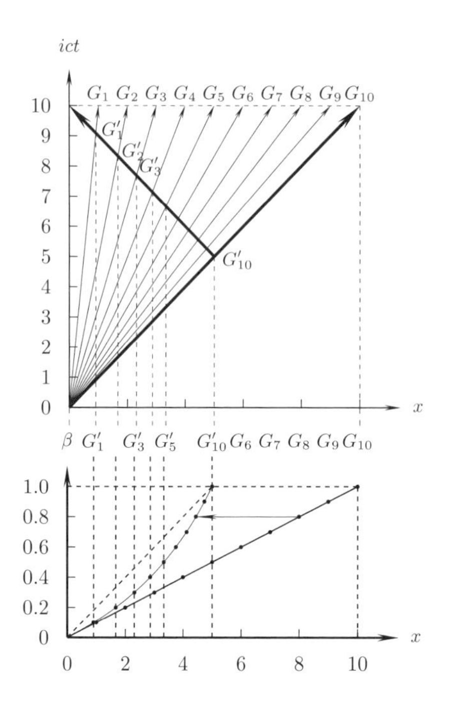

図 7.10　光の速さが無視できるときとできないときの天体の運動の速さ β と距離の関係.

体が図の位置 $(x,ict)=(0,10i)$ と位置 $(x,ict)=(5,5i)$ を結ぶ直線上に来たときに発する光を観測する．すなわち，天体の位置が図の $G'_1,G'_2,\cdots$ の位置にあるときに観測するので，ハッブル図は下の図の曲線になる．すなわち，図 7.10 で距離 x_n と速さ β_n が直線的でなく曲線になるのは，光の速さが有限で飛行時間が無視できないためである.

図 7.3 は横軸が後退速度，縦軸が天体までの距離で，図の直線より上にある天体は図 7.9 では直線の下に来る．図 7.9 の直線よりも下にある点線の曲線上の天体は，図 7.8 に示すように原点から等速度運動をしている．それゆえ，特殊相対性理論を使った本章の理解では，図 7.3 の直線より上にある天体は加速膨張を意味しない.

7.1.2.3　天体の運動，外力が一定の加速運動

距離 D と後退速度 v/c が図 7.4 に描かれているような直線であり，かつ，すべての天体が $t=0$ で $x=0$ から出発するようにすることは，等速運動だけでな

く加速度運動もあったと仮定すると可能になる．

簡単のために高温高圧の水素ガスの分子がニュートンの運動方程式に従い，水素ガスの圧力で外向きに力を受けて加速運動をするとする．この水素ガスが重力で局所的に集まって太陽のような天体が作られる．

密度 ρ のガスの分子の外向きへの運動方程式は

$$\rho \frac{d^2 r}{dt^2} = f \tag{7.22}$$

と書ける．外向きの力 f はガスの圧力 P とする．半径 r の水素ガスの体積 V は $V = 4\pi r^3/3$ であり，圧力 P と体積 V の関係に $PV =$ 一定 を使い，$P \propto V^{-1} \propto r^{-3}$ より式 (7.22) は a を適当な定数とし，r 方向への運動の方向を x 軸に選ぶと

$$\frac{d^2 x}{dt^2} = \frac{a}{x^3} \tag{7.23}$$

と書ける．この式で $x = 0$ のとき右辺が無限大になる困難を避けるために ϵ を適当な定数として

$$\frac{du}{dt} = \frac{a}{(x+\epsilon)^3}, \quad u = \frac{dx}{dt} \tag{7.24}$$

と書こう．この水素ガスは膨張の途中で引力でお互いに引き合い，太陽のような天体へ成長する．

式 (7.24) の両辺に $udt = dx$ を掛けて積分すると c_1' を積分定数として

$$\frac{1}{2} u^2 = -a \frac{1}{2(x+\epsilon)^2} + c_1' \tag{7.25}$$

を得る．これを書き直して積分すると c_2 を積分定数として

$$\frac{dx}{dt} = \sqrt{c_1 - \frac{a}{(x+\epsilon)^2}}, \tag{7.26}$$

$$t = \int \frac{dx}{\sqrt{c_1 - \frac{a}{(x+\epsilon)^2}}} = \frac{1}{\sqrt{c_1}} \int \frac{(x+\epsilon)dx}{\sqrt{(x+\epsilon)^2 - \frac{a}{c_1}}} = \frac{1}{\sqrt{c_1}} \sqrt{(x+\epsilon)^2 - \frac{a}{c_1}} + c_2 \tag{7.27}$$

が得られる．初期条件として $t = 0$ で $x = 0$ となるように定数 a および c_2 を定

める．そのために $\epsilon^2=a/c_1$ と置くと $c_2=0$ となり

$$t=\frac{1}{\sqrt{c_1}}\sqrt{(x+\epsilon)^2-\epsilon^2} \tag{7.28}$$

を得る．

式 (7.28) の定数 ϵ および c_1 を表 7.1 の値，$x=D_n$ のときに速さが β_n となるように定めよう．ただし，添え字 n は表 7.1 の左端の番号である．式 (7.28) を x で微分し，その逆数を求めると

$$\frac{dt}{dx}=\frac{x+\epsilon}{\sqrt{c_1}\sqrt{(x+\epsilon)^2-\epsilon^2}},\quad これから\quad \beta_n=\frac{u}{c}=\frac{\sqrt{c_1}\sqrt{(D_n+\epsilon)^2-\epsilon^2}}{c(D_n+\epsilon)} \tag{7.29}$$

が得られる．式 (7.28) と式 (7.29) の比を取ると定数 c_1 が消えて

$$ct=\frac{\sqrt{(D_n+\epsilon)^2-\epsilon^2}\sqrt{(x+\epsilon)^2-\epsilon^2}}{\beta_n(D_n+\epsilon)} \tag{7.30}$$

が得られる．この式の ct が $x=D_n$ で式 (7.15) の ct と一致するためには

$$ct=2x_H-D_n=\frac{\sqrt{(D_n+\epsilon)^2-\epsilon^2}\sqrt{(D_n+\epsilon)^2-\epsilon^2}}{\beta_n(D_n+\epsilon)} \tag{7.31}$$

が成り立たねばならない．この式から ϵ は

$$\epsilon=\frac{\beta_n D_n(2x_H-D_n)-D_n^2}{2D_n-\beta_n(2x_H-D_n)} \tag{7.32}$$

でなければならない．

表 7.1 の数値 D_n および β_n を式 (7.30) で使って描いたのが図 7.11 の実線である．式 (7.30) で表されるガス体の加速膨張では，図 7.4 のハッブルの関係は正確に成り立つことになる．しかし，本来 ϵ は定数であるべきであるが，式 (7.32) で得られる ϵ は D_n ごとに異なっているので，図 7.11 の実線は単に式 (7.28) の関数形を利用しただけで，物理的な意味は薄くなっている．

7.1.2.4　天体の運動，外力が指数関数的に減少する加速運動

天体の質量を m としその天体に $fe^{-\lambda x}$ の外力が働くとすると，ニュートンの運動方程式は

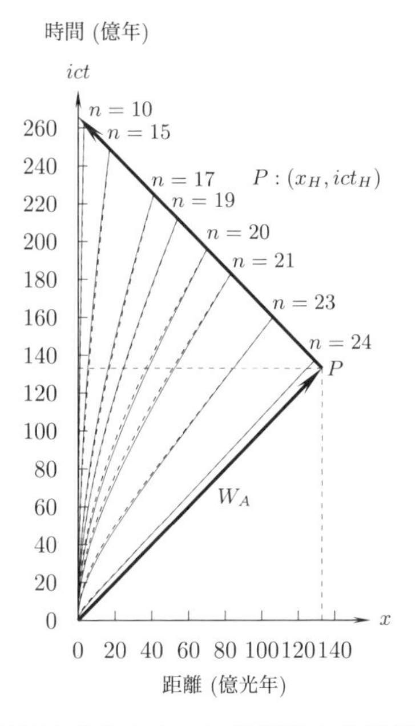

図 7.11　実線は式 (7.28) の加速運動の世界線，破線は式 (7.33) の加速度運動の解の式 (7.40) の世界線．表 7.1 の D および β が使われている．

$$m\frac{dv}{dt}=fe^{-\lambda x},\quad v=\frac{dx}{dt} \tag{7.33}$$

である．両辺に $vdt=dx$ を掛けて $t=0$ から t まで積分すると

$$m\int_0^t \frac{dv}{dt}vdt=m\int_0^v vdv=\frac{1}{2}mv^2=\int_0^x fe^{-\lambda x}dx=\frac{f}{\lambda}(1-e^{-\lambda x}) \tag{7.34}$$

ただし，$t=0$ で $v=0$, t で v とした．これから

$$v=\frac{dx}{dt}=\sqrt{\frac{2f}{m\lambda}}\sqrt{1-e^{-\lambda x}} \tag{7.35}$$

この式を積分すると

$$t=\sqrt{\frac{m\lambda}{2f}}\int_0^x \frac{dx}{\sqrt{1-e^{-\lambda x}}} \tag{7.36}$$

が得られる．ここで積分公式

$$\int \frac{dx}{\sqrt{1-e^{-\lambda x}}} = x + \frac{2}{\lambda}\ln(1+\sqrt{1-e^{-\lambda x}}) \tag{7.37}$$

を使うと

$$t = \sqrt{\frac{m\lambda}{2f}}\left(x + \frac{2}{\lambda}\ln(1+\sqrt{1-e^{-\lambda x}})\right) \tag{7.38}$$

が得られる．

式 (7.35) および (7.38) より

$$\beta = \frac{v}{c} = a\sqrt{1-e^{-\lambda x}}, \quad \text{ただし } a = \sqrt{\frac{2f}{mc^2\lambda}} \tag{7.39}$$

$$ct = \frac{1}{a}\left(x + \frac{2}{\lambda}\ln(1+\sqrt{1-e^{-\lambda x}})\right) \tag{7.40}$$

が得られる．

式 (7.39) および (7.40) の x および β に表 7.1 の D および β の値を使い ct を式 (7.15) より求めると，2 個の未知数 a および λ が定まる．しかし，定数 a および λ は代数的には得られないが数値的には求められる．数値的に求めた a および λ を式 (7.40) で使って得た ct と x の関係を図 7.11 の破線で示す．式 (7.28) の実線の世界線と破線の式 (7.40) の世界線は式の形は異なるが，ほぼ同じ形であることが分かる．これからビッグバンの初期の天体の加速運動を適当に決めることによって図 7.4 の直線上に乗るようにすることは可能であることが分かる．すなわち，図 7.3 の説明のように天体の加速がビッグバンからずっと後になって起きたと考える必要はない．

7.1.3　ビッグバン初期の急激な膨張

図 7.1 でもビッグバンの初期に急激な膨張があったとされている．2013 年のノーベル物理学賞がヒッグス粒子を提唱した英エディンバラ大学のピーター・ヒッグス名誉教授とベルギー・ブリュッセル自由大学のフランソワ・アングレール名誉教授に贈られたが，それを報じる下に示す記事に「宇宙の始まり「ビッグバン (大爆発)」で生まれた素粒子は当初，質量を持たず (光速で) 自由に飛び回っていた」とある．

ノーベル物理学賞にヒッグス氏ら

ことしのノーベル物理学賞に，すべての物質に質量を与える「ヒッグス粒子」の存在を半世紀近くも前に予言したイギリス，エディンバラ大学のピーター・ヒッグス名誉教授ら 2 人が選ばれました．

スウェーデンのストックホルムにある選考委員会は日本時間の午後 7 時 45 分ごろ，ことしのノーベル物理学賞を発表しました．

選ばれたのは，イギリスのエディンバラ大学のピーター・ヒッグス名誉教授と，ベルギーのブリュッセル自由大学のフランソワ・アングレール名誉教授の 2 人です．

2 人は，すべての物質に「質量」を与える「ヒッグス粒子」の存在を 1964 年に予言しました．ヒッグス氏らの理論によればおよそ 138 億年前，宇宙が誕生したビッグバンの大爆発によって生み出された大量の素粒子は，当初質量がなく自由に飛び回っていたものの，その後，ヒッグス粒子が宇宙空間をぎっしりと満たしたため素粒子がヒッグス粒子とぶつかることで次第に動きにくくなり，物質を構成しました．

「ヒッグス粒子」は，その後半世紀近くたっても発見されませんでしたが，日本を含めた国際的な研究グループが去年 7 月，巨大な加速器を使った実験でヒッグス粒子を発見しました．

ヒッグス氏らの研究は，宇宙の成り立ちを解明するうえで重要な手がかりをもたらしたと高く評価されていました． (NHK 2013 年 10 月 08 日)

`http://aaa-sentan.org/ILC/topics/media/2013/p1798/` (2017.11.1)

図 7.7 の特殊相対性理論のみを使った宇宙モデルでは，上述のように宇宙は 133 億年 $\times 2=266$ 億年前にビッグバンで生まれたことになる．これは最近の定説，138 億年前に生まれたとする説とは大きく異なる [41]．138 億年前に生まれたとする説では，図 7.8 の宇宙が 133 億光年先の宇宙の地平線までに膨張する時間が無視されているように見える．

7.1.4 なぜ遠い天体であるほどビッグバン直後に生まれたのか？

最初に書いた第 1 の疑問，「なぜ大昔の光や星が見えるのか？」の特殊相対性理論を使った答えは図 7.8 から明らかである．図の破線は図 2.17 の固有時間 T_0 を示す双曲線であり，天体が世界線 W_B 上に到達したときの天体の固有時間を示している．

表 7.1 の天体 IOK-1 が $t=0, x=0$ から $\beta=0.9689$ で等速度運動をしていたとすると，この天体が図 7.8 の世界線 W_B に到達したときの座標は式 (7.20) よ

り $x=130.9$億光年，$t=135.1$億年 となる．この天体の生まれたときからの固有時間 τ_{24} は式 (2.49) より

$$\begin{aligned}\tau_{24}&=\frac{135.1\text{億年}}{\cosh\hat{\theta}}=135.1\text{億年}\times\sqrt{1-(v/c)^2}=135.1\text{億年}\times\sqrt{1-0.9689^2}\\&=135.1\text{億年}\times 0.247=33.4\text{億年}\end{aligned}\tag{7.41}$$

である．つまり，加速運動を行わない単純な特殊相対性理論モデルでは天体 IOK-1 はビッグバンで生まれて以来，33.4 億年経っている．これは一般相対性理論からの値 7.8 億年とは異なっている．

もし，赤方偏移が $z=20$ の天体を観測できたとしよう．この天体の速さは式 (7.7) を使うと $\beta=0.9955$ となる．この天体が $t=0,x=0$ から等速度運動をしていたとすると，この天体が図 7.8 の世界線 W_B に到達したときの座標は式 (7.20) より $x=132.7$ 億光年，$t=133.3$ 億年 となる．この天体の生まれたときからの固有時間 τ は式 (7.41) と同じ式で

$$\begin{aligned}\tau&=133.3\text{ 億年}\times\sqrt{1-(v/c)^2}=133.3\text{ 億年}\times\sqrt{1-0.9955^2}\\&=133.3\text{ 億年}\times 0.095=12.7\text{ 億年}\end{aligned}\tag{7.42}$$

である．

式 (7.41) および (7.42) の例から天体の運動の速さが速ければ速いほど当然のことであるがより遠方へ到達する，そしてより遠方の天体の方が生まれてからの時間は少ないということが分かる．以上のことから，7.1 節の最初で提起した第 1 番目の答えが得られたことになる．すなわち，特殊相対性理論による解釈では，より遠方にある天体がビッグバンにより近い時刻に生まれた若い天体であるのは，特殊相対性理論では天体の運動の速さが速ければ速いほど運動する時計は遅れて見えることに基づいていると言える．

7.2　宇宙原理，宇宙に中心はないのか？

宇宙の中心はどこにあるのかを知りたいと思うのは多くの人が抱く素朴な好奇心であるが，一般相対性理論では，宇宙原理によって宇宙のすべての位置は対等であり，宇宙の中心という特別な位置は存在しないとされている．超ひも

理論研究者のブライアン・グリーン (コロンビア大学教授) は宇宙には中心はないと次のように書いている [42].

> 銀河が外向きに遠ざかるのは，宇宙そのものがたえず外向きに膨らんでいるからなのだ.
>
> この重要な考え方をもう少しよく理解するために，物理学者が宇宙膨張を説明するときによく持ち出す非常に便利なモデル，「風船モデル」も見ておくことにしよう (このアナロジーのルーツは，少なくともあるマンガにまでさかのぼることができる．そのマンガは一九三〇年にオランダの新聞に掲載されたもので，宇宙論に多大な貢献をした科学者ウィレム・ド・ジッターへのインタビュー記事に添えられたものだった．) ここでは三次元空間を視覚化しやすくするために，丸い風船の二次元表面になぞらえる．風船は膨らまされて，どんどん大きくなっていく．風船の表面に等間隔で貼り付けられた多数の一セント硬貨は，どれもひとつの銀河を表している．風船が膨らめば一セント硬貨は互いに遠ざかるので，膨張する宇宙においてあらゆる銀河が互いに遠ざかるという現象を表す簡単なモデルになるのだ.
>
> このモデルの重要な特徴は，一セント硬貨が完全に対称的になっていることだ．どれかひとつのリンカーンが見る光景は [一セント硬貨にはエイブラハム・リンカーンの肖像が刻まれている]，他のどのリンカーンが見る光景ともまったく同じなのである. ([42] グリーン p.377–378)
>
> このように，あらかじめ存在する不変不動の空間のなかで起こる工場爆発とは異なり，空間そのものが膨張するために銀河が外向きに遠ざかるのなら，その運動には特別な中心 (特別な一セント硬貨，すなわち特別な銀河) はいらない．どの点 (どの一セント硬貨，すなわちどの銀河) も，他のすべての点と完全に対等だ．どの場所からの光景も，爆発のなかからの光景のように見えるだろう (実際には，それは爆発の中心ではないのだが)．どのリンカーンも，他のすべてのリンカーンが遠ざかっていくのを見るし，どの銀河にいる観測者も，私たちと同じく，他のすべての銀河が遠ざかっていくのを見るだろう．これはどの場所でも同じであり，外向きの運動がはじまった「中心」，唯一無二の特別な場所は存在しないのである.
>
> ([42] グリーン p.380)
>
> 一般相対性理論は，観測される銀河の運動を引き起こしているのは宇宙空間の膨張だとすることにより，宇宙の内部のあらゆる場所を対称的に扱うだけでなく，ハッブルのすべてのデータをみごとに説明する．これこそは，決められた枠の外にエレガントに踏み出すことによって (実際この場合には，空間という「枠」から踏

> み出すことになる)，高い精度と芸術的な対称性によって観測結果を説明する方法であり，物理学者たちが「あまりにも美しくて間違っているはずがない」と言う種類の説明だ．宇宙の基本構造は引き伸ばされつつあるという点で，ほとんどすべての人の意見が一致するのである．　([42] グリーン p.381)

「宇宙のどの地点においても，必ず観察者を中心にまったく同じ宇宙年齢光年の半径の宇宙が見える」ので「観測者が宇宙の中でどの地点にいるのかを知ることはできない」ことには，多くの人は驚き神秘的な感情に捕らわれる．なぜ知ることができないのか，その理由を知りたいと思うのは当然のことであるが，多くの本ではそれは一般相対性理論の解だからだとしか書かれていない．

天体が加速運動を行っていても，もし短い時間で観測すれば等速運動であると見なせ，等速運動であれば特殊相対性理論が成り立たねばならない．以下の節でこの宇宙原理すなわちコペルニクスの原理は特殊相対性理論の光速度不変の原理に基づいていること，宇宙原理が成り立っていても宇宙に中心は存在し我々の銀河系が宇宙の中心からどれくらい離れているかを知る方法があることを示す．

宇宙物理学者のアリゾナ州立大学教授ローレンス・クラウス氏は上記の風船モデルを説明した後で，「曲がった 3 次元宇宙は，図に描くのも難しい．閉じた宇宙は，2 次元球面の 3 次元版のようなものだが，それを聞いただけで頭が痛くなりそうだ」と書いている ([18] クラウス p.76)．本節では今までに多用している光速度不変の原理を表す時空図を使うだけなので，4 次元空間の 3 次元球面を考える必要はなく頭が痛くなることもないし，作図の困難もない．このためにまず，特殊相対性理論の光速度不変の原理とそこから導かれる同時刻の相対性について再考する．

7.2.1　特殊相対性理論の光速度不変の原理と同時刻の相対性

図 7.12 の上の図に示すように，運動座標系 $K'(x',y',t')$ は静止座標系 $K(x,y,t)$ に対して一定速度 v で座標系 K の x 軸の正方向へ運動していて，時刻 $t=t'=0$ では両座標系の原点は一致し，そのとき原点 O および O' で瞬間的に光を発するとする．図 7.12 の下側に座標系 $K(x,ict)$ および $K'(x',ict')$ を示す．この図は，座標系 K' の x' 軸の原点 $x'=0$ は ict' 軸上を運動することを示している．

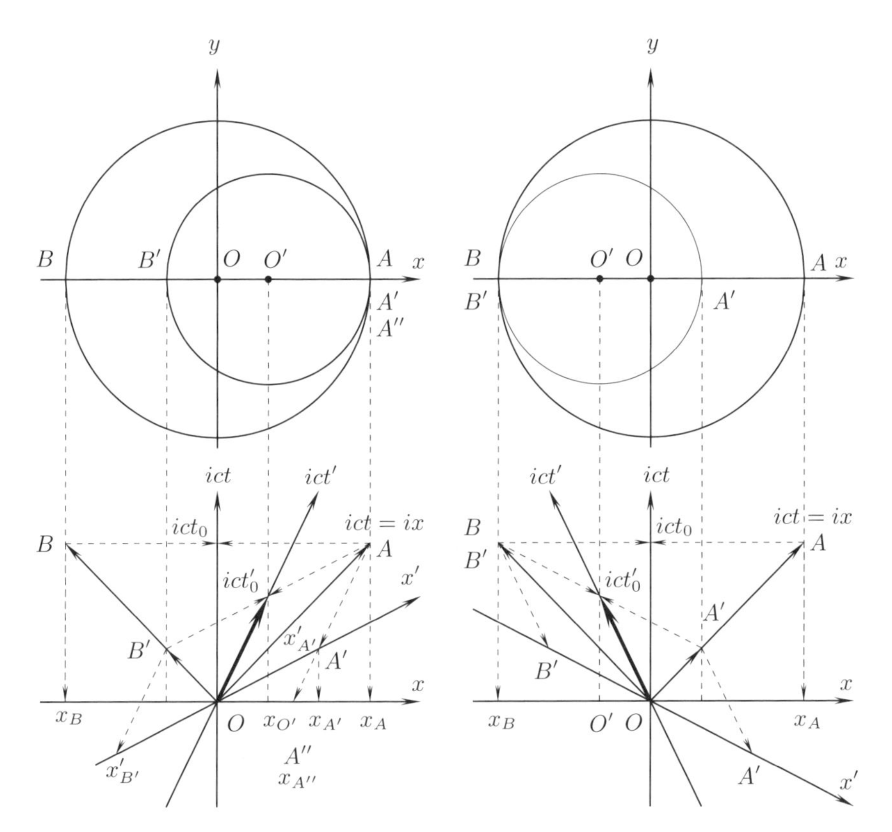

図 7.12 静止座標系 K と x 軸の正方向へ運動する座標系 K' が観測する光パルスの先端の円．光パルスは $(x,y,ict)=(x',y',ict')=(0,0,0)$ に放出される．

図 7.13 静止座標系 K と x 軸の負方向へ運動する座標系 K' が観測する光パルスの先端の円．光パルスは $(x,y,ict)=(x',y',ict')=(0,0,0)$ に放出される．

図 7.12 の上の図の原点 $(x,y,ict)=(x',y',ict')=(0,0,0)$ から発せられた光は，座標系 K および K' のどちらの座標系から見ても等速運動を行う座標系の同等性，特殊相対性理論の光速度不変の原理によりそれぞれの原点から等方的に広がるはずであり，それぞれの座標では図 7.12 の上の図の (x,y) 平面で二つの円の形で広がる．図の位置 A は座標系 K から見てある時刻 t で x 軸の正方向へ進む光が到達した点であり，位置 A' および A'' は位置 A から ict' 軸に平行に引いた直線が x' 軸および x 軸と交わる位置である．それゆえ，位置 A, A'

および A'' は座標系 K' では空間的には同じ位置である．

図 7.12 の上の図では x 軸の負の方向へ放出された光は静止座標系 K では位置 B に達し，座標系 K' では位置 B' に達することになるが，原点 O で $t=0$ に発した光が二つの異なる位置 B と B' に同時に到達するのはパラドックスだと思うかも知れない．これが特殊相対性理論の同時刻の相対性を考えるとパラドックスでないことが説明できる．

図 7.12 の下の図で座標系 K では時刻 t に光は位置 A および B に同時刻に達することが分かる．しかし，座標系 K' では図の A と B は同時刻ではない．座標系 K' では位置 A に同時刻なのは，x' 軸に平行な座標軸上であり，x' 軸の正および負の方向に進む光が時刻 t' の同時刻に達するのは x' 軸上の座標 $x'_{A'}$ および $x'_{B'}$ である．つまり，下図の $K(x,ict)$ 座標系で見れば分かるように，位置 B と位置 B' の時刻は異なっており，座標系 K では光は同時刻に B と B' に到達したのではない．それゆえ，異なる位置の同時性は運動する座標系の間では成り立たず，パラドックスは存在しない．

図 7.13 は座標系 K' が座標系 K の x 軸の負の方向へ運動している場合である．光パルスが座標系 K の位置 B に達したとき，座標系 K で同時に達する位置は A であるが，座標系 K' での同時刻では位置 A' であることを示している．

図 7.12 および 7.13 を見て分かるように，座標系 K の観測者と同様に，座標系 K' の観測者にも光は自身の座標系の原点 O' から等方的に広がって行く．これらの図は 2 次元空間を表しているが，3 次元空間では円が球に変わるだけで同じように，光パルスはそれぞれの座標系の原点 O および O' から等方的に広がって行く．

図 7.12 の原点 O' の座標と座標系 K' の位置 B' の座標 $x'_{B'}$ を求めよう．図の ict' 軸および x' 軸は K 座標ではそれぞれ

$$ct=\frac{1}{\beta}x,\quad \text{および}\quad ct=\beta x,\quad \text{ただし}\quad \beta=v/c \tag{7.43}$$

と書ける．座標系 K で図の位置 B' と A を結ぶ点線の式は位置 A の x 座標を x_A と書くと

$$ct=\beta x+(1-\beta)x_A,\quad ct_H=x_A \tag{7.44}$$

と表せる．この式と式 (7.43) の最初の ict' 軸の式の交点より，原点 O' の位置

$x_{O'}$ は

$$x_{O'} = \frac{\beta}{1+\beta} x_A \tag{7.45}$$

と得られる．

次に，K' 座標系の座標 $x'_{A'}$ を求めよう．図 7.12 の位置 A と A' を結ぶ直線は

$$ct = \frac{1}{\beta} x + \left(1 - \frac{1}{\beta}\right) x_A \tag{7.46}$$

で表せる．式 (7.43) の 2 番目の式と式 (7.46) の交点より図の K 座標の座標 $x_{A'}$ は

$$x_{A'} = \frac{x_A}{1+\beta} \tag{7.47}$$

と得られる．K 座標の座標 $x_{A'}$ と K' 座標の座標 $x'_{A'}$ の間には図 1.26 のように

$$x_{A'} = x'_{A'} \cosh\hat{\theta} \tag{7.48}$$

の関係があり，これから K' 座標の座標 $x'_{A'}$ は式 (2.44) および (7.47) を使って

$$x'_{A'} = \frac{x_{A'}}{\cosh\hat{\theta}} = \sqrt{1-\beta^2} \frac{x_A}{1+\beta} = \sqrt{\frac{1-\beta}{1+\beta}} x_A \tag{7.49}$$

と得られる．

図 7.12 を図 2.14 と見比べると

$$x_{A''} = \sqrt{1-\beta^2} x'_{A'} \tag{7.50}$$

が成り立つことが分かる．また，図 7.12 を図 6.4 と見比べ，式 (7.49) で $x_A \to \lambda_0$, $x'_{A'} \to \lambda_A^R$ と置くと，式 (7.49) はドップラー効果を表す式 (6.9) に一致することが分かる．同様に座標 K' の x' 軸の負の方向へ向かう光は，ドップラー効果の式 (6.11) の長い波長 λ_B^R を持つ．すなわち，運動している座標系 K' でも光の波面は図 7.12 のように原点 O' を中心とする円の形で広がるが，静止系 K に静止した源から放射された光の波長はドップラー効果によりその波長は観測者の進む方向に依って異なる．このことは，後に見る図 7.28 の宇宙背景放射

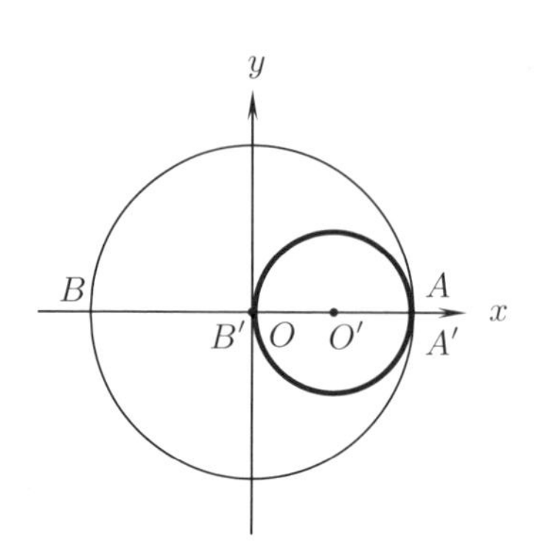

図 7.14　座標系 K' がほぼ光速度で x 軸の正方向へ運動する場合，光パルスは $(x,y,ict)=(x',y',ict')=(0,0,0)$ で放出される．

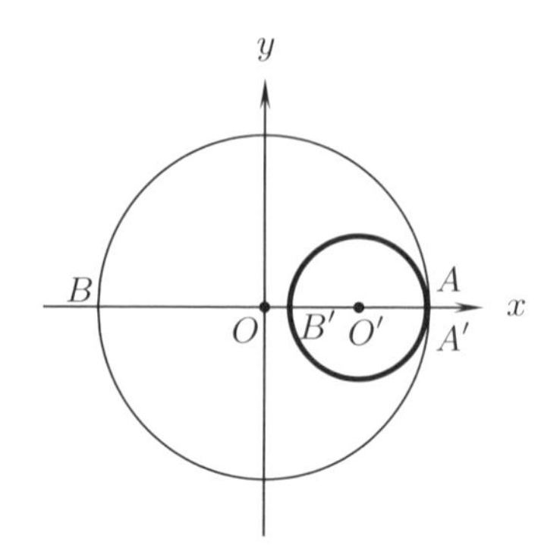

図 7.15　光パルスが $(x, y, ict) = (x', y', ict') = (0,0,0)$ に放出されるとき，座標系 K' の原点 O' を中心とする光パルスの円の左端が原点 O よりも右に来ることはあり得ない．

の温度が方向に依って異なることを理解するのに役立つ．もし，光源が運動座標系 K' と一緒に運動する時は座標系 K' に居る観測者にはドップラー効果は起きないが座標系 K に居る観測者には起きる．

座標系 K' の運動の速さ v が光速に近い時すなわち $\beta\to 1$ のときは，式 (7.45) より

$$x_{O'}\to\frac{1}{2}x_B \tag{7.51}$$

となり，このとき図 7.12 の光パルスの円は図 7.14 のようになる．また，このとき，式 (7.49) の座標 $x'_{A'}$ は

$$\beta\to 1 \text{ のとき}\quad x'_{A'}\propto\sqrt{1-\beta}\times x_A\to 0 \tag{7.52}$$

となり，図 7.14 の運動座標系 K' での円の左端から右点までの長さ $\overline{B'A'}$ はローレンツ収縮 $\sqrt{1-\beta^2}\propto\sqrt{1-\beta}$ とほぼ同じ速さで $\overline{B'A'}\to 0$ となる．このことは，図 7.12 の x' 軸上の線分 $\overline{OA'}$ の傾きが 45 度となり，その長さが零へ近づくことからも分かる．

例えば図 7.14 の静止座標系 K での長さ $\overline{BA}=100$ 億光年でも $\beta\to 1$ のとき

は，運動座標系 K' での長さ $\overline{B'A'}=1\,\mathrm{m}$ になることもあり得る．座標系 K' から見れば座標系 K が x 軸の負の方向に $\beta\to1$ の超高速で運動しており，長さ $\overline{BA}=100$ 億光年の棒が長さ $\overline{B'A'}=1\,\mathrm{m}$ の棒へローレンツ収縮することになる．

静止座標系 K と運動座標系 K' が時刻 $t=t'=0$ で $x=x'=0$ である限り，図 7.15 のように座標系 K' の原点 O' を中心とする光パルスの円の左端が原点 O よりも右に来ることはあり得ない[7]．この節の説明は，次節の「宇宙の中心，宇宙の重心」および「宇宙マイクロ波背景放射」で利用する．

7.2.2 ビッグバン宇宙論の地平線問題

晴れた日に高い山の上から遠方に見える地表と空の境界線は地平線と呼ばれる．同様に，天体望遠鏡で見える最遠方の面や線は宇宙の地平面や宇宙の地平線と呼ばれる．ビッグバン宇宙論では，我々の銀河系から後退する天体が光速になる面が宇宙の地平面である．この境界を越えた領域にある銀河，光や電磁波，重力波は光速を超えない限り我々の銀河系からは観測することはできないので，それらは存在しないのと同じである．

ビッグバン宇宙論には，地平線問題と呼ばれる困難がある．後の節で詳しく考察する宇宙背景放射とよばれるマイクロ波が観測されている．そのマイクロ波は非常に遠方の約 138 億光年の宇宙の地平線の近くから来ると考えられているが，どの方向から来るマイクロ波もその性質がほとんど同じである．ある 138 億光年遠方のマイクロ波とその逆方向の 138 億光年遠方から来るマイクロ波が地球で観測されるときになぜほぼ同じ 2.7 K の温度を持つのか？　お互いに相互作用が働かず無関係で因果律が成り立たないはずの遠方のマイクロ波がなぜ同じ物理的性質を持つのか？　これがビッグバン宇宙論の地平線問題と言われる問題である．

この問題は次のように言うこともできる．図 7.16 に示すように，x 軸方向の 100 億光年遠方に銀河 A，その反対方向の 100 億光年遠方に銀河 B があり，その外の円を宇宙の地平線とする．中央の銀河 O から見て宇宙の地平線まで

---

[7] リリアン・R・リーバーの著書 [43] p.44 の図 7.12 は図 7.15 のようになっているが，原点 O から図の左向きに放射される光の先端が原点 O の右になるはずはなく，描き間違いと思われる．

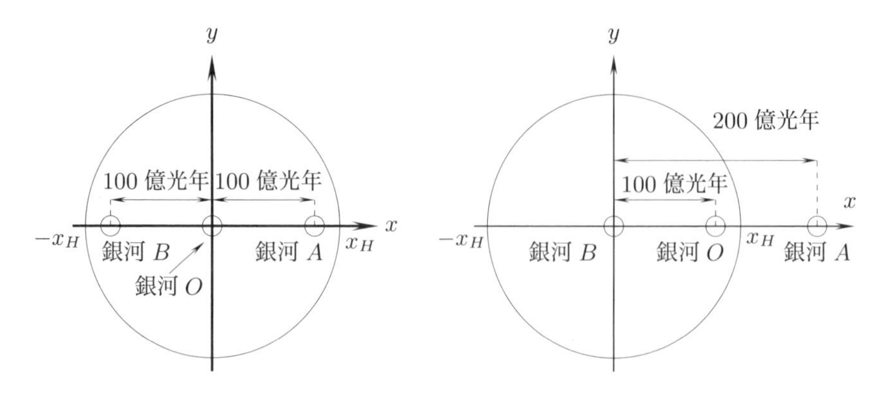

図 7.16　円は中央の銀河から見た宇宙の地平線.

図 7.17　円は銀河 B から見た宇宙の地平線.

の距離を $x_H = 133$ 億光年とすると，図に示すように銀河 A および B は，宇宙の地平線の少し手前にあることになる．銀河 A から見ると，図 7.16 で中央にあった銀河 O は，図 7.17 に示すように右方に 100 億光年の位置にあり，銀河 B は銀河 O よりもさらに右方に 100 億光年，すなわち，銀河 A からは右方に 200 億光年離れた位置にあることになる[8)].

すでに書いたように，現在の宇宙論では宇宙のどの位置も対等なので，図 7.17 でも宇宙の地平線は図 7.16 のように中央の銀河 B から $x_H = 133$ 億光年の位置にあることになる．そうすると，銀河 A は宇宙の地平線の外にあることになり，銀河 B と A はお互いに無関係に存在することになる．図 7.17 では銀河 A からの光や重力は銀河 B には到達せず，影響を与えることがない．すなわち，銀河 B と銀河 A はお互いに宇宙の地平線の外側にいるので，因果関係を持っていない．しかし，地球から観測される図 7.16 の二つの銀河 A および B は因果関係があったかのように良く似ていることが分かっている．超えられるはずがない宇宙の地平線を超えて，宇宙のあらゆる方向の天体がすべて同じような物理的性質を持つように観測されている．これがビッグバン宇宙論の地平線問題と言われている困難の一つの説明である．この宇宙の地平線問題は長い間謎であったが，現在ではインフレーション理論によって解決されたと

[8)] 図 7.16 および 7.17 はインターネット上の「ホーキング織野のサラリーマン，宇宙を語る」(宇宙の地平線問題とは?) を参考にさせて頂いた.
`http://www.astronomy.orino.net/site/kataru/index.html` (2016.12)

言われている．

この地平線問題の困難は，インフレーション理論を使わなくても前節の特殊相対性理論の時空図を使うと解消できることを示そう．図 7.16 の中央の銀河を G_0 としてそれが静止している座標系 $K(x,ict)$ で，銀河 A を G_A, B を G_B として，それらの位置を図 7.18 に示す．図の $x_H=133$ 億年は，表 7.1 の番号 25 のハッブル定数を使ったときの x 軸方向の宇宙の地平線の座標である．世界線 W_+^+ および W_-^- はそれぞれ原点からの光の x 軸の正および負方向への世界線であり，W_+^- および W_-^+ はそれぞれ地平線 $x=x_H$ および $x=-x_H$ から x 軸の原点へ進む光の世界線である．

銀河 G_B が静止している座標系 $K'(x',ict')$ を図 7.19 に示す．図 7.19 に図 7.18 の銀河 G_A, 銀河 G_0 およおび G_B の位置をそれぞれ銀河 G'_A, 銀河 G''_0 および G''_B で示す．

図 7.19 の座標系 $K'(x',ict')$ は次のように得られる．図 7.18 で $x_A=100$ 億光年，$x_B=-100$ 億光年とし，その時間座標を $ct_A=ct_B=166$ 億光年とする．このとき，銀河 G_A および G_B の光速に対する速さ β_A および β_B は

$$\beta_A=\frac{x_A}{ct_A}=\frac{100\,\text{億光年}}{166\,\text{億光年}}=0.602, \qquad \beta_B=\frac{x_B}{ct_B}=\frac{-100\,\text{億光年}}{166\,\text{億光年}}=-0.602 \tag{7.53}$$

である．これから図 7.18 の ict 軸と G_A や G_B の位置との間の角度 $\hat{\theta}_A$ 等は式 (1.87) および図 1.19 のように

$$\tanh\hat{\theta}_A=\beta_A \quad \text{等より} \quad \hat{\theta}_A=\tanh^{-1}\beta_A=0.697=\hat{\theta}_B \tag{7.54}$$

である．これを式 (1.11) で使うと，式 (2.29) 等のローレンツ変換式の定数 $\sinh\hat{\theta}_A$, $\cosh\hat{\theta}_A$ 等が得られる．また，式 (2.49) より，銀河 G_A の位置 $x=x_A=100$ 億光年での固有時間 τ_A は

$$r_A=c\tau_A=\frac{ct_A}{\cosh\hat{\theta}}=132\,\text{億光年} \tag{7.55}$$

である．

図 7.18 で銀河 G_B から光の世界線 W_-^- に平行に直線を引き，この直線と ict 軸との交点が G'_0; $(x,ict)=(0,ict'_{G0})=(0,66)$ 億光年，直線 $\overline{OG_A}$ との交点が G'_A; $(24.8,41.2)$ 億光年，世界線 W_+^+ の交点が G_c; $(33,33)$ 億光年でありこれ

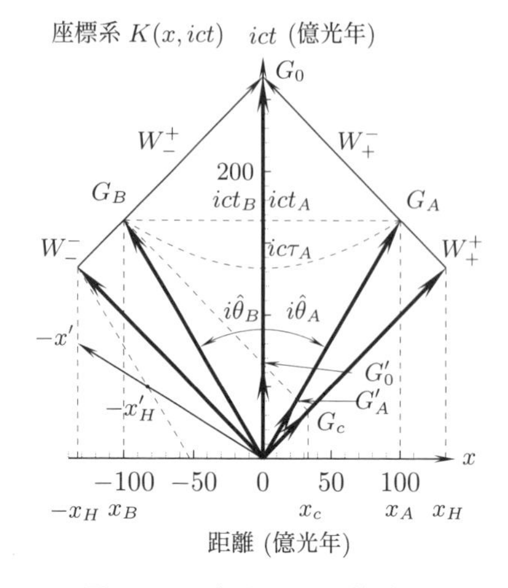

図 7.18　銀河 G_0 が静止している座標系 $K(x{,}ict)$, $x_A=100$ 億光年, $x_B=-100$ 億光年, $x_c=33$ 億光年, $x_H=133$ 億光年.

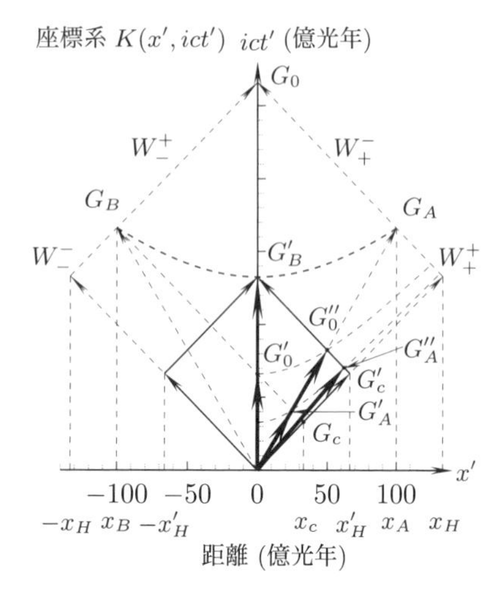

図 7.19　銀河 G_B が静止している座標系 $K'(x'{,}ict')$, 銀河 G_A の位置, $x'_A=62.2$ 億光年, $x'_H=66.3$ 億光年.

らと式 (7.54) の双曲角をローレンツ変換式 (2.29) の右辺に代入することにより左辺から図 7.19 の G''_0; $(x'{,}ict')=(49.8{,}82.7)$ 億光年, G''_A; $(62.2{,}70.3)$ 億光年および G'_c;$(66.3{,}66.3)$ 億光年の座標が得られる．これらは図 1.21 のベクトル Q_2 がベクトル Q'_2 へ変換されるのと同じである．G'_c の x' 座標の値から座標系 K' での原点から地平線までの距離は $x'_H=66.3$ 億光年である．この値は図 7.18 の座標系 K の地平線 $x_H=133$ 億光年よりもかなり小さい.

図 7.19 を見れば明らかなように，銀河 B が静止している座標系 $K'(x'{,}ict')$ から見ても銀河 A は座標系 $K'(x'{,}ict')$ の地平線 $x'_H=66.3$ 億光年の内側にあり，図 7.17 のように外に出ることはない．これは銀河 G_B から見た銀河 G_A の速さ β'_A は

$$\beta'_A=\beta_A+\beta_B=0.602+0.602=1.204>1 \tag{7.56}$$

ではなく，式 (2.67) の特殊相対性理論の速度の合成則

$$\beta''_A=\frac{\beta_A+\beta_B}{1+\beta_A\beta_B}=\frac{0.602+0.602}{1+0.602\times0.602}=0.884<1 \tag{7.57}$$

により，光速を超えないからである．この値は図 7.19 の G''_A の座標から得られる速さ

$$\beta''_A = \frac{G''_A \text{の } x' \text{軸の座標}}{G''_A \text{の } ct' \text{軸の座標}} = \frac{62.2 \text{ 億光年}}{70.3 \text{ 億光年}} = 0.884 \tag{7.58}$$

に等しい．

すなわち，図 7.17 は特殊相対性理論の光速度不変の原理を使っていないので銀河 A が地平線の外に出るのであり，光速度不変の原理を使った図 7.19 では銀河 A が地平線の外に出ることはない．後節で述べるように銀河 G_A と G_B は $t=t'=0$ では共に原点の同じ物理的環境にあり，それがビッグバンで飛び散ったので観測されるすべての方向の天体が同じ物理的な性質を持つことを説明できる．

7.2.3　宇宙の中心，宇宙の重心

ビッグバンで天体が静止座標系の原点から四方八方へ運動量保存則をみたしながら一様に飛び散るとしよう．図 7.20 に簡単のために 1 次元空間座標の静止座標系 $K(x,ict)$ の原点から天体が種々の速さで飛び散った 100 億年後の様子を模式的に示す．座標 $(0,i200$ 億光年$)$ と $(100$ 億光年, $i100$ 億光年$)$ を結ぶ光の世界線を W^-, 座標 $(-100$ 億光年, $i100$ 億光年$)$ と $(0,i200$ 億光年$)$ を結ぶ光の世界線を W^+ とする．このときの原点 $x=0$ は明らかに宇宙の中心であり，重心でもある．宇宙の中心に居る観測者は，世界線 W^- 上にある天体 $A_1,\cdots,A_6$ および世界線 W^+ 上にある天体 $A_7,\cdots,A_{11}$ からの光を時刻 $t_H=200$ 億年に観測できる．

我々の銀河系が宇宙の中心ではあるはずはなく，図 7.20 の天体 A_4 のように運動しているとする．我々の銀河系の天文学者が観測できる x' 軸の負の方向から来る光の世界線を $W^{+'}$ とする．銀河系の観測者が観測する天体は世界線 W^- 上の天体は $A_1 \sim A_3$ であり，天体 $A_5 \sim A_{11}$ は世界線 $W^{+'}$上の天体 $A'_5 \sim A'_{11}$ からの光として観測される．我々の銀河系が静止している座標系を $K'(x',ict')$ とした座標系の座標軸は図 7.20 に示されている．天体 A_4 の世界線が ict' 軸である．

図 7.20 の座標系 $K'(x',ct')$ を静止系と見なしたのが図 7.21 である．この図の天体の世界線 $W^{+'}$および $W^{-'}$ 上の天体の位置 A'_1,A'_2 等は次のようにして

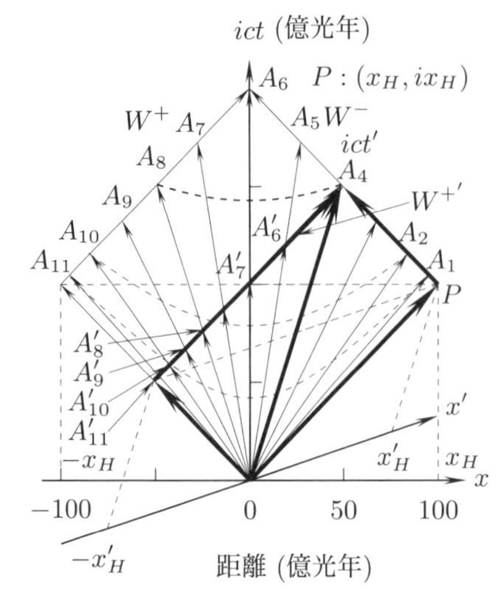

図 7.20　宇宙の静止座標系 K で原点から等速度運動をする天体の世界線．天体 A_4 を我々の銀河系とし，その座標系を $K'(x',ict')$ とする．

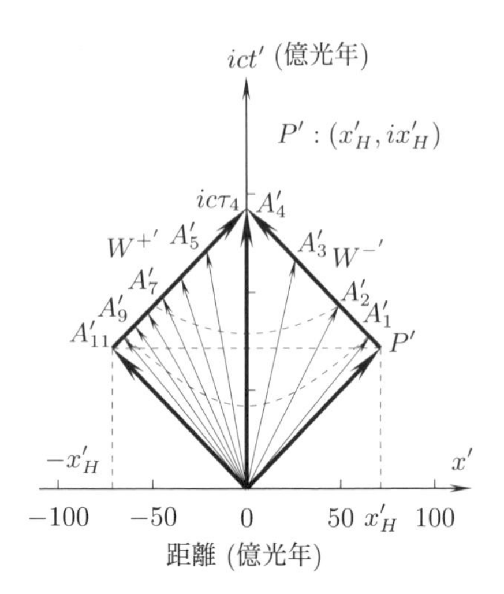

図 7.21　我々の銀河系 A'_4 の静止座標系 $K'(x',ict')$ での各天体の世界線．

求められる，すなわち，図 7.20 の静止座標系 K と運動座標系 K' の間には式 (2.35) のローレンツ変換の関係があり，図の双曲角 $\hat{\theta}_4$ は ict 軸と ict' 軸の間の双曲角である．我々の銀河系の位置を $(x_4,ict_4)=(49.0,151.0)$ 億光年とするとその速さは $\beta_4=49.0/151.0=0.325$ で，双曲角 $\hat{\theta}_4$ および天体 A_4 の固有時間 τ_4 は

$$
\begin{aligned}
&\frac{v_4}{c}=\beta_4=\tanh\hat{\theta}_4, \quad \hat{\theta}_4=\tanh^{-1}\beta_4, \\
&\tau_4=\frac{t_4}{\cosh\hat{\theta}_4}=\sqrt{1-\beta_4^2}\; t_4=142.8\text{ 億年}
\end{aligned}
\tag{7.59}
$$

である．この双曲角を用いて図 7.20 の世界線 W^- および W^+ 上の天体 A_1～A_{11} の座標 (x,ict) にローレンツ変換式 (2.29) を用いて座標 (x',ict') を求めたのが図 7.21 の天体 A'_1～A'_{11} である．

図 7.20 の座標系 K の宇宙の地平線までの広がりは図の $-x_H$ から x_H までで，その大きさは $2x_H=200$ 光年，図 7.21 の座標系 K' の宇宙の地平線までの

広がりは図の $-x'_H$ から x'_H までで，その大きさは $2x'_H = 142.8$ 億光年である．また，図 7.20 の世界線 W^- 上の天体 A_2, A_3 および A_4 の固有時間はそれぞれ図 7.21 の世界線 W'^- 上の天体 A'_2, A'_3 および A'_4 の固有時間に等しい．

図 7.21 は，宇宙の中心に居ない図 7.20 の天体 A_4 から見ても，図 7.21 の宇宙の地平線までの x' 軸の正方向の距離，原点 O から x'_H までと負方向の距離，原点 O から $-x'_H$ までの距離は同じで，天体 A_4 は宇宙の中心に居るように見えることを示している．ただし，図 7.21 の運動座標系 K' の宇宙の地平線の大きさ，$2x'_H = 142.8$ 億光年は図 7.20 の静止座標系 K の宇宙の地平線の大きさ $2x_H = 200$ 億光年よりも小さく，天体 A'_4 の速さが速いほど運動座標系 K' の宇宙の地平線までの距離は小さい．

図 7.21 の世界線 W'^+ 上の天体と世界線 $W^{-'}$ 上の天体は図 7.10 から分かるように，同一のハッブル図の線上に載る．すなわち，正の x 軸上の天体と負の x 軸上の天体は同等である．したがって，銀河系 A_4 から天体を観測しても上述のように銀河系 A_4 は宇宙の中心に居るように認識され，宇宙原理は成り立っているように見える．

しかし，観測される天体の個数は，正の x 軸上の天体と負の x 軸上では明らかに異なる．それゆえ，正の x 軸上の天体と負の x 軸上の天体の個数の違いを観測すれば，宇宙の中心を知ることができるはずである．この天体の個数の違いによる宇宙の中心を求める方法は，次節の宇宙マイクロ波背景放射で詳しく考察する．

7.3 宇宙マイクロ波背景放射

1964 年にアメリカ合衆国のベル電話研究所 (現ベル研究所) のアーノ・ペンジアスとロバート・W・ウィルソンによってアンテナの雑音を減らす研究中に偶然に発見された宇宙マイクロ波背景放射 (CMB, Cosmic Microwave Background Radiation) は次のように説明されている．

CMB とビッグバン

CMB の放射は，ビッグバン理論について現在得られる最も良い証拠であると考えられている．1960 年代中頃に CMB が発見されると，定常宇宙論など，ビッグバン理論に対立する説への興味は失われていった．標準的な宇宙論によると，

CMBは宇宙の温度が下がって電子と陽子が結合して水素原子を生成し，宇宙が放射に対して透明になった時代のスナップショットであると考えられる．これはビッグバンの約40万年後で，この時期を「宇宙の晴れ上がり」あるいは「再結合期」などと呼ぶ．この頃の宇宙の温度は約3,000Kであった．この時以来，輻射の温度は宇宙膨張によって約1/1,100にまで下がったことになる．宇宙が膨張するに従ってCMBの光子は赤方偏移を受け，宇宙のスケール長に比例して波長が延び，結果的に輻射は冷える．

特徴

CMBの特徴の一つに，エネルギー分布が黒体放射と非常に良く一致しているという点がある．CMBの温度は場所ごとに異なっている(すなわちわずかに非等方性がある)が，ある方向でのスペクトルは黒体放射にほとんど一致するといって良いほど似ている．

CMBのもう一つの顕著な特徴は，非常に高い精度で等方的であるという点である．ごくわずかな非等方性は見られるが，最も大きな非等方成分は双極成分(180度スケールのずれ)であり，その大きさは単極成分(全体の平均)の 10^{-3} 程度である．この特徴は銀河系がCMBに対して約370 km/sで運動していることを示している．

検出，予言，発見

このCMBの解釈をめぐっては，1960年代に「CMBは遠方銀河の恒星からの光が散乱されたものである」とする定常宇宙論の支持者との間に激しい議論が巻き起こった．1941年にアンドリュー・マッケラーがこの散乱光モデルを採用し，恒星の幅の狭い吸収線の研究に基づいて，「星間空間の‘回転’の温度は2Kになる」とする論文を発表しており，同時期にエディントンなども同様の説を提案していた．ガモフらは当初，背景輻射の温度として約5K程度を予想していた一方で，散乱光モデルを支持する研究者たちは2–3Kになるというモデルを提案し，輻射の温度の予測値だけを見ると散乱光モデルの方が現実の値に近いものであった．しかし1970年代に入ると，研究者たちのコンセンサスはCMBがビッグバンの名残であるとする説に傾いていった．天文学者たちのコミュニティがCMBの成因としてビッグバンを支持するようになったのは，星の光の散乱光というモデルから期待されるよりもCMBがずっと滑らかである(非等方性が小さい)という観測結果が積み重ねられたためである．(ウィキペディア「宇宙マイクロ波背景放射」2017.10)

`https://ja.wikipedia.org/wiki/`宇宙マイクロ波背景放射

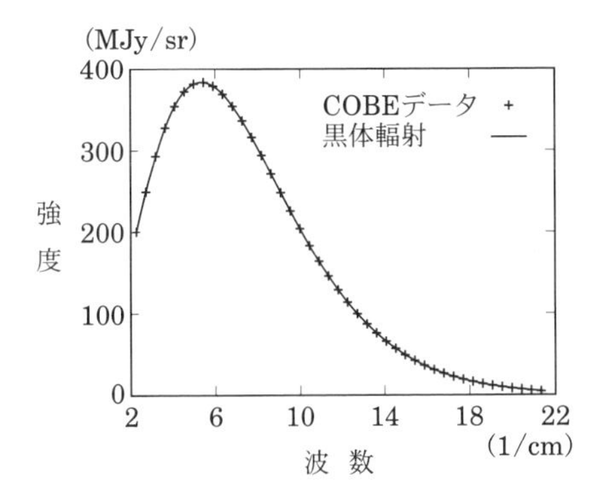

図 **7.22** COBE による宇宙マイクロ波背景放射のスペクトル．縦軸は強度 (MJy/sr)，横軸は 1cm あたりの波数．$T=2.725\pm0.001\,\mathrm{K}$.

図 **7.23** WMAP による宇宙マイクロ波背景放射の温度ゆらぎ．ゆらぎの大きさは $\pm 200\ \mu\mathrm{K}$ (画像提供：NASA /WMAP Science Team).

図 7.22 に COBE (Cosmic Background Explorer) で測定された宇宙マイクロ波背景放射の波数分布を十字印で示す[9]．実線は下記のプランクの黒体輻射公式で計算された値である．すなわち，熱平衡にある温度 T の黒体から輻射される光 (電磁波) の振動数分布 $I(\nu)$ は量子力学建設の端緒となった有名なプランクの公式

$$I(\nu) = N_\nu \frac{\nu^3}{\exp^{\frac{h\nu}{k_B T}} - 1} \tag{7.60}$$

で表せる．ここで T は黒体輻射の温度，ν は光の振動数，k_B はボルツマン定数，h はプランク定数，N_ν は定数である．黒体輻射の温度を $T = 2.725 \pm 0.001\,\mathrm{K}$ としたときに，式 (7.60) で得られる実線の値は COBE による十字印の観測値と完全に一致している．

図 7.23 に WMAP (Wilkinson Microwave Anisotropy Probe) による宇宙マイクロ波背景放射の温度ゆらぎを示す

この図では我々の銀河から見たあらゆる方向から来る黒体輻射の温度の平均値からの差，温度ゆらぎが示されている．その温度ゆらぎの大きさは $\pm 200 \times$

---

[9] File:Cmbr.svg, by FIRAS team.
`https://commons.wikimedia.org/wiki/File:Cmbr.svg?uselang=ja`

μ K=±0.2 mK で平均温度 $T=2.725$ K よりも非常に小さいが，図ではこの非常に小さい温度ゆらぎは拡大して示されている．

7.3.1　特殊相対性理論による宇宙マイクロ波背景放射の説明

ここでは特殊相対性理論を使って宇宙マイクロ波背景放射の説明を試みよう．ビッグバン直後の超高温のときには水素は陽子と電子に分離したプラズマになっており，光は電子に散乱され光と水素プラズマは熱平衡の状態にあった．水素プラズマの宇宙への飛散に伴いプラズマの密度と温度は下がり，3000 K になると，電子は陽子と結合して水素になって光に対して透明になり，光は散乱されずに自由に飛行できるようになったのがビッグバンの 38 万年後とされている．図 7.24 はビッグバンから 38 万年後の最後の散乱光源を CMB 最終散乱として示している[10)]．図 7.24 の $t'=0$ の位置は例えば図 7.21 の (x'_H, ict'_H), $t'=137$ 億年は図 7.21 の $x'=0$, $ict'=ic\tau_4=2ix'_H$ の位置に相当する．

図 7.25 は図 7.12 を利用して描いた図である．図 7.25 の下に示す静止座標系 $K(x,ict)$ の原点は宇宙の中心 (重心) とし，我々の銀河系を運動座標系 $K'(x',ict')$ とする．$t=t'=0$ でビッグバンが起き，超高温プラズマがほぼ光速で下の図の静止座標系の原点 O の宇宙の中心から全宇宙へ図 7.26 に示すように運動量保存の法則をみたしながら空間的には等方的に飛散したとする．図 7.25 の下の座標系では，超高温プラズマは静止座標系 K の原点 O から位置 A および B へ向かって運動している．図の運動座標系 K' の位置 A および B' では超高温プラズマの温度は下がって高温の水素ガスとなり，その固有時間が図 7.24 の $t'=38$ 万年で，このときに発した光が我々の銀河系で図に示す $t'=2t'_H$ に観測されるとする．表 7.1 の値を使うと図 7.25 の運動座標系 K' の宇宙の地平線までの距離は $x'_{A'}=133$ 億光年 $(=ct'_H)$ である．

図 7.25 の上の大円は静止座標系 K から見た宇宙の地平線でその半径を未知の値 R とする．小円は我々の銀河系から見た宇宙の地平線であり，その半径は $R'=x'_{A'}=133$ 億光年である．

3 次元の宇宙を扱うために銀河系の進行方向の x,x' 軸を極軸に選んだ宇宙の静止極座標系を $K(r,\theta,\phi)$, 銀河系を原点とする運動極座標系を $K'(r',\theta',\phi')$ と

[10)] `http://map.gsfc.nasa.gov/universe/bb_tests_cmb.html` “Surface of Last Scattering” (05-12-2014) より． `https://map.gsfc.nasa.gov/media/990053/990053sb.jpg`

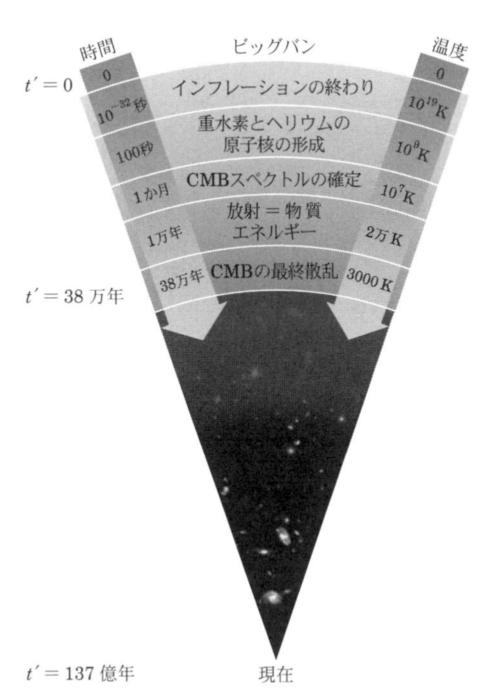

図 **7.24**　ビッグバンから137億年後の宇宙 (NASA WMAP's Universe, Test of Big Bang: The CMB, 画像提供：NASA/WMAP Science Team)[11].

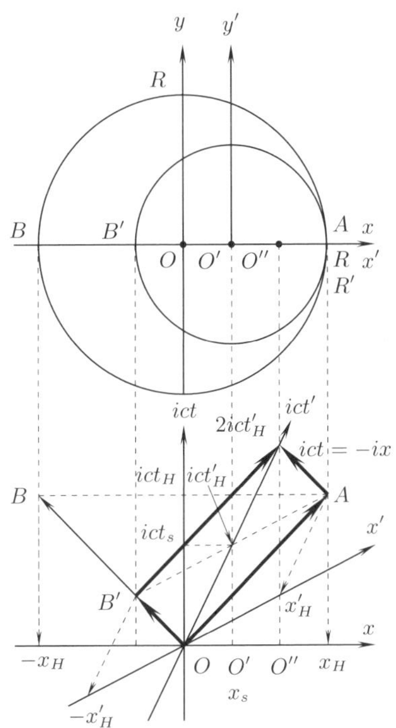

図 **7.25**　下は宇宙の重心Oを原点とする静止座標系$K(x,ict)$および運動座標系$K'(x',ict')$, 上の大円は静止座標系K, 小円は運動座標系K'の地平線.

し，各々の座標系で方向を表す単位長さのベクトルを$\boldsymbol{\Omega}$および$\boldsymbol{\Omega}'$とする．

高速高温の水素ガスすなわちガス発光源は時刻$t'=t'_H$に図7.25の運動座標系K'の小円の円周上に達し，そこで光は等方的に発するとする．半径R'の位置から運動座標系K'の原点O'へ向かう光は時刻$t'=2t'_H$に原点に到達する．図7.26に静止座標系Kの原点Oから等方的に外向きに運動するガス発光源を$A,B,C,...,H$で，運動座標系K'の半径R'の小球面から放射される光で原点へ向かう光を$B',C',...,H'$で示す．

---

[11] Tests of Big Bang: The CMB (2016).
`http://map.gsfc.nasa.gov/universe/bb_tests_cmb.html` (2017.10.25).

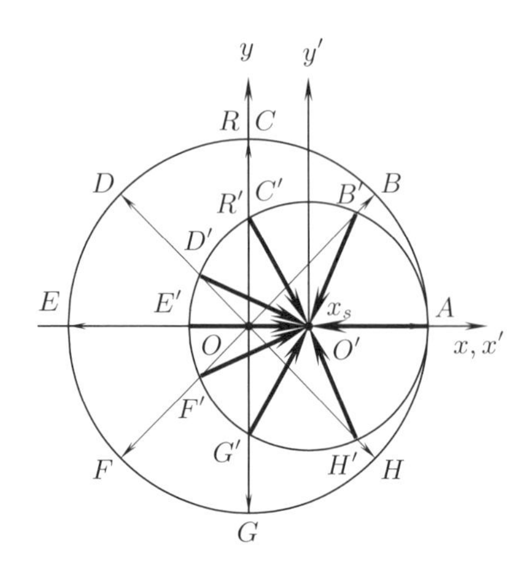

図 7.26　静止座標系 $K(x,y)$ の原点 O から外向きに飛散する水素プラズマおよび運動座標系 $K'(x',y')$ の原点へ向かうマイクロ波.

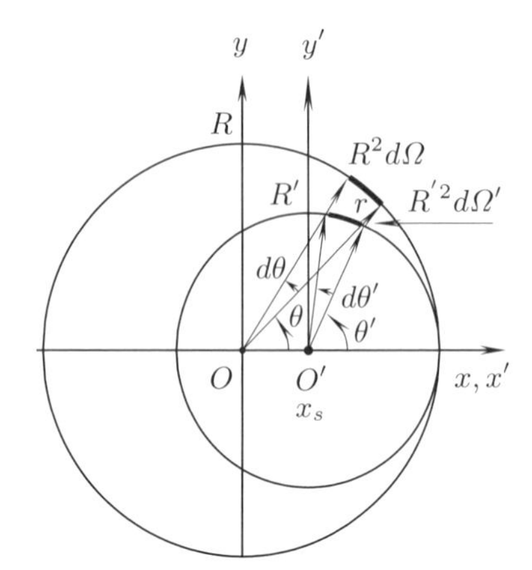

図 7.27　静止座標系 $K(x,y)$ および運動座標系 $K'(x',y')$ での極角 θ と θ', 大円上の微小面積 $R^2d\Omega$ と小円上の微小面積 $R'^2d\Omega'$.

まず図 7.26 の小円上のガス発光源の密度分布を求めよう．静止系 K の半径 R の地平線への距離ベクトルは $\boldsymbol{R}=R\boldsymbol{\Omega}$, 運動座標系 K' の球の半径 R' の地平線までの距離ベクトルは $\boldsymbol{R}'=R'\boldsymbol{\Omega}'$ と書け，この各球面上に面密度が $s(\boldsymbol{R})$ および $s'(\boldsymbol{R}')$ のガス発光源があるとする．極角 θ および θ' を図 7.27 のように決めると，次式が成り立つ.

$$s'(\boldsymbol{R}')R'^2d\Omega'=s(\boldsymbol{R})R^2d\Omega \tag{7.61}$$

ただし

$$d\Omega=\sin\theta d\theta d\varphi, \quad d\Omega'=\sin\theta' d\theta' d\varphi' \tag{7.62}$$

である．ここで φ および φ' はそれぞれ x および x' 軸のまわりの方位角で, $\varphi=\varphi'$ である.

我々の銀河系を原点とする運動座標系 $K'(\theta',\phi')$ が宇宙の重心を原点とする静止座標系 $K(\theta,\phi)$ に対して x 軸の正方向へ速さ V_s で運動しているとすると，図 7.27 で次式が成り立つ.

$$x_s = V_s t_H, \quad r\sin\theta = R'\sin\theta', \quad r\cos\theta = x_s + R'\cos\theta' \tag{7.63}$$

$$r^2 = x_s^2 + R'^2 + 2x_s R'\cos\theta' \tag{7.64}$$

ここで，x_s は静止座標系 K の原点 O から運動座標系 K' の原点 O' までの距離，r は原点 O から極角 θ の直線が小円と交わるまでの距離で $R = x_A = ct_H$ である．

式 (7.63) より R' を一定として

$$dr\sin\theta + r\cos\theta d\theta = R'\cos\theta' d\theta', \quad dr\cos\theta - r\sin\theta d\theta = -R'\sin\theta' d\theta' \tag{7.65}$$

が得られる．この最初の式に $\cos\theta$ を掛け，後の式に $\sin\theta$ を掛けて差をとり，式 (7.63) を使うと

$$\begin{aligned} rd\theta &= (R'\cos\theta\cos\theta' + R'\sin\theta\sin\theta')d\theta' \\ &= \frac{R'}{r}[(x_s + R'\cos\theta')\cos\theta' + R'\sin\theta'\sin\theta']d\theta' = \frac{R'}{r}(x_s\cos\theta' + R')d\theta' \end{aligned} \tag{7.66}$$

が得られる．

静止座標系 K では，ガス発光源密度 $s(\boldsymbol{R})$ は半径 R の球面上で方向 $\boldsymbol{\Omega}$ に無関係に一様であるとする．すなわち s_0 を定数として

$$s(\boldsymbol{R}) = s_0, \quad \int_{4\pi} s(\boldsymbol{R}) R^2 d\Omega = 4\pi R^2 s_0 \tag{7.67}$$

が成り立つとする．

式 (7.61) から $\phi' = \phi$ を使うと

$$s'(\boldsymbol{R}') = s(\boldsymbol{R}) \frac{R^2 d\Omega}{R'^2 d\Omega'} = s_0 \frac{R^2 \sin\theta d\theta d\phi}{R'^2 \sin\theta' d\theta' d\phi'} = s_0 \frac{R^2 \sin\theta d\theta}{R'^2 \sin\theta' d\theta'} \tag{7.68}$$

を得る．式 (7.63) および式 (7.66) から得られる

$$\frac{\sin\theta}{\sin\theta'} = \frac{R'}{r}, \quad \frac{d\theta}{d\theta'} = \frac{R'}{r^2}(R' + x_s\cos\theta') \tag{7.69}$$

を式 (7.68) で使うと，運動している銀河系 K' から見た源の密度分布は

$$s'(\boldsymbol{R}') = s_0 \frac{R^2}{R'^2} \frac{R'^2}{r^3}(R' + x_s\cos\theta') = s_0 R^2 \frac{R' + x_s\cos\theta'}{(x_s^2 + R'^2 + 2x_s R'\cos\theta')^{3/2}}$$

$$=s_0\frac{R^2}{R'^2}\frac{1+a\cos\theta'}{(1+a^2+2a\cos\theta')^{3/2}},\qquad \text{ただし}\quad a=\frac{x_s}{R'} \tag{7.70}$$

と得られる．

$0<a<1, \mu=\cos\theta'$ とすると，次の積分が成り立つ．

$$I_0\equiv\int_0^\pi\frac{(1+a\cos\theta')\sin\theta' d\theta'}{(1+a^2+2a\cos\theta')^{3/2}}=\int_{-1}^1\frac{(1+a\mu)d\mu}{(1+a^2+2a\mu)^{3/2}}$$
$$=\left.\frac{a+\mu}{\sqrt{1+a^2+2a\mu}}\right|_{-1}^1=2, \tag{7.71}$$
$$I_1(a)\equiv\int_0^\pi\frac{(1+a\cos\theta')\cos\theta'\sin\theta' d\theta'}{(1+a^2+2a\cos\theta')^{3/2}}=\int_{-1}^1\frac{(1+a\mu)\mu d\mu}{(1+a^2+2a\mu)^{3/2}}$$
$$=\left.\frac{1-a^2-2a^4+a(1-2a)\mu+a^2\mu^2}{3a^3\sqrt{1+a^2+2a\mu}}\right|_{-1}^1=-\frac{4a}{3} \tag{7.72}$$

式 (7.70) を全立体角で積分すると

$$\int_{4\pi}s'(\boldsymbol{R}')R'^2d\Omega'=s_0R^2\int_0^\pi d\theta'\int_0^{2\pi}d\phi'\frac{(1+a\cos\theta')\sin\theta'}{(1+a^2+2a\cos\theta')^{3/2}}$$
$$=2\pi s_0R^2I_0=4\pi R^2s_0 \tag{7.73}$$

となって，式 (7.67) の $S(\boldsymbol{R})$ の積分に等しいことが分かる．

これは図 7.26 のガス発光源の総量は静止座表系 K と運動座標系 K' で等しいことを示している．すなわち，図で静止系 K の大円上の $A,B,C,\cdots,H$ で代表的に示してあるガス発光源に対応する運動座標系 K' でのガス発光源は小円上の $A',B',C',\cdots,H'$ であり，その総量は同じである．このことは，問い「宇宙の重心は存在するのですか？」の答えにある「宇宙のどの時点においても，『自分を中心として』宇宙年齢光年彼方にビッグバン当時の輻射の壁が観察される」と符合する．これが成り立つのは，図 7.25 のようにビッグバンの最初に二つの座標系 K および K' の原点が同じ位置にあることに依っている．

小円上の光源 $s'(\boldsymbol{\Omega}')$ が発する光を運動座標系 K' の原点 O' にある銀河系で観測する単位面積当たりのマイクロ波の $\boldsymbol{\Omega}'$ 方向の角度束 $f(\boldsymbol{\Omega}')$ は，次式で表される．

$$f(\boldsymbol{\Omega}')=\frac{c}{4\pi R'^2}e^{-\Sigma R'}s'(-R'\boldsymbol{\Omega}') \tag{7.74}$$

ここで c は光速，Σ はマイクロ波が散乱または吸収される巨視的断面積である．

マイクロ波束の正味の流れベクトル $\boldsymbol{J}$ を次式で定義する．

$$\boldsymbol{J}=\int_{4\pi}\boldsymbol{\Omega}' f(\boldsymbol{\Omega}')d\Omega',$$
$$J_x=\int_{4\pi}\Omega'_x f(\boldsymbol{\Omega}')d\Omega',\quad J_y=\int_{4\pi}\Omega'_y f(\boldsymbol{\Omega}')d\Omega',\quad J_z=\int_{4\pi}\Omega'_z f(\boldsymbol{\Omega}')d\Omega' \tag{7.75}$$

この流れベクトル $\boldsymbol{J}$ を使うと，ある単位平面の単位法線ベクトルを $\boldsymbol{n}$ とする時，その単位平面を通過する正味のマイクロ波の流れは $\boldsymbol{J}\cdot\boldsymbol{n}$ で表せる[12]．

球面調和関数法を使って，マイクロ波の角度束 $f(\boldsymbol{\Omega}')$ を球面調和関数 $Y_{lm}(\boldsymbol{\Omega}')$ を用いて L を適当な整数として次式のように表そう[13]．

$$f(\boldsymbol{\Omega}')=\lim_{L\to\infty}\frac{1}{4\pi}\sum_{l=0}^{L}(2l+1)\sum_{m=-l}^{l}f_{lm}Y_{lm}(\boldsymbol{\Omega}') \tag{7.76}$$

ただし，球面調和関数は $P_{lm}(\mu)$ をルジャンドルの培関数として次式

$$Y_{lm}(\boldsymbol{\Omega})=\left(\frac{(l-m)!}{(l+m)!}\right)^{1/2}(-1)^m P_{lm}(\mu)e^{im\varphi},\quad \text{ただし}\quad \mu=\cos\theta \tag{7.77}$$

で与えられ，次の直交関係

$$\int_{4\pi}Y^*_{lm}(\boldsymbol{\Omega})Y_{l'm'}(\boldsymbol{\Omega})d\Omega=\frac{4\pi}{2l+1}\delta_{ll'}\delta_{mm'} \tag{7.78}$$

を満たす．ただし記号*は複素共役をとることを意味する．

式 (7.76) の展開係数 f_{lm} は式 (7.78) の直交関係を使うと，次式で与えられることが分かる．

$$f_{lm}=\int_{4\pi}Y_{lm}(\boldsymbol{\Omega}')f(\boldsymbol{\Omega}')d\Omega' \tag{7.79}$$

この展開係数 f_{lm} を使うと，式 (7.75) の流れは次式で与えられる．

---

12) [25]『原子炉物理』，3.1 節．

13) [25]『原子炉物理』，3.2 節．

$$J_x = \int_{4\pi} d\Omega' \Omega'_x f(\boldsymbol{\Omega}') = \frac{1}{\sqrt{2}}(f_{1,-1} - f_{11}),$$
$$J_y = \int_{4\pi} d\Omega' \Omega'_y f(\boldsymbol{\Omega}') = \frac{1}{\sqrt{2}i}(f_{1,-1} + f_{11}),$$
$$J_z = \int_{4\pi} d\Omega' \Omega'_z f(\boldsymbol{\Omega}') = f_{10} \tag{7.80}$$

銀河系で適当な極座標 $K'(\theta',\phi')$ を選び，式 (7.74) の角度束を観測してそれを式 (7.75) で使うと，銀河系でのマイクロ波の正味の流れベクトル $\boldsymbol{J}$ が求まるが，球面調和関数法は座標系の回転に対して不変なので，この流れベクトルの向きは極座標系の方向の選び方に無関係に求まる．この流れベクトル $\boldsymbol{J}$ の方向を新たに x 軸に選ぼう．

マイクロ波の角度束は式 (7.74) に式 (7.70) を使って

$$f(\boldsymbol{\Omega}') = \frac{c}{4\pi R'^2} e^{-\Sigma R'} s'(-R'\boldsymbol{\Omega}') = \frac{c}{4\pi R'^2} e^{-\Sigma R'} s'(R'\boldsymbol{\Omega}')|_{\cos(\pi+\theta')\to -\cos\theta'}$$
$$= \frac{c}{4\pi R'^2} e^{-\Sigma R'} s'(\boldsymbol{R}')|_{a\to -a} \tag{7.81}$$

と表せる．マイクロ波の全束 (total flux) ϕ は，式 (7.81) を全立体角で積分して

$$\phi = \int_{4\pi} d\Omega' f(\boldsymbol{\Omega}') = \frac{c}{4\pi R'^2} e^{-\Sigma R'} \int_0^{\pi} d\theta' \sin\theta' \int_0^{2\pi} d\phi s'(\boldsymbol{R}')|_{a\to -a}$$
$$= \frac{c}{2R'^2} e^{-\Sigma R'} \int_{-1}^{1} d\mu' s'(\boldsymbol{R}')_{a\to -a} = \frac{c}{2R'^2} e^{-\Sigma R'} I_0(a\to -a) = \frac{c}{R'^2} e^{-\Sigma R'} \tag{7.82}$$

と得られる．

マイクロ波の x 軸方向の流れの成分は式 (7.72), (7.81) および $\Omega'_x = \cos\theta'$ を使って

$$J_x = \int_{4\pi} \Omega'_x f(\boldsymbol{\Omega}') d\Omega' = \frac{c}{4\pi R'^2} e^{-\Sigma R'} \int_0^{\pi} d\theta' \sin\theta' \cos\theta' \int_0^{2\pi} d\phi s'(\boldsymbol{R}')|_{a\to -a}$$
$$= \frac{c}{2R'^2} e^{-\Sigma R'} \int_{-1}^{1} d\mu' \mu' s'(\boldsymbol{R}')_{a\to -a} = \frac{c}{2R'^2} e^{-\Sigma R'} I_1(-a) = \frac{c}{R'^2} e^{-\Sigma R'} \frac{2a}{3} \tag{7.83}$$

が得られ，これから式 (7.71) および (7.72) を使って x 軸方向のマイクロ波の

流れと全束との比は

$$\frac{J_x}{\phi}=\frac{\displaystyle\int_{4\pi}d\Omega'\Omega'_x f(\boldsymbol{\Omega}')}{\displaystyle\int_{4\pi}d\Omega' f(\boldsymbol{\Omega}')}=\left.\frac{I_1(a)}{I_0}\right|_{a\to -a}=\frac{2a}{3} \tag{7.84}$$

と求まる．式 (7.70) の $a=x_s/R'$ を使うと，図 7.25 の宇宙の中心から銀河系までの距離 x_s は観測値 J_x/ϕ を使って

$$x_s=aR'=\frac{3R'}{2}\frac{J_x}{\phi} \tag{7.85}$$

より得られる．

すなわち，図 7.25 の銀河系 O' から宇宙の中心 O までの距離 x_s は宇宙背景放射の強度分布の観測値 $f(\boldsymbol{\Omega}')$ を使って式 (7.82) および (7.83) から比 J_x/ϕ の値を得て，それを式 (7.85) で用いて求めることができる．また，銀河系の宇宙の中心に対する運動の速さ V_s は式 (7.63) の最初の式より $V_s \ll c$ のときは

$$V_s=\frac{x_s}{t_s}\fallingdotseq\frac{x_s}{t'_H} \tag{7.86}$$

より得られる．もしこの値が次節で述べるドップラー効果で得られる銀河系の速さと一致すれば本節の推論を立証することになる．銀河系は現在は図 7.25 の位置 O'' に居り，その位置の宇宙の中心からの距離は $2x_s$ である．本節の推論が正しいか否か，今後の検証が望まれる．

7.3.2 銀河系が静止しているときの黒体輻射

我々の銀河系が静止していて温度 T_0 の発光源が速さ v で銀河系から遠ざかっているとき，我々の銀河系で観測される振動数 ν' は発光源の放出する振動数を ν とすると，ドップラー効果を表す式 (6.35) で $V_R=0$ と置いて

$$\nu'=\alpha\nu,\quad \nu=\frac{\nu'}{\alpha},\ \text{ただし}\ \ \alpha\equiv\sqrt{\frac{1-\dfrac{v}{c}}{1+\dfrac{v}{c}}}\leq 1 \tag{7.87}$$

と小さくなる．振動数 ν' に関する振動数分布 $\hat{I}(\nu')$ は

$$\hat{I}(\nu')d\nu'=I(\nu)d\nu,\qquad \hat{I}(\nu')=I(\nu)\frac{d\nu}{d\nu'}=\frac{1}{\alpha}I(\nu) \tag{7.88}$$

より得られる．式 (7.60) を式 (7.88) で使うと，我々の銀河系で観測される振動数分布 $\hat{I}(\nu')$ は

$$\hat{I}(\nu')=N_\nu\frac{{\nu'}^3}{\alpha^4\left(\exp^{\frac{h\nu'}{\alpha k_B T_0}}-1\right)}=N'_{\nu'}\frac{{\nu'}^3}{\left(\exp^{\frac{h\nu'}{k_B T'}}-1\right)},$$

$$\text{ただし}\quad N'_{\nu'}=\frac{N_\nu}{\alpha^4},\quad T'=\alpha T_0 \tag{7.89}$$

と表せる．銀河系で観測される式 (7.89) の振動数分布 $\hat{I}(\nu')$ は黒体が発する式 (7.60) の振動数分布と同じ形をしている．違いは温度 T が $T'=\alpha T_0$ へ減少するだけである．

波数 k は単位長さに含まれる波の数である．すなわち

$$k=\frac{1}{\lambda},\quad \text{これから}\quad \nu=\frac{c}{\lambda}=ck \tag{7.90}$$

と書ける．波数分布 $I(k)$ は

$$I(k)dk=I(\nu)d\nu,\ \text{より}\ I(k)=I(\nu)\frac{d\nu}{dk}=cI(\nu)=N_\nu c^4\frac{k^3}{\exp^{\frac{hck}{k_B T}}-1} \tag{7.91}$$

と書け，振動数分布の式 (7.60) と同じ形である．

すでに書いたように，図 7.22 の十字印は COBE で観測された宇宙マイクロ波背景放射の波数分布 $I(k)$ の観測結果である．この宇宙マイクロ波背景放射の実線のスペクトラムの観測値はプランクの公式，式 (7.91) と完全に一致しているとされている．この測定結果から，温度は $T'=2.725\,\mathrm{K}$ と得られた．高温時の温度 $T_0=3{,}000\,\mathrm{K}$ を使うと式 (7.87) の定数 α は

$$T'=2.725\,\mathrm{K},\quad T_0=3{,}000\,\mathrm{K},\quad \alpha=\frac{T'}{T_0}=9.08\times10^{-4} \tag{7.92}$$

であり，式 (7.87) を使うと

$$\beta=\frac{v}{c}=\frac{1-\alpha^2}{1+\alpha^2}=0.999998,\quad \sqrt{1-\beta^2}=\frac{2\alpha}{1+\alpha^2}=0.00182 \tag{7.93}$$

である．このガス発光源の固有時間 t_H は式 (2.49) に表 7.1 の値 $t'_H=133$ 億年を使うと

$$t_H = t'_H \sqrt{1-\beta^2} = 133\text{億年} \times 0.00182 = 0.242\text{億年} = 2{,}420\text{万年} \tag{7.94}$$

と得られる．これは先に引用した値 38 万年前とは大きく異なる．より正確な計算にはビッグバン直後の加速的膨張を考慮する必要があることを示している．

7.3.3　銀河系が速さ V_s で運動しているときの黒体輻射

COBE による宇宙マイクロ波背景放射の測定で，マイクロ波の温度の非等方性が観測されており，それは我々の銀河系が宇宙マイクロ波背景放射に対して運動することによるドップラー効果であるとされている．今，図 7.26 に示す半径 R' の球の上にある宇宙マイクロ波背景放射のガス発光源が銀河系のある原点 O' に対して速さ v で外向きに運動していて，原点 O' は宇宙の中心に対して速さ V_s で x 軸の正方向へ運動しているとする．この運動を図 6.11 で考えると $V_B \to V_s$ で，ドップラー効果で変化した振動数 ν' は式 (6.35), すなわち $\beta_s = V_s/c$ として

$$\nu' = \frac{\sqrt{1-\beta_s^2}}{1-\beta_s\cos\theta}\sqrt{\frac{1-\dfrac{v}{c}}{1+\dfrac{v}{c}}}\,\nu_0 \tag{7.95}$$

と表せる．この半径 R' の球面から原点 O' へ向かうマイクロ波は図 7.26 に模式的に示されている．

式 (7.95) の振動数 ν_0 を黒体輻射の式 (7.60) へ代入して得られる次式

$$\exp\left(\frac{h\nu_0}{k_B T_0}\right) = \exp\left(\frac{h\nu'(1-\beta_s\cos\theta)}{k_B\sqrt{1-\beta_s^2}\sqrt{\dfrac{1-\dfrac{v}{c}}{1+\dfrac{v}{c}}}\,T_0}\right)$$

$$=\exp\left(\frac{h\nu'}{k_B\sqrt{1-\beta_s^2}\sqrt{\dfrac{1-\dfrac{v}{c}}{1+\dfrac{v}{c}}}(1+\beta_s\cos\theta+\beta_s^2\cos^2\theta+\cdots)T_0}\right)$$

$$=\exp\left(\frac{h\nu'}{k_BT'}\right) \tag{7.96}$$

を使うと，式 (7.89) と同じ形の式が得られる．ただし

$$T'=\sqrt{1-\beta_s^2}\sqrt{\frac{1-\dfrac{v}{c}}{1+\dfrac{v}{c}}}(1+\beta_s\cos\theta+\beta_s^2\cos^2\theta+\cdots)T_0$$

$$\fallingdotseq\sqrt{1-\beta_s^2}\sqrt{\frac{1-\dfrac{v}{c}}{1+\dfrac{v}{c}}}(1+\beta_s\cos\theta)T_0,\quad \beta_s=\frac{V_s}{c} \tag{7.97}$$

である．

x 軸の正方向から来る波の振動数を ν^+, 負の方向から来る波の振動数を ν^- とすると式 (7.95), または式 (6.36) および (6.37), すなわち

$$\nu^+=\nu_0\sqrt{\frac{1+\dfrac{V_s}{c}}{1-\dfrac{V_s}{c}}}\sqrt{\frac{1-\dfrac{v}{c}}{1+\dfrac{v}{c}}},\quad \nu^-=\nu_0\sqrt{\frac{1-\dfrac{V_s}{c}}{1+\dfrac{V_s}{c}}}\sqrt{\frac{1-\dfrac{v}{c}}{1+\dfrac{v}{c}}} \tag{7.98}$$

である．この二つの波のエネルギーの比は h をプランク定数とすると

$$\frac{h\nu^+}{h\nu^-}=\sqrt{\frac{1+\dfrac{V_s}{c}}{1-\dfrac{V_s}{c}}}\Bigg/\sqrt{\frac{1-\dfrac{V_s}{c}}{1+\dfrac{V_s}{c}}}=\frac{1+\dfrac{V_s}{c}}{1-\dfrac{V_s}{c}} \tag{7.99}$$

となる．

振動数 ν^+ に対応するプランクの公式の温度を $T_0+\Delta T$, ν^- に対応するプランクの公式の温度を $T_0-\Delta T$ とする．文献 [45] によると，CMB の平均温度は $T_0=2.728\,\mathrm{K}$，平均温度からのずれは $\Delta T=3.363\,\mathrm{mK}$ であった．この値を式 (7.99) で使うと k をボルツマン定数として

$$\frac{k(T_0+\Delta T)}{k(T_0-\Delta T)}=\frac{1+\Delta T/T_0}{1-\Delta T/T_0}=\frac{h\nu^+}{h\nu^-}=\frac{1+\dfrac{V_s}{c}}{1-\dfrac{V_s}{c}} \tag{7.100}$$

となり，これから

$$\beta_s=\frac{V_s}{c}=\frac{\Delta T}{T_0}=\frac{3.363\times10^{-3}\ \mathrm{K}}{2.728\ \mathrm{K}}=1.23\times10^{-3} \tag{7.101}$$

が得られる．式 (7.99) は

$$\frac{h\nu^+}{h\nu^-}=\frac{1+1.23\times10^{-3}}{1-1.23\times10^{-3}}\fallingdotseq 1+2\times1.23\times10^{-3} \tag{7.102}$$

であり，我々の銀河系の CMB の発光源に対する運動の速さは

$$V_s=c\beta_s=3.00\times10^5\,\mathrm{km}\times1.23\times10^{-3}=370\,\mathrm{km/s} \tag{7.103}$$

と得られる．

図 7.28 に我々の銀河系で観測された CMB のドップラー効果による振動数の変化を示す[14]．元図はカラーであり，青色はドップラー効果による振動数の増加，橙色は振動数の減少を示している．ドップラー効果により，図 7.28 の左下の位置から来る宇宙背景放射のエネルギーは 0.123%大きく見え，その反対側の右上から来るマイクロウエーブのエネルギーは 0.123%低く見える．このことから我々の銀河系は図の左下の青色の最も振動数の高い方向へ CMB の発光源に対して 370 km/s の速さで運動していることになる[15]．

これは宇宙には CMB が静止している座標系が存在することを示しており，宇宙は空間的に一様かつどの方向も同じで特別の場所はないとする「コペルニクスの原理」に矛盾するように見える．宇宙に端がなくどの位置も同等だとすると，この銀河系が振動数の高い方向へ 370 km/s の速さで運動していることが何を意味するのか理解しがたい．引用した上記のサイト (CMB Dipole: Speeding Through the Universe) では，この高速度は予期されていなかった，

[14] `http://apod.nasa.gov/apod/ap010128.html` (2001 January 28) より．

[15] 引用した上記のサイトでは我々の銀河系 (the Local Group, 天の川銀河) は青色の最も振動数の高い方向へ 600 km/s の速さで運動していると書いている．太陽系は我々の銀河系に対して約 230 km/s の速さで運動しているので，我々の太陽系の CMB に対する速さは (600−230) km/s = 370 km/s となる．

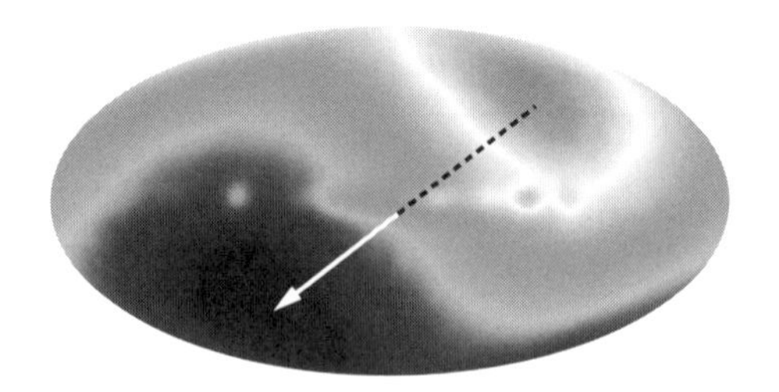

図 7.28　CMB のドップラー効果の 1 次の非等方性．原図はカラー写真で右上が橙色，左下が青色．我々の銀河系は図の右上の橙色の位置から左下の青色の方向へ宇宙の中心に対して速さ 370 km/s で運動している (画像提供：DMR, COBE, NASA, Four-Year Sky Map).

その大きさは未だ説明できていない，と書かれている．

宇宙が有限の大きさの 3 次元空間で有限の大きさであれば宇宙には中心や重心があるはずで，宇宙の端に近ければ観測できる天体の数は図 7.26 のように観測の方向によって大きく増減するはずである．図 7.27 に示す運動座標系 K' を考えれば，コペルニクスの原理と宇宙に中心があることは矛盾しない．コペルニクスの原理が成り立っていても宇宙には中心があり得るし，宇宙には中心がないとは言えない．

図 7.8 の時間 $t'_H = 133$ 億年，$R' = ct'_H$ を使うと式 (7.70) の a および式 (7.63) の x_s は式 (7.101) を使って

$$a = \frac{x_s}{R'} = \frac{x_s}{x'_H} = \frac{V_s t_s}{ct'_H} \fallingdotseq \frac{V_s t_s}{ct_s} = \frac{V_s}{c} = \beta_s = 1.23 \times 10^{-3}, \quad \beta_s = \frac{V_s}{c} \tag{7.104}$$

$$x_s = aR' = ax'_H \fallingdotseq \beta_s x'_H = 1.23 \times 10^{-3} \times 133\,\text{億光年} = 0.163\,\text{億光年} \tag{7.105}$$

である．すなわち，本章の特殊相対性理論による宇宙論では，宇宙の中心は図 7.28 の右上の方向にあり，CMB の温度変化は式 (7.97) で与えられることになる．また，銀河系は宇宙の中心から図の青色の方向へ現在は図 7.25 の位置 O'' の $2x_s = 2 \times 0.163$ 億光年 $= 0.326$ 億光年の位置へ移動したことになる．

7.3.4　銀河系の運動による振動数変化と強度変化の関係

7.3.1 節で，我々の銀河系で観測される CMB の強度分布の 1 次の異方性を測定すると，式 (7.85) より銀河系の宇宙の中心からの距離 x_s を測定できるこ

とを示したが，この x_s と，CMB のドップラー効果から得られる式 (7.86) の x_s が同じ観測値を得られるか否かが問題になる．すなわち，CMB のマイクロ波のドップラー効果の測定と，マイクロ波の強度分布の測定は物理的に別個の測定であり，両者が同じ x_s を与えなければ理論に矛盾があることになる．

CMB の強度分布の 1 次の異方性と CMB のドップラー効果の 1 次の異方性の関係を調べよう．ドップラー効果で振動数の最も高い光の来る方向を $\theta'=0$ とする．式 (7.74) に式 (7.70) を使うと

$$f(\theta')=s_0\frac{cR^2}{R'^4}e^{-\Sigma R'}\frac{1+a\cos\theta'}{(1+a^2+2a\cos\theta')^{3/2}},\quad a=\beta_s=\frac{x_s}{R'}=\frac{x_s}{x'_H} \tag{7.106}$$

となる．$a\ll 1$ のときは次式

$$\frac{1+ax}{(1+a^2+2ax)^{3/2}}=1-2ax-\frac{3}{2}(1-3x^2)a^2+\cdots \tag{7.107}$$

を使うと式 (7.106) は

$$f(\theta')=N\left(1-2a\cos\theta-\frac{3}{2}(1-3\cos^2\theta)a^2+\cdots\right),\quad N=s_0\frac{cR^2}{R'^4}e^{-\Sigma R'} \tag{7.108}$$

と書ける．

この式で $\theta'=0$ と置き，そのときの光束を $f(\theta')|_{\theta'=0}$ と書くと，$a\ll 1$ のとき

$$f(\theta')|_{\theta'=0}\fallingdotseq N(1-2a) \tag{7.109}$$

と表せ，反対側から来る $\theta'=\pi$ の光の強度は

$$f(\theta')|_{\theta'=\pi}\fallingdotseq N(1+2a) \tag{7.110}$$

となる．$f_0=N$, $\Delta f=2aN$ と置くと，上の式は

$$f(\theta')|_{\theta'=0}=f_0-\Delta f,\quad f(\theta')|_{\theta'=\pi}=f_0+\Delta f,\quad f_0=N,\quad \Delta f=2aN \tag{7.111}$$

と書け，式 (7.104) を使うと

$$\frac{\Delta f}{f_0}=2a=2\frac{V_s}{c} \tag{7.112}$$

と表せる．銀河系が速さ V_s で運動をしているときのドップラー効果による温度 T_0 の上昇 ΔT を使うと，式 (7.101) より $\Delta T/T=V_s/c$ なので式 (7.112)

より

$$\frac{\Delta f}{f_0}=2\frac{\Delta T}{T_0}, \quad \text{すなわち} \quad \frac{\Delta T}{T_0}=\frac{1}{2}\frac{\Delta f}{f_0} \tag{7.113}$$

を得る．すなわち，本章の特殊相対性理論を使った物理モデルではドップラー効果による振動数変化と輻射の強度変化の間には式 (7.113) の関係がある．ここで注意すべきは，式 (7.111) から分かるようにエネルギーの高い光子の来る方向と輻射強度の高い方向はお互いに逆方向であることである．

Erickcek [46] は次節で述べるインフレーションの初期に空間に非等方性があったからだとする記事の 11 ページに次の式を書いている．

$$\frac{\Delta P_{\psi,\sigma}}{P_{\psi,\sigma}}=-2\frac{\Delta\sigma}{\sigma} \tag{7.114}$$

この式で P は温度，σ はマイクロ波の振幅である，すなわち，本節の記号を使うと $P\to T,\sigma\to f$ である．それゆえ符号は同じであるが式 (7.114) は式 (7.113) と因子 2 は 1/2 とで異なる．CMB の輻射強度の観測方向による変化は観測されており，正方向と逆の負方向の輻射強度の変化もまったく同じ形であることが観測されている[16]．CMB の非等方成分を説明する最新の論文には文献 [47] があるが，説明は複雑である．式 (7.113) と式 (7.114) のどちらが観測値に合うのか，今後の検討が必要である．

7.4 インフレーション宇宙

佐藤勝彦は宇宙の創生について，図 7.29 のようなインフレーション宇宙を提唱している ([48] p.53)．このインフレーション宇宙論では，インフレーションは宇宙創成の 10^{-36} 秒後に始まり，10^{-11} 秒後に終わるきわめて短い時間に起きた宇宙の異常膨張であるとされている．そのとき，宇宙はインフレーション前の大きさが究極の粒子といわれる素粒子よりもはるかに小さい直径 10^{-33} cm で温度は 10^{28} K からインフレーション直後，いわゆるビッグバン開始のときには，直径 1 cm 以上で温度は 10^{16} K になったとされている．すなわ

[16] The CMB and our peculiar velocity - ictp - saifr (Adobe PDF) cmb.dipole.ICTP-SAIFR-2014.pdf, The CMB and our peculiar velocity. Miguel Quartin. Instituto de Fisica. Univ. Fed. do Rio de Janeiro. ICTP-SAIFR - Dec 2014.

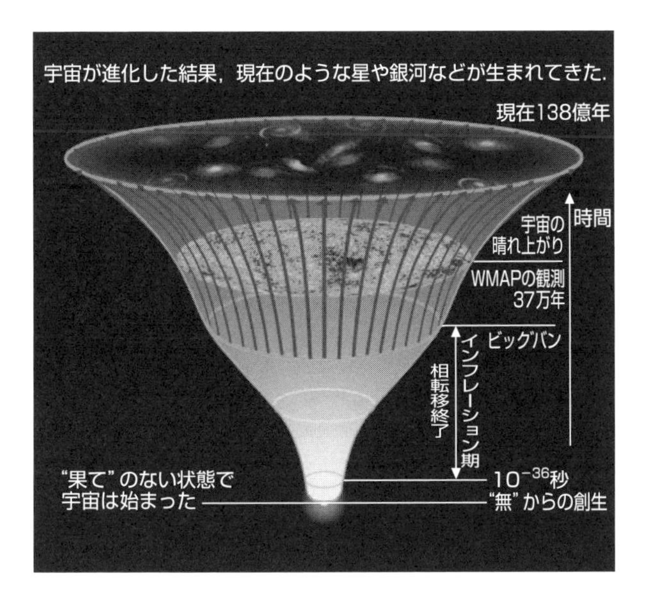

図 7.29　現在の宇宙創生と進化のパラダイム．"無" から生まれた宇宙はインフレーションによってマクロな宇宙となった ([48] 岡村定矩ほか編 p.53).

ち，図 7.29 でインフレーションが終わりビッグバンが起きるときの宇宙の大きさはわずかに 1 cm である!!

図 7.29 では図 7.1 のインフレーションと書かれている部分が大きく拡大されている．すなわち，わずか 10^{-11} 秒間のインフレーションが 138 億年まで書かれている図の半分近く，わずか 1 cm のビッグバン開始時の大きさが 138 億光年の半分近くに描かれている．

もしこのインフレーション宇宙論が正しければ，ビッグバン開始時の宇宙の大きさが 1 cm であったか否かは別として，それは宇宙が局所的な 1 点から膨張を始めたとするビッグバン宇宙論の根拠を与えることになる．すなわち，インフレーション宇宙論は現在直径が約 138 億年とされる巨大な宇宙が 1 点で生まれたとするビッグバン宇宙論の強力な理論的な根拠を与えることになる．どの時点から特殊相対性理論でその膨張が説明できるようになったかは明らかではないが，現時点の膨張はほぼ等速度運動であり本章の特殊相対性理論による宇宙の膨張の説明が成り立つはずである．

7.5　結語

ビッグバンによる宇宙の膨張は本章で述べた特殊相対性理論による簡単なモデルでは到底定量的で正確な説明は不可能であり，単に特殊相対性理論ではここまでの説明しかできないという特殊相対性理論の限界を示したものと見るべきである．しかし，少なくとも特殊相対性理論を使うと，最初に指摘した幾つかの疑問へは次のような説明ができることを示した．

(1)　天体が図 7.4 のように直線上に並ぶことは，ビッグバンの初期に適当な加速運動があったと仮定すると説明することができる．加速運動がないときは直線ではなく，図 7.9 に示すように曲線になる．直線か曲線かを確かめるには，多くの観測点を図に書き込むことが望ましい．

(2)　遠方にある星や銀河は，遠ければ遠いほどビッグバンに近い時間で生まれた天体である理由は，図 7.8 に示すように特殊相対性理論の高速で運動する物体の固有時間は遅れることに基づいている．銀河系から遠方にある星や銀河は，遠ければ遠いほどより高速で運動しており，より固有時間は遅れる．もし，天体の運動の速さがほとんど光速であれば天体の固有時間はほとんど止まっておりそのような高速の天体はバッグバン直後の状態のままであり，その天体の発する光を観測することによりビッグバン直後の天体の様子を知ることができる．

(3)　一般相対性理論の宇宙論では宇宙は風船の表面なようなもので，宇宙の中心という特別な位置は存在しないとする宇宙原理が成り立っているとされている．特殊相対性理論の光速度不変の原理を使うと，宇宙に中心があっても宇宙のどの位置でもそこがあたかも宇宙の中心であるかのように銀河が観測されることを示した．この説明では，ビッグバン宇宙論の地平線問題の困難は図 7.19 に示したように解消される．

(4)　ビッグバンの初期に宇宙の中心から外向きに放出された光は鏡で反射されない以上，観測できないはずである．このガス発光源が光速に近い速さで飛び散ると，そのガス発光源の固有時間はほとんど止まっているので，図 7.8 から分かるようにビッグバン直後に発した光を観測できることになる．

(5)　宇宙背景放射の光 (電磁波) の観測される温度変化の 1 次の非等方性は我々の銀河系の宇宙の中心 (重心) に対する運動によるドップラー効果による

ものであり，ドップラー効果から得られる速度 370 km/s は我々の銀河系の宇宙の中心に対する運動の速さを示している．この値から宇宙の年齢を 133 億年とすると，我々の銀河系は宇宙の中心 (重心) から現在は図 7.25 の O'' の位置まで $2x_s = 2 \times 0.163$ 億光年 $= 0.326$ 億光年の位置へ移動したことになる．

(6) 我々の銀河系が宇宙の中心にあると見なせるとしている現在の一般相対性理論の宇宙論は，中世の地球が宇宙の中心とする天動説に相当するとも言える．天動説では地球から見ると惑星が行ったり来たりする運動を説明するために周転円を考えねばならない複雑さがあったが，地動説ではそれが不要となりより簡潔になった．同様に，観測される CMB の非等方性を現在の理論で説明するためには，元々宇宙の始まりのときに非等方性を持っていると仮定せねばならない複雑さがある．本章の我々の銀河系が宇宙の中心ではないとする説明では，CMB の非等方性は我々の銀河系の宇宙の中心に対する運動で説明できるので，理論はより簡単である．しかし，本章で導いた式 (7.70) や式 (7.113) 等の式の妥当性は，今後観測値との比較等で詳細な検討が必要である．

(7) 地上の実験室では特殊相対性理論の光速度不変の原理に基づいて運動する時計の遅れは無視できるほど小さいが，天体の観測ではそれらの現象は圧倒的に巨大である．約 138 億年前のビッグバン直後に発した光やビッグバン直後に生まれた天体を地球から観測できるのは，それらの固有時間が 100 億年以上も遅れたからであり，現在の最新の望遠鏡で観測されるビッグバンと宇宙膨張の壮大なドラマを理解するには，少なくとも特殊相対性理論の正確な知識は必須である．

第II部

一般相対性理論

第 II 部の概要

特殊相対性理論は重力が無視できる場で，一定速度で運動する慣性系での粒子や光子の運動を取り扱っていた．重力が働く場での粒子や光子の運動を取り扱うのが一般相対性理論であり，重力場の理論とも呼ばれている．

電場 $\boldsymbol{E}(\boldsymbol{r})$ に対するマクスウェルの方程式は静止座標系 $K(\boldsymbol{r})$ では式 (3.6) の形

$$\frac{1}{c^2}\frac{\partial^2 \boldsymbol{E}(\boldsymbol{r})}{\partial t^2} = \nabla^2 \boldsymbol{E}(\boldsymbol{r})$$

と書け，$K(\boldsymbol{r})$ に対して一定速度で慣性運動をしている座標系 $K'(\boldsymbol{r}')$ では式 (3.11) の形

$$\frac{1}{c^2}\frac{\partial^2 \boldsymbol{E}(\boldsymbol{r}')}{\partial t'^2} = \nabla'^2 \boldsymbol{E}(\boldsymbol{r}')$$

と書けた．すなわち，マクスウェルの方程式はローレンツ変換に対して式の形は不変であった．

ニュートン力学では $\rho(\boldsymbol{r})$ を質量分布とすると，重力によるポテンシャルエネルギー $\phi(\boldsymbol{r})$ は次式

$$\nabla^2 \phi(\boldsymbol{r}) = 4\pi G \rho(\boldsymbol{r}) \tag{1}$$

で得られ，質量 m に対する運動方程式は

$$m\frac{d^2 \boldsymbol{r}}{dt^2} = -\nabla \phi(\boldsymbol{r}) \tag{2}$$

である．式 (1) および (2) はローレンツ変換に対して不変ではない．ローレンツ変換と両立しないことは，式 (1) で定まるポテンシャルエネルギーは瞬時に宇宙の全空間に分布し，式 (2) で運動する粒子は光速度を超えることができ，光速度を超える物理現象はないとする特殊相対性原理と矛盾することからも分かる．特殊相対性原理をみたさない式 (1) および (2) に代わる重力場の運動方程式を導くのが一般相対性理論の目的である．

第 II 部では重力の働く場での運動をリーマン幾何学を使わないで初心者にも分かりやすく説明する．その要点は次のようである．

(1) デカルト座標系の二つの円に接した各辺が dr および $rd\theta$ の四辺形は，

解析的延長により双曲線に接する各辺が dr および $ird\hat{\theta}$ の平行四辺形となる．その平行四辺形で $dr \to dx'$，$dy = id\hat{y} = icdt'$ と置くと，座標系 $K(dx', icdt')$ は双曲線に接する局所座標系と見なせる．

(2)　この双曲線上の運動は微小時間 dt' 内では一定速度の運動と見なせ，この局所座標系 $K(dx', icdt')$ は一定の等速運動を行っている系の局所慣性座標系と見なせる．

(3)　一般相対性理論の基本原理である重力場と加速度場の等価原理を使うと，双曲線に接する局所慣性座標系 $K(dx', icdt')$ は重力場の局所慣性座標系と見なせる．

(4)　この局所慣性座標系 $K(dx', icdt')$ での 2 点間の距離の 2 乗の ds^2 は 1 点にある質量が作る重力場を表すシュバルツシルトの解と同じ形となり，シュバルツシルトの解の物理的な意味をよく理解することができる．

(5)　シュバルツシルトの解を使って，水星の近日点移動，太陽の重力場による光の湾曲や重力場での時間の遅れを求め，GPS への時間遅れの補正量も求める．

(6)　現在重力波の検出はマイケルソン–モーレイの干渉計を使って行われているが，重力場では光の波長も収縮し，マイケルソン–モーレイの干渉計で検出するのは難しいことを説明した．光の進路が重力場で曲がることを利用した重力波の検出法を説明する．

(7)　ブラックホールへ向かう (落下する) 質点や光はシュバルツシルト半径に近づくにつれて速度が遅くなり，光でさえその速さはシュバルツシルト半径では零となる．その結果，シュバルツシルト半径に到達する時間が無限大になり光も質量もシュバルツシルト半径を超えて中へ入れないという不思議な解が得られる．上記の局所座標系 $K(dx', icdt')$ の変数を使うと光や質点も有限の時間内にシュバルツシルト半径を超えてブラックホールへ落下することを示した．

第8章

等価原理と質量による重力場

アインシュタインは一般相対性理論で次の二つの原理を仮定した.

(1) 一般相対性原理 (General Principle of Relativity)

(2) 等価原理 (Equivalence Principle)

一般相対性原理は, 特殊相対性理論の原理である「いかなる慣性系においても物理法則は不変である」を加速度系および重力系へ拡張し,「いかなる座標系においても物理法則は不変である」と仮定した. また, アインシュタインは重力の働く場での運動方程式を導くために等価原理が必須であることに気付いた. 一般相対性理論の物理的な基礎として, アインシュタインが仮定した等価原理は, 次の3点である [49](p.57).

1. 慣性質量と重力質量は等しい.
2. 重力は慣性力と等価である.
3. 局所慣性系では, 重力を含まないよく知られた特殊相対論の法則が成り立つ.

1番目の慣性質量と重力質量は等しいとする「慣性質量と重力質量の同等性原理」[1] は弱い等価原理, 2番目の重力は慣性力と等価とする原理は, 強い等価原理と呼ばれている. 3番目の局所慣性系は重力がある場で自由落下して物体がふわふわと浮きあたかも重力がないように見える系と重力のない場所で加速度運動を行ってあたかも重力があるように見える系がある. 本章ではこれら

[1] ドイツ語では Satz von der Gleichheit, 今は等価原理 (Äquivalenzprinciple) が良く使われる ([5] p.92).

の等価原理について考る.

8.1 慣性質量と重力質量の等価原理

ニュートン力学では質量 m は，f を外力 α を加速度として運動方程式

$$m_I \alpha = f \tag{8.1}$$

と二つの物体の間に働く力

$$f = -G\frac{m_G M}{r^2} \tag{8.2}$$

の二つの式で使われる．負符号は引力の方向が $r \to 0$ へ向くので必要である．前者の運動方程式で使われる質量 m_I は慣性質量，後者の重力の式で使われている質量 m_G は重力質量と呼ばれ，G は万有引力定数である．

地上で物体が自由落下するときは式 (8.1) の外力に式 (8.2) の重力を代入して質点の運動方程式は M を地球の重力質量，r を地球の中心から質点 m_G までの距離として

$$m_I \alpha = -G\frac{m_G M}{r^2} \tag{8.3}$$

と表せる．これから質点の加速度は

$$\alpha = -\frac{m_G}{m_I}\frac{GM}{r^2} \tag{8.4}$$

と得られる．

もし，慣性質量と重力質量が等しくなくても常に一定の定数で比例すれば，すなわち

$$m_G/m_I = k \tag{8.5}$$

と置いたときに k が m_I および m_G に無関係な定数であれば，式 (8.2) で $G' = kG$ と置いて重力定数 G の値を変えることで，慣性質量と重力質量の比を 1 とすることができる．それゆえ問題は，慣性質量と重力質量の比が物体ごとに変わることがあるのかないのかである．

もし，慣性質量と重力質量の比が物体ごとに変わらなければ，そして，すべ

ての物質に対して $m_I = m_G$ が成り立てば，式 (8.3) は

$$m_I \alpha = -G\frac{m_I M}{r^2}, \qquad \alpha = -\frac{GM}{r^2} \tag{8.6}$$

と書け，加速度 α は物体の質量 m_I と無関係に同一となり，すべての物体は質量の大きさに無関係に同じ加速度 α で落下することになる．

慣性質量と重力質量が等しいか否か，すなわち $m_I = m_G$ がすべての物体に対して成り立つか否かは自明ではない．例えば，天秤で計ってリチウムと鉄の塊を 1 kg ずつ作ったとする．このときは両者の重力質量が等しいことになる．このとき，両者の慣性質量も等しいのか，否かの問題である．

リチウム ^{6}Li および ^{7}Li の 1 核子当たりの結合エネルギーは約 5.6 MeV, 鉄の 1 核子当たりの結合エネルギーは約 8.8 MeV であり，鉄は最も結合の強い原子核である．このことは，離れている陽子と中性子をくっつけてリチウムを作るときは 1 核子当たりの約 5.6 MeV の γ 線を放出するが，鉄を作るときは 1 核子当たり約 8.8 MeV の γ 線エネルギーを放出すると言うことである．つまり，鉄に比べるとリチウムは 1 核子当たり 8.8 MeV−5.6 MeV=3.2 MeV の γ 線を吸収した高いエネルギー状態にあるということになる．この 1 核子当たり 3.2 MeV の γ 線を吸収した高いエネルギー状態のエネルギーが，原子核の慣性質量と重力質量の両方に同じように寄与するのか，それとも違いがあるのかという問題と捉えることもできる．

核子当たりの質量を付録 E に示されている原子質量単位 931.5 MeV を使うと，リチウムと鉄の結合エネルギーの差の質量に対する割合は (8.8−5.6) MeV/931.5 MeV $= 3.4\times10^{-3}$ である．それゆえ，1%の精度の 3.4×10^{-5} の精度以上で慣性質量と重力質量の比を測定できれば，γ 線光子のエネルギーの慣性質量と重力質量への寄与はその精度で等しいと言えることになる．

太陽は大部分が水素のガス体であるが，後に引用するように毎秒 400 万トン以上の太陽の質量が光のエネルギーに変換されているとされ [53] (p.115), もし,「慣性質量と重力質量の同等性定理」が成り立てば，その光子も太陽の慣性質量と重力質量へ同じ寄与をすることになるはずである．

物体の落下速度は物体の重さに無関係に一定であることは，最初にガリレ

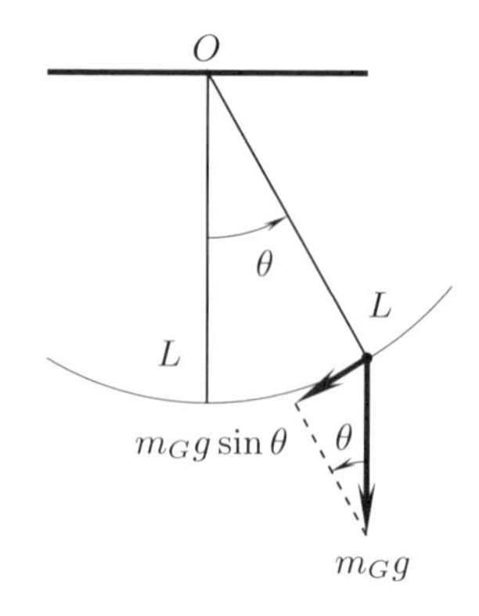

図 8.1　長さ L の紐の先端に重力質量 m_G の付いた単振子.

オ・ガリレイ (1564–1642) によって示された[2]).

ニュートンは振り子の振動の周期を計ることにより，10^{-3} の精度で慣性質量と重力質量が等しいことを示したと言われている．その原理を簡単に説明しよう．高校の物理で教わるように，図 8.1 の振動の微小な角度 θ について，次のニュートンの運動方程式が成り立つ.

$$m_I L\frac{d\theta^2}{dt^2} = -m_G g\theta, \quad \omega = \sqrt{\frac{gm_G}{Lm_I}} \quad \text{と置くと} \quad \frac{d\theta^2}{dt^2} = -\omega^2\theta \tag{8.7}$$

ただし，m_I,m_G,L,g はそれぞれ振子の慣性質量，重力質量，紐の長さおよび重力加速度である．この振動の式の解は A を定数として

$$\theta = A\mathrm{sin}\omega t, \quad \text{振動の周期} \ T \ \text{は} \ \ T = \frac{2\pi}{\omega} = 2\pi\sqrt{\frac{Lm_I}{gm_G}} \tag{8.8}$$

で与えられる．重さの異なる物体を使って周期を計ることにより，慣性質量と重力質量の比が変化するか否かを知ることができる.

しかし，この方法では重りを取り替えて周期を計ってその値を比較せねばならない．ローランド・エトヴェシュ (R. von. Eötvös, 1848-1919) は，二つの

---

[2]) ピサの斜塔の上から重さの異なる大小 2 種類の球が同時に地上に到達することを示した実験として有名である．しかし，実際にガリレオが行った実験は，斜めに置いたレールの上を，重さが異なり大きさが同じ球を転がす実験であり，斜めに転がる物体であればゆっくりと落ちていくので，これで重さによって落下速度が変わらないことを実証したと言われている．朝永振一郎『物理学読本』，みすず書房，1981 年，第 2 版 (1981) p.9.

重りを一つの振子に取り付け，その二つの振子の慣性質量と重力質量の差を直接計る方法を考案した．すなわち，彼の方法では二つの物質 A と B の比

$$\eta=\frac{\left(\frac{m_{IA}}{m_{GA}}-\frac{m_{IB}}{m_{GB}}\right)}{\frac{1}{2}\left(\frac{m_{IA}}{m_{GA}}+\frac{m_{IB}}{m_{GB}}\right)} \tag{8.9}$$

を求めた．

エトヴェシュは遠心力を生じる回転に，地球の自転を利用した．彼は，1889年に実験を行い，1890年に慣性質量と重力質量の差 η は 5×10^{-8} 以下であると報告した．これは，アインシュタインが慣性質量と重力質量の等価性を使って一般相対性理論を1915年に確立する25年も前のことであった．現在でも米国ワシントン大学 (ワシントン州) を中心として，1987年から Eot-Wash 実験が続けられて，およそ，10^{-12} の精度で等価原理が確かめられている[3]．

8.2 重力場で自由落下する実験室は局所慣性系と見なせる

重力場が一様でなくても重力による加速度 g の非一様性が検出されないほど小さい実験室で短い時間で実験を行った場合には，慣性質量と重力質量が等しいことを使うと，次の原理が成り立つ．

等価原理 1 重力場を自由落下している十分小さな実験室で十分短い時間で実験を行ったときと，重力の働かない空間の慣性系で同じ実験したときの結果は区別できない [51] (p.111).

等価原理 2 時空内の任意の点を囲む無限小領域では重力を消し去ることができ，そこでは特殊相対論の法則が成り立つ [52] (p.93).

この無限小領域の座標系は局所慣性系または局所ローレンツ系とも呼ばれる．重力場で自由落下する実験室内では見かけ上重力は存在せず，局所的には慣性系と見なせる二つの場合を具体的に考えよう．図8.2は，小さな実験室が地球の中心へ垂直に自由落下している様子を示している．エレベーターが下が

---

[3] The Eot-Wash Group,
`https://www.npl.washington.edu/eotwash/equivalence-principle` (2017.10.25).

るときに実感するように，自由落下している実験室内では重力が働かないように見えるが，それを式を使って示そう．

図8.2の地球に固定された静止座標系を$K(x,y)$, 上空から自由落下する実験室に固定されている座標系を$K'(x',y')$とする．時刻$t=0$に落下する実験室の座標系K'の原点は地球の中心からrの位置にあるとすると，座標系K'の位置y'は，座標系Kでは重力による加速度をgとすると

$$y=r+y'-\frac{1}{2}gt^2 \tag{8.10}$$

と表され，これを時間で2回微分すると

$$\frac{d^2y}{dt^2}=\frac{d^2y'}{dt^2}-g \tag{8.11}$$

を得る．

位置yにある質量mの物体に対するニュートンの運動方程式は

$$m_I\frac{d^2y}{dt^2}=-m_Gg \tag{8.12}$$

と書ける．式(8.12)を式(8.11)で使うと

$$m_I\frac{d^2y'}{dt^2}=(m_I-m_G)g \tag{8.13}$$

が得られるが，弱い等価原理より$m_I=m_g$なので

$$m_I\frac{d^2y'}{dt^2}=0 \tag{8.14}$$

が得られる．これは，自由落下する実験室内では重力は働かず，慣性系であることを示している．

図8.3は宇宙実験室が地球の周りを回っている場合で，このときも実験室は自由落下しており，重力と見かけの遠心力が釣り合って実験室内では，重力が働いていないように見えることを示そう．図の地球の静止座標系Kから見た宇宙実験室系K'の原点の位置(x,y)は次式で表せる．

$$x=r\cos\omega t+x', \qquad y=r\sin\omega t+y', \qquad \omega t=\varphi \tag{8.15}$$

時間で2回微分すると

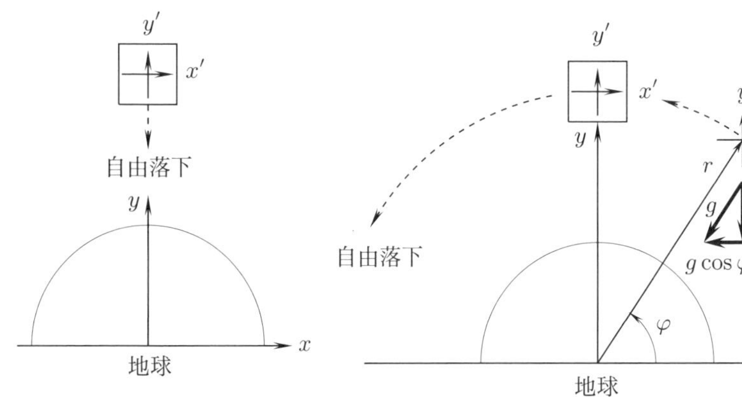

図 8.2 地球の中心へ垂直に自由落下している実験室．物体には重力が働いていないように見える．

図 8.3 地球の周りを回っている宇宙実験室．重力と遠心力が釣り合って重力が働いていないように見える．$\varphi=\omega t$.

$$\frac{d^2x}{dt^2}=-\omega^2 r\cos\omega t+\frac{d^2x'^2}{dt^2}, \qquad \frac{d^2y}{dt^2}=-\omega^2 r\sin\omega t+\frac{d^2y'^2}{dt^2} \tag{8.16}$$

を得る．

図の静止座標系 K から見た位置 (x,y) にある質量 m に対するニュートンの運動方程式は

$$\begin{aligned} m_I\frac{d^2x}{dt^2}&=-m_G g\cos\omega t,\\ m_I\frac{d^2y}{dt^2}&=-m_G g\sin\omega t \end{aligned} \tag{8.17}$$

である．式 (8.16) を代入し，遠心力の加速度 $r\omega^2$ と重力加速度 g が釣り合い $r\omega^2=g$ であることを使うと

$$\begin{aligned} m_I\frac{d^2x'}{dt^2}&=(m_I r\omega^2-m_G g)\cos\omega t=(m_I-m_G)g\cos\omega t,\\ m_I\frac{d^2y'}{dt^2}&=(m_I r\omega^2-m_G g)\sin\omega t=(m_I-m_G)g\sin\omega t \end{aligned} \tag{8.18}$$

弱い等価原理 $m_I=m_G$ を使うと

$$m_I \frac{d^2 x'}{dt^2} = 0, \qquad m_I \frac{d^2 y'}{dt^2} = 0 \tag{8.19}$$

が得られ，局所座標系 $K'(x',y')$ では重力の働かない慣性系と見なせる．

図 8.2 および 8.3 の局所慣性系 K' は，静止座標系 K から見ると，短い時間内では，一定の速さで運動していると見なされるので，局所慣性系 K' と静止座標系 K の間では，特殊相対性原理が成り立たねばならない．すなわち，両者の座標系の間ではローレンツ変換が成り立たねばならない．それゆえ，座標系 K' は局所ローレンツ系と呼ばれる．

例えば，図 8.2 で局所座標系 K' は静止系 K に対して，短い時間内ではある一定の速度で運動しており，静止系 K から見ると運動系 K' の速度に対応して K' 系の時計は遅れ，y' 方向の長さはローレンツ収縮する．次に考える加速系と重力系の等価原理を使うと，加速系の時間遅れや長さのローレンツ収縮から重力場での時間遅れや長さの収縮を求めることができる．

8.3　局所重力系と局所慣性系の等価原理

前節の場合と逆に，重力場から離れた重力が働いていない場で，実験室を引っ張って加速度運動をさせると，実験室内では重力が働いているかのようにすることができる．慣性質量と重力質量が等価であることを利用すると，一般相対性理論の基本原理である次の原理が成り立つ．

等価原理 3　重力場での加速運動と重力のない場で外力で加速運動する現象は同等であり，物理的に区別できない．

アインシュタインはその著書の第 20 章に，重力による加速と，力の作用によって生じる力学的な加速が等価であることを次のように説明している (太字は筆者)．

> **第 20 章　一般相対性公準の論拠としての慣性質量および重力質量の同等性**
>
> われわれは，空虚な宇宙空間の広大な部分を考える．それは星や他の有力な質量からたいへん遠ざかっているので，ガリレイの根本原理で予見される場合を十分正確に表わしていると考えられる．このときこの世界の部分に対して，相対的に静止している点は静止しつづけ，運動している点は直線的に一様な運動をつづけるように，ガリレイの基準体を選ぶことができる．基準体として，部屋の形をした広大

な箱を考える．その中に装置を備えた観測者がいる．この観測者にとって，もちろん重力というものは存在しない．したがって，観測者は紐でからだを床に縛りつけておかねばならない．そうしないと，ほんの少しでも床を突っついただけで，部屋の天井の方へふわりと浮かび上がってしまうであろう．

箱の蓋の中央外部にザイルをつけたハーケンが取りつけられて，われわれには無関係な種類の存在者が一定の力でこれを引き始めるとせよ．そのとき，箱は観測者もろとも一様な加速度運動で〈上方〉へ飛びはじめる．その速度は時間のたつにつれて，想像もつかない大きさへと増大する――すべて綱で引かれていない別の基準体からこれを判断しているものとして，である．

しかし，箱の中の人はこの過程をどう判断するだろうか？ 箱の加速度は，箱の床そのものの反動によってその人に伝えられる．したがって，その人が床の上に横になって寝ていたいと思わなければ，脚でその圧力を感知するにちがいない．そのときには彼は，まったくわが地球上の家の部屋の中にいる人のように，箱の中に立っていることになる．もしも彼が前から手に持っていた物体を放すならば，それにはもはや箱の加速度は伝わらないであろう．したがって物体は，箱の床に相対的な加速度運動をして近づくであろう．さらに観測者は，**たとえどのような物体についてその実験をやってみても，物体の床に対する加速度がつねに同じ大きさになる**ことを確信することだろう．

したがって箱の中の人は，前の章で語ったような重力場の知識にもとづいて，自分が箱ぐるみでほとんど時間的に一定な重力場にあるという結論に達するだろう．もちろん，箱が重力場に置かれていても落下しない点を，一瞬だがいぶかしく思うだろう．

しかしそのとき，屋根の中央にハーケンがあって，それにピーンとザイルが張られているのを発見する．そのことから，箱は重力場に静かに吊るされているという結論に達する．

われわれはその人のことを嘲笑して，事態の把握を間違えているといってよいだろうか？ 私が思うに，われわれが論理の一貫性を守りたいならばそうすべきではないし，彼の把握方法が理性とも，またこれまでにわかっている力学法則とも衝突しないことを認めなければならない．その人が先に考察した〈ガリレイ空間〉に対して加速されているときでもなお，われわれはその箱が静止していると見なすことができる．**したがって，たがいに相対的に加速している基準体にも相対性理論を拡張するのに十分な根拠をわれわれはもつことになり，普遍化した相対性公準に対する有力な論拠を得るにいたった．**

この把握方法が可能になるのは，**すべての物体に同じ加速度を与えるという重**

> **力場の基本的特性，あるいは同じことだが，慣性質量と重力質量の同等性定理によるのである**ことに，よく注意してもらいたい．もしこの自然法則が成立しなければ，加速されている箱の中の人は，その周囲の物体の振舞いを重力場にあるという前提から説明することはできないだろうし，その基準体を〈静止している〉ものと前提することになんの経験的根拠も与えられないだろう．
>
> 箱の中の人が箱の天井の内側にザイルを固定して，そのあいているほうの端に物体を吊るすとする．こうすると，ザイルはピーンと〈垂直に〉たれることになるだろう．われわれはこのザイルの張力の原因を尋ねる．箱の中の人はいうだろう．「吊るされている物体は重力場において下向きの力を受け，それはザイルの張力と釣りあう．**ザイルの張力の大きさを決めているのは，吊るされている物体の重力質量である」と．**一方，空間に自由に浮かんでいる観測者は，その状況をつぎのように分析するだろう．「ザイルは箱の加速度運動にともなわざるえないから，それに結びつけられている物体にその運動を伝える．ザイルの張力は物体の加速度を生ずるにちょうどよいだけの大きさである．**ザイルの張力の大きさを決めているのは，物体の慣性質量である」と．**この例からわかるように，**相対性理論の拡張は，慣性質量と重力質量の同等性定理を必然的なものとして示している．**このようにして，この同等性定理の物理的解釈が得られる．　　　([5] アインシュタイン p.90–93)

上記のアインシュタインの説明を図示したのが図 8.4 である．左の実験室は地上に吊り下げられており，右の実験室は重力の働かない宇宙空間をロープで引っ張られて加速運動をしているが，左の実験室の重力加速度も右の実験室の加速度運動の加速度も同じであるとする．天井から吊り下げられた重りは，天井からどちらも同じ力で引っ張られており，重さの異なる物体の落下実験を行ってもどちらも同じ時間，同じ速さで落下する．

リンドラーは次のように書いている．

> もし，あらゆる形のエネルギーが質量をもっているならば，光も質量をもっており，太陽近傍のような重力場の中では曲げられることが期待される．事実，これは観測された．太陽自身が宇宙空間に注いでいる放射は，1 秒あたり 400 万トン以上の太陽の質量損失を表わしている．
>
> 中略
>
> 質量とエネルギーの同等性は原子の世界においても立証されている．すなわち，安定な原子核を構成している各粒子 (陽子と中性子) の質量の和は，原子核そのも

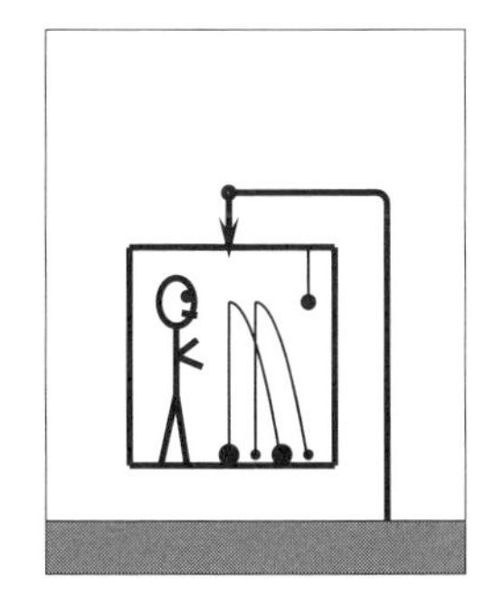
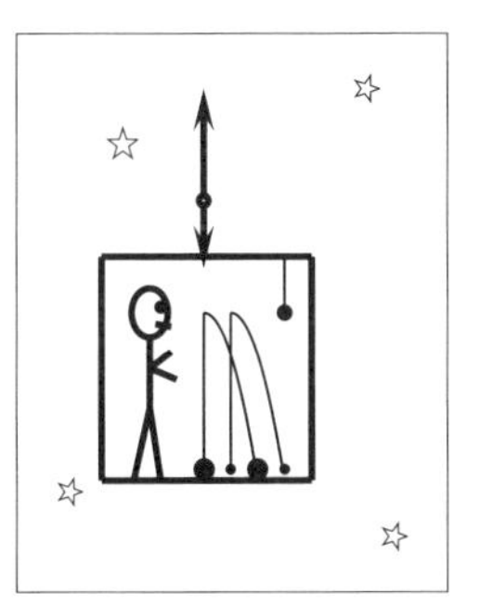

図 **8.4** アインシュタインの実験室. 左は地上の実験室で物体は下方に引かれ, 右は重力の働かない空間で一定の加速度で上方へ引っ張られている実験室. 重い物体と軽い物体の落下実験を行っている. 両者の観測結果は同じで差異は見つからない.

> のの質量よりも大きい. なぜなら, 原子核を結合させている力 (核力) に抗して原子核を分解させるには, エネルギー (つまりは質量) を供給しなければならないからである. これが, よく知られている質量欠損の理由である.
>
> ([53] リンドラー p.115)

太陽では, 毎秒 400 万トン以上の太陽の質量が光のエネルギーに変換されているとすると, 太陽の内部にはそれ以上の光のエネルギーが蓄えられていることになる. もし, 光が重力質量を持たないと, 太陽の質量が光に変換されるだけで太陽の重力は減少することになる. 太陽の質量が光に変換されても, 太陽の内部に留まる限り光は重力質量を持つ. したがって慣性質量も持つと考える方が合理的だと思える. すなわち, 光のエネルギーを $E=h\nu=mc^2$ とすると, m は重力質量でありかつ太陽の内部に留まる限り慣性質量も与えるだろう. この考えでは, 光についても慣性質量と重力質量は等価になる.

8.4 アインシュタイン方程式

重力場を表すアインシュタイン方程式は次の形である[4].

$$R_{\mu\nu}-\frac{R}{2}g_{\mu\nu}R+\Lambda g_{\mu\nu}=-\frac{8\pi G}{c^4}T_{\mu\nu} \tag{8.20}$$

[4] [49] Torsten Flieβbach 式 (21.30).

ここで

$R_{\mu\nu}$:リッチ・テンソル，　$g_{\mu\nu}$:メトリック，　$T_{\mu\nu}$:エネルギー運動量テンソル，

G:万有引力定数，　R:リッチスカラー，　Λ:宇宙定数　(8.21)

であり，また

$$ds^2 = \sum_{i,k=1}^{4} g_{ik} dx^i dx^k, \quad \sum_{p=1}^{4} g_{ip} g^{pk} = \delta_i^k, \quad g_{ik} = g_{ki} \tag{8.22}$$

$$R = \sum_{\mu=1}^{4} \sum_{\nu=1}^{4} g^{\mu\nu} R_{\mu\nu}, \quad R_{\mu\nu} = \sum_{\rho=1}^{4} R^{\rho}_{\mu\rho\nu}, \tag{8.23}$$

$$R^{\rho}_{\mu\lambda\nu} = \frac{\partial \Gamma^{\rho}_{\mu\lambda}}{\partial x^{\nu}} - \frac{\partial \Gamma^{\rho}_{\mu\nu}}{\partial x^{\lambda}} + \sum_{\sigma=1}^{4} (\Gamma^{\sigma}_{\mu\lambda} \Gamma^{\rho}_{\sigma\nu} - \Gamma^{\sigma}_{\mu\nu} \Gamma^{\rho}_{\sigma\lambda}), \tag{8.24}$$

$$\Gamma^{i}_{kp} = \frac{1}{2} \sum_{n=1}^{4} g^{in} \left(\frac{\partial g_{pm}}{\partial x^k} + \frac{\partial g_{kn}}{\partial x^p} - \frac{\partial g_{pk}}{\partial x^n} \right) \tag{8.25}$$

である．完全流体の場合のエネルギー運動量テンソルは ρ を密度，P を圧力として

$$T^{\mu\nu} = \left(\rho + \frac{P}{c^2} \right) u^{\mu} u^{\nu} - g^{\mu\nu} P, \quad u^{\mu} = \frac{dx^{\mu}}{d\tau}, \quad \text{エネルギー運動量テンソル} \tag{8.26}$$

である[5]．

アインシュタインは1905年から1915年まで約10年を要して上記の方程式を導いたが，その導出は大層難解であり，本書では行わない．また，これらの式の物理的な意味を理解するのも大層困難である[6]．ここではアインシュタインがこの方程式を導いた歴史的な背景を紹介するだけにする．

キップ・S・ソーンは次のように書いている[7]．

---

5) [49] 式 (20.29).

6) 戸田 [54] も「運動している人から見れば，自動車も自転車も建物も縮まって見えるが，それを座標変換の数学的な形から考察することはほとんど不可能に近い」と書いている (p.183).

7) アブラハム・パイス，西島和彦監訳『神は老獪にして…——アインシュタインの人と学問』，産業図書 (1995), p.336 にもアインシュタインとヒルベルトの協力の克明な記述がある．

ミンコフスキーはゲッチンゲンで特殊相対論に関するアインシュタインの論文を研究し，大いに感銘した．この研究を通して彼は一九〇八年に，四次元時空の絶対的な本性を発見したのだった．アインシュタインは，ミンコフスキーの発見を知っても感銘は受けなかった．ミンコフスキーは特殊相対論の法則を新しい，もっと数学的な言語で書き換えたにすぎない．アインシュタインにとっては，数学は，法則の背後にある物理的アイデアを曖昧にするものだった．ミンコフスキーがその後も，彼の時空という見方の美しさを自賛しつづけたので，アインシュタインは，ゲッチンゲンの数学者たちは物理学者には理解できそうもないような難しい言葉で相対論について語っている，と冗談を言うようになった．

皮肉なことにこの冗談はやがて，アインシュタイン自身に関するものになる．三年後の一九一二年には，重力を特殊相対論に取り入れるにはミンコフスキーの絶対的な時空が不可欠の基礎であることをアインシュタインは理解するようになる．だが，悲しいことにミンコフスキーは生きてこのことを見ることができなかった．彼は一九〇九年に盲腸炎で亡くなった．四十五歳だった． ([4] ソーン p.82–83)

一九〇八年中 (この間にミンコフスキーが空間と時間を統合し，アインシュタインはこの統合を鼻であしらっていた)， ([4] ソーン p.92)

一九一二年夏，プラハ大学の教授になっていたアインシュタインは，潮汐重力と時空の湾曲が同一のものであることを理解した．それは驚嘆すべき発見だった——とはいえ，彼はそれをまだ確信していなかった．私が述べてきたような十分な理解にはまだ到達しておらず，それは重力に対する完全な説明にはなっていなかった．中略

時空の湾曲の「発見」の数週間後，アインシュタインはプラハからチューリヒに帰り，母校のETHで教授の職に就いた．一九一二年八月にチューリヒに着くと，アインシュタインは，今では母校の数学教授になっているかつてのクラスメイト，マルセル・グロスマンの助言を求めた．アインシュタインは潮汐重力は時空の湾曲であるという自分のアイデアを説明し，ワープの法則つまり物質がどのように空間を湾曲させているかを記述する法則を考え出すのに役立ちそうな数学的方程式を，だれか数学者が開発していないだろうか，と尋ねた．幾何学の別の分野を専攻していたグロスマンは正確なことを知らなかったが，図書館で文献をざっと漁って，答えをもって帰ってきた．必要な方程式は確かに存在していた．それは主としてドイツの数学者ベルンハルト・リーマンが一八六〇年代に，イタリアのグレゴリオ・リッチが一八八〇年代に，リッチの弟子のトゥリオ・レヴィ＝チヴィタが一八九〇

年代と一九〇〇年代に創始したものだった．それらは「絶対微分学」と呼ばれていた (一九一五—一九六〇年の物理学者の言葉では「テンソル解析」，あるいは一九六〇年代から現在までの言葉では「微分幾何学」である)．しかし，この微分幾何学はとんでもないややっこしいもので，物理学者はそんなものに関わるべきではない，とグロスマンはアインシュタインに告げた．では，ワープの法則を考え出すのに役立つ他の幾何学はあるのか？　ない．

そこで，アインシュタインはグロスマンの力を大いに借りながら，ややっこしい微分幾何学の修得に取りかかった．グロスマンがアインシュタインに数学を教え，アインシュタインはグロスマンに物理学を多少教えた．　([4] ソーン p.101)

微分幾何学を学ぶのは，アインシュタインには楽な仕事ではなかった．中略

アインシュタインとグロスマンはいっしょになって，物質がどのように時空に湾曲を強いるのかという謎と，秋中，そして冬に入っても格闘しつづけた．しかし，彼らの懸命の努力にもかかわらず，数学をアインシュタインのヴィジョンと調和させることはできなかった．ワープの法則は彼らの探究をかわして逃げ去った．

([4] ソーン p.102)

ベルリンから列車で三時間の大学町ゲッチンゲンは，ミンコフスキーもかつてそこで研究したことがあり，古今を通じて最大の数学者の一人であるダヴィト・ヒルベルトもそこに住んでいた．一九一四年から一九一五年にかけて，ヒルベルトは物理学に熱い関心を注ぎつづけた．アインシュタインが発表したアイデアにすっかり魅せられた彼は，一九一五年六月にアインシュタインを招いた．アインシュタインはそこにほぼ一週間滞在し，ヒルベルトとその同僚たちに六時間の講義を行なった．訪問の数日後に，彼は友人にこう書いた．「ゲッチンゲンでは〔私の研究が〕隅々まで理解されているのに大いに喜ばされました．私はヒルベルトにすっかり魅了されました．」　([4] ソーン p.103)

ベルリンに帰ってから数カ月経つと，アインシュタインはアインシュタイン＝グロスマンのワープの法則にかつてないほど落胆させられた．それは重力の法則はすべての基準系で同じであるべきだという彼の予想を破っていただけではなく，せっせと計算したあげく水星の軌道の異常な近日点移動についても誤った値を与えることに彼は気づいたのだった．中略

依然不満足だったアインシュタインは，つぎの週いっぱい，十一月四日の法則にかかりきりになり，誤りを見つけ出して，十一月十一日のアカデミーの会合で，ふ

たたびワープ法則を発表した．だが，法則は相変わらず特殊な基準系に依存しており，依然，彼の相対性原理を破っていた．

この破れを残念がったアインシュタインは，つぎの週を彼の法則の帰結のうち，望遠鏡で観察できるものの計算に費やした．そして，太陽の縁を通過する星の光が重力のために角度にして一・七秒屈折することを，法則が予測しているのを見いだした (この予測は，四年後，日食期間中に注意深く測定されて，実証されることになる)．もっと重要なことがあった．新しい法則は水星の近日点移動について正しい値を与えた！ 彼はわれを忘れて喜んだ．喜びのあまり，三日間，彼は仕事が手につかないほどだった．この勝利を彼は十一月十八日のアカデミーの次回の会合で発表した．

しかし，彼の法則が依然，相対性原理を破っていることに彼は悩みつづけた．そこで，そのつぎの週には，もとの計算を徹底的に吟味し直し，もう一つ過ちを見つけた……致命的な誤りだった．ついに，すべてが収まるところに収まった．数学的定式化全体は，今や，いかなる特殊な基準系への依存からも免れていた．どの基準系で表現してもそれは同じ形になり (中略)，こうして相対性原理に従ったのだった．アインシュタインの一九一四年の見通しは完全に立証された！ 新しい定式化は水星の近日点の移動と重力による光の屈折に対して前と同じ予測を行ない，また一九〇七年の重力による時間の伸びの予測も取り込んでいた．アインシュタインは十一月二十五日に，これらの結論と彼の一般相対論の最終的な，決定的な形をプロシア・アカデミーに提出した．　([4] ソーン p.104)

注目されるのは，アインシュタインの相対性原理に従う形の，正しいワープの法則を発見したのが，アインシュタインではなかった，ということである．最初に発見したのがヒルベルトだということは認めなければならない．一九一五年秋，アインシュタインでさえ，正しい法則を目指して苦闘し，数学的な誤りに誤りを重ねていたときに，ヒルベルトはアインシュタインのゲッチンゲン訪問から学んだことについて考えをめぐらしていた．そして，秋の休暇にバルト海のルーゲン島を訪れているあいだに，鍵となるアイデアが浮かんだのだった．数週間のうちに彼は正しい法則を手に入れた……アインシュタインのような骨の折れる試行錯誤を経て導いたのではなく，エレガントで簡潔な数学的ルートを通ってそれを成し遂げたのだった．ヒルベルトは一九一五年十一月二十日にゲッチンゲンで開かれた，王立科学アカデミーの会合で，自分の導出法とその結果得られた法則を発表した．アインシュタインが同じ法則をベルリンのプロシア・アカデミーの会合で発表するちょうど五日前だった．

こうして生まれた法則が，ヒルベルトの名前を付されずに，ただちにアインシュタインの場の方程式 (中略) と呼ばれたのは，当然であり，またヒルベルト自身の意向にも添うものだった．ヒルベルトは発見にいたる最後のいくつかのステップを独立に，ほとんどアインシュタインと同時に遂行したのだが，これらのステップにいたるあらゆる事柄，潮汐重力が時空のワープと同じものであること，ワープの法則が相対性原理に従わなければならないこと，その法則の最初の九〇パーセント，そしてアインシュタインの方程式，これらは実質的にアインシュタインに負うものだった．実際，アインシュタインがいなければ，重力の一般相対論的な法則の発見は何十年も遅れただろう．　([4] ソーン p.106–107)

私はアインシュタインの研究の特徴が一九一二年に大きく変わったことに大いに感銘した．一九一二年以前には，彼の論文はそのエレガンス，深い直観と数学の控えめな使用の点で信じられないほど素晴らしい出来ばえだった．議論の多くは，私や私の友人がこの一九九〇年代に相対論を教えるときに採用しているのと同じものである．これらの議論を改善することはだれにもできなかった．これとは対照的に，一九一二年以後，アインシュタインの論文は複雑な数式に溢れている —— 通常，物理法則に関する洞察と結びついていたとはいえ．この数学と物理的直観の結びつきは，一九一二年 — 一五年に重力を研究していたすべての物理学者の中でアインシュタインだけが有していたもので，これが最終的にアインシュタインを完全な形の重力法則に導いたのだった．

しかし，アインシュタインの数学の扱い方はいささか不器用だった．ヒルベルトが後に語ったように，「ゲッチンゲンの街を歩いているどの少年だって，アインシュタインよりも四次元幾何学をよく知っている．しかし，そうだからこそ，数学者ではなく，アインシュタインがその研究〔重力の一般相対論的な法則の定式化〕を行なったのだ．」彼にそれができたのは，数学だけでは不十分だからだ．それには，アインシュタインの独自の物理的洞察も必要だったのである．

実際には，ヒルベルトの言葉は大袈裟だった．アインシュタインはかなりいい数学者だったが，ただ，物理的洞察に優れていたほどには数学に長けていなかっただけだ．　([4] ソーン p.107)

アインシュタインは最晩年に「自伝スケッチ」を書いたが，そこに次のように書いている．

> この幾分か雑然とした自伝風スケッチを書く気持ちを私に与えてくれたのは，少なくとも生涯に一度は，このマルセル・グロースマンに対して，私の感謝の意を表したいという一心なのである． ([50] アインシュタイン p.159–160)

次章では，アインシュタイン方程式を使わずに，物理的な考察で重力の働く加速系と重力の働かない加速系の等価原理を利用して，重力場の式を導こう．

8.5 双曲線上の局所慣性座標系

質点が図 5.12 の双曲線上を運動するとき，双曲線上のある座標点 (x_1,ct_1) の近傍の微小な時間内では，一定の速さ $u=\dfrac{dx}{dt}$ を持つと見なすことができ，その点で局所的な慣性座標系を考えることができる．この局所慣性座標系を図示することを考えよう．

双曲線の接線を考えるために，まず，円の接線を考えよう．円に接する接線の勾配は式 (1.136) で与えられ，勾配は θ だけの関数で半径 r_a および r_b には無関係である．

式 (1.136) に $\theta\to i\hat{\theta}$ の解析的延長を行って得られた式 (1.137) で $\hat{y}=ct$ と置くと，双曲線の接線の勾配は

$$c\frac{dt}{dx}=\coth\hat{\theta} \tag{8.27}$$

と得られ，勾配は双曲角 $\hat{\theta}$ にのみ依存し，r_a および r_b には無関係である．すなわち，原点からの双曲角が $\hat{\theta}$ の直線が双曲線と交わる位置の接線の勾配はすべて同じである．

図 1.24 および 1.25 と同じ方法で描いた図を図 8.5 および 8.6 に示す．図 8.6 は図 1.25 で $\hat{y}=ct$ と置いたものであり局所慣性系 $K'(dx',icdt')$ を示している．局所座標軸 $icdt'$ は双曲線の接線であり，dx' 軸は原点からの直線上にあり，座標軸 dx' は時間軸 $icdt'$ と光の世界線に対して対称なので，この局所慣性系でも光速は c で一定である．

8.5.1 双曲線上の運動によるローレンツ収縮および時間の遅れ

図 8.7 に示す $x=r$ と $x=r+dr$ を始点とする二つの双曲線の間の長さ dr および dx は微小であるとする．このとき，図の長さ dx は長さ dr のローレンツ

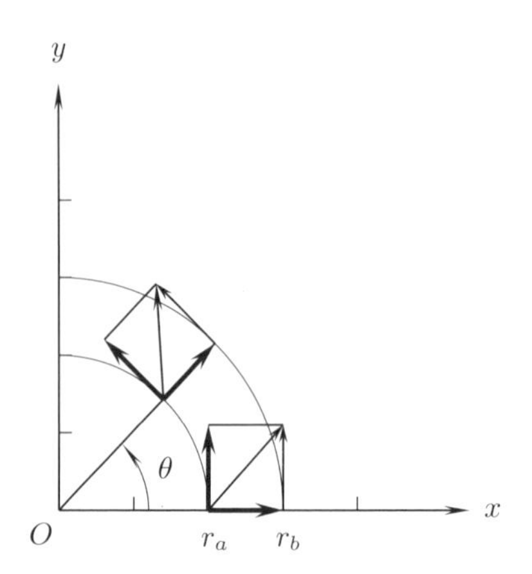

図 8.5　半径 r_a および r_b の円に接する接線.

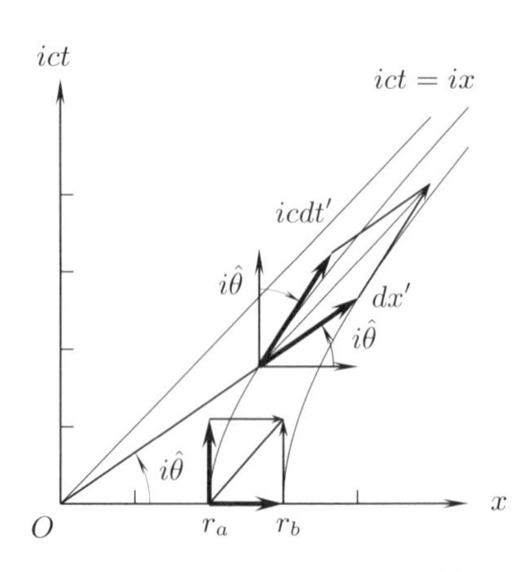

図 8.6　$x=r_a$ および r_b の双曲線に接する接線および局所慣性系 $K'(dx', icdt')$.

収縮になっていることを示そう．図の線分 dx の始点の座標は式 (1.20) のように

$$x=r\cosh\hat{\theta}, \qquad ct=r\sinh\hat{\theta} \tag{8.28}$$

であり，終点の座標は

$$\begin{aligned}x+dx&=(r+dr)\cosh(\hat{\theta}+d\hat{\theta})=(r+dr)(\cosh\hat{\theta}\cosh d\hat{\theta}+\sinh\hat{\theta}\sinh d\hat{\theta}),\\ ct&=(r+dr)\sinh(\hat{\theta}+d\hat{\theta})=(r+dr)(\sinh\hat{\theta}\cosh d\hat{\theta}+\cosh\hat{\theta}\sinh d\hat{\theta})\end{aligned} \tag{8.29}$$

と表せる．2 次の微小量を無視すると

$$dx=r\sinh\hat{\theta}d\hat{\theta}+dr\cosh\hat{\theta}, \qquad r\cosh\hat{\theta}d\hat{\theta}+dr\sinh\hat{\theta}=0 \tag{8.30}$$

が得られ，この二つの式から $d\hat{\theta}$ を消去すると

$$dx=-\frac{dr\sinh^2\hat{\theta}}{\cosh\hat{\theta}}+dr\cosh\hat{\theta}=\frac{dr}{\cosh\hat{\theta}} \tag{8.31}$$

が得られ，これに式 (2.31)，すなわち

$$\frac{1}{c}\frac{dx}{dt}=\frac{u}{c}=\tanh\hat{\theta}, \qquad \cosh\hat{\theta}=\frac{1}{\sqrt{1-\tanh^2\hat{\theta}}}=\frac{1}{\sqrt{1-\left(\dfrac{u}{c}\right)^2}} \tag{8.32}$$

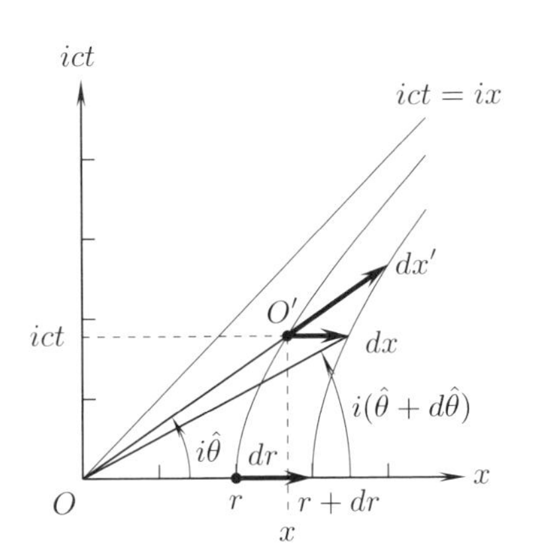

図 8.7　二つの双曲線上の間の微小距離 dx は $dr=dx'$ のローレンツ収縮になっている.

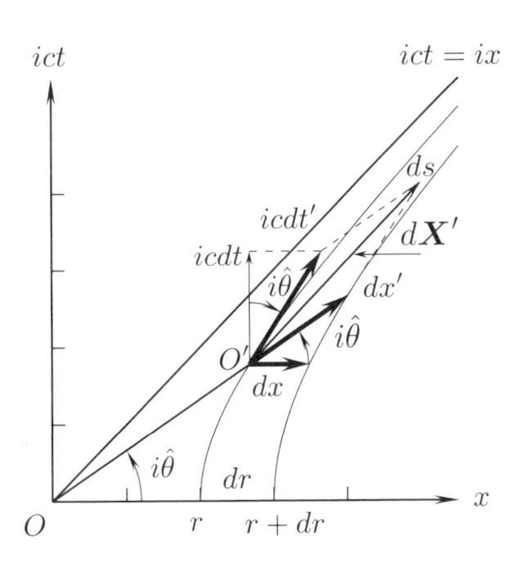

図 8.8　双曲線上の局所慣性座標系 $K'(dx', icdt')$ および dx, O' は局所慣性座標系の原点.

を使うと

$$dx=\sqrt{1-\left(\frac{u}{c}\right)^2}dr \tag{8.33}$$

が得られる．この式は $t=0$ で静止していた長さ dr の棒が一定の力で加速運動を初めて速さが u になったときに，式 (2.42) のようなローレンツ収縮を行ったと見なせる.

図 8.7 で dx' は位置 O' から $r+dr$ の双曲線までの微小距離であり，式 (1.85) の c と $r_b-r_a=r_c$ の関係と同様に

$$dx'=dr \tag{8.34}$$

が成り立っている．したがって式 (8.31) は

$$dr=dx'=dx\cosh\hat{\theta}=\frac{dx}{\sqrt{1-\left(\frac{u}{c}\right)^2}} \tag{8.35}$$

と書ける.

$dx\to 0$ とすると図 8.8 の dx' の先端の双曲線は $icdt'$ 軸に平行な直線と見なせ，図の dx' および dx はそれぞれ図 2.14 の L_0 および L に相当する．した

がって式 (8.35) は式 (2.44) のローレンツ収縮の式と見なせる．すなわち，dx は dx' のローレンツ収縮と見なせる．

図 8.8 の静止系の微小長さ cdt は運動系の微小固有時間 cdt' を静止系で観測した値であり，両者の間には特殊相対性理論の図 2.17 の T と T_0 の関係，すなわち式 (2.49) の時間遅れ

$$cdt = cdt' \cosh\hat{\theta} \tag{8.36}$$

の関係がある．式 (8.32) を使うと式 (8.36) の局所慣性系の微小時間 cdt' は

$$cdt' = \frac{cdt}{\cosh\hat{\theta}} = \sqrt{1-\left(\frac{u}{c}\right)^2}\,cdt \tag{8.37}$$

と表せる．

8.6　質量による重力場，シュバルツシルトの解

アインシュタイン方程式の最も簡単な場合の解の一つである 1 点にある質量が作る重力場を表すシュバルツシルトの解を，一般相対性理論の基本的な原理である局所重力場と局所的な加速場の等価原理を利用して導き，その物理的な意味を考えよう．

図 8.4 の右の絵の加速系を表す図 8.6 の局所慣性系の座標系 $K'(dx', icdt')$ を図 8.8 に示す．図の局所慣性系 $K'(dx', icdt')$ の微小ベクトル $d\boldsymbol{X}'$ の長さの 2 乗 ds^2 は式 (5.7) のように

$$ds^2 = d\boldsymbol{X}' \cdot d\boldsymbol{X}' = dx'^2 - (cdt')^2 \tag{8.38}$$

である．

式 (8.35) および式 (8.37) を使うと式 (8.38) は

$$\begin{aligned} ds^2 &= dx'^2 - (cdt')^2 = dx^2\cosh^2\hat{\theta} - \frac{(cdt)^2}{\cosh^2\hat{\theta}} \\ &= \frac{dx^2}{1-\left(\dfrac{u}{c}\right)^2} - \left(1-\left(\frac{u}{c}\right)^2\right)(cdt)^2 \end{aligned} \tag{8.39}$$

と書ける．

8.6.1 速度と重力ポテンシャルの関係

式 (8.39) には速度 u が含まれているが，重力場での質点の速さと位置の関係は，ニュートンの運動方程式と重力の式を使うと得られる．重力場を作る質量を M, 運動する質点の静止質量を m_0 とし，無限遠から質点が重力場の原点へ向かって落下するとする．

式 (8.2) のニュートンの重力の式を使うと，G を重力定数としてニュートンの運動方程式 (8.1) は

$$m_0\frac{du}{dt}=-\frac{GMm_0}{x^2},\quad u(t)=\frac{dx}{dt} \tag{8.40}$$

と書ける．両辺に $dx=udt$ を掛けて x について，x から無限遠まで無限遠で $u=0$ として積分すると

$$udt\frac{du}{dt}=-\frac{GM}{x^2}dx,\qquad \text{これから}\qquad \frac{1}{2}\,u^2\Big|_u^{u=0}=-GM\int_x^{x=\infty}\frac{dx}{x^2} \tag{8.41}$$

となる．これから

$$\frac{1}{2}u^2=\frac{GM}{x},\quad u^2=\frac{2GM}{x},\quad \frac{u^2}{c^2}=\frac{2GM}{c^2x} \tag{8.42}$$

と速度 u と位置 x の間の簡潔な関係式が得られる．式 (8.42) は質点の速さが光速の 1/100 以下であれば良い精度で使えるはずである．

ここで広く使われている置き換え

$$\frac{GM}{c^2}\to M \tag{8.43}$$

を行うと，式 (8.42) は

$$\frac{u^2}{c^2}=\frac{2M}{x},\quad \frac{u}{c}=\sqrt{\frac{2M}{x}} \tag{8.44}$$

と表せる．この式の M は換算質量と呼ばれ，長さの次元 (ディメンジョン) を持っている．式 (8.44) の右辺は重力場による値，左辺は重力場のない加速場の値と解釈でき，局所慣性系と局所重力場の等価性を意味すると理解できる．

8.6.2 シュバルツシルトの解

式 (8.44) の $(u/c)^2$ を式 (8.32) で使うと

$$\cosh^2\hat{\theta}=\frac{1}{1-\dfrac{2M}{x}} \tag{8.45}$$

となる．これを式 (8.35) および (8.36) で使うと

$$dx'=dx\cosh\hat{\theta}=\frac{dx}{\left(1-\dfrac{2M}{x}\right)^{1/2}},\quad dt'=\frac{dt}{\cosh\hat{\theta}}=\left(1-\frac{2M}{x}\right)^{1/2}dt \tag{8.46}$$

となる．これらを (8.39) で使うと x 軸方向の 1 次元空間では

$$ds^2=dx'^2-(cdt')^2=\frac{dx^2}{1-\dfrac{2M}{x}}-\left(1-\frac{2M}{x}\right)c^2dt^2 \tag{8.47}$$

が得られる．

原点の周りの 3 次元空間を極座標 $K(r,\theta,\phi)$ で表す時は，θ および ϕ 方向の運動は重力の影響を受けないので，式 (8.47) は

$$ds^2=\frac{dr^2}{1-\dfrac{2M}{r}}+r^2d\theta^2+r^2\sin^2\theta d\phi^2-\left(1-\frac{2M}{r}\right)c^2dt^2 \tag{8.48}$$

となるのは明らかである．

式 (8.48) は 1915 年にシュバルツシルトが得た有名なシュバルツシルトの解と同じ形である．シュバルツシルトは難解なアインシュタイン方程式，式 (8.20) を解いて式 (8.48) を得たが，その解を見るだけではその物理的な意味を知るのは困難である．上に行った手順を見れば物理的な意味はより分かりやすい．

アインシュタインの重力場の方程式は，非線形で一般的な解法はないが，密度，時間依存性，境界条件，初期条件などの相違によっていろいろな特殊解をもつ．

重力場の厳密解で最初に行われたものは，シュヴァルツシルト (K. Schwarzschild, 1873–1916) によるものである．これは計量 g_{ij} が時間 t によらないという意味で静的で，空間に対しては球対称の場である．彼はドイツのポツダムの天体物理観測所の所長であったが，第 1 次大戦のためロシア戦線へ行かせられた．この間に物質のない場所に対する重力場の方程式の特殊厳密解を求め，これはプロシア・アカデミーにおいてアインシュタインにより代読された (1916 年 1 月

16 日）．さらにシュヴァルツシルトは流体球による重力場の内部解を求め，これもアインシュタインによって代読された (1916 年 2 月 24 日).

シュヴァルツシルトはロシア戦線で得た病のため 5 月 11 日亡くなり，6 月 29 日にアインシュタインはシュヴァルツシルトの業績を讃える追悼講演をプロシア・アカデミーでおこなっている．([54] 戸田 p.188–189)

シュワルツシルト (Karl Schwarzschild 1873–1916) はアインシュタインの一般相対論が出版されて 1 ヶ月以内で，しかも戦争が原因で亡くなる前年の 1915 年の暮れに，アインシュタインの場の方程式からこの計量を求めた．アインシュタインは彼に「問題の厳密解が得られるなんて思いもよらなかった．あなたの解析的解は素晴しいものに思える」と書き送った．([55] テイラー等 p.43)

本書では，空間は 1 次元の式 (8.47) と，式 (8.48) で $\theta=\pi/2$ の 2 次元空間 (r,ϕ,ict) の場合を扱う．式 (8.47) は ds^2 の正負により，次のように書く．すなわち $ds^2<0$ のときは式 (5.9) と同様に，$ds^2=(icd\tau)^2=-(cd\tau)^2$ と置くと

$$(cd\tau)^2=-\frac{dx^2}{1-\dfrac{2M}{x}}+\left(1-\frac{2M}{x}\right)c^2dt^2, \qquad \text{時間的形式} \tag{8.49}$$

と書ける．この式は時間的形式と呼ばれ，$cd\tau$ は図 8.8 の ds に等しい．$ds^2>0$ のときは式 (5.92) と同様に，$ds^2=(d\sigma)^2$ と置いて

$$d\sigma^2=\frac{dx^2}{1-\dfrac{2M}{x}}-\left(1-\frac{2M}{x}\right)c^2dt^2, \qquad \text{空間的形式} \tag{8.50}$$

と書ける．この式は空間的形式と呼ばれる．図 8.9 は式 (8.50) の物理量を模式的に表したものであり，図の角度 $\hat{\theta}$ は式 (8.45) で与えられる．

光の世界線は式 (8.47) で $ds^2=0$ と置いて局所慣性系 $K'(dx',icdt')$ では

$$\frac{1}{c}\frac{dx'}{dt'}=\pm 1 \tag{8.51}$$

と表せる．＋は図 8.8 のように重力の中心から離れる方向，－は重力の中心へ向かう方向の運動である．式 (8.51) は短い時間内 dt では局所慣性座標系

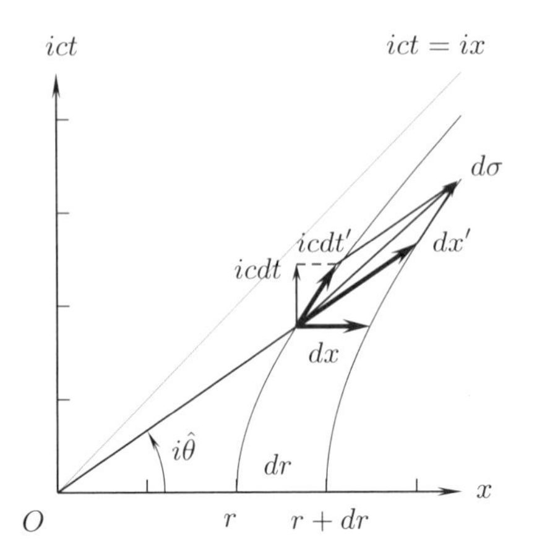

図 8.9 図 8.8 で $ds^2 = d\sigma^2 > 0$ の場合.

$K'(dx', icdt')$ は自由落下する等速度運動系と見なされ，そこでは重量場は存在せず特殊相対性理論が成り立たたなければならない．したがって局所慣性座標系 K' では光速度は c で不変であることを示している．

5.4.2 節で示したように，図 8.8 の双曲線上の運動では加速度は一定であるが，重力場の式 (8.47) では例えば質点が重力の中心に接近するにつれて重力は強くなり加速度は増大するので，質点は一つの双曲線上だけの運動では説明できない．運動で重力場の強度が変わるにつれて，その加速度に対応する双曲線を考える必要がある．

8.6.3 シュバルツシルトの解の物理的な意味

式 (8.49) および (8.50) の空間が 1 次元の場合のシュバルツシルトの解の物理的な意味について再考しよう．局所慣性系で $dx' = dx = 0$ のときの式 (8.39)

$$ds = icdt' = icd\tau = \sqrt{1 - \left(\frac{u}{c}\right)^2}\, icdt \tag{8.52}$$

は図 8.8 に示すように静止系から見た固有時間 $cdt' = cd\tau$ の時間の遅れを表す．この式は重力場では式 (8.49) より

$$cd\tau = \sqrt{1 - \frac{2M}{x}}\, cdt, \qquad dt = \frac{d\tau}{\sqrt{1 - \dfrac{2M}{x}}} \tag{8.53}$$

となるが，図 8.8 に示すように局所慣性系の式 (8.52) と同様に重力場では重力の働かない無限遠にある時計 dt と比べて時間 $d\tau$ のような遅れが起きることを示す．

式 (8.39) で局所慣性系で同時刻の $dt=0$ のときは

$$ds=dx'=\frac{dx}{\sqrt{1-\left(\frac{u}{c}\right)^2}},\quad dx=\sqrt{1-\left(\frac{u}{c}\right)^2}dx' \tag{8.54}$$

である．微小長さ dx は速さ u で運動する局所慣性系の式 (8.33) の $dx'=dr$ のローレンツ収縮であり，式 (8.50) では

$$d\sigma=\frac{dx}{\sqrt{1-\frac{2M}{x}}},\quad dx=\sqrt{1-\frac{2M}{x}}d\sigma \tag{8.55}$$

である．これは加速場と重力場の等価原理により重力場にある長さ $d\sigma$ の物体は重力場がないときと比べて dx へ収縮することになる．

式 (8.54) の加速場における長さ $d\sigma$ の dx への収縮は，図 8.8 の局所慣性系 $K'(dx',icdt')$ では長さ dx' は dr に等しく収縮しておらず，図 2.14 の所で述べたように静止座標系から見た見かけの収縮であり，力が加わって実際に収縮するわけではない．加速系と重力系の等価原理によって得られた式 (8.55) の長さの収縮も重力のない系から見た見かけの収縮であり，この等価原理が成り立てば重力の力で実際に収縮するわけではないはずである．

以上の考察から次のことが分かる，すなわち，図 8.4 の右と左の図の実験室の等価性は，ニュートン力学の領域では成り立つが一般相対性理論の領域では成り立たないことである．5.4.2 節で見たように，図 8.8 上の双曲線上の運動は等加速度運動と見なせる．それゆえ，図の双曲線上のどの位置でも加速度は同じであり，ニュートン力学の範囲では双曲線上のどの位置でも図の右の実験室の加速場は左の実験室の重力場と等価である．しかし，一般相対性理論では図の右の実験室の加速場が左の実験室の重力場と等価になるのは，実験室の速さが式 (8.42) をみたすときだけである．

ここで使用した記号 r' および t' はテイラー等 [20] で説明されている記号 r_{shell} および t_{shell} と同じであると思われる．テイラーは次のように書いている．

> 爆発の間の固有距離は球殻観測者が直接測れる半径方向の距離である．それを $dr_{\text{shell}}=d\sigma$ とする．空間的式 (2.11) から
>
> $$d\sigma=dr_{\text{shell}}=\frac{dr}{\left(1-\frac{2M}{r}\right)^{1/2}} \qquad \text{球殻上で静止した放射状に伸びる棒} \qquad (2.12)$$
>
> が得られる．ここで dr は2つの球殻の換算円周の差である．実は dr_{shell} が dr より大きいことを示した「原理実験」を記述したとき，分母の $(1-2M/r)^{1/2}$ の知識をすでに使っていた．中略
>
> 時計の刻みの間の座標間隔 dr と $d\phi$ は0なので，時間的式 (2.10) から
>
> $$d\tau=dt_{\text{shell}}=\left(1-\frac{2M}{x}\right)^{1/2}dt \qquad \text{球殻上で静止している時計} \qquad (2.19)$$
>
> が得られる．ここで dt は遠方時間に相当する時間経過である．
>
> （[55] テイラー等 p.45–46）

ここで書かれている式 (2.11) は本書の式 (8.50), 式 (2.10) は本書の式 (8.49) である．テイラー等の本には記号 r_{shell} および t_{shell} を説明する図がないのでその物理的な意味は分かりにくい．

8.7　地球および太陽の M の大きさ

前節で導かれた物理量がどのような大きさになるのか，表 D.1 の数値を使って具体的に求めてみよう．シュバルツシルトの解の式 (8.48) 等に使われる M の値を次に示す．

$$\text{地球のとき}\quad M_E=\frac{GM}{c^2}=\frac{6.67\times10^{-11}\,\text{m}^3\text{kg}^{-1}\text{s}^{-2}\times5.97\times10^{24}\,\text{kg}}{(3.00\times10^{8}\,\text{ms}^{-1})^2}$$
$$=4.43\times10^{-3}\,\text{m}=4.43\,\text{mm} \qquad (8.56)$$

$$\text{太陽のとき}\quad M_S=\frac{GM}{c^2}=\frac{6.67\times10^{-11}\text{m}^3\text{kg}^{-1}\text{s}^{-2}\times1.99\times10^{30}\text{kg}}{(3.00\times10^{8}\,\text{ms}^{-1})^2}$$
$$=1{,}48\times10^{3}\,\text{m}=1.48\,\text{km} \qquad (8.57)$$

M は長さの次元を持っており，後で示すように $2M$ がブラックホールの半径になる．地球の質量が作るブラックホールの半径は $2M_E=8.87\,\text{mm}$, 太陽のブ

ラックホール半径は $2M_S = 2.95\,\mathrm{km}$ である．

地球と太陽の表面で，長さの収縮や時間の遅れがどの程度の大きさなのかを見てみよう．地球の赤道半径 R_E と太陽の半径を R_S として

$$\text{地球の表面}\quad \frac{u^2}{c^2} = \frac{2M_E}{R_E} = \frac{2\times 4.43\times 10^{-3}\,\mathrm{m}}{6.37\times 10^{6}\,\mathrm{m}} = 1.39\times 10^{-9}$$

$$\frac{u}{c} = 3.73\times 10^{-5} \tag{8.58}$$

$$\text{太陽の表面}\quad \frac{u^2}{c^2} = \frac{2M_S}{R_S} = \frac{2\times 1.48\times 10^{3}\,\mathrm{m}}{6.96\times 10^{8}\,\mathrm{m}} = 4.24\times 10^{-6}$$

$$\frac{u}{c} = 2.06\times 10^{-3} \tag{8.59}$$

である．無限遠から落下した質点が地球の表面で得る速さは $u/c = 3.73\times 10^{-5}$，太陽では $u/c = 2.06\times 10^{-3}$ であり，光速度に比べれば非常に小さいので，相対論的な効果は地上はもちろん，太陽表面でも非常に小さい．

式 (8.58) および (8.59) の数値を使うと式 (8.53) 等の値は

$$\text{地球の表面}\quad cd\tau = \left(1 - \frac{2M_E}{R_E}\right)^{1/2} cdt \fallingdotseq 1 - \frac{M_E}{R_E} = (1 - 6.95\times 10^{-10})cdt$$

$$dx = \left(1 - \frac{2M_E}{R_E}\right)^{1/2} dx' \fallingdotseq (1 - 6.95\times 10^{-10})dx' \tag{8.60}$$

$$\text{太陽の表面}\quad cd\tau = \left(1 - \frac{2M_S}{R_S}\right)^{1/2} cdt \fallingdotseq (1 - 2.12\times 10^{-6})cdt$$

$$dx = \left(1 - \frac{2M_S}{R_S}\right)^{1/2} dx' \fallingdotseq (1 - 2.12\times 10^{-6})dx' \tag{8.61}$$

である．

太陽の質量は地球よりも $1.49\,\mathrm{km}/4.43\,\mathrm{mm} = 33$ 万倍大きいが，太陽表面での重力は地球表面より $4.24\times 10^{-6}/1.39\times 10^{-9} = 3{,}100$ 倍しか大きくない．したがって太陽表面でも重力による長さの収縮や時間の遅れは非常に小さい．しかし，後に見るように地上の重力による時間遅れを補正しないと，GPS (Global Positioning System, 全地球測位システム) による距離の測定には大きな誤差を与え，地球の重力による時計の遅れの補正は必須である．

8.8　重力赤方および重力青方偏移

重力によって光の振動数が小さくなり，青色の光が赤い方へずれる現象は重力赤方偏移，逆に重力によって光の振動数が大きくなり，赤色の光が青い方へずれる現象は重力青色偏移と呼ばれている．前節で導いた式を使って，この現象を考えよう．

光の速さは式 (8.47) で $ds^2=0$ と置いて局所慣性系 $K'(x',ict')$ およびシュバルツシルト座標系 $K(x,ict)$ ではそれぞれ

$$\frac{dx'}{dt'}=c, \quad \frac{dx}{dt}=\left(1-\frac{2M}{x}\right)c \tag{8.62}$$

である．すなわち，光速は局所慣性系では c で不変であるが，シュバルツシルト座標系では光速よりも遅くなる．

重力の働かない無限遠で発光体が発する光の周期および波長，すなわち固有周期を t_0，固有波長を λ_0 とする．局所慣性系 $K'(dx',icdt')$ 系に固定された発光体は局所慣性系では静止しており，そこで発する光の周期は固有周期 t_0, 波長は固有周期 λ_0 であり，等価原理で重力場で発せられる光の周期および波長も図 8.10 に示すように t_0 および λ_0 である．

位置 x で固有周期 t_0 の発光体の発する光の周期を無限遠時計 (シュバルツシルト時間) で計る周期 t_1 および波長 λ は式 (8.53) および (8.55) を使うと図 8.10 に示すように

$$t_1=\frac{t_0}{\sqrt{1-\dfrac{2M}{x}}}, \quad \lambda=\sqrt{1-\frac{2M}{x}}\lambda_0, \quad \lambda_0=ct_0 \tag{8.63}$$

である．図の波長 λ と周期 t_1 の比は

$$\frac{\lambda}{t_1}=\sqrt{1-\frac{2M}{x}}\lambda_0\frac{\sqrt{1-\dfrac{2M}{x}}}{t_0}=\left(1-\frac{2M}{x}\right)c \tag{8.64}$$

となって，式 (8.62) のシュバルツシルト座標系の光の速さに等しい．

周期 t_0 および t_1 に対応する振動数は $\nu_0=1/t_0$ および $\nu_1=1/t_1$ だから振動数に対しては

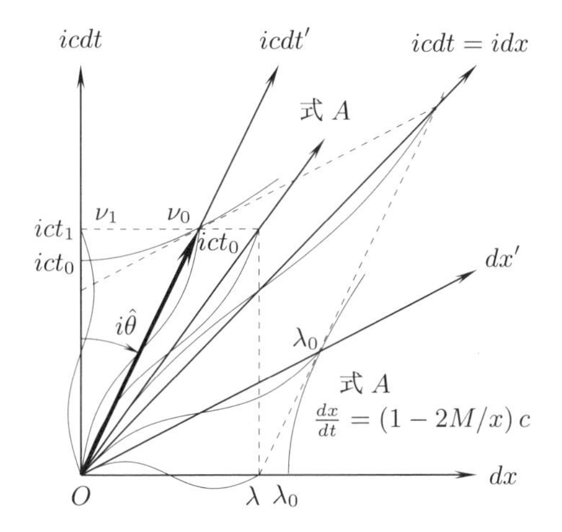

図 8.10　局所慣性系 $K'(dx',icdt')$ での固有周期 t_0 と固有波長 λ_0 およびシュバルツシルト座標系 $K(dx,icdt)$ での周期 t_1 および波長 λ の関係.

$$\nu_1 = \sqrt{1 - \frac{2M}{x}}\nu_0 \tag{8.65}$$

が成り立つ．式 (8.65) は，重力場で発光する光の振動数は遠方時間では固有振動数よりも低く測定され，青色の光は赤色へ重力によって赤方偏移が起きたと観測される．

重力場で式 (8.63) のように重力場にある原子・分子の放射する光の周期が無限遠時計で長くなるということは，すべての物理現象が遠方時間では遅れて観測されることを意味する．すなわち，電子式時計や機械式時計も遠方時間で見ると遅れて見える．

しかし，局所慣性系座標の時計で測るとこの時計も重力場のない時計よりも遅れているので，重力場にある原子・分子の放射する光の周期が長くなることはなく，重力赤方偏移は起きていない．これはすでに述べたように特殊相対性理論で運動している時計は静止系から見れば遅れるが，運動系の時計で見れば静止しているので遅れはないのと同じである．これらの現象については，10.2 節でさらに詳しく定量的に考察する．

8.9　結語

一般相対性理論の基本的な原理である局所重力場と局所的な加速場の等価原理を利用して，1 点にある質量の作る重力場の式であるシュバルツシルトの解を導いた．このシュバルツシルトの解の物理的な意味，すなわちこの解は重力場で距離については特殊相対性理論のローレンツ収縮，時間については特殊相対性理論の時間の遅れを表していることを示した．今後の章では，このシュバルツシルトの解を使って質点や光の相対論的運動方程式を導き，さらにこの運動方程式を解いて具体的に解を求める．

第9章 質点の運動方程式

変分法によるオイラー–ラグランジュ方程式の導出を学び，最初にこの式を使ってニュートンの運動方程式を導く．次に，前章で説明したシュバルツシルトの解をオイラー–ラグランジュ方程式に用いて2次元(r,ϕ)座標の相対論的運動方程式を導く．得られた相対論的運動方程式を解いて水星の近日点移動の大きさを求める．また，シュバルツシルトの解から導かれる重力場での時計の遅れを利用して，全地球測位システムGPSの衛星の時計と地上の時計の重力による遅れを求め，その遅れの補正がないと距離測定の誤差は非常に大きいことを示す．

9.1 変分法によるオイラー–ラグランジュ方程式の導出

質量mの質点の運動エネルギーを$T=mv^2/2$, UをポテンシャルエネルギーとしラグランジアンLを$L=T-U$とすると，ニュートンの運動方程式はこのラグランジアンLに変分原理を使って得られる．時間変数t, 関数$y(t)$およびその時間の微係数$\dot{y}(t)$の関数のラグランジアン$L(t,y,\dot{y})$を使った次の積分

$$I(y)=\int_{t_1}^{t_2} L(t,y,\dot{y})dt, \quad \text{ただし} \quad \dot{y}=\frac{dy(t)}{dt} \tag{9.1}$$

を考える．今，二つの位置$P_1(t_1,y_1)$および$P_2(t_2,y_2)$が与えられているとし，上式の積分値$I(y)$が最小または最大になる極値を与える関数$y(t)$を求める問題を考える[1]．質点の運動方程式は$I(y)$が極値を与える関数として得られる，

[1] [56] 寺澤寛一 p.368.

すなわち

$$\delta I = \delta \int_{t_1}^{t_2} L(t, y, \dot{y}) dt = 0 \tag{9.2}$$

より得られる．ラグランジアン L は，関数 $y(t)$ の関数なので汎関数と呼ばれる．

極値を与える関数 $y(t)$ からのずれを与える関数を $\delta y(t)$ と書く．積分の変化量 δI は $\delta \dot{y}$ の項には部分積分を行って

$$\begin{aligned}\delta I &= I(y+\delta y) - I(y) = \int_{t_1}^{t_2} L(t, y+\delta y, \dot{y}+\delta \dot{y}) dt - \int_{t_1}^{t_2} L(t, y, \dot{y}) dt \\ &= \int_{t_1}^{t_2} \left(\frac{\partial L}{\partial y} \delta y + \frac{\partial L}{\partial \dot{y}} \delta \dot{y} \right) dt = \frac{\partial L}{\partial \dot{y}} \delta y \bigg|_{t_1}^{t_2} + \int_{t_1}^{t_2} \left(\frac{\partial L}{\partial y} \delta y - \frac{d}{dt} \left(\frac{\partial L}{\partial \dot{y}} \right) \delta y \right) dt\end{aligned} \tag{9.3}$$

と得られる．右辺第1項では積分の端点は固定されていると仮定しているので $\delta y(t)$ は零になり，極値を取る条件式は

$$\int_{t_1}^{t_2} \delta y(t) \left(\frac{\partial L}{\partial y} - \frac{d}{dt} \left(\frac{\partial L}{\partial \dot{y}} \right) \right) dt = 0 \tag{9.4}$$

となる．$\delta y(t)$ は任意の関数であり，この積分が零になるためには次式

$$\frac{d}{dt} \left(\frac{\partial L}{\partial \dot{y}} \right) - \frac{\partial L}{\partial y} = 0 \tag{9.5}$$

が成り立たねばならない．この式は式 (9.1) の積分が極値を取る関数 $y(t)$ を定める式である．もし，汎関数 L が複数の関数 $y_j(t), j = 1, 2, 3, \cdots$ を含むときは，式 (9.5) と同じ形の式が複数個得られる．すなわち

$$\frac{d}{dt} \left(\frac{\partial L}{\partial \dot{y}_j} \right) - \frac{\partial L}{\partial y_j} = 0, \quad j = 1, 2, 3, \cdots \tag{9.6}$$

式 (9.5) または式 (9.6) はオイラー–ラグランジュ (Euler-Lagrange) の方程式，と呼ばれる．

9.2　2 次元 (r,ϕ) 座標のニュートンの運動方程式

2 次元 (r,ϕ) 座標のニュートンの運動方程式をオイラー–ラグランジュ方程式を使って導き，その解を求めよう．2 次元 (r,ϕ) 座標を使うと座標 x および y は

$$x=r\cos\phi,\quad y=r\sin\phi,\quad r=\sqrt{x^2+y^2} \tag{9.7}$$

と表せる．式 (9.7) を時間で微分すると

$$\dot{x}=\frac{dx}{dt}=\dot{r}\cos\phi-r\sin\phi\dot{\phi},\quad \dot{y}=\frac{dy}{dt}=\dot{r}\sin\phi+r\cos\phi\dot{\phi},\quad \dot{\phi}=\frac{d\phi}{dt} \tag{9.8}$$

である．

式 (9.7) および (9.8) の変数を使って式 (9.6) の変数を

$$y_1=r,\quad y_2=\phi,\quad \dot{y}_1=\dot{r},\quad \dot{y}_2=\dot{\phi} \tag{9.9}$$

と置く．運動方程式を与えるラグランジアン L は運動エネルギーを T, 重力による位置エネルギーを $V(r)$ とすると

$$L=T-V \tag{9.10}$$

であり，運動方程式は式 (9.6), すなわち

$$\frac{d}{dt}\left(\frac{\partial L}{\partial \dot{r}}\right)-\frac{\partial L}{\partial r}=0,\qquad \frac{d}{dt}\left(\frac{\partial L}{\partial \dot{\phi}}\right)-\frac{\partial L}{\partial \phi}=0 \tag{9.11}$$

である．運動する質点の質量を m, 重力場を作る質量を M, 重力定数を G とすると

$$\begin{aligned}T&=\frac{1}{2}m(\dot{x}^2+\dot{y}^2)=\frac{1}{2}m((\dot{r}\cos\phi-r\sin\phi\dot{\phi})^2+(\dot{r}\sin\phi+r\cos\phi\dot{\phi})^2)\\&=\frac{1}{2}m(\dot{r}^2+r^2\dot{\phi}^2),\end{aligned} \tag{9.12}$$

$$V(r)=-\frac{GMm}{r} \tag{9.13}$$

である．これらを使うと，式 (9.11) の運動方程式は

$$\frac{d}{dt}\left(\frac{1}{2}\frac{\partial m(\dot{r}^2+r^2\dot{\phi}^2)}{\partial \dot{r}}\right)-\frac{\partial}{\partial r}\left(\frac{1}{2}mr^2\dot{\phi}^2-V(r)\right)=0, \tag{9.14}$$

$$\frac{d}{dt}\left(\frac{1}{2}\frac{\partial m(\dot{r}^2+r^2\dot{\phi}^2)}{\partial \dot{\phi}}\right)=0 \tag{9.15}$$

となり，これから

$$\frac{d}{dt}(m\dot{r})-mr\dot{\phi}^2+\frac{\partial V(r)}{\partial r}=0, \tag{9.16}$$

$$\frac{d}{dt}(mr^2\dot{\phi})=0 \tag{9.17}$$

が得られる．ϕ 方向の運動量を $p_\phi=mr\dot{\phi}$ と置くと，式 (9.17) は

$$rp_\phi=mr^2\dot{\phi}=\text{一定}=l_\phi \tag{9.18}$$

となり，この式は原点 $r=0$ の回りの質点の角運動量 l_ϕ が一定であることを示している．

式 (9.18) から得られる

$$\dot{\phi}=\frac{l_\phi}{mr^2} \tag{9.19}$$

と式 (9.13) を使うと，式 (9.16) は

$$m\frac{d\dot{r}}{dt}-\frac{l_\phi^2}{mr^3}=-f(r) \tag{9.20}$$

となる．ただし

$$f(r)=\frac{\partial V(r)}{\partial r}=\frac{GMm}{r^2} \tag{9.21}$$

である．質点の r および ϕ 方向の速さは

$$v_r=\frac{dr}{dt}=\dot{r}, \qquad v_\phi=r\frac{d\phi}{dt}=r\dot{\phi}, \qquad l_\phi=mrv_\phi \tag{9.22}$$

である．式 (9.20) に $dr=v_r dt$ を掛けて積分すると，積分定数を E として

$$\frac{1}{2}mv_r^2+\frac{1}{2}\frac{l_\phi^2}{mr^2}+V(r)=\frac{1}{2}mv_r^2+\frac{1}{2}mv_\phi^2+V(r)=\text{一定}=E \tag{9.23}$$

が得られる．この式と式 (9.12) および式 (9.13) を比較すると，式 (9.20) すな

わち式 (9.14) は運動エネルギーと位置エネルギーの和は一定，すなわち系全体のエネルギーの保存則を表していることが分かる．したがって式 (9.23) の定数 E は系全体のエネルギーである．

変数 r を ϕ の関数と見なすと式 (9.19) を使って

$$\frac{dr}{dt}=\frac{d\phi}{dt}\frac{dr}{d\phi}=\frac{l_\phi}{mr^2}\frac{dr}{d\phi} \tag{9.24}$$

と表せる．これを式 (9.20) で使うと

$$\frac{l_\phi^2}{mr^2}\frac{d}{d\phi}\left(\frac{1}{r^2}\frac{dr}{d\phi}\right)-\frac{l_\phi^2}{mr^3}=-f(r),\quad \text{すなわち}\quad \frac{d}{d\phi}\left(\frac{1}{r^2}\frac{dr}{d\phi}\right)-\frac{1}{r}=-\frac{mr^2}{l_\phi^2}f(r) \tag{9.25}$$

が得られる．

ここで

$$r=\frac{1}{u},\qquad u=\frac{1}{r} \tag{9.26}$$

と置き

$$\frac{du}{dr}=-\frac{1}{r^2},\quad \frac{dr}{d\phi}=\frac{d}{d\phi}\left(\frac{1}{u}\right)=\frac{du}{d\phi}\frac{d}{du}\left(\frac{1}{u}\right)=\frac{du}{d\phi}\left(-\frac{1}{u^2}\right)=-r^2\frac{du}{d\phi} \tag{9.27}$$

を使うと，式 (9.25) は

$$\frac{d^2u}{d\phi^2}+u=-\frac{m}{l_\phi^2u^2}f\left(\frac{1}{u}\right)=-\frac{m}{l_\phi^2u^2}(-GMmu^2)=\frac{GMm^2}{l_\phi^2} \tag{9.28}$$

となる．この式の一般解は A および B を任意常数として

$$u(\phi)=A\cos\phi+B\sin\phi+C,\qquad \text{ただし}\quad C\equiv\frac{GMm^2}{l_\phi^2} \tag{9.29}$$

であることは，この式を式 (9.28) へ代入すると確かめられる．

初期条件として

$$\phi=0\quad \text{で}\quad \frac{du(\phi)}{d\phi}=0 \tag{9.30}$$

を使うと，$B=0$ となり，解は

$$r(\phi)=\frac{1}{A\cos\phi+C} \tag{9.31}$$

となる．定数 e および p を

$$e=Ap, \quad p=\frac{1}{C}=\frac{l_\phi^2}{GMm^2} \tag{9.32}$$

と置くと，式 (9.31) の解は

$$r(\phi)=\frac{p}{1+e\cos\phi} \tag{9.33}$$

と書ける．定数 e は離心率，p は半直径と呼ばれている．式 (9.29) の定数 A は正としても一般性を失わないので，このとき e も正である．

式 (9.33) の解で表される運動の軌跡は

$$\begin{cases} e=0 \text{ のとき}\quad \text{円} \\ 0<e<1 \text{ のとき}\quad \text{楕円} \\ e=1 \text{ のとき}\quad \text{放物線} \\ 1<e \text{ のとき}\quad \text{双曲線} \end{cases} \tag{9.34}$$

となることを示そう．

式 (9.33) は

$$r+er\cos\phi=p \tag{9.35}$$

と書け，式 (9.7) を使うと

$$\sqrt{x^2+y^2}=p-ex \tag{9.36}$$

となる．両辺を 2 乗すると

$$x^2+y^2=p^2-2pex+e^2x^2 \tag{9.37}$$

となる．

式 (9.37) は $e=0$ のときは

$$x^2+y^2=p^2 \tag{9.38}$$

となり，半径 p の円を表す．$e=1$ のときは

$$y^2=-2px+p^2 \tag{9.39}$$

となり，放物線を表す．

$e\neq 1$ のとき式 (9.37) は

$$(1-e^2)\left(x+\frac{pe}{1-e^2}\right)^2-\frac{e^2p^2}{1-e^2}+y^2=p^2 \tag{9.40}$$

すなわち

$$(1-e^2)\left(x+\frac{pe}{1-e^2}\right)^2+y^2=\frac{p^2}{1-e^2} \tag{9.41}$$

と書ける．$0<e<1$ のときは

$$a=\frac{p}{1-e^2},\quad b=\frac{p}{\sqrt{1-e^2}} \tag{9.42}$$

と置くと，式 (9.41) は

$$\frac{(x+ae)^2}{a^2}+\frac{y^2}{b^2}=1 \tag{9.43}$$

と書け，図 9.1 の楕円軌道を表す．

式 (9.42) より

$$\frac{b}{a}=\frac{1-e^2}{p}\frac{p}{\sqrt{1-e^2}}=\sqrt{1-e^2},\quad b=a\sqrt{1-e^2} \tag{9.44}$$

が得られ，これから

$$\left(\frac{b}{a}\right)^2=1-e^2,\quad \text{離心率 } e=\sqrt{1-\left(\frac{b}{a}\right)^2}=\frac{\sqrt{a^2-b^2}}{a} \tag{9.45}$$

が得られる．

$1<e$ の場合は

$$\hat{a}=\frac{p}{e^2-1},\quad \hat{b}=\frac{p}{\sqrt{e^2-1}} \tag{9.46}$$

と置くと，式 (9.41) は

$$\frac{(x-\hat{a}e)^2}{\hat{a}^2}-\frac{y^2}{\hat{b}^2}=1 \tag{9.47}$$

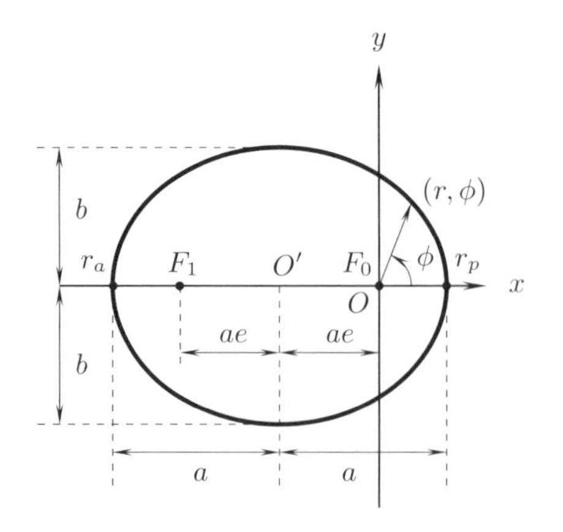

図 9.1　式 (9.43) の楕円軌道. $l_\phi=1$, $1>e=0.6$ のとき.

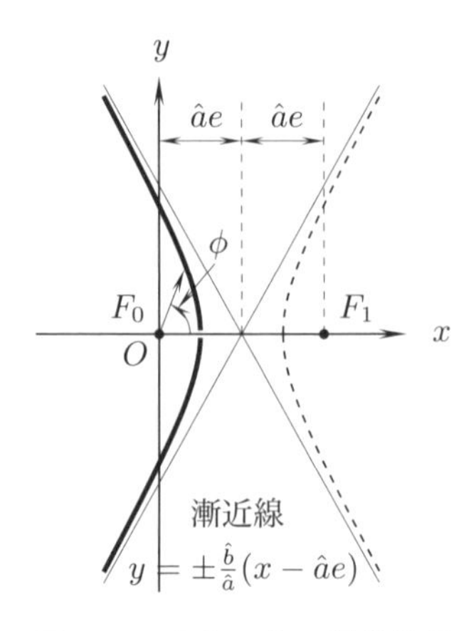

図 9.2　式 (9.47) の双曲線軌道. $1_\phi=1$, $1<e=2$ のとき.

と書け，図 9.2 の双曲線軌道を表す．この双曲線の漸近線は式 (9.47) の右辺を零と置いて得られる次式

$$y=\pm\frac{\hat{b}}{\hat{a}}(x-\hat{a}e) \tag{9.48}$$

で表せ，図 9.2 に示す 2 本の直線である．

質点の運動の軌道が式 (9.35) で表されるときの式 (9.23) のエネルギー E を考えよう．式 (9.35) を ϕ で微分すると

$$\frac{dr}{d\phi}(1+e\cos\phi)-er\sin\phi=0 \tag{9.49}$$

を得，これから式 (9.33) を使って

$$\frac{dr}{d\phi}=\frac{er\sin\phi}{1+e\cos\phi}=\frac{e}{p}r^2\sin\phi \tag{9.50}$$

が得られる．式 (9.24) を使うと

$$\frac{dr}{dt}=\frac{l_\phi}{mr^2}\frac{dr}{d\phi}=\frac{l_\phi e}{mp}\sin\phi \tag{9.51}$$

であり，また，式 (9.33) より

$$\sin^2\phi = 1-\cos^2\phi = 1-\left(\frac{p-r}{er}\right)^2 \tag{9.52}$$

である．

式 (9.22), (9.51), (9.52) および (9.32) を式 (9.23) で使うと

$$\begin{aligned}
E &= \frac{1}{2}m\frac{(el_\phi)^2}{(mp)^2}\sin^2\phi + \frac{1}{2}m\frac{l_\phi^2}{(mr)^2} - \frac{GMm}{r} \\
&= \frac{1}{2}m\frac{(el_\phi)^2}{(mp)^2}\left(1-\frac{(p-r)^2}{(er)^2}\right) + \frac{1}{2}m\frac{l_\phi^2}{(mr)^2} - \frac{GMm}{r} \\
&= \frac{1}{2}\frac{l_\phi^2}{mp^2}\left(e^2-\frac{p^2}{r^2}+\frac{2p}{r}-1\right) + \frac{1}{2}m\frac{l_\phi^2}{(mr)^2} - \frac{GMm}{r} \\
&= \frac{l_\phi^2}{2mp^2}(e^2-1) = \text{一定}
\end{aligned} \tag{9.53}$$

が得られる．これから $e<1$ のときは $E<0$ となり，運動エネルギーが重力の位置エネルギーよりも小さくなること，$1<e$ のときは運動エネルギーが重力の位置エネルギーよりも大きくなること，前者の場合は質点は重力によって拘束される式 (9.38) または式 (9.43) の円または楕円軌道となること，後者の場合は重力によって拘束されない式 (9.47) の双曲線軌道となることが分かる．

重力場が太陽であるときは，図 9.1 は原点 O に太陽があり，水星や地球等の惑星が太陽の周りを回る楕円軌道を表す．図 9.2 でも原点 O に太陽があり，図の左側の双曲線は太陽系に時々現れる彗星の軌道を表している．質点は太陽に束縛されているときは楕円軌道上を運動するが，束縛されていないときは双曲線軌道上を時間の経過と共に無限遠へ飛び去る．

$0<e<1$ の場合，式 (9.33) の楕円軌道で惑星が太陽に最も近いときの位置は近日点 (perihelion)，太陽から最も離れた位置は遠日点 (aphelion) と呼ばれる．それらはそれぞれ $\phi=0$ と $\phi=\pi$ のときで，そのときの太陽からの距離はそれぞれ

$$\text{近日点}\quad r_p = \frac{p}{1+e}, \qquad \text{遠日点}\quad r_a = \frac{p}{1-e} \tag{9.54}$$

である．式 (9.42) より $p=a(1-e^2)$ を使うと

$$r_p = \frac{a(1-e^2)}{1+e} = a(1-e), \qquad r_a = \frac{a(1-e^2)}{1-e} = a(1+e) \tag{9.55}$$

と表せ，これから

$$r_p + r_a = a(1-e) + a(1+e) = 2a \tag{9.56}$$

となり，$2a$ は図 9.1 に示すように，楕円の長径を表す．図 9.1 の楕円の中心 O' から座標系 $K(x,y)$ の原点 O までの距離を $\overline{O'O}$ とすると

$$\overline{O'O} = a - r_p = ae \tag{9.57}$$

である．距離 $\overline{O'O} = f$ は焦点距離と呼ばれ，式 (9.45) を使うと

$$\overline{O'O} = f = ae = \sqrt{a^2 - b^2} \tag{9.58}$$

で与えられる．

図 9.1 および 9.2 の位置 F_0 および F_1 は楕円の焦点と呼ばれる．太陽の引力による運動では，どちらの図でも太陽は図の原点 O すなわち焦点にいる．図 9.1 の楕円上では，焦点 F_1 から楕円上の位置への距離とその位置から焦点 F_0 までの距離の和が一定である．また，図 9.2 の双曲線上では焦点 F_1 から双曲線上の位置への距離とその位置から焦点 F_0 までの距離の差が一定である．

9.3　質点の相対論的運動方程式のラグランジアン L

シュバルツシルトの解とオイラー–ラグランジュの方程式を利用して質点に対する重力場の相対論的運動方程式を導こう．オイラー–ラグランジュの方程式 (9.11) からニュートンの運動方程式は式 (9.10) のように $L = T - V$ と置けば得られるが，相対論的運動方程式は T を運動エネルギーと置いたのでは得られない．式 (5.65) の相対論的運動方程式を得るには

$$T = -m_0 c^2 \sqrt{1 - \left(\frac{u}{c}\right)^2} \tag{9.59}$$

と置かねばならない[2)]．すなわち

$$L(x, \dot{x}) = T(u) - V(x), \quad u = \dot{x} = \frac{dx}{dt} \tag{9.60}$$

と置いて，式 (9.59) を式 (9.11), すなわち今の場合

[2)] [54] 戸田盛和 p.50.

$$\frac{d}{dt}\left(\frac{\partial L}{\partial u}\right)-\frac{\partial L}{\partial x}=0 \tag{9.61}$$

へ代入し

$$\frac{\partial L}{\partial u}=\frac{\partial T}{\partial u}=\frac{m_0 u}{\sqrt{1-\left(\frac{u}{c}\right)^2}} \tag{9.62}$$

を使うと

$$m_0\frac{d}{dt}\left(\frac{u}{\sqrt{1-\left(\frac{u}{c}\right)^2}}\right)=-\frac{\partial V}{\partial x}=-f_x,\ \text{ただし}\ f_x=\frac{\partial V}{\partial x} \tag{9.63}$$

と相対論的運動方程式 (5.65) が得られる．

重力場がないときは式 (8.47) で $M=0$ と置くと

$$ds^2=dx^2-c^2dt^2=-\left(1-\left(\frac{u}{c}\right)^2\right)c^2dt^2, \quad ds=i\sqrt{1-\left(\frac{u}{c}\right)^2}\,cdt \tag{9.64}$$

となるが，これを式 (9.60) で使い重力場がないので $V=0$ とすると

$$L=T=-m_0c^2\sqrt{1-\left(\frac{u}{c}\right)^2}=m_0ci\frac{ds}{dt} \tag{9.65}$$

が得られる[3]．これを式 (9.2) で使うと

$$\delta I=\delta\int_{t_1}^{t_2}L(t,x,\dot{x})dt=m_0ci\delta\int ds=0 \tag{9.66}$$

が得られる．すなわち，外力が働かないときは次式

$$\delta\int ds=0 \tag{9.67}$$

で運動が定まる．

次に重力場がある場合を考えよう．前章で考察したように，重力場と加速場の等価原理により重力場での運動は重力の働かない加速場での運動と等価であり，局所的な加速場は短時間を考えれば一定の速度で運動している局所慣性系

[3] [54] 戸田盛和 p.134.

と等価である．したがって重力場での微小距離 ds は局所慣性系 $K'(dx', icdt')$ で書けば式 (8.47), すなわち

$$ds^2 = dx'^2 - (cdt')^2 \tag{9.68}$$

と表せ，これは外力の働かないときの式 (9.64) と同じ形である．したがって式 (9.65) および (9.66) と同じ手続きで式 (9.67) が得られる．式 (9.67) を式 (8.47) および (8.49) の固有時間 τ を用いて具体的に書くと

$$\begin{aligned}\delta\int ds &= \delta\int\sqrt{dx'^2-(cdt')^2} = \delta\int\left[\frac{dx^2}{1-\dfrac{2M}{x}} - \left(1-\frac{2M}{x}\right)c^2dt^2\right]^{1/2}\\ &= i\delta\int Lcd\tau = 0\end{aligned} \tag{9.69}$$

となる．ただし式 (8.47) を使ってラグランジアン L は

$$L = \left[\left(1-\frac{2M}{x}\right)\left(\frac{dt}{d\tau}\right)^2 - \frac{1}{1-\dfrac{2M}{x}}\frac{1}{c^2}\left(\frac{dx}{d\tau}\right)^2\right]^{1/2} \tag{9.70}$$

である．3次元 (r,θ,ϕ) 座標のときは式 (8.48) を使って相対論的ラグランジアン L は

$$\begin{aligned}L = \Bigg[&\left(1-\frac{2M}{r}\right)\left(\frac{dt}{d\tau}\right)^2 - \frac{1}{1-\dfrac{2M}{r}}\frac{1}{c^2}\left(\frac{dr}{d\tau}\right)^2 - \frac{r^2}{c^2}\left(\frac{d\theta}{d\tau}\right)^2\\ &-\frac{r^2\sin^2\theta}{c^2}\left(\frac{d\phi}{d\tau}\right)^2\Bigg]^{1/2}\end{aligned} \tag{9.71}$$

である．

2次元 (r,ϕ) 座標での式 (9.69) は式 (9.71) で $\theta=\pi/2$, $d\theta=0$ と置いて

$$\delta\int ds = i\delta\int\left[\left(1-\frac{2M}{r}\right)\left(\frac{dt}{d\tau}\right)^2 - \frac{1}{1-\dfrac{2M}{r}}\frac{1}{c^2}\left(\frac{dr}{d\tau}\right)^2 - \frac{r^2}{c^2}\left(\frac{d\phi}{d\tau}\right)^2\right]^{1/2} cd\tau \tag{9.72}$$

である．これから 2 次元 (r,ϕ) 座標での相対論的ラグランジアン L を簡潔に書くと

$$L(\tau,t,r,\phi,\dot{t},\dot{r},\dot{\phi})=\left[\left(1-\frac{2M}{r}\right)\dot{t}^2-\frac{1}{1-\dfrac{2M}{r}}\frac{\dot{r}^2}{c^2}-\frac{r^2}{c^2}\dot{\phi}^2\right]^{1/2} \tag{9.73}$$

である．ただし

$$\dot{t}=\frac{dt}{d\tau},\quad \dot{r}=\frac{dr}{d\tau},\quad \dot{\phi}=\frac{d\phi}{d\tau} \tag{9.74}$$

である．

式 (9.69) および (9.72) の変分は 5.1.2 節で述べたように，ミンコフスキー空間で最大の固有時間を与える経路を求めている．

9.4　2 次元 (r,ϕ) 座標系の相対論的運動方程式

2 次元 (r,ϕ) 座標系の相対論的運動方程式を導こう．式 (9.72) の変数 t,r,ϕ に対するオイラー–ラグランジュ方程式は式 (9.6) より

$$\frac{d}{d\tau}\left(\frac{\partial L}{\partial\dot{t}}\right)-\frac{\partial L}{\partial t}=0,\quad \frac{d}{d\tau}\left(\frac{\partial L}{\partial\dot{r}}\right)-\frac{\partial L}{\partial r}=0,\quad \frac{d}{d\tau}\left(\frac{\partial L}{\partial\dot{\phi}}\right)-\frac{\partial L}{\partial\phi}=0 \tag{9.75}$$

である．式 (9.73) の L は変数 t,ϕ を含まないので，

$$\frac{\partial L}{\partial t}=0,\qquad \frac{\partial L}{\partial\phi}=0 \tag{9.76}$$

であり，式 (9.75) の最初と最後の二つの式の解は簡単に求まる，すなわち

$$\frac{\partial L}{\partial\dot{t}}=\frac{1}{L}\left(1-\frac{2M}{r}\right)\dot{t}=\text{一定},\quad \frac{\partial L}{\partial\dot{\phi}}=-\frac{r^2\dot{\phi}}{Lc^2}=\text{一定} \tag{9.77}$$

が得られる．

式 (9.84) に示すように $L=1$ なので，式 (9.77) の最初の式は

$$\left(1-\frac{2M}{r}\right)\frac{dt}{d\tau}=\text{一定} \tag{9.78}$$

と書ける．重力場のない $M\to 0$ では式 (5.11) および (5.45) の特殊相対性理論の関係式

$$\frac{dt}{d\tau}=\frac{1}{\sqrt{1-\dfrac{u^2}{c^2}}}=\frac{E}{m_0c^2},\qquad u=\frac{dr}{dt} \tag{9.79}$$

が成り立たねばならない．この式を使うと式 (9.78) は

$$\left(1-\frac{2M}{r}\right)\frac{dt}{d\tau}=\frac{E}{m_0c^2}=\epsilon=\text{一定} \tag{9.80}$$

と書ける．この式のエネルギー E は初期条件で定まる．例えば，初期条件が $r\to\infty$ で質点が静止状態から落下したときは $\dot{t}=1, E/m_0c^2=1$ となる．

重力の存在しない空間で慣性運動を行っているときは，固有時間 $d\tau$ は式 (9.79)，すなわち

$$d\tau=\sqrt{1-\frac{u^2}{c^2}}dt \tag{9.81}$$

で速さ u によって遅れるが，重力のあるときはこの式はもはや成り立たず，この式の代わりに式 (9.80), すなわち

$$\epsilon d\tau=\left(1-\frac{2M}{r}\right)dt \tag{9.82}$$

で，固有時間は重力によって遠方時間よりも遅れることに注意しよう[4)]．式 (9.82) の物理的な意味は 10.2.2 節で詳しく考える．

式 (9.77) の 2 番目の式は $L=1$ を使うと

$$r^2\dot{\phi}=cl_\phi=\text{一定} \tag{9.83}$$

と書ける．重力の中心に垂直方向の ϕ 方向への速さは $v_\phi=r\dot{\phi}$ であり，ϕ 方向への角運動量は mrv_ϕ であるから l_ϕ は単位質量当たりの角運動量であり，ニュートンの運動方程式の式 (9.18) に相当する角運動量保存則である．

未知関数が t,r,ϕ の 3 個あるのでもう一つの式が必要であるが，それは次のように得られる．すなわち ds が運動の世界線であるときは，それは式 (8.49)

---

4) [54] p.195, 式 (33) では式 (9.81) が使われている．

のように時間的形式であり，固有時間 $d\tau$ を使って $ds^2=(icd\tau)^2, ds=icd\tau$ と書ける．それゆえ，式 (9.72) の左辺で $ds=icd\tau$ と置くと $L=1$, すなわち

$$L=\left[\left(1-\frac{2M}{r}\right)\left(\frac{dt}{d\tau}\right)^2-\frac{1}{1-\dfrac{2M}{r}}\frac{1}{c^2}\left(\frac{dr}{d\tau}\right)^2-\frac{r^2}{c^2}\left(\frac{d\phi}{d\tau}\right)^2\right]^{1/2}=1 \tag{9.84}$$

が得られる．この式を 2 乗すると

$$\left(1-\frac{2M}{r}\right)\left(\frac{dt}{d\tau}\right)^2-\frac{1}{1-\dfrac{2M}{r}}\frac{1}{c^2}\left(\frac{dr}{d\tau}\right)^2-\frac{r^2}{c^2}\left(\frac{d\phi}{d\tau}\right)^2=1 \tag{9.85}$$

が得られる．この式の物理的な意味を考えよう．

式 (9.85) の両辺に $c^2\left(1-\dfrac{2M}{r}\right)$ を掛けると

$$c^2\left(1-\frac{2M}{r}\right)^2\left(\frac{dt}{d\tau}\right)^2-\left(\frac{dr}{d\tau}\right)^2-\left(1-\frac{2M}{r}\right)r^2\left(\frac{d\phi}{d\tau}\right)^2=c^2\left(1-\frac{2M}{r}\right) \tag{9.86}$$

が得られ，左辺第 1 項に式 (9.80) を使うと

$$c^2\left[\left(\frac{E}{m_0c^2}\right)^2-1\right]=\left(\frac{dr}{d\tau}\right)^2+\left(1-\frac{2M}{r}\right)r^2\left(\frac{d\phi}{d\tau}\right)^2-c^2\frac{2M}{r} \tag{9.87}$$

を得る．

上式の右辺の最後の項は式 (8.43) の置き換えを使うと

$$c^2\frac{2M}{r}\rightarrow\frac{2GM}{r} \tag{9.88}$$

となる．エネルギー E から静止エネルギー m_0c^2 を引いたエネルギーを $\hat{E}$ として

$$E=\hat{E}+m_0c^2 \tag{9.89}$$

と書き $\hat{E}\ll m_0c^2$ とすると

$$\left(\frac{E}{m_0c^2}\right)^2=\left(\frac{\hat{E}+m_0c^2}{m_0c^2}\right)^2=\left(\frac{\hat{E}}{m_0c^2}+1\right)^2\fallingdotseq 2\frac{\hat{E}}{m_0c^2}+1 \tag{9.90}$$

となる．これらを使うと式 (9.87) は

$$\frac{2\hat{E}}{m_0}=\left(\frac{dr}{d\tau}\right)^2+\left(1-\frac{2M}{r}\right)r^2\left(\frac{d\phi}{d\tau}\right)^2-\frac{2GM}{r} \tag{9.91}$$

となり，これは $M/r\to 0,\ dt/d\tau\to 1$ とすると

$$\hat{E}\fallingdotseq\frac{m_0}{2}\left(\frac{dr}{dt}\right)^2+\frac{m_0}{2}r^2\left(\frac{d\phi}{dt}\right)^2-\frac{GMm_0}{r} \tag{9.92}$$

となる．式 (9.92) はニュートンの運動方程式から得られる式 (9.23) のエネルギー保存の式に一致する．すなわち，式 (9.85) はニュートン力学のエネルギー保存式に相当する式である．

変数 r に関する式は式 (9.75) の最初の式から得られるがやや複雑なので式 (9.84) を使う．式 (9.86) より変数 r に関する式は

$$\frac{1}{c^2}\left(\frac{dr}{d\tau}\right)^2=\left(1-\frac{2M}{r}\right)^2\left(\frac{dt}{d\tau}\right)^2-\left(1-\frac{2M}{r}\right)\left(1+\frac{r^2}{c^2}\left(\frac{d\phi}{d\tau}\right)^2\right) \tag{9.93}$$

となる．式 (9.80) および (9.83) の定数を使うと

$$\frac{1}{c}\frac{dr}{d\tau}=\pm\sqrt{\epsilon^2-\left(1-\frac{2M}{r}\right)\left(1+\frac{l_\phi^2}{r^2}\right)} \tag{9.94}$$

が得られ，式 (9.83) を使って

$$\frac{dr}{d\phi}=\frac{dr}{d\tau}\frac{d\tau}{d\phi}=\pm\frac{r^2}{l_\phi}\sqrt{\epsilon^2-\left(1-\frac{2M}{r}\right)\left(1+\frac{l_\phi^2}{r^2}\right)} \tag{9.95}$$

が得られる．これらの式は次節の重力場が弱いときおよび第11章の強いときの両方で使う．

9.5　水星の近日点移動

水星の近日点は100年 (1世紀) 当たりに角度で570秒移動すると観測されており，他の惑星の摂動を計算すると43秒がニュートン力学では説明できない問題点とされていた．アインシュタインは1915年11月18日に，彼の一般相対性理論の重力場の方程式から水星の近日点移動がこの43秒を説明できる

ことを示した.

質量 M による重力場での運動方程式 (9.95) で簡単のために

$$r_s = 2M \tag{9.96}$$

と置き正符号を使うと

$$d\phi = \frac{l_\phi dr}{r^2\left[\epsilon^2 - \left(1-\frac{r_s}{r}\right)\left(1+\frac{l_\phi^2}{r^2}\right)\right]^{1/2}} = \frac{l_\phi dr}{r^2\left(\epsilon^2 - 1 + \frac{r_s}{r} - \frac{l_\phi^2}{r^2} + \frac{r_s l_\phi^2}{r^3}\right)^{1/2}} \tag{9.97}$$

が得られる.

$r=1/u$ と置いて, $dr=-r^2du$ を使うと

$$\begin{aligned} d\phi &= -\frac{l_\phi du}{(\epsilon^2-1+r_s u - l_\phi^2 u^2 + r_s l_\phi^2 u^3)^{1/2}} = -\frac{du}{\left(\frac{\epsilon^2-1}{l_\phi^2} + \frac{r_s}{l_\phi^2}u - u^2 + r_s u^3\right)^{1/2}} \\ &= \frac{-du}{\left(\frac{\epsilon^2-1}{l_\phi^2} + \frac{r_s^2}{4l_\phi^4} - \left(u - \frac{r_s}{2l_\phi^2}\right)^2 + r_s u^3\right)^{1/2}} = \frac{-du}{((u_0 e)^2 - (u-u_0)^2 + r_s u^3)^{1/2}} \end{aligned} \tag{9.98}$$

となる. ただし

$$u_0 = \frac{r_s}{2l_\phi^2}, \quad (u_0 e)^2 = \frac{\epsilon^2-1}{l_\phi^2} + u_0^2, \quad e^2 = \frac{u_0^2 + \frac{\epsilon^2-1}{l_\phi^2}}{u_0^2} = 1 + \frac{4l_\phi^2(\epsilon^2-1)}{r_s^2} \tag{9.99}$$

である.

$$v = u - u_0, \quad u = v + u_0 \tag{9.100}$$

と置くと, 式 (9.98) は

$$d\phi = -\frac{dv}{((u_0 e)^2 - v^2 + r_s u^3)^{1/2}} \tag{9.101}$$

と書ける.

$r_s u^3$ の項を無視し, 次の積分公式

$$\int \frac{dx}{\sqrt{a^2-x^2}} = -\cos^{-1}\frac{x}{a} \tag{9.102}$$

を使うと，式 (9.101) より ϕ_0 を積分定数として

$$\int_{\phi_0}^{\phi} d\phi = \phi-\phi_0 = -\int \frac{dv}{\sqrt{(u_0 e)^2-v^2}}, \quad = \cos^{-1}\frac{v}{u_0 e} \tag{9.103}$$

を得，これから

$$\cos(\phi-\phi_0) = \frac{v}{u_0 e} = \frac{u-u_0}{u_0 e} = \frac{u}{u_0 e} - \frac{1}{e}, \quad \frac{u}{u_0 e} = \frac{1}{e} + \cos(\phi-\phi_0) \tag{9.104}$$

を得る．これを書き直すと

$$r = \frac{1}{u} = \frac{1}{u_0 e\left(\frac{1}{e}+\cos(\phi-\phi_0)\right)} = \frac{p}{1+e\cos(\phi-\phi_0)}, \quad \text{ただし} \quad p = \frac{1}{u_0} = \frac{2l_\phi^2}{r_s} \tag{9.105}$$

であり，これは $\phi_0=0$ と置くとニュートン力学の式 (9.33) に等しくなり，$0<e<1$ のときは式 (9.43) の楕円の式になる．

一般相対性理論の効果は式 (9.98) の $r_s u^3$ の項であり，次にこの項を含める解を求めよう．次式

$$u^3 = (v+u_0)^3 = v^3 + 3v^2 u_0 + 3v u_0^2 + u_0^3 \tag{9.106}$$

を式 (9.101) へ代入すると

$$\begin{aligned} d\phi &= \frac{-dv}{\left[(u_0 e)^2 - v^2 + r_s(3v^2 u_0 + u_0^3 + v^3 + 3u_0^2 v)\right]^{1/2}} \\ &= \frac{-dv}{\left[(u_0 e)^2 + r_s u_0^3 - (1-3r_s u_0)v^2 + r_s(v^3+3u_0^2 v)\right]^{1/2}} \\ &\fallingdotseq \frac{-dv}{\left[(u_0 e)^2 + r_s u_0^3 - (1-3r_s u_0)v^2\right]^{1/2}} \times \\ &\quad \left(1 - \frac{1}{2}\frac{r_s(v^3+3u_0^2 v)}{(u_0 e)^2 + r_s u_0^3 - (1-3r_s u_0)v^2}\right) \end{aligned} \tag{9.107}$$

この式の最後の項は式 (9.104) から分かるように，$v \fallingdotseq$ 一定 $\times\cos(\phi-\phi_0)$ のように正負に振動する関数であり ϕ について 0 から 2π まで積分すると無視でき

るほど小さい．それゆえ，残るのは第1項だけであり，それは

$$d\phi \fallingdotseq \frac{-dv}{\left[(u_0e)^2+r_su_0^3-(1-3r_su_0)v^2\right]^{1/2}} = \frac{-dv}{\sqrt{1-3r_su_0}\left(\dfrac{u_0^2(e^2+r_su_0)}{1-3r_su_0}-v^2\right)^{1/2}} \tag{9.108}$$

となり

$$\sqrt{1-3r_su_0}\,d\phi = \frac{-dv}{\left(\dfrac{u_0^2(e^2+r_su_0)}{1-3r_su_0}-v^2\right)^{1/2}} \tag{9.109}$$

と書ける．

$$d\psi = \sqrt{1-3r_su_0}\ d\phi, \quad \hat{e} = \sqrt{\frac{e^2+r_su_0}{1-3r_su_0}} \fallingdotseq e\left[1+\frac{1}{2}\left(3+\frac{1}{e^2}\right)r_su_0\right] \tag{9.110}$$

と置くと，式 (9.109) は

$$d\psi = -\frac{dv}{\sqrt{(u_0\hat{e})^2-v^2}} \tag{9.111}$$

となるので，その解は式 (9.105) と同じ形

$$r = \frac{p}{1+\hat{e}\cos(\psi-\psi_0)} \tag{9.112}$$

が得られ，変数 ψ について周期的である．観測される角度 ϕ と変数 ψ の関係は，式 (9.110) より

$$\phi = \frac{1}{\sqrt{1-3r_su_0}}\ \psi \fallingdotseq \left(1+\frac{3}{2}r_su_0\right)\psi \tag{9.113}$$

である．

式 (9.112) で積分定数を $\psi_0=0$ とし，惑星が $\psi=0$ から1周後の $\psi=2\pi$ のときの近日点の移動量を $\Delta\phi$ とすると

$$\phi = \left(1+\frac{3}{2}r_su_0\right)\psi|_{\phi=2\pi} = \left(1+\frac{3}{2}r_su_0\right)2\pi = 2\pi+\Delta\phi \tag{9.114}$$

で，式 (9.105) および (9.42) を使うと

$$\Delta\phi = 3\pi r_s u_0 = \frac{3\pi r_s}{p} = \frac{3\pi r_s}{a(1-e^2)} \tag{9.115}$$

と得られる[5])．

表 D.1 の物理定数表の値，太陽のシュバルツシルト半径 $r_s = 2\times 1.477\,\mathrm{km}$，太陽から水星までの平均距離 $a = 0.3871\,\mathrm{AU}$，水星の離心率 $e = 0.2056$，太陽と地球の平均距離 $1\,\mathrm{AU} = 1.496\times 10^8\,\mathrm{km}$，水星が太陽を 1 回転する時間は 0.2408 年であることを使うと，100 年間に近日点が移動する角度は

$$\begin{aligned}\Delta\phi &= \frac{3\pi\times 2\times 1.477\times 10^3}{0.3871\times 1.496\times 10^{11}\times(1-0.2056^2)}\times\frac{100}{0.2408}\\ &= 2.084\times 10^{-4} = 2.084\times 10^{-4}\times\frac{180\times 60\times 60}{\pi} = 43.0''\end{aligned} \tag{9.116}$$

となり，下に示す観測値 $42''.56$ にぴったりと一致する．アインシュタインはこの一致を 1915 年に知って，彼の一般相対性理論が正しいことに確信を持った．

観測された 1 世紀あたりの全移動	$5599''.74\pm 0''.41$
観測者が太陽から遠く離れた慣性系に存在しないことに起因する，移動への寄与 (1947 年に求められた“一般的な歳差”)	$5025''.645\pm 0''.50$
別な惑星の Newton の重力によって引き起こされる 1 世紀あたりの移動	$531''.54\pm 0''.68$
一般相対論と太陽の回転楕円体性に帰着される 1 世紀あたりの残りの移動	$42''.56\pm 0''.94$

([63] ミスナー等 p.1170)

5) [62] 須藤靖 p.167.

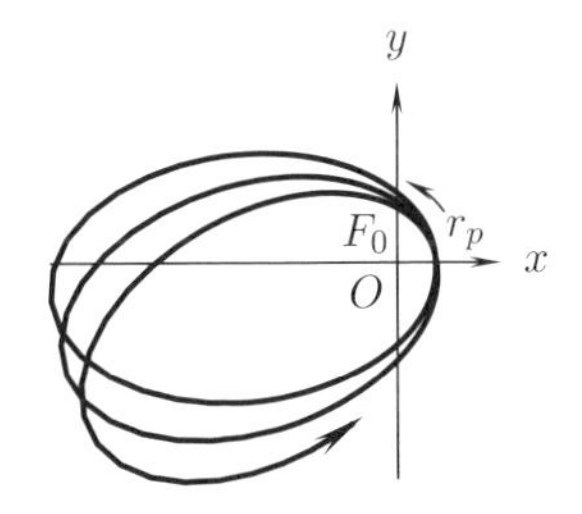

図 **9.3**　惑星の楕円軌道の近日点移動．図は $r=1/(1+0.8\times\cos(0.97x))$ の場合．

9.6　全地球測位システム GPS

今はほとんどの自動車のカーナビや携帯電話，タブレット等に全地球測位システム GPS (Global Positioning System, 米国) またはガリレオ測位システム (Galileo Positioning System, 欧州) が装備されているが，位置を正確に計測するために一般相対性理論が使われていることはあまり知られていない．

GPS の動作原理を，簡単のためにまず 1 次元空間の場合で考えよう．図 9.4 は図 2.12 を利用して描かれており，人工衛星の世界線が A_W, 静止している観測者の世界線が B_W で，人工衛星から送られて来る電波を受信して観測者 B が自身の位置を知る方法を示している．人工衛星からは電波を発信したときの位置 x_A と時刻 t_A が送信され，その電波を観測者 B が受信する．観測者 B は暖波を受信した時刻 t_B を使って

$$x_B=x_A+c(t_B-t_A) \tag{9.117}$$

より自身の居る位置 x_B を知る．

しかし，人工衛星の速さが速い時は人工衛星に積んである時計の進み方が遅れることを考慮せねばならない．図で人工衛星が位置 x_A に居るときの人工衛星の時計の時刻は図の t_A ではなく，t'_A である．すなわち人工衛星の速さが v のときは式 (2.49) のように

$$t'_A=\sqrt{1-\left(\frac{v}{c}\right)^2}\,t_A \tag{9.118}$$

である．それゆえ位置を求めるとき，t'_A をそのまま使う次式

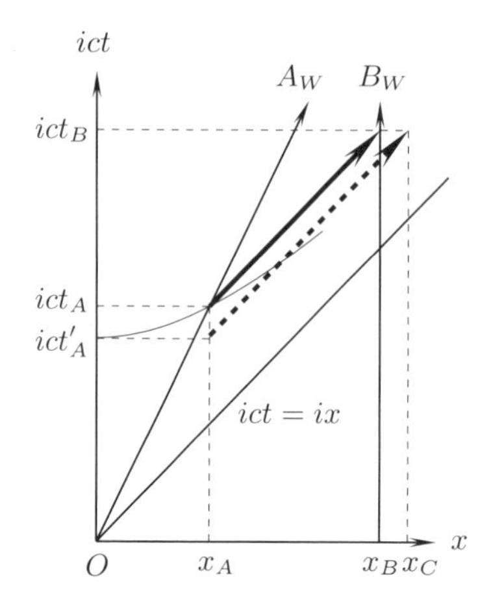

図 9.4　1 次元空間の場合，1 個の人工衛星 A からの電波を受信し，電波の飛行時間から観測者 B の位置座標 x_B が分かる．

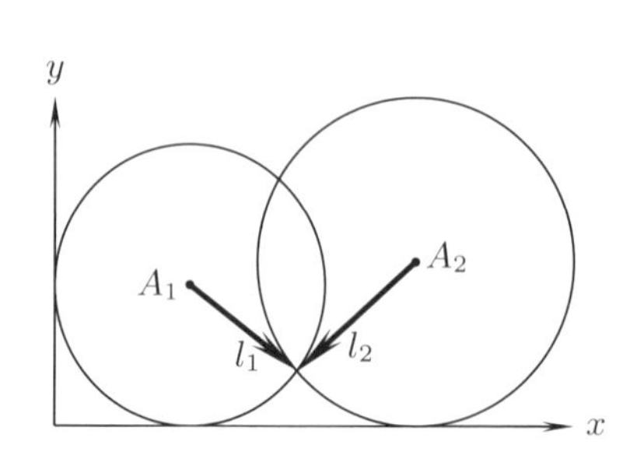

図 9.5　2 次元空間の場合，2 個の人工衛星 A_1 および A_2 からの電波の受信し，電波の飛行時間から距離 l_1 および l_2 を求めると二つの円の交点の座標が分かる．

$$\text{位置} = x_A + c(t_B - t'_A) = x_C \tag{9.119}$$

で計算すると，x_B ではなく図の位置 x_C を求めることになってしまう誤差を生じる．正しい位置を求めるには，衛星から送信されてきた時間 t'_A を式 (9.118) で使って t_A を求め，それを式 (9.117) で使わねばならない．観測者 B が運動している時も式 (9.117) で位置 x_B を求めることができるが，観測者の運動の速さが非常に速い時は，観測者の時計 t_B の遅れも考慮しなければならない．

2 次元空間の場合は図 9.5 に示すように，2 個の人工衛星がそれぞれ電波を発射した位置と時刻を送信すれば，それを地上で受信した者は，衛星の発射時刻と受信した時刻との差，すなわち電波の飛行時間を光の飛行速度で割ることにより，図 9.5 の自分の位置から衛星までの距離 l_1 と l_2 を知ることができ，半径 l_1 と l_2 の二つの円の交点として自分の位置を知ることができる．

問題は，高速で飛行する衛星の時計が特殊相対性理論により遅れを生じること，衛星の時計と地上の観測者の使う時計が重力による遅れを生じることであり，この二つの時計の遅れを補正せねばならないことである．

重力場で運動する時計の固有時間 τ は，2 次元 (r,ϕ) 座標では式 (8.49) で与

えられる．すなわち 式 (8.48) で $d\theta=0, \theta=\pi/2$ と置いて

$$c^2 d\tau^2=\left(1-\frac{2M}{r}\right)c^2 dt^2-\frac{1}{1-\dfrac{2M}{r}}dr^2-r^2 d\phi^2 \tag{9.120}$$

である．地球は円で人工衛星は円運動をしているとして $dr=0$ と置くと式 (9.120) は

$$c^2 d\tau^2=\left(1-\frac{2M}{r}\right)c^2 dt^2-r^2 d\phi^2 \tag{9.121}$$

となる．

地球上と衛星のそれぞれの時計に上の式を使う．式 (9.121) を c^2dt^2 で割ると固有時間 τ について次式が得られる．

$$\left(\frac{d\tau}{dt}\right)^2=1-\frac{2M}{r}-\frac{r^2}{c^2}\left(\frac{d\phi}{dt}\right)^2=1-\frac{2M}{r}-\frac{v^2}{c^2}, \quad \text{ただし} \quad v=r\frac{d\phi}{dt} \tag{9.122}$$

ここで v は半径 r の円軌道上の運動の接線方向の速さである．地球の中心から地上の観測地までの距離を r_E, 人工衛星までの距離を r_A とし，地上の観測地の遠方時間を t_E, 腕時計時間 (固有時間) を τ_E ，接線方向の速度を v_E, 人工衛星の遠方時間を t_A, 腕時計時間 (固有時間) を τ_A ，接線方向の速度を v_A とすると，式 (9.122) より次の二つの式が得られる．

$$\left(\frac{d\tau_E}{dt_E}\right)^2=1-\frac{2M}{r_E}-\frac{v_E^2}{c^2}, \quad \left(\frac{d\tau_A}{dt_A}\right)^2=1-\frac{2M}{r_A}-\frac{v_A^2}{c^2} \tag{9.123}$$

この式の t_E および t_A は重力のおよばない遠方時間で，両者の遠方時間は同じなので $t_E=t_A$ である．

式 (9.123) の二つの式の比を取ると

$$\left(\frac{d\tau_A}{d\tau_E}\right)^2=\frac{1-\dfrac{2M}{r_A}-\beta_A^2}{1-\dfrac{2M}{r_E}-\beta_E^2}, \quad \text{ただし} \quad \beta_E=\frac{v_E}{c}, \quad \beta_A=\frac{v_A}{c} \tag{9.124}$$

が得られ，平方根を取ると

$$\frac{d\tau_A}{d\tau_E}=\frac{\sqrt{1-\dfrac{2M}{r_A}-\beta_A^2}}{\sqrt{1-\dfrac{2M}{r_E}-\beta_E^2}}=\left(1-\frac{2M}{r_A}-\beta_A^2\right)^{1/2}\left(1-\frac{2M}{r_E}-\beta_E^2\right)^{-1/2} \tag{9.125}$$

となる．

地上の観測者も人口衛星も静止している場合は，$\beta_E=\beta_A=0$ で

$$\frac{d\tau_A}{d\tau_E}=\left(1-\frac{2M}{r_A}\right)^{1/2}\left(1-\frac{2M}{r_E}\right)^{-1/2}\fallingdotseq 1-\frac{M}{r_A}+\frac{M}{r_E}-\frac{M}{r_A}\frac{M}{r_E} \tag{9.126}$$

となる．比 M/r_E および M/r_A が 10^{-10} の大きさのときは最後の積の項は無視できる程小さい．

GPS 用の人工衛星は 12 時間で地球を一周している．この人工衛星の高度と速さを求めよう．地球の中心から距離 r_A で質量 m の人工衛星が速さ β_A で円運動をしているとき，$dr/dt=0$ であるから式 (9.20) より M_E を地球の質量とすると

$$\frac{mv_A^2}{r_A}=\frac{GM_Em}{r_A^2},\qquad \text{これから}\quad v_A^2=\frac{GM_E}{r_A} \tag{9.127}$$

が得られる．左辺の mv_A^2/r_A は人工衛星が地球から離れようとする遠心力であり，右辺は人工衛星を地球に引きつける重力で，両者が釣り合っている．このとき，円周の長さ $2\pi r_A$ と地球を 1 周する時間 T の間には次の関係がある，

$$v_A=\frac{2\pi r_A}{T} \tag{9.128}$$

式 (9.127) および (9.128) から

$$\left(\frac{2\pi r_A}{T}\right)^2=\frac{GM_E}{r_A},\qquad \text{これから}\quad r_A=\left(\frac{GM_ET^2}{(2\pi)^2}\right)^{1/3} \tag{9.129}$$

が得られる．これに人工衛星が地球を 1 周する時間 $T=12$ 時間，地球の質量 $M_E=5.972\times10^{24}$ kg を代入すると地球の中心から人工衛星までの距離は

$$r_A=\left(\frac{6.673\times10^{-11}\times5.972\times10^{24}\times(12h)^2}{(2\pi)^2}\right)^{1/3}=2.6608\times10^4\,\mathrm{km} \tag{9.130}$$

を得る．地球の赤道半径 $r_E=6.378\times10^3$ km を使うと，地表から人工衛星ま

での距離は $26{,}608-6{,}378=2.023\times10^4$ km, すなわち人工衛星までの高度は約2万 km である.

式 (8.56) の地球の換算質量 $M=4.44\,\mathrm{mm}$ と表 D.1 の定数を使うと

$$\frac{M}{r_E}=\frac{4.44\,\mathrm{mm}}{6.378\times10^3\,\mathrm{km}}=6.95\times10^{-10},\quad \frac{M}{r_A}=\frac{4.44\,\mathrm{mm}}{2.6608\times10^4\,\mathrm{km}}=1.67\times10^{-10} \tag{9.131}$$

となり, これから

$$\frac{M}{r_E}-\frac{M}{r_A}=5.29\times10^{-10} \tag{9.132}$$

である. これに人工衛星が地球を一周する時間 12 時間を掛けると

$$\begin{aligned}\left(\frac{d\tau_A}{d\tau_E}-1\right)\times12h&=\left(\frac{M}{r_E}-\frac{M}{r_A}\right)\times12h\\&=5.29\times10^{-10}\times12\times60\times60\ \text{秒}=22.8\ \text{マイクロ秒}\end{aligned} \tag{9.133}$$

となる. すなわち, 人工衛星の腕時計は地上の腕時計よりも重力による時計の遅れが小さい. つまり, 衛星の腕時計は地上の腕時計よりも 5.293×10^{-10} 倍だけ速く動くように見え, これは人工衛星が地球を一周するごとに 22.87 マイクロ秒速まって見えることになる.

次に式 (9.125) の衛星と地上の時計の運動の速さの違いによる特殊相対論的な効果を見よう. 式 (9.125) は次式で近似できる.

$$\frac{d\tau_A}{d\tau_E}=1+\frac{M}{r_E}-\frac{M}{r_A}+\frac{\beta_E^2}{2}-\frac{\beta_A^2}{2} \tag{9.134}$$

$$\begin{aligned}\frac{\beta_E^2}{2}-\frac{\beta_A^2}{2}&=\frac{1}{2}\left(\frac{2\pi r_E}{24\times60\times60c}\right)^2-\frac{1}{2}\left(\frac{2\pi r_A}{12\times60\times60c}\right)^2\\&=1.197\times10^{-12}-8.332\times10^{-11}=-8.212\times10^{-11}\end{aligned} \tag{9.135}$$

これに人工衛星が地球を一周する時間, 12 時間を掛けると, -3.55 マイクロ秒となる.

これは人工衛星の腕時計時間は重力の影響では式 (9.132) のように約 5.3×10^{-10} 倍だけ地上の腕時計よりも早くなり, 特殊相対性理論の運動による影響では式 (9.135) のように約 8.2×10^{-11} 倍だけ遅くなるが, 一般相対性理論の重

力による影響の方が5.29/0.821=6.4倍大きいことを示している．

一般相対性理論の式(9.133)の値と特殊相対性理論の式(9.135)の値を加えると

$$\frac{d\tau_A}{d\tau_E}-1=\frac{M}{r_E}-\frac{M}{r_A}+\frac{\beta_E^2}{2}-\frac{\beta_A^2}{2}=5.285\times 10^{-10}-0.821\times 10^{-10}$$
$$=4.464\times 10^{-10} \tag{9.136}$$

となる．これに人工衛星が地球を2周する時間，24時間を掛けると，地上の時計の人工衛星の時計からの一日当たりの遅れは

$$4.464\times 10^{-10}\times 24\mathrm{h}=38.6\ \text{マイクロ秒} \tag{9.137}$$

となる．この時間の遅れの補正を行わないときは，地上での位置の誤差は一日当たりに

$$38.6\ \text{マイクロ秒}\times c=11.6\,\mathrm{km} \tag{9.138}$$

となる．すなわち，この相対論的な補正を行わないと，1日当たりに位置測定に約11.6 kmの誤差が生じることになり，GPSの実用性を損なう．つまり，GPSが実用化される約100年も前に人工衛星の時計遅れを補正する正確な理論が作られていたことになる．アインシュタインも一般相対性理論の式が現在のように実生活に役立つようになるとは夢にも思わなかったに違いない．

9.7　結語

シュバルツシルトの解とオイラー–ラグランジュの式を使って質点の運動方程式を導き，それを解いてアインシュタインが一般相対性理論の正しさを立証した有名な水星の近日点の移動を求めた．また，シュバルツシルトの解を利用してGPSで位置を求めるときの重力による時間の遅れを計算する方法を説明した．水星の近日点の移動の計算は実生活にはまったく無関係であるが，一般相対性理論を用いた重力による時計の遅れの計算法は今や実生活に大きく寄与していることは誠に感慨深い．

マクスウェルは電磁波の存在を理論的に証明したが，その実在を証明する実験は行わなかった．2.1節に書いたように，ハインリッヒ・ヘルツはカールス

ルーエ工科大学で 1886 年に電磁波の存在を実証したが，その電磁波の利用にはまったく関心を持たなかった．電磁波を通信に利用して成功を収めたのはマルコーニ (1897 年) である．携帯電話，タブレット，テレビ，ラジオ，カーナビ，GPS 等，電磁波の存在なしに現在の文明は成り立たない．アインシュタインも 1915 年に発表した一般相対性理論が GPS に役立っていることを知ると驚くに違いない．

第10章

重力場での光の運動

前章で得たシュバルツシルトの解と変分原理を使った質点の運動方程式を利用して光の運動方程式を導き，それを用いて太陽の重力による光の曲がりを計算する．その曲がりと重力場と加速場の等価原理の関係を考察する．一般相対性理論によって光が曲がる角度は光子がニュートンの運動方程式で曲がると仮定したときのちょうど2倍となる理由を考える．さらに，重力場によって光速が遅くなることを示す式を導き，光の飛行時間の遅れが実測と一致することを示す．

10.1 (r,ϕ) 座標系の光の相対論的運動方程式

シュバルツシルトの解から変分法を利用して導いた質点の運動方程式 (9.77) および (9.80) は光に対しても成り立つ．すなわち式 (9.80) および (9.83)

$$\left(1-\frac{2M}{r}\right)\frac{dt}{d\tau}=\epsilon=\text{一定},\quad r^2\frac{d\phi}{d\tau}=cl_\phi=\text{一定} \tag{10.1}$$

は光に対しても成り立つ．上の2番目の式は，1番目の式を使うと

$$r^2\frac{d\phi}{dt}\frac{dt}{d\tau}=cl_\phi,\quad r^2\frac{d\phi}{dt}=cl_\phi\frac{d\tau}{dt}=\frac{cl_\phi}{\epsilon}\left(1-\frac{2M}{r}\right) \tag{10.2}$$

と表せる．

質点の場合は式 (9.84) は成り立つが，光に対しては成り立たない．光の場合は $ds=0$ なので式 (9.72) は

$$ds=\sqrt{dx'^2-cdt'^2}=Ld\tau=0 \tag{10.3}$$

の形になり，式 (9.84) の代わりに次式

$$L=\left[\left(1-\frac{2M}{r}\right)\left(\frac{dt}{d\tau}\right)^2-\frac{1}{1-\dfrac{2M}{r}}\frac{1}{c^2}\left(\frac{dr}{d\tau}\right)^2-\frac{r^2}{c^2}\left(\frac{d\phi}{d\tau}\right)^2\right]^{1/2}=0 \tag{10.4}$$

すなわち

$$\left(1-\frac{2M}{r}\right)c^2dt^2-\frac{dr^2}{1-\dfrac{2M}{r}}-r^2d\phi^2=0 \tag{10.5}$$

が成り立つ．

式 (10.2) の定数を使うと

$$\begin{aligned}\left(\frac{dr}{dt}\right)^2&=\left(1-\frac{2M}{r}\right)\left[c^2\left(1-\frac{2M}{r}\right)-r^2\left(\frac{d\phi}{dt}\right)^2\right]\\&=c^2\left(1-\frac{2M}{r}\right)^2\left[1-\frac{l_\phi^2}{\epsilon^2r^2}\left(1-\frac{2M}{r}\right)\right]\end{aligned} \tag{10.6}$$

となるので

$$\frac{dr}{dt}=\pm c\left(1-\frac{2M}{r}\right)\left[1-\frac{l_\phi^2}{\epsilon^2r^2}\left(1-\frac{2M}{r}\right)\right]^{1/2} \tag{10.7}$$

が得られる．定数を

$$b=\frac{l_\phi}{\epsilon},\qquad r_s=2M \tag{10.8}$$

と定めると式 (10.7) より光の相対論的運動方程式は

$$\frac{1}{c}\frac{dr}{dt}=\pm\left(1-\frac{r_s}{r}\right)\left[1-\left(1-\frac{r_s}{r}\right)\frac{b^2}{r^2}\right]^{1/2} \tag{10.9}$$

と書ける．

式 (10.9) に式 (10.2) を使うと

$$\frac{dr}{d\phi}=\pm\frac{dt}{d\phi}c\left(1-\frac{r_s}{r}\right)\left[1-\left(1-\frac{r_s}{r}\right)\frac{b^2}{r^2}\right]^{1/2}=\pm\frac{\epsilon r^2}{l_\phi}\left[1-\left(1-\frac{r_s}{r}\right)\frac{b^2}{r^2}\right]^{1/2}$$

$$=\pm\frac{r^2}{b}\left[1-\left(1-\frac{r_s}{r}\right)\frac{b^2}{r^2}\right]^{1/2} \tag{10.10}$$

が得られる．この式は後節で太陽の重力による光の曲がりや光の速さの遅れを計算することに使う．その前に重力場で光のエネルギーが変化する現象を考察する．

10.2　光子の落下または上昇によるエネルギー増加または減少

重力場で重力の中心に垂直に落下または上昇する光子の 1 次元の運動によるエネルギーの増加または減少について考えよう．

10.2.1　落下による光子のエネルギー増加，ニュートン力学の場合

静止質量 m_0 を持つ原子核が振動数 ν の γ 線を吸収すると原子核はエネルギー E^*

$$E^*=m_0c^2+h_p\nu \tag{10.11}$$

を持つ励起状態になる．ただし h_p はプランクの定数，ν は γ 線の振動数で γ 線のエネルギーは $h_p\nu$ である．質量分析機でこの励起状態の原子核の質量を測定すると

$$m^*c^2=E^*=m_0c^2+h_p\nu, \quad m^*=m_0+\frac{h_p\nu}{c^2} \tag{10.12}$$

の質量 m^* が観測される．すなわち，励起された原子核の慣性質量は γ 線のエネルギーから計算される式 (10.12) の最後の項 $\dfrac{h_p\nu}{c^2}$ だけ増加する．慣性質量と重力質量の等価性により，この原子核の増加した慣性質量 m^* は重力質量に等しいはずである．つまり，光子は式 (10.12) の最後の項で与えられる重力質量を持つと考えられる．それで光の見かけの質量を

$$h_p\nu=m_pc^2, \quad m_p=\frac{h_p\nu}{c^2} \tag{10.13}$$

として，この光子に重力が働くとして光子の重力場での運動をニュートンの運動方程式を使って表そう．

式 (10.13) の光子の見かけの質量を使うと，この光子に対する式 (8.40) の

ニュートンの運動方程式は

$$m_p\frac{du}{dt}=-\frac{GM_Em_p}{x^2},\quad u=\frac{dx}{dt} \tag{10.14}$$

である．これは後で述べる重力場に等価な加速場の方程式 (10.78) で $\theta=\pi/2$ と置いた式と同じ形である．それゆえ，式 (10.14) の解を求めるのは，加速場の解を求めるのと同じである．

両辺に速さ $udt=dx$ を掛けて $x=R$ から $x=R+h$ まで積分すると

$$\frac{m_p}{2}(u_{R+h}^2-u_R^2)=\frac{GM_Em_p}{R+h}-\frac{GM_Em_p}{R} \tag{10.15}$$

が得られる．

光子の位置 R および $R+h$ での運動エネルギーを

$$E_R=\frac{1}{2}m_pu_R^2,\qquad E_{R+h}=\frac{1}{2}m_pu_{R+h}^2 \tag{10.16}$$

と書くと，式 (10.15) は

$$\begin{aligned}E_R-E_{R+h}&=\frac{GM_Em_p}{R}-\frac{GM_Em_p}{R+h}=\frac{GM_Em_p}{R}\left(1-\frac{1}{1+h/R}\right)\\&\fallingdotseq\frac{GM_Em_ph}{R^2}=m_pgh,\quad g=\frac{GM_E}{R^2}\end{aligned} \tag{10.17}$$

となる．ただし，g は位置 $r=R$ での重力による加速度である．この式は式 (10.13) を使うと

$$h_p\nu_R=h_p\nu_{R+h}+m_pgh=h_p\nu_{R+h}+\frac{h_p\nu}{c^2}gh\fallingdotseq\left(1+\frac{gh}{c^2}\right)h_p\nu_{R+h} \tag{10.18}$$

と書ける．式 (10.18) のエネルギー $E_R=h_p\nu_R$ は光子が位置 $r=R+h$ から位置 $r=R$ へ落下したときのエネルギーで，それは位置 $r=R+h$ のエネルギー $E_{R+h}=h_p\nu_{R+h}$ に質量 m_p の質点が高さ h だけ落下したときに得るエネルギー m_pgh を加えたものに等しい．

式 (10.18) を書き換えると

$$h_p\nu_{R+h}=h_p\nu_R-m_pgh \tag{10.19}$$

となる．これは位置 $r=R$ で放射される振動数 ν_R でエネルギー $h_p\nu_R$ の光子は，位置 $R+h$ では振動数 ν_{R+h} は gh/c^2 減少しそのエネルギーは m_pgh 減少

することを示している．すなわち，光子が高さ h 上昇するとエネルギーが $m_p gh$ 減少し，振動数が $m_p gh$ に相当する赤方偏移を行うことを示している．

10.2.2　落下または上昇による光子のエネルギーの増加または減少——一般相対性理論の場合

前節の光子の重力場での落下または上昇によるエネルギーの増加または減少を一般相対性理論の式を使って考えよう．使うのは保存の式，式 (10.1) である．保存則の式 (10.1) はこの節の記号を使うと

$$\frac{\sqrt{1-\dfrac{2M}{x}}dt}{\dfrac{d\tau}{\sqrt{1-\dfrac{2M}{x}}}}=\epsilon=\text{一定} \tag{10.20}$$

と書ける．他方，式 (8.46) は

$$dt'=\sqrt{1-\frac{2M}{x}}dt \tag{10.21}$$

と書ける．これを保存則の式 (10.20) で使うと

$$\frac{dt'}{\dfrac{d\tau}{\sqrt{1-\dfrac{2M}{x}}}}=\epsilon,\quad \text{すなわち}\quad \epsilon d\tau=\sqrt{1-\frac{2M}{x}}dt' \tag{10.22}$$

を得る．図 8.8 の局所慣性系 $K'(dx',icdt')$ を拡大して式 (10.22) の $\epsilon d\tau$ と dt' の関係を図 10.1 に示す．

発光体が発する光の固有振動の周期を t_0, その光が位置 x にある固有時計で観測される周期を t_x とすると，t_0 と t_x の関係式は式 (10.22) を使って

$$\epsilon t_x=\sqrt{1-\frac{2M}{x}}t_0 \tag{10.23}$$

と得られる．位置 x での振動数を ν_x, 固有振動数を ν_0 とし，周期と振動数の関係 $\nu_0=1/t_0, \nu_x=1/t_x$ を使うと，位置 x の局所慣性系 K' で観測される振動数 ν_x は

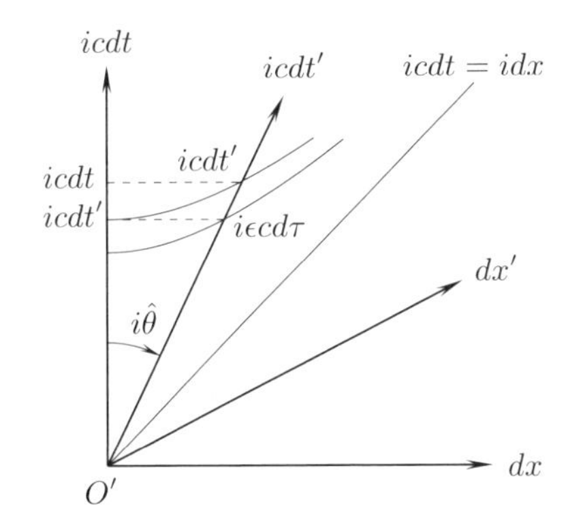

図 10.1 図 8.8 の局所慣性系 $K'(dx', icdt')$ の拡大図．式 (10.22) の $\epsilon d\tau$ と dt' の関係．$\epsilon=1$ のとき，$\cosh^2\hat{\theta}=1/\left(1-\dfrac{2M}{x}\right)$．

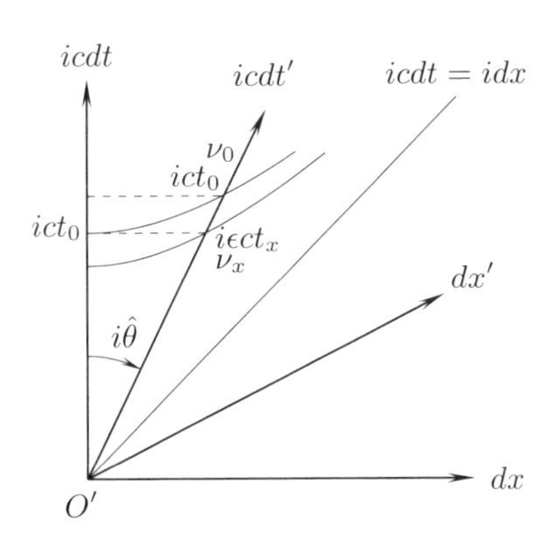

図 10.2 図 10.1 で式 (10.23) の周期 t_x と固有周期 t_0 の関係.

$$\nu_x=\frac{\epsilon\nu_0}{\sqrt{1-\dfrac{2M}{x}}}\fallingdotseq\epsilon\sqrt{1+\frac{2M}{x}}\nu_0, \qquad \frac{2M}{x}\ll 1\text{ のとき} \tag{10.24}$$

と得られる．図 10.1 を利用して式 (10.23) の周期 t_x と固有周期 t_0 の関係を図 10.2 に示す．

10.2.2.1 光が無限遠点から落下する時

無限遠点で生まれた光子が落下する場合を考えよう．重力場のない $x\to\infty$ では，$\nu_{x\to\infty}=\nu_0$，すなわち固有振動数 ν_0 なので，このときは定数 ϵ は式 (10.24) より $\epsilon=1$ となる．式 (10.24) は重力場で光子は落下し x が減少すると共にその振動数が ν_0 より増大し，したがって光子のエネルギーが増大することを示している．

式 (10.24) で $\epsilon=1$, $x=R$ と置くと位置 $x=R$ での振動数は

$$\nu_R=\left(1-\frac{2M}{R}\right)^{-1/2}\nu_0 \tag{10.25}$$

であり，光子の落下による位置 $x=R$ の減少と共に局所慣性系 K' で観測される光子の振動数が増加することを示している．同様に式 (10.24) で $x=R+h$ と

置くと

$$\nu_{R+h}=\left(1-\frac{2M}{R+h}\right)^{-1/2}\nu_0 \tag{10.26}$$

である．

式 (10.25) および (10.26) から

$$\nu_R=\left(1-\frac{2M}{R}\right)^{-1/2}\left(1-\frac{2M}{R+h}\right)^{1/2}\nu_{R+h} \tag{10.27}$$

が得られる．$2M/(R+h)\ll 1$ のとき，次式

$$\begin{aligned}&\left(1-\frac{2M}{R}\right)^{-1/2}\left(1-\frac{2M}{R+h}\right)^{1/2}\\&\fallingdotseq\left(1+\frac{M}{R}\right)\left(1-\frac{M}{R(1+h/R)}\right)\\&\fallingdotseq 1+\frac{M}{R}-\frac{M}{R}\left(1-\frac{h}{R}\right)=1+\frac{Mh}{R^2}=1+\frac{GM_Eh}{c^2R^2}=1+\frac{gh}{c^2}\end{aligned} \tag{10.28}$$

を使うと，式 (10.27) は

$$h_p\nu_R=h_p\nu_{R+h}+m_pgh,\quad g=\frac{GM_E}{R^2},\quad m_p=\frac{h_p\nu_{R+h}}{c^2} \tag{10.29}$$

と書ける．この式は光子が位置 $x=R+h$ から位置 $x=R$ へ落下すると，ニュートンの運動方程式を使った式 (10.18) と同じように光子のエネルギーは m_pgh だけ増加することを示している．

ニュートンの運動方程式による式 (10.17) の場合は，光子のエネルギーの増大は速さの増大の結果である．一般相対性理論でも光の速さは重力場では一定ではなく，式 (10.95) のように光速度 c から変化するが，重力場で落下する時は光速度は光速度 c よりも減少する．それゆえ，一般相対性理論で光子が重力場を落下するときのエネルギーの増大は光子の速さの増大が原因ではない．一般相対性理論では図 10.2 で見られるように，重力による時間の遅れで落下する光子の振動数が増大するように観測されるからである．ニュートンの運動方程式を使った式 (10.18) では重力による時計の遅れ，それに伴う振動数の変化は存在しない．

10.2.2.2 光が位置 R から上昇する時

次に光子が重力場を上昇する場合を考えよう．位置 $x=R$ に発光体があり，そこで生まれた光子が重力場を上昇するとする．このとき，位置 $x=R$ の局所慣性系 K' で観測される振動数 ν_R は固有振動数 ν_0 に等しいので式 (10.24) で $\nu_R=\nu_0$ と置くと，定数 ϵ は

$$\epsilon=\sqrt{1-\frac{2M}{R}} \tag{10.30}$$

と定まる．これを式 (10.24) へ代入すると

$$\nu_x=\frac{\sqrt{1-\dfrac{2M}{R}}}{\sqrt{1-\dfrac{2M}{x}}}\nu_0 \tag{10.31}$$

が得られる．この式は，$x=R$ で固有振動数 ν_0 で生まれた光子が重力場を上昇すると共に振動数が減少し，$x\to\infty$ では

$$\nu_{x\to\infty}=\sqrt{1-\frac{2M}{R}}\nu_0 \tag{10.32}$$

と振動数が減少し，重力赤方偏移が $t\to\infty$ の無限遠で観測されることを示している．式 (10.31) は同時に，光が $x=R$ よりも原点の方向へ落下すると振動数が増大することも示している．

式 (10.31) で注意すべきことは，発光体の位置 R での重力がいかに大きくてもその位置の局所慣性系 K' での振動数は $\nu_R=\nu_0$ であり，位置 R の観測者にとっては重力赤方偏移は起きていないことである．重力赤方偏移は光子が重力場を上昇することによって起き，落下すると重力青方偏移が起きる．例えば今，重力の働かない場所で蝋燭が黄色の光を放っているとする．位置 $x=R$ の重力場にいる観測者には，この蝋燭の色は赤色ではなく，黄色のままであり，光子が上昇して位置 x が増大するに従って式 (10.31) のように赤方偏移する．

テイラー等[1] は，重力赤方偏移について「上昇する光は疲労して振動周期は大きくなる」「光が重力場を登って行くと，振動周期は大きくなっていく」と説明しているが，式 (10.31) はこの現象を式で示している．

---

[1] [55] テイラー等 p.36，言葉による説明だけで式は示していない．

10.2.3　赤方偏移の観測

太陽表面で発する光を地上で観測するときの赤方偏移を考えよう．太陽表面 $x=R_S$ で発光した固有振動数 ν_0 の光が無限遠へ登ったときの減少した振動数は式 (10.32) より

$$\nu_{x\to\infty}=\sqrt{1-\frac{2M}{R_S}}\nu_0 \tag{10.33}$$

であり，この光が地球表面 R_E へ落下したときの振動数は式 (10.25) より

$$\nu_E=\left(1-\frac{2M}{R_E}\right)^{-1/2}\nu_{r\to\infty} \tag{10.34}$$

である．これから地球表面 R_E で観測される振動数 ν_{R_E} は

$$\begin{aligned}\nu_E&=\left(1-\frac{2M}{R_E}\right)^{-1/2}\left(1-\frac{2M}{R_S}\right)^{1/2}\nu_0\fallingdotseq\left(1+\frac{M}{R_E}\right)\left(1-\frac{M}{R_S}\right)\nu_0\\&\fallingdotseq\left(1+\frac{M}{R_E}-\frac{M}{R_S}\right)\nu_0\end{aligned} \tag{10.35}$$

となる．式 (8.60) および (8.61) の数値を代入すると

$$\nu_E=(1+6.95\times10^{-10}-2.12\times10^{-8})\nu_0=(1-2.05\times10^{-8})\nu_0 \tag{10.36}$$

を得る．

メラー [58] は「Einstein の予言したこの興味深い効果 (1911) は，太陽の場合の観測，およびそれよりもさらにずれが 30 倍も顕著なシリウスの伴星の場合について (1928,1944) の観測された結果と満足すべき一致を見たのである」(p.344) と書いている [2)]．

---

2) メラー [58] は多くの教科書と同じように式 (10.35) を導くのに式 (10.1) の最初の式ではなく，式 (8.53) のみを使っている．式 (10.36) のメラーの数値は $(1-2.12\times^{-8})$ である．

10.2.4 パウンド・レプカ実験

パウンドとレプカ[3] [57] は 1959 年に光子 (γ 線) は地上の重力場を落下すると質量のある粒子のようにエネルギーが増大し，上昇させるとエネルギーが減少することを実験で示した．光子のエネルギーは振動数で決まり，エネルギーの増大は振動数の増加，減少は振動数の減少である．彼らは 1957 年に発見されたばかりのメスバウアー効果 (無反跳共鳴吸収効果) を利用して ^{57}Fe の励起状態から放射される 14.4 keV の γ 線を基底状態にある ^{57}Fe に共鳴吸収させ，わずかに 22.5 m の高度差で生じる振動数の変化を非常に高い精度で測定した．この実験について考えよう．

重力の働かないときの ^{57}Fe の励起状態から放射される γ 線の固有振動数を ν_0, 地球の半径を R として位置 $R+h$ から放射された γ 線が位置 R で観測される振動数を ν_R とすると，式 (10.31) および式 (10.28) を使って

$$\nu_R = \frac{\sqrt{1-\dfrac{2M}{R+h}}}{\sqrt{1-\dfrac{2M}{R}}}\nu_0 \fallingdotseq \left(1+\frac{gh}{c^2}\right)\nu_0 \tag{10.37}$$

と表せる．

パウンド・レプカは高さ $h=22.5$ m を使った．この数値を使うと式 (10.37) の増加分は

$$\frac{gh}{c^2} = \frac{9.8\,\mathrm{m/s^2}\times 22.5\,\mathrm{m}}{(3.00\times 10^8\,\mathrm{m/s})^2} = 2.45\times 10^{-15} \tag{10.38}$$

である．すなわち，光子が落下するときの重力作用による振動数の増加は非常に小さく，その相対的な変化はわずかに 10^{-15} の大きさであり，このわずかな変化を検出するにはきわめて高い精度で実験を行う必要がある．

パウンド・レプカはこの非常に微小な振動数の増加を検出するために，メスバウアーが 1958 年に発見したメスバウアー効果 (無反跳共鳴吸収効果) を利用した．高さ $R+h$ にある線源 ^{57}Fe の発する γ 線が重力で落下してエネルギー

---

[3] Pound–Rebka experiment,
`https://en.wikipedia.org/wiki/Pound%E2%80%93Rebka_experiment`
Pound, R. V.; Rebka Jr. G. A. (November 1, 1959). “Gravitational Red-Shift in Nuclear Resonance”, *Physical Review Letters* 3 (9): 439-441. その他.

が増加する γ 線 (青方変位) を，高さ R にある線源 ^{57}Fe を下に向かって動かし，そのドップラー効果による振動数の減少，赤方偏移で青方変位を打ち消し，そのときの線源の速さを測定することにより振動数の変化を測定した．

速さ v で線源 ^{57}Fe を下方へ動かしたときのドップラー効果の赤方変位による振動数 ν_{R+h} の減少は式 (6.11) より

$$\nu_d = \sqrt{\frac{1-v/c}{1+v/c}}\nu_R \tag{10.39}$$

で表せる．このドップラー効果による赤方変位と重力による青方変位とが等しくなるようにすると，位置 R にある基底状態の ^{57}Fe 検出器は共鳴吸収を起こす．このとき式 (10.37) の初めの式を使うと

$$\nu_d = \nu_0, \quad \text{より} \quad \sqrt{\frac{1-v/c}{1+v/c}}\frac{\sqrt{1-\dfrac{2M}{R+h}}}{\sqrt{1-\dfrac{2M}{R}}} = 1 \tag{10.40}$$

であり，式 (10.37) の 2 番目の式を使うと

$$\sqrt{\frac{1-v/c}{1+v/c}}\left(1+\frac{gh}{c^2}\right) = 1 \tag{10.41}$$

が成り立つ．これから，共鳴吸収を起こすのに必要な速さ v は $v/c \ll 1$ として

$$\left(1-\frac{v}{c}\right)\left(1+\frac{gh}{c^2}\right) = 1 \tag{10.42}$$

より

$$\frac{v}{c} = \frac{gh}{c^2} \tag{10.43}$$

と得られる．

線源をスピーカーの振動する部分にくっつけて適当な周波数で振動させ，共鳴吸収をする線源の速さ v を測定すれば，式 (10.37) の重力による振動数の変化を知ることができる．

パウンド・レプカは式 (10.37) の実験値

$$\frac{\nu_R - \nu_0}{\nu_0} = \frac{gh}{c^2} = \frac{v}{c} = \frac{1}{2}(5.13 \pm 0.51) \times 10^{-15} \tag{10.44}$$

を得，その実験誤差は 10%であった [57]．この実験値は式 (10.38) の理論値と 5%の差で合っている．このときの重力による青色変位を打ち消すためのドップラー赤方偏移を起こす速さは

$$v = \frac{gh}{c^2}c = \frac{5.13}{2} \times 10^{-15} \times 3.00 \times 10^8\,\mathrm{m/s} = 7.7 \times 10^{-7}\,\mathrm{m/s} = 0.77\,\mu\mathrm{m/s} \tag{10.45}$$

と非常に小さい．重力による非常に小さな光の振動数の変化をわずかに 22.5 m の高度差で測定できたことは，画期的な実験であった．線源と吸収体の熱運動により，わずか 0.6 °C の温度差でも重力効果は隠されてしまうとされている [57].

この実験は後に精度が改善され，1964 年にパウンドとスナイダーは，精度を 1%へ上げた[4)]．1987 年には水素メーザーを使って精度は 10^{-4}, すなわち 0.01%へ向上され，式 (10.37) の正しさは実証された[5)].

10.3 超高精度の時計

非常に高い精度の時計があると，地上で重力の強さの違いによる時計の遅れを測定することができる．2010 年 9 月 24 日号の *Science* 誌に米国立標準技術研究所 (NIST) は，二つの光学原子時計で，一方の時計を設置した台をわずかに 33 cm 持ち上げたときの時計の進み方の差を検出したと報道されている[6)].

30 cm の高さの重力の違いによる時間差は式 (10.37) より

$$\frac{\tau_1}{\tau_2} = 1 + \frac{gh}{c^2} = 1 + \frac{9.8 \times 0.30}{(3.00 \times 10^8)^2} = 1 + 3.3 \times 10^{-17} \tag{10.46}$$

となり，このようなわずかな時間差を測定できる時計の正確さは驚異的である．

[4)] Pound, R. V., Snider J. L. (November 2, 1964). "Effect of Gravity on Nuclear Resonance", *Physical Review Letters* 13 (18): 539-540.

[5)] Vessot, R. F. C., *et. al.* December 29, (1980)."Test of Relativistic Gravitation with a Space-Borne Hydrogen Maser". *Physical Review Letters* 45 (26): 2081-2084.

[6)] 相対性理論「時間の遅れ」, 日常世界で実証， 2010 年 09 月 28 日.
`http://news.livedoor.com/article/detail/5036976/`

2015年2月10日の報道では，東京大学および理化学研究所はさらに高い精度の高低差1cmの重力の影響も計測可能な時計の作成に成功した．その紹介記事を次に示す[7]．この時計は160億年に1秒の誤差であり，上記の時計よりもさらに30倍の精度を持つことになる．

> **次世代時間標準「光格子時計」の高精度化に成功**
> **～2台の時計が宇宙年齢138億年で1秒も狂わない再現性を実証～**
>
> JST戦略的創造研究推進事業において，東京大学 大学院工学系研究科の香取秀俊教授（理化学研究所 主任研究員），理化学研究所 香取量子計測研究室の高本将男研究員らは，低温環境で原子の高精度分光[注1)]を行う光格子時計[注2)]を開発し，2台の時計が2×10^{-18}の精度[注3)]で一致することを実証しました．この精度は，2台の時計で1秒のずれが生じるのに160億年かかることに相当します．これらは，次世代の時間標準の基盤技術となる重要な成果です．
>
> 中略
>
> このような高精度な原子時計の実現は，「秒の再定義」を迫るだけでなく，従来の時計の概念を超える新しい応用の可能性を秘めています．離れた場所にある2台の原子時計の重力による相対論的な時間の遅れを検出することで，土地の高低差を測る「相対論的な測地技術」への展開のほか，物理定数の恒常性の検証など，新たな基盤技術の創出や新しい基礎物理学的な知見をもたらすことが期待されます．
>
> (科学技術振興機構 (JST) 東京大学 大学院工学系研究科 理化学研究所 平成27年2月10日) http://www.jst.go.jp/pr/announce/20150210-2/index.html

160億年に1秒の誤差を確かめよう．式(10.37)で$h=1\,\mathrm{cm}$と置くと

$$\frac{gh}{c^2}\times 160\text{億年}\times 365\text{日}\times 24\text{時間}\times 3600\text{秒}=1.09\times10^{-18}\times5.26\times10^{17}\text{秒}$$
$$=0.57\text{秒} \tag{10.47}$$

となり，時計を1cm持ち上げたときに確かに160億年にわずか0.6秒の差しか生じない．

このような超高精度の時計が実用化され地下資源探査，地下空洞，マグマ溜

---

[7] http://pc.watch.impress.co.jp/docs/news/20150210_687670.html
http://www.jst.go.jp/pr/announce/20150210-2/index.html
次世代時間標準「光格子時計」の高精度化に成功～2台の時計が宇宙年齢138億年で1秒も狂わない再現性を実証～(科学技術振興機構 (JST)，東京大学 大学院工学系研究科，理化学研究所，平成27年2月10日)．

まりなどを検出できるようになると，学術的な意味を超えて多くの人々の実生活に大きな利益をもたらすだろう．

10.4　ニュートン力学による光の重力による曲がり

まず，ニュートン力学で重力による光の曲がりについて考えよう．光の質量が式 (10.13) で与えられるとして，この光子に式 (9.21) の重力が働くとして光子が重力で曲がる角度をニュートンの運動方程式を使って求めてみよう．

この質点に対するニュートンの運動方程式の非束縛状態の双曲線軌道の場合の解は式 (9.47) で与えられる．式 (9.18) の定数 l_ϕ は図 10.3 の最短距離 $r=r_0$ で $\phi=0$ の位置では光速を c して

$$l_\phi = mr^2\dot{\phi} = mr_0 r_0\dot{\phi} = mr_0 c \tag{10.48}$$

と表せ，これを式 (9.32) の定数 p で式 (10.8) の定義式と共に使うと

$$p = \frac{l_\phi^2}{GM_S m^2} = \frac{r_0^2 c^2}{GM_S} = \frac{r_0^2}{M} = \frac{2r_0^2}{r_s}, \qquad r_s = 2M \tag{10.49}$$

と書ける．

式 (9.48) の漸近線は図 10.3 で A および C と示した直線であり，その勾配は

$$\tan\left(\frac{\pi}{2}-\delta\phi\right) = \frac{\hat{b}}{\hat{a}}, \qquad \text{したがって} \quad \tan\delta\phi \fallingdotseq \delta\phi = \frac{\hat{a}}{\hat{b}} \tag{10.50}$$

である．式 (9.46) を使うと

$$\delta\phi = \frac{\hat{a}}{\hat{b}} = \frac{1}{\sqrt{e^2-1}} \tag{10.51}$$

式 (9.33) で $\phi=0$ と置くと r は最短距離 r_0

$$r_0 = \frac{p}{1+e} \tag{10.52}$$

となり，これから $r_s/r_0 \ll 1$ として式 (10.49) を使って

$$e = \frac{p}{r_0} - 1 = \frac{2r_0}{r_s} - 1 \fallingdotseq \frac{2r_0}{r_s} \tag{10.53}$$

が得られる．これを式 (10.51) へ代入し $e \gg 1$ を使うと

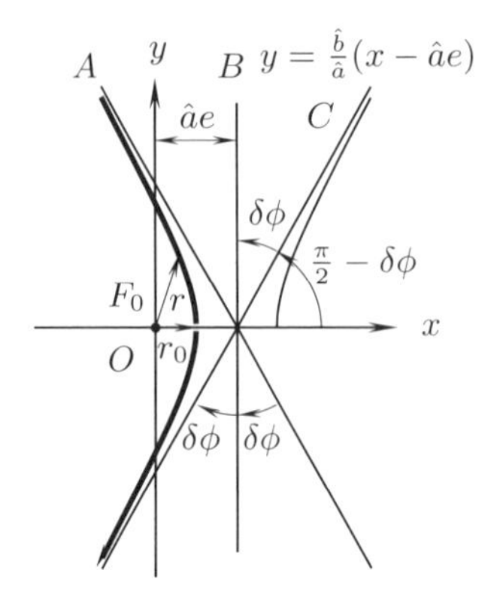

図 10.3　重力場で双曲線上を運動する光の屈折角 $2\delta\phi$.

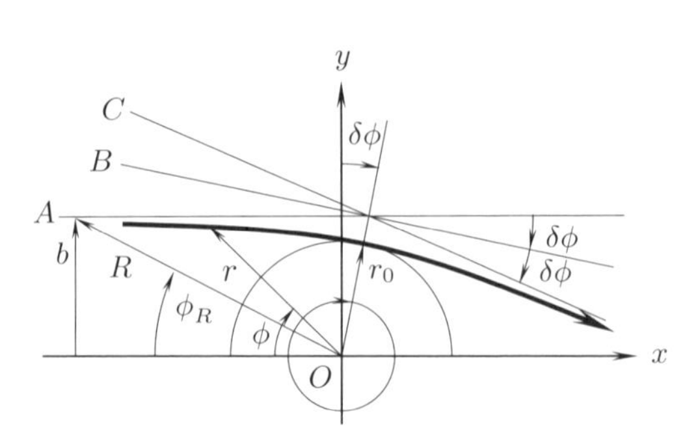

図 10.4　R は原点から直線 A 上の点までの距離．$\phi_R=\phi|_{r=R}$, $\tan\phi_R=\dfrac{b}{\sqrt{R^2-b^2}}$.

$$\delta\phi \fallingdotseq \frac{1}{e}=\frac{r_s}{2r_0}\ll 1 \tag{10.54}$$

が得られる．

図 10.3 の双曲線と漸近線を漸近線 A が x 軸に平行になるように左向きに回転したのが図 10.4 である．図の b は $x\to-\infty$ で双曲線と x 軸の間の距離で，衝突係数と呼ばれる．

最短距離 r_0 が図 10.4 の衝突係数 b に等しいと置くと，光の曲がる角度 $2\delta\phi$ は

$$2\delta\phi \fallingdotseq \frac{r_s}{b}, \quad b\fallingdotseq r_0 \tag{10.55}$$

と得られる．

式 (10.55) の曲がり角度 $2\delta\phi$ は次節で示すように一般相対性理論から得られる値の半分になっている．ちょうど半分になる理由は 10.6 節で考察する．

10.5　一般相対性理論による重力場での光の曲がり

重力の働かないときは式 (10.10) で $r_s=0$ と置いて

$$\frac{dr}{d\phi}=\pm\frac{r^2}{b}\left(1-\frac{b^2}{r^2}\right)^{1/2}=\pm\frac{r}{b}\sqrt{r^2-b^2}, \quad b=\frac{l_\phi}{\epsilon} \tag{10.56}$$

となる．次の積分公式

$$\int \frac{dr}{r\sqrt{r^2-b^2}} = -\frac{1}{b}\tan^{-1}\left(\frac{b}{\sqrt{r^2-b^2}}\right) \tag{10.57}$$

を式 (10.56) の負符号の場合を使い，$r=R$ から $r=b$ まで積分すると

$$\begin{aligned}\int_{r=R}^{b} d\phi = \phi(b)-\phi(R) = -b\int_R^b \frac{dr}{r\sqrt{r^2-b^2}} = \tan^{-1}\frac{b}{\sqrt{r^2-b^2}}\bigg|_R^b \\ = \tan^{-1}\infty - \tan^{-1}\frac{b}{\sqrt{R^2-b^2}} = \frac{\pi}{2} - \tan^{-1}\frac{b}{\sqrt{R^2-b^2}}\end{aligned} \tag{10.58}$$

となり，これから

$$\phi(b) = \frac{\pi}{2}, \quad \tan\phi_R = \frac{b}{\sqrt{R^2-b^2}}, \quad \phi_R = \phi(R) \tag{10.59}$$

が得られる．

図 10.3 を直線 A が x 軸と平行になるように左方向へ回転したのが図 10.4 であり，式 (10.59) の角度が示されている．すなわち，図 10.4 の直線 A は x 軸から距離 b 離れた x 軸に平行な直線であり，式 (10.59) は図 10.4 の直線 A 上で成り立っている．光に重力が働かないときは光は直線 A 上を運動し，定数 $b=l_\phi/\epsilon$ は衝突係数である．

図 10.4 の $x=0$ の近辺にある r の極小値 r_0 は式 (10.10) の微係数を零と置いて

$$\left(1-\frac{r_s}{r}\right)\frac{b^2}{r^2} = 1, \quad \text{これから} \quad \frac{r_0^2}{b^2} = 1-\frac{r_s}{r_0},\ b^2 = \frac{r_0^2}{1-\dfrac{r_s}{r_0}} \tag{10.60}$$

より得られる．

r_s および b が与えられているとして r_0 を求めよう．式 (10.60) より

$$\left(\frac{r_0}{b}\right)^2 + \frac{r_s}{r_0} - 1 = \left(\frac{r_0}{b}\right)^2 + \frac{b}{r_0}\frac{r_s}{b} - 1 = 0, \quad \text{これから} \quad \left(\frac{r_0}{b}\right)^3 - \frac{r_0}{b} + \frac{r_s}{b} = 0 \tag{10.61}$$

が得られる．r の極小値 r_0 は b よりもわずかに小さいと思われるので，δ を小さな値として

$$\frac{r_0}{b} = 1 - \delta \tag{10.62}$$

と置いて，式 (10.61) で使うと

$$(1-\delta)^3 - (1-\delta) + \frac{r_s}{b} = 0 \tag{10.63}$$

この式で δ の 1 次の項だけを残すと r_0 は

$$1 - 3\delta - 1 + \delta + \frac{r_s}{b} = 0, \quad \text{これから} \quad \delta = \frac{r_s}{2b} = 1 - \frac{r_0}{b}, \quad r_0 = b - \frac{r_s}{2} \tag{10.64}$$

と得られる．これから

$$\frac{b}{r_0} = \frac{1}{1 - \dfrac{r_s}{2b}} \fallingdotseq 1 + \frac{r_s}{2b} \tag{10.65}$$

が得られる．

式 (10.10) の右辺の因子は式 (10.60) の b^2 を使うと

$$\left(1 - \frac{r_s}{r}\right)\frac{b^2}{r^2} = \frac{r_0^2\left(1 - \dfrac{r_s}{r}\right)}{r^2\left(1 - \dfrac{r_s}{r_0}\right)} \tag{10.66}$$

と書けるので

$$\begin{aligned}
1 - \left(1 - \frac{r_s}{r}\right)\frac{b^2}{r^2} &= 1 - \frac{r_0^2\left(1 - \dfrac{r_s}{r}\right)}{r^2\left(1 - \dfrac{r_s}{r_0}\right)} \fallingdotseq 1 - \frac{r_0^2}{r^2}\left(1 - \frac{r_s}{r} + \frac{r_s}{r_0}\right) \\
&= 1 - \frac{r_0^2}{r^2}\left(1 - r_s\frac{r_0 - r}{r r_0}\right) = 1 - \frac{r_0^2}{r^2}\left(1 - \frac{r_s}{r_0}\frac{r_0^2 - r^2}{r(r_0 + r)}\right) \\
&= 1 - \frac{r_0^2}{r^2} - r_s r_0 \left(\frac{1 - \dfrac{r_0^2}{r^2}}{r(r_0 + r)}\right) = \left(1 - \frac{r_0^2}{r^2}\right)\left(1 - \frac{r_s r_0}{r(r + r_0)}\right)
\end{aligned} \tag{10.67}$$

と表せる[8]．これを式 (10.10) で使い，図 10.4 の r が増加すると ϕ が減少する領域では負の符号の式を使って

---

[8] [62] 須藤靖 p.170 式 (A.5.48) を利用した．

$$
\begin{aligned}
d\phi &= -\frac{b}{r^2}\left[\left(1-\frac{r_0^2}{r^2}\right)\left(1-\frac{r_s r_0}{r(r+r_0)}\right)\right]^{-1/2} dr \\
&\fallingdotseq \frac{-b}{r^2\sqrt{1-\dfrac{r_0^2}{r^2}}}\left(1+\frac{r_s r_0}{2r(r+r_0)}\right)dr = \frac{-b}{r\sqrt{r^2-r_0^2}}\left(1+\frac{r_s r_0}{2r(r+r_0)}\right)dr \\
&= \frac{-b\,dr}{r\sqrt{r^2-r_0^2}} - \frac{b r_s r_0\, dr}{2r^2(r+r_0)\sqrt{r^2-r_0^2}}
\end{aligned}
\tag{10.68}
$$

を得る．

式 (10.57) および次の積分公式

$$
\int \frac{dr}{r^2(r+a)\sqrt{r^2-a^2}} = \frac{1}{a^3}\left[\sqrt{r^2-a^2}\left(\frac{1}{r}+\frac{1}{r+a}\right)+\tan^{-1}\left(\frac{a}{\sqrt{r^2-a^2}}\right)\right]
\tag{10.69}
$$

を使って式 (10.68) を $r=R$ から $r=r_0$ まで積分する．式 (10.68) の第 1 項および 2 項は

$$
\begin{aligned}
\text{第 1 項} &= -b\int_R^{r_0} \frac{dr}{r\sqrt{r^2-r_0^2}} = \frac{b}{r_0}\tan^{-1}\left(\frac{r_0}{\sqrt{r^2-r_0^2}}\right)\Bigg|_{r=R}^{r=r_0} \\
&= \frac{b}{r_0}\left[\tan^{-1}\infty - \tan^{-1}\left(\frac{r_0}{\sqrt{R^2-r_0^2}}\right)\right] \\
&= \frac{b}{r_0}\left[\frac{\pi}{2} - \tan^{-1}\left(\frac{r_0}{\sqrt{R^2-r_0^2}}\right)\right]
\end{aligned}
\tag{10.70}
$$

$$
\begin{aligned}
\text{第 2 項} &= -\frac{b r_s r_0}{2}\int_R^{r_0} \frac{dr}{r^2(r+r_0)\sqrt{r^2-r_0^2}} \\
&= \frac{b r_s r_0}{2}\frac{1}{r_0^3}\left[\sqrt{r^2-r_0^2}\left(\frac{1}{r}+\frac{1}{r+r_0}\right)+\tan^{-1}\frac{r_0}{\sqrt{r^2-r_0^2}}\right]\Bigg|_R^{r_0} \\
&= \frac{b r_s r_0}{2}\frac{1}{r_0^3}\left[\sqrt{R^2-r_0^2}\left(\frac{1}{R}+\frac{1}{R+r_0}\right)+\tan^{-1}\frac{r_0}{\sqrt{R^2-r_0^2}} - \tan^{-1}\infty\right] \\
&= \frac{b r_s r_0}{2}\frac{1}{r_0^3}\left[\sqrt{R^2-r_0^2}\left(\frac{1}{R}+\frac{1}{R+r_0}\right)+\tan^{-1}\frac{r_0}{\sqrt{R^2-r_0^2}} - \frac{\pi}{2}\right] \\
&\fallingdotseq \frac{b r_s r_0}{2r_0^3}\left(2-\frac{\pi}{2}\right) = \frac{b r_s}{r_0^2}\left(1-\frac{\pi}{4}\right)
\end{aligned}
\tag{10.71}
$$

となる．ただし式 (10.71) は微小項なので $R\to\infty$ と近似した．

式 (10.70) および (10.71) を使うと，式 (10.68) は

$$\phi|_{r=r_0}-\phi|_{r=R}=\frac{b}{r_0}\left[\frac{\pi}{2}-\tan^{-1}\left(\frac{r_0}{\sqrt{R^2-r_0^2}}\right)\right]+\frac{br_s}{r_0^2}\left(1-\frac{\pi}{4}\right) \tag{10.72}$$

となる．式 (10.59) と同様に

$$\phi|_{r=R}=\frac{b}{r_0}\tan^{-1}\left(\frac{r_0}{\sqrt{R^2-r_0^2}}\right) \tag{10.73}$$

である．これと式 (10.65) を使うと，式 (10.72) は

$$\begin{aligned}\phi|_{r=r_0}&=\frac{b}{r_0}\left[\frac{\pi}{2}+\frac{r_s}{r_0}\left(1-\frac{\pi}{4}\right)\right]=\left(1+\frac{r_s}{2b}\right)\frac{\pi}{2}+\frac{r_s}{b}\left(1+\frac{r_s}{2b}\right)\left(1-\frac{\pi}{4}\right)\\&\fallingdotseq\frac{\pi}{2}+\frac{r_s}{2b}\frac{\pi}{2}+\frac{r_s}{b}\left(1-\frac{\pi}{4}\right)=\frac{\pi}{2}+\frac{r_s}{b}\end{aligned} \tag{10.74}$$

となる．

式 (10.74) の角度は図 10.4 に示す r_0 までの角度である．図の曲がる角度 $\delta\phi$ は式 (10.74) より

$$\delta\phi=\frac{r_s}{b}=\frac{2M}{b},\qquad 2\delta\phi=\frac{2r_s}{b} \tag{10.75}$$

である．光は左方から来て $r=r_0$ に達したときに角度 $\delta\phi$ 下向きに曲がり，右方へ行くときにさらに角度 $\delta\phi$ 曲がるので合計で角度 $2\delta\phi$ 曲がることになる．この曲がる角度は特殊相対性理論から得られる式 (10.55) の角度のちょうど 2 倍であるが，その理由については次節で考察する．

式 (10.75) より太陽によって光が曲がる角度は，b を太陽の半径に選び表 D.1 の値を使うと

$$2\delta\phi=\frac{2r_s}{b}=\frac{2\times 2.954\,\mathrm{km}}{6.960\times 10^5\,\mathrm{km}}=8.49\times 10^{-6}\times\frac{180}{\pi}\times 60\times 60=1.75\text{ 秒} \tag{10.76}$$

を得る．

幾つかの日食で観測された星の光の曲がる角度を表 10.1 に示す．星の位置が太陽から離れると衝突係数 b が大きくなり，曲がる角度は小さくなるが，表の値は太陽の表面を通ったときの値に補正されている．この表の観測値は一般相対性理論から得られる上記の値と良く一致しており，一般相対性理論の正しいことを立証していると見なすことができる．

星の光が太陽によって曲がる角度を観測するには，日食で太陽の光線が遮

表 10.1 太陽による星の光の曲がり．種々の日食から推定された値．[20] p.250 表 D.1 より，参照論文 a,b,c 等は文献 [20] を参照のこと

日食の日	場所	星の数	湾曲 (秒角)	参照論文
1919 年 5 月 20 日	ブラジルのソブラル	7	1.98 ± 0.16	a
	ギニア湾プリンシペ島	5	1.61 ± 0.40	
1922 年 9 月 1 日	オーストラリア	11-14	1.77 ± 0.40	b
	オーストラリア	18	1.42 から 2.16	c
	オーストラリア	62-85	1.72 ± 0.15	d
	オーストラリア	145	1.82 ± 0.20	e
1929 年 5 月 9 日	スマトラ	17-18	2.24 ± 0.10	f
1936 年 6 月 19 日	旧ソ連	16-29	2.73 ± 0.31	g
	日本	4-7	1.28 から 2.27	h
1947 年 5 月 20 日	ブラジル	51	2.01 ± 0.27	i
1952 年 2 月 25 日	スーダン	9-11	1.70 ± 0.10	j

られる必要があるが，星の出す電磁波の太陽による曲がりを測る時は，日食を待つ必要はない．電波天文学者はクエーサーと呼ばれる天体の発する電磁波の角度変化を天体が太陽に近づきその端を横切って隠れるときに測定した．この角度変化は皿型のアンテナを広く並べた超長基線電波干渉計 (Very Long Baseline Interferometer; VLBI) と呼ばれる実験技術を使って非常に正確に測定することができる．リーバック (D. E. Lebach) と共同研究者は皿状アンテナを使った観測で，観測値は一般相対性理論の式 (10.76) の値の 0.9996 ± 0.0008 倍であることを示した．すなわち，一般相対性理論の式 (10.76) は，4 桁の精度で正しいことが立証されている．

10.6 等価原理の検証

重力場が重力の働かない加速場と等価であるとする等価原理を重力場における光の曲がりについて検証しよう．この等価原理に従えば，加速場で光の曲がる角度は一般相対性理論による曲がる角度に等しいはずである．しかし，加速場で光が曲がる角度はニュートン力学と等しく，一般相対性理論による曲がる角度のちょうど半分である．その理由を考えよう．

10.6.1　加速系における光の曲がり

アインシュタインの等価原理によれば，重力場における光の進行方向の変化は，重力場と同じ加速度を持つ加速場での変化と同等のはずである．図 10.5 に示すように，光が加速系で $x=-\infty$ から ∞ へ進む場合の曲がりについて考えよう．図の光の飛跡上の位置座標を図の記号を使って

$$x=r\cos\phi, \qquad y=r\sin\phi \tag{10.77}$$

と書こう．

y 軸の正方向へ運動する加速系 (エレベーター) の加速度は重力による加速度と等しいと置くと，光の加速系での y 軸の位置座標には

$$\frac{d^2y}{dt^2}=-\frac{GM_S}{r^2}\sin\phi=-GM_S\frac{y}{r^3} \tag{10.78}$$

が成り立つ．ただし，M_S は太陽の質量とする．

x 軸方向への光の速さの重力による変化は非常に小さいので，$dx\fallingdotseq cdt$ と近似でき，式 (10.78) は

$$\frac{d^2y}{dx^2}=-\frac{GM_S}{c^2}\frac{y}{r^3}=-\frac{GM_S}{c^2}\frac{y}{(x^2+y^2)^{3/2}} \tag{10.79}$$

と書ける．図 10.5 では，光の曲がる角度 $\delta\phi$ は見やすいように非常に大きく書いているが，実際に曲がる角度は目に見えないほど非常に小さいので $y\fallingdotseq b$ と近似でき

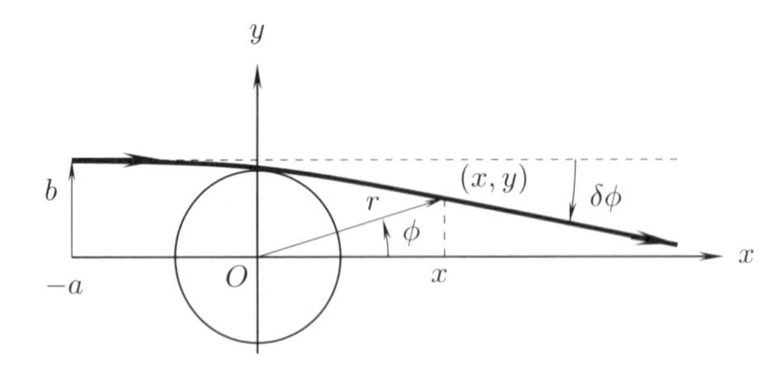

図 10.5　加速系 K における光の進行方向の曲がり．座標系 $K(x,y)$ は加速度 GM/r^2 で上方へ加速度運動を行っているので，光は同じ加速度で下へ曲げられるように見える．

$$\frac{d^2y}{dx^2}=-\frac{GM_S}{c^2}\frac{b}{(x^2+b^2)^{3/2}} \tag{10.80}$$

と書ける．

次の積分

$$\int\frac{dx}{(x^2+b^2)^{3/2}}=\frac{x}{b^2\sqrt{x^2+b^2}},\qquad \int\frac{xdx}{\sqrt{x^2+b^2}}=\sqrt{x^2+b^2} \tag{10.81}$$

を使い，式(10.80)を $x=-a$ から x まで積分し，$x=-a$ で $dy/dx=0$ とすると

$$\frac{dy}{dx}=-\frac{GM_S}{c^2b}\frac{x}{\sqrt{x^2+b^2}}\bigg|_{-a}^{x}=-\frac{GM_S}{c^2b}\left(\frac{x}{\sqrt{x^2+b^2}}-\frac{-a}{\sqrt{a^2+b^2}}\right) \tag{10.82}$$

を得る．さらに積分し $x=-a$ で $y=b$ と置くと

$$y=\frac{GM_S}{c^2b}\left(\sqrt{a^2+b^2}-\sqrt{x^2+b^2}-\frac{a(x+a)}{\sqrt{a^2+b^2}}\right)+b \tag{10.83}$$

が得られ，これは図10.5のような光の飛跡を与える．

屈折角 $\delta\phi$ は式(10.82)で，$x=a,\ a\to\infty$ と置き r_s を太陽のシュバルツシルト半径として

$$\tan\delta\phi\fallingdotseq\delta\phi=-\frac{dy}{dx}\bigg|_{x=\infty}=\frac{GM_S}{c^2b}(1-(-1))=2\frac{GM_S}{c^2b}=\frac{2M}{b}=\frac{r_s}{b} \tag{10.84}$$

と得られる．

式(10.84)の屈折角は一般相対性理論で得られる式(10.75)の値のちょうど半分である．重力場と加速場が等価であるとする等価原理が，質点の運動だけでなく，光(やニュートリノ)に対しても成り立つのであれば，加速場で光が屈折する別の現象が必要である．アインシュタインは，一般相対性理論を提唱する前の1911年に，光は重力場で屈折するとする論文を発表した．波である光はホイヘンスの原理によりその速さが変わると屈折する．重力場は重力の中心からの距離によりその強さが変化するが，光の速さは重力の大きさで変化する．その重力場に相当する加速場で重力場と同じように加速度が位置により変化すると，光はホイヘンスの原理によって屈折する．次の節で具体的に考えよう．

10.6.2　加速度の勾配による光の曲がり

ホイヘンスの原理はあまり馴染みのない読者が多いと思うので，自動車が砂地を走る場合に直して考えよう．図10.6に自動車が右へ走っている様子を示す．道路に泥濘があり下側の車輪は上側の車輪よりも遅く回るとすると，図に示されているように自動車は速度の遅い方へ曲がる．同様に，光の速さが下側の方が上側よりも遅いときは，光の進行方向はホイヘンスの原理により遅い側へ曲がる．

図10.6に示す距離 $dvdt$ と dy の比について次式が成り立つ．

$$\frac{dvdt}{dy}=\tan d\phi \fallingdotseq d\phi \tag{10.85}$$

これから

$$\frac{d\phi}{dt}=\frac{dv}{dy} \tag{10.86}$$

が得られる．光速度の変化分 dv は非常に小さいので

$$vdt \fallingdotseq cdt=dx \tag{10.87}$$

と近似でき，これを式(10.86)で使うと

$$\frac{d\phi}{dx}=\frac{1}{c}\frac{dv}{dy} \tag{10.88}$$

を得る．アインシュタインは太陽の重力場では，光速 v は次式に従って遅くなるとした[9]．

$$\frac{v}{c}=1-\frac{GM_S}{c^2r}\left(=1-\frac{2M}{r}\right) \tag{10.89}$$

この式は式(10.7)で l_ϕ を含む項を無視して得られる式

$$\frac{1}{c}\frac{dr}{dt}=1-\frac{2M}{r} \tag{10.90}$$

に相当する．

---

[9] アインシュタイン，A. Einstein, “On the influence of gravitation on the propagation of light”, (1911). ln The Principle of Relativity. Dover, (1952), H. A. Lorentz, A. Einstein, H. Minkowski, and H. Weyl, *The Principle of Relativity*, Dover, New York (1952).

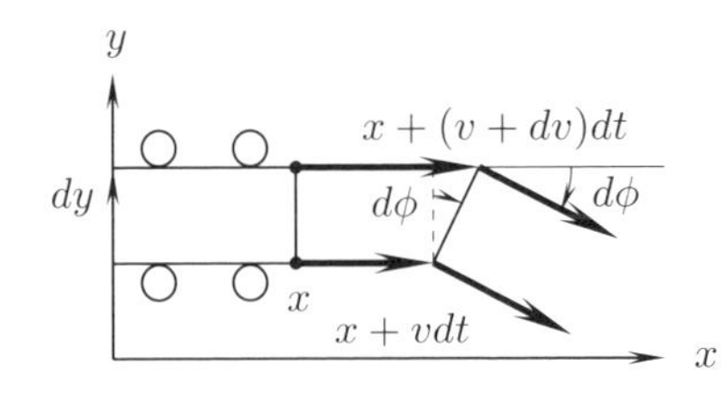

図 10.6 光速が y 軸方向の位置で変化する系での光の進行方向の曲がり.

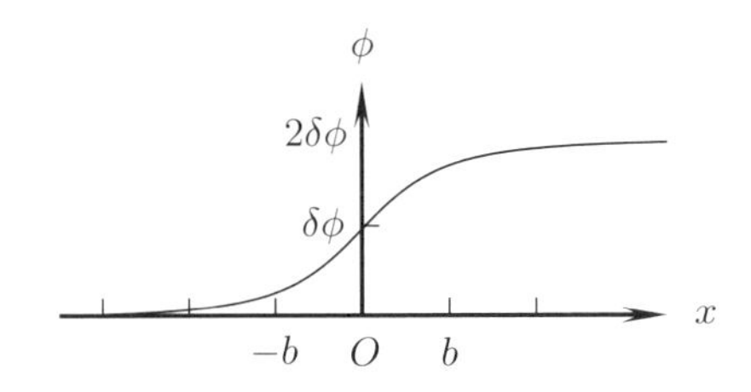

図 10.7 式 (10.93) の光の曲がる角度 ϕ.

式 (10.89) を y で微分すると

$$\frac{1}{c}\frac{dv}{dy}=\frac{GM_S}{c^2}\frac{y}{(x^2+y^2)^{3/2}} \tag{10.91}$$

が得られる．これを式 (10.88) へ代入して $y \fallingdotseq b$ と近似し，$x=-a$ から x まで積分すると

$$\begin{aligned}\phi &= \int_{x=-a}^{x} d\phi = \frac{1}{c}\int_{-a}^{x}\frac{dv}{dy}dx = \frac{GM_S}{c^2}\int_{-a}^{x}\frac{ydx}{(x^2+y^2)^{3/2}} \\ &\fallingdotseq \frac{GM_S b}{c^2}\int_{-a}^{x}\frac{dx}{(x^2+b^2)^{3/2}}\end{aligned} \tag{10.92}$$

となる．

式 (10.81) の積分公式を使うと

$$\phi=\frac{GM_S}{c^2 b}\left.\frac{x}{\sqrt{x^2+b^2}}\right|_{-a}^{x}=\frac{GM_S}{c^2 b}\left(\frac{x}{\sqrt{x^2+b^2}}-\frac{-a}{\sqrt{a^2+b^2}}\right) \tag{10.93}$$

が得られる．この位置 x と曲がる角度 ϕ の関係を図 10.7 に示す．$a, x \to \infty$ とすると図 10.6 の曲がる角度 ϕ は

$$\phi=\frac{2GM_S}{c^2 b}=\frac{2M}{b}=\frac{r_s}{b} \tag{10.94}$$

と得られる．

この光の位置による速さの違いを原因とする屈折角は，式 (10.84) の屈折角に等しく，両者を加えると，一般相対性理論から得られる式 (10.75) の屈折角 $2\delta\phi$ に等しい．それゆえ，重力場と加速場の等価原理が成り立つためには，加

速運動を行うエレベーター内部で，位置で変化する加速度場を考慮しなければならない．このような加速度場を持つエレベーターを考えれば，エレベーターの上昇方向に対して横方向に運動する光の曲がりは一般相対性理論の値に等しくなり，重力場と加速場の等価原理が成り立っていると言える．

10.7　重力レンズ

重力により光の進行方向が曲がることから重力が光学レンズと同じ作用をすると考えられる．図 10.8 は図 10.4 のように光が重力により曲がる様子を示している．座標系 $K(x,y)$ の原点に大きな質量がありその周りに強い重力場を作っていると，天体 B から出た光は真っ直ぐには観測者 A に到達できないない場合でも重力場で曲げられて観測者 A に到達することが可能になる．このとき観測者 A は光は B' または B'' の位置から来たと観測する．図の右の大きな円は観測者 A が天体 B から来る光を B' や B'' で観測する位置を示しており，天体 B と重力源および観測者 A が図のように一直線上にあれば B からの光は，右の図の大きな円上に見えるはずである．

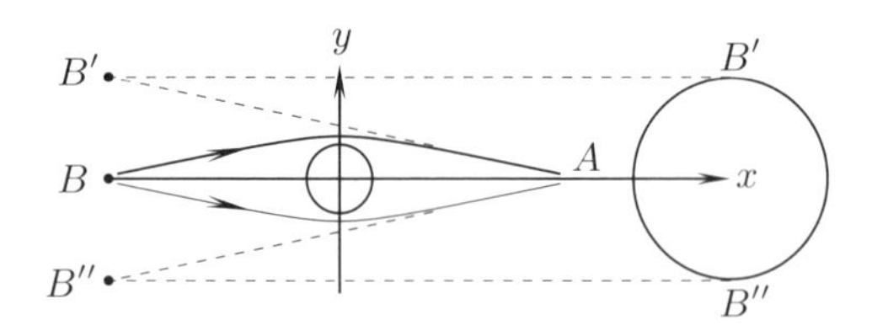

図 10.8　天体 B から出た光が途中の重力場で曲げられて観測者 A に観測される．

アインシュタインは 1936 年に発光天体，重力源，観測者が一直線上にならんだ場合にはリング状の像が見えることを発表し，重力レンズ効果は有名になった．このリング状の像はアインシュタインリングと呼ばれる．発光天体，重力源，観測者の位置関係が一直線上からずれると，それらの程度により弓状の像やゆがんだ複数の点状の像になる．弓状の像もアインシュタインリングと呼ばれることも多い．また像が十字架の先端の位置に並ぶ時はアインシュタインの十字架と呼ばれる．

アインシュタインは，発光天体，重力源，観測者が一直線上にならぶ可能

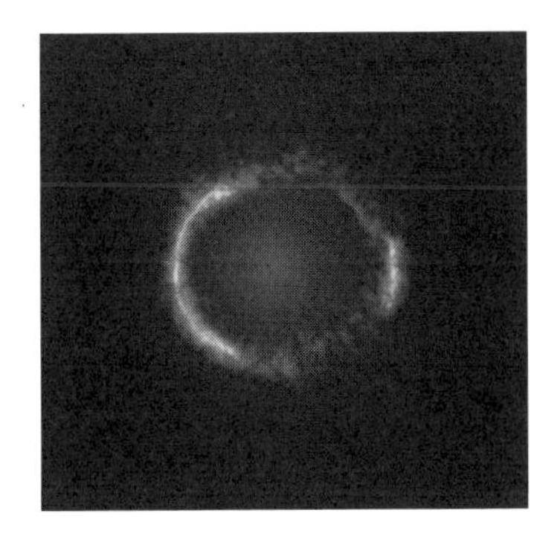

図 10.9 アルマ望遠鏡で観測した銀河 SDP.81 のアインシュタインリング (元の写真ではドーナツ状のピンク色) とハッブル宇宙望遠鏡で観測した重力レンズの重力源の銀河 (元の写真では青色の円) (画像提供：ALMA (NRAO/ESO/NAOJ); B. Saxton NRAO/AUI/NSF; NASA/ESA Hubble, T. Hunter (NRAO) April 2015).

性が低いため観測は不可能だろうと考えていた．しかし，現在は幾つかが観測されており，その最新の観測例を図 10.9 に示す．元の写真で赤色のリングは，国立天文台チリ観測所アルマ電波望遠鏡で 2014 年 10 月に行われた観測で，117 億光年かなたの銀河 SDP.81 を超高解像度で観測したものである．地球から 35 億光年の距離にある別の銀河の巨大な重力によって SDP.81 から来る光が曲げられ，美しいリングが作られている．

図 10.9 には，ハッブル宇宙望遠鏡で観測された重力レンズの原因となっている手前の重力源の銀河からの光が元の写真では青色でアルマ電波望遠鏡の電波観測結果と一緒に示されている[10]．

この図からリングの中央には確かに光学望遠鏡では見えない質量が存在していることが分かる．チリにあるアルマ電波望遠鏡の観測結果と宇宙を飛行しているハッブル宇宙望遠鏡による観測結果を一緒に描くことのできる角度の測定の精度の高さには驚かされる．

---

[10] ALMA Sees Einstein Ring in Stunning Image of Lensed Galaxy, `http://www.almaobservatory.org/en/press-room/press-releases/820-alma-sees-einstein-ring-in-stunning-image-of-lensed-galaxy` より．

10.8　太陽の重力による光速の遅れ

電波が太陽の近くを飛行するときに要する時間が長くなることが実験的に確かめられている．この重力場による光の飛行時間の遅れについて考えよう．

10.8.1　太陽へ落下する光の飛行時間の増大

地球から太陽の中心に向かって垂直に光が落下するときの太陽の重力場による落下時間の増加を調べよう．角度 ϕ 方向の運動がない 1 次元の運動のときは，式 (10.9) で $b=0$ と置いた式 (10.90), すなわち

$$\frac{1}{c}\frac{dr}{dt}=\pm\left(1-\frac{r_s}{r}\right) \tag{10.95}$$

となる．この式は光の速さは重力場では光速 c の一定ではなく光速 c よりも減少することを示している．

光が地球から太陽表面の R_s に到達するまでにかかる時間は式 (10.95) の負符号の式を使って

$$t=\int_0^{t_s} dt=-\frac{1}{c}\int_{R_E}^{R_s}\frac{dr}{1-\dfrac{r_s}{r}} \tag{10.96}$$

で得られる．ただし，R_E は太陽の中心から地球までの距離である．

r_s/r の値は

$$\frac{r_s}{r}\leq\frac{r_s}{R_s}=\frac{2.95\,\mathrm{km}}{6.96\times10^5\,\mathrm{km}}=4.24\times10^{-6} \tag{10.97}$$

と非常に小さいので，この 1 次の項だけの近似は精度が高い．この近似を行うと，式 (10.96) は

$$t\fallingdotseq-\frac{1}{c}\int_{R_E}^{R_s}\left(1+\frac{r_s}{r}\right)dr=-\frac{1}{c}\left(r+r_s\ln r\right)\Big|_{R_E}^{R_s}=\frac{R_E-R_s}{c}+\frac{r_s}{c}\ln\frac{R_E}{R_s} \tag{10.98}$$

と得られる．表 D.1 の数値を使うと，光が地球から太陽表面へ到達する時間は

$$\begin{aligned}t&=\frac{(1.496\times10^8-6.960\times10^5)\,\mathrm{km}}{2.998\times10^5\,\mathrm{km/s}}+\frac{2.956\,\mathrm{km}}{2.998\times10^5\,\mathrm{km/s}}\ln\frac{1.496\times10^8\,\mathrm{km}}{6.960\times10^5\,\mathrm{km}}\\&=497\,\text{秒}+52.9\,\text{マイクロ秒}=(1+1.065\times10^{-7})\times497\,\text{秒}\end{aligned} \tag{10.99}$$

となる．上の式の右辺の第1項は，太陽の重力が働かないときに光が地球から太陽表面まで飛行する時間，第2項は，太陽の重力場の影響で生じる飛行時間で，太陽への到達時間が増大することを示している．式 (10.99) の最後の数値から分かるように飛行時間の増大率はわずかに 1.065×10^{-7} である．

古典力学であれば，太陽の引力により質点の落下速度は増大し，太陽に到達する時間は減少するはずである．それに反し，一般相対性理論の場合は太陽の引力がある場合の方が到達時間が長くなるのは，一見大層不思議である．また，到達時間が長くなると言うことは，光の速さが遅くなることであり，特殊相対性理論で確立された光速度不変の原理が一般相対性理論では成り立たないということである．この遅れの生じる理由について考えよう．

局所慣性系の式 (8.46) の変数 $(dx',icdt')$ を今の変数 $(dr',icdt')$ に書き直すと

$$dr=\sqrt{1-\frac{r_s}{r}}dr',\quad dt=\frac{1}{\sqrt{1-\frac{r_s}{r}}}dt',\quad r_s=2M \tag{10.100}$$

であり，これを式 (10.95) に代入すると

$$\frac{1}{c}\frac{\sqrt{1-\frac{r_s}{r}}dr'}{\frac{1}{\sqrt{1-\frac{r_s}{r}}}dt'}=\frac{1}{c}\left(1-\frac{r_s}{r}\right)\frac{dr'}{dt'}=\pm\left(1-\frac{r_s}{r}\right) \tag{10.101}$$

より式 (8.51) が得られ，重力場でも局所慣性系では光速は c で一定であることが分かる．

dr が dr' のローレンツ収縮に相当する式 (10.100) の初めの式を太陽表面 R_s から地球までの距離 R_E まで積分すると

$$\begin{aligned}\int_{R_s}^{R_E}dr'&=\int_{R_s}^{R_E}\frac{1}{\sqrt{1-\frac{r_s}{r}}}dr\fallingdotseq\int_{R_s}^{R_E}\left(1+\frac{1}{2}\frac{r_s}{r}\right)dr=\left(r+\frac{r_s}{2}\ln r\right)\Big|_{R_s}^{R_E}\\&=R_E-R_s+\frac{r_s}{2}\ln\frac{R_E}{R_s}\end{aligned} \tag{10.102}$$

と得られる．この式を書き換えると

$$R_E - R_s = \int_{R_s}^{R_E} dr' - \frac{r_s}{2}\ln\frac{R_E}{R_s} \tag{10.103}$$

となる．この式は，式 (10.100) のように dr は dr' のローレンツ収縮に相当する．式 (10.99) の数値を使うと dr の地球から太陽表面までの距離の積分値，$R_E - Rs$ は重力場による収縮で dr' の積分値よりも

$$\frac{r_s}{2}\ln\frac{R_E}{R_s} = 52.9\times10^{-6}c/2 = 7.94\,\mathrm{km} \tag{10.104}$$

だけ短くなることを示している．

同様に式 (10.100) の第2式からは式 (10.95) を使って

$$\begin{aligned}\int_{R_s}^{R_E} dt' &= \int_{R_s}^{R_E}\sqrt{1-\frac{r_s}{r}}\,dt = \frac{1}{c}\int_{R_s}^{R_E}\sqrt{1-\frac{r_s}{r}}\,\frac{1}{1-\dfrac{r_s}{r}}\,dr \\ &\fallingdotseq \frac{1}{c}\int_{R_s}^{R_E}\left(1+\frac{1}{2}\frac{r_s}{r}\right)dr = \frac{1}{c}\left(R_E - R_s + \frac{r_s}{2}\ln\frac{R_E}{R_s}\right)\end{aligned} \tag{10.105}$$

が得られる．式 (10.102) と式 (10.105) を比べると，当然のことであるが dr' および dt' の積分値の比も光速 c であることが分かる．また，dt' の積分値の増加は式 (10.98) の dt の積分値の増加の半分であることが分かる．重力による式 (10.105) の光速の減少による到達時間の増大が実際に起きることが観測で確かめられた．それについて次節で考えよう．

10.8.2　電磁波が金星および火星へ往復する時間の遅れ

光が重力場を運動する時，光の微小飛行時間 dt と微小距離 dr の関係は式 (10.9) に式 (10.67) を使うと

$$\frac{1}{c}\frac{dr}{dt} = \pm\left(1-\frac{r_s}{r}\right)\left(1-\frac{r_0^2}{r^2}\right)^{1/2}\left(1-\frac{r_s r_0}{r(r+r_0)}\right)^{1/2} \tag{10.106}$$

と書け，これから

$$\begin{aligned}cdt &= \pm\frac{dr}{\left(1-\dfrac{r_0^2}{r^2}\right)^{1/2}\left(1-\dfrac{r_s}{r}\right)\left(1-\dfrac{r_s r_0}{r(r+r_0)}\right)^{1/2}} \\ &\fallingdotseq \pm\frac{r}{(r^2-r_0^2)^{1/2}}\left(1+\frac{r_s}{r}+\frac{r_s r_0}{2r(r+r_0)}\right)dr\end{aligned}$$

$$
=\pm\left(\frac{rdr}{(r^2-r_0^2)^{1/2}}+\frac{r_s dr}{(r^2-r_0^2)^{1/2}}+\frac{r_s r_0 dr}{2(r+r_0)(r^2-r_0^2)^{1/2}}\right) \tag{10.107}
$$

を得る．

次の積分公式

$$
\int\frac{rdr}{\sqrt{r^2-a^2}}=\sqrt{r^2-a^2},\qquad \int\frac{dr}{\sqrt{r^2-a^2}}=\ln(r+\sqrt{r^2-a^2})
$$

$$
\int\frac{dr}{(r+a)\sqrt{r^2-a^2}}=\frac{1}{a}\sqrt{\frac{r-a}{r+a}}=\frac{1}{a}\frac{\sqrt{r^2-a^2}}{r+a} \tag{10.108}
$$

を使い，式 (10.107) の負符号の式を $r=R$ から $r=r_0$ まで積分する．$r=R$ のときに $t=0$ とすると

$$
\int_0^{t_R} cdt=-\left(\sqrt{r^2-r_0^2}+r_s\ln(r+\sqrt{r^2-r_0^2})+\frac{r_s}{2}\sqrt{\frac{r-r_0}{r+r_0}}\right)\Bigg|_{r=R}^{r_0}
$$

$$
=\sqrt{R^2-r_0^2}+r_s\ln\left(\frac{R+\sqrt{R^2-r_0^2}}{r_0}\right)+\frac{r_s}{2}\sqrt{\frac{R-r_0}{R+r_0}} \tag{10.109}
$$

を得る．第 1 項は，重力場のないときの飛行時間であり，重力場があるときの片道の飛行時間の増大 δt は

$$
\delta t=\frac{r_s}{c}\left[\ln\left(\frac{R+\sqrt{R^2-r_0^2}}{r_0}\right)+\frac{1}{2}\sqrt{\frac{R-r_0}{R+r_0}}\right] \tag{10.110}
$$

である．

ビーム状の電磁波を放射し，航空機や船舶からの反射波を測定して，その位置や方向を測定するレーダーは広く使われている．シャピーロ (Shapiro) 等は，太陽の向こう側にあるときの火星や金星へ向けて電磁波を放射し，その反射波を観測して，太陽の重力場による電磁波の飛行時間の遅れを測定した．図 10.10 はその様子を模式的に示したものである．図の原点 O は太陽の中心であり，R_s は太陽の半径である．地球上の観測者 A は z 軸の手前におり，惑星は z 軸の負の遠方 C', C に居る．惑星は x 座標の負の位置 C' から正の方向へ運動し，その光は惑星の運動と共に地球から見て図の直線 B 上を左から右へ移動する．図の b', b は図 10.4 の衝突係数である．この図では光は直線 C', C 上を直線的に飛行し，重力による曲がりは無視して描いてある．図の位置関係で

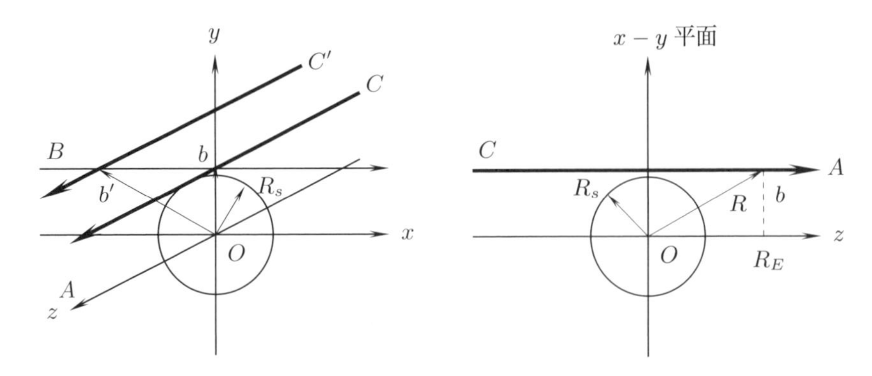

図 10.10　太陽の近くを横切る惑星.

図 10.11　太陽の近くを横切る惑星.

は，電磁波は太陽に隠されることなく連続的に観測できる.

式 (10.64) で与えられる最短距離 r_0 を衝突係数 b で近似し，b を η を $1\leq\eta$ の適当な数値として

$$r_0=b-\frac{r_s}{2}\fallingdotseq b=\eta R_s \tag{10.111}$$

と表そう．R_E を太陽と地球の間の距離とすると図 10.11 から分かるように

$$R=\sqrt{R_E^2+b^2}=\sqrt{R_E^2+(\eta R_s)^2},\quad \sqrt{R^2-r_0^2}=R_E \tag{10.112}$$

である．式 (10.111) および (10.112) を式 (10.110) で使うと，地球から太陽近くの最短距離 $r_0\fallingdotseq b$ までに要する片道の飛行時間の増加は

$$\begin{aligned}\delta t&\fallingdotseq\frac{r_s}{c}\left[\ln\left(\frac{R+\sqrt{R^2-b^2}}{b}\right)+\frac{1}{2}\frac{\sqrt{R^2-b^2}}{R+b}\right]\\&=\frac{r_s}{c}\left[\ln\left(\frac{R_E+\sqrt{R_E^2+(\eta R_s)^2}}{\eta R_s}\right)+\frac{1}{2}\frac{R_E}{\sqrt{R_E^2+(\eta R_s)^2}+\eta R_s}\right]\end{aligned} \tag{10.113}$$

で得られる．太陽の最短距離から地球へ戻る往復時間は式 (10.113) の 2 倍である．太陽と金星との間の往復時間は，式 (10.113) の R_E に金星の平均公転半径を代入した値を 2 倍すると得られる.

地球から放射された電磁波が太陽の縁をかすめて，太陽の向かい側にある金星で反射され，地球に戻ってくるまでの時間の遅れは，式 (10.113) で $\eta=1$ と

表 **10.2** 地球と金星および地球と火星間の電磁波の遅れ時間 $2\delta t$

	金星	地球	火星
平均公転半径 (km)	1.082×10^8	1.496×10^8	2.279×10^8
公転周期 (日)	224.7	365.3	687.0
	太陽 $\Longleftrightarrow$ 金星	太陽 $\Longleftrightarrow$ 地球	太陽 $\Longleftrightarrow$ 火星
往復の時間遅れ $2\delta t$ (μsec)	123	129	138
	金星 $\Longleftrightarrow$ 地球		地球 $\Longleftrightarrow$ 火星
往復の時間遅れ $2\delta t$ (μsec)	252		267

置いて得られる太陽と金星との往復時間と地球と太陽の往復時間の和となる．$\eta=1$ と置いたときの地球から金星までと，地球から火星までの往復の遅れ時間を表 10.2 に示す．

地球と太陽の間の式 (10.113) の遅れ時間 δt の 4 倍の値を図 10.12 に η の関数として示す．この 4 倍の値は，表 10.2 に見られるように地球と火星の往復での遅れにほぼ等しい．$\eta=1$ のときが電磁波がちょうど太陽の表面を通る最も遅れる時で，その遅れの時間は式 (10.113) で $\eta=1$ と置いて

$$\Delta t=4\times\delta t=259\,\mu\text{sec} \tag{10.114}$$

であり，図 10.12 の $\eta=1$ の位置に黒丸で示してある．地球と太陽の間の距離は，太陽の半径で測ると

$$\frac{R_E}{R_s}=\frac{1.496\times10^8\,\text{km}}{6.960\times10^5\,\text{km}}=215 \tag{10.115}$$

なので，$\eta=500$ のときの電磁波の衝突係数は地球と太陽の距離の約 2.5 倍もあることになるが，観測可能な飛行時間の遅れを生じている．

シャピロと協同研究者は火星と地球の間の往復電波信号の遅れを 1970 年に観測した．電波は火星の表面に置いたバイキング着陸機で反射させた．観測結果を図 10.13 に示す．太陽と金星の往復時間と太陽と地球の往復時間はほぼ同じなので，図 10.13 と図 10.12 の縦軸はほぼ一致するはずである．しかし，図の横軸は時間 (day) であり，図 10.12 の横軸と異なるので直接の比較はできない．図 10.13 の実線は理論値で，点で表されている観測値と非常に良く一致し

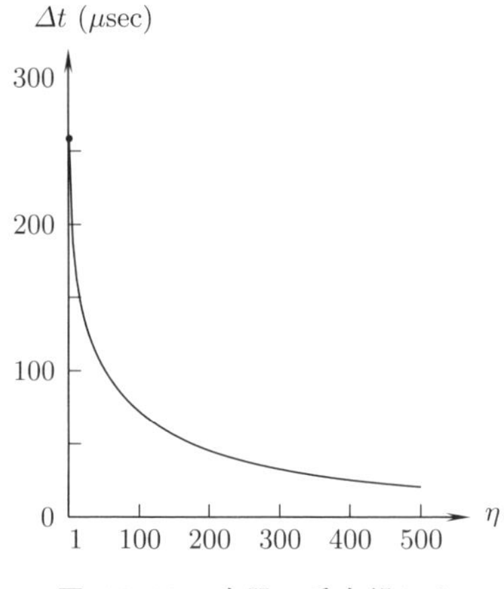

図 **10.12**　太陽の重力場による光の飛行時間の遅れ．式 (10.110) で R_E を地球の平均公転半径と置いたときの $4\delta t$.

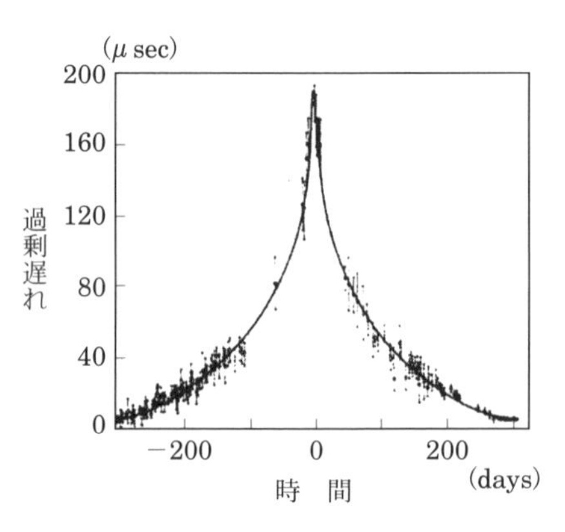

図 **10.13**　太陽の重力場による光の飛行時間の遅れ．横軸は時間 (days)，縦軸は過剰遅れ (μsec) である．(I.I. Shapiro *et al.*, 1971, *Rhys. Rev. Lett.*, **26**, Number 18, 1132–1135).

ている．

10.9　重力波

2016 年 2 月 11 日に重力波の直接検出に成功したことが 1992 年に 5 億ドルをかけてカリフォルニア工科大学とマサチューセッツ工科大学が共同で設立したレーザー干渉計重力波観測所 (LIGO, Laser Interferometer Gravitationalwave Observatory) から発表された[11]．

重力波は一般相対性理論に基づいてアインシュタインによって 1916 年，1918 年にその存在が予言されたが[12]，重力波の理論には，「論争とぬか喜びと後退による長い歴史がある」，「多くの理論家が，そのような波がそもそも存在することを疑っていた時期も何度かあった．1916 年に最初の重力波の理論を立てた，他ならぬアルバート・アインシュタインからして，少なくとも二度に

[11] `http://www.nature.com/news/hunt-for-gravitational-waves-to-resume-after-\massive-upgrade-1.18359`

[12] Einstein, Albert, “Über Gravitationswellen.” Königlich Preussische Akademie der Wissenschaften zu Berlin, Sitzungsberichte, pp154-167 (1918).

わたって懐疑派の方に名を連ねた」([59] ダニエル・ケネフィック p.8). 1969年, メリーランド大学のアメリカ人物理学者ジョセフ・ウェーバーが, 初めて重力波の検出に成功したと発表したが, 同様の検出を試みた他のグループでは確認できず失敗と見なされた ([59] p.7).

カリフォルニア工科大学のキップ・ソーンは, 重力波が20世紀末までに検出されるという賭けの相手を1981年に募ったが, この賭けに応じた著名人の一人はスティーヴン・ホーキングだった. キップ・ソーンは賭けに負けたが, その理由は.「LIGOを実現するのに必要な時間を, 過小評価していた」からであった ([59] p.9).

アインシュタインとネーザン・ローゼンは1936年にフィジカルレビュー誌へ重力波を表す解に特異点があるので重力波は存在しないとする論文を投稿したが原稿は査読者による批判的な報告と共にアインシュタインへ返却された. アインシュタインは大層立腹して査読者の意見を即座に否定する返信を書いた.

> アインシュタインから編集者への手紙
> 拝復,
> 私ども (ローゼン氏と私) は, 原稿を発表のために送ったのであって, 印刷する前に専門家に見せることを許可してはおりません. 貴誌の匿名の専門家による意見——いずれにせよ誤りだらけの——に, いちいち応対すべき理由は見あたりません. この件からして, 私はこの論文を別のところで発表することにいたします.
> ([59] ケネフィック p.109–110)

アインシュタインは論文を引き上げるとともにその後フィジカルレビュー誌で論文を発表することは無かった ([59] p.108).

その後, アインシュタインとローゼンは証明の誤りに気付いたが, どのように論文を書き直せば良いのか分からなかった. 1936年8月に相対論学者のハワード・パーシー・ロバートソンがプリンストンへ帰ってきてアインシュタイン, ローゼン等と重力波解の特異点は円筒座標を使うと除けることを見出し, 重力波は存在するとの論文を小さな学術誌へ投稿した[13].「この論文の結論はすでにフジカルレビュー誌の匿名の専門家の査読報告書に書かれており, アイ

---

[13] Einstein, Albert, and Nathan Rosen, "On GravitationalWaves.", *Journal of the Franklin Institute*, 223, 43-54 (1937).

ンシュタインがにべもなく棄却したこの報告書を丁寧に読んでいれば何か月も前に正しい結論が得られていたはずであった」([59] p.117).

文献 [59] の著者ダニエル・ケネフィックはフジカルレビュー誌の匿名の専門家が誰であるかを調べ，その専門家はハワード・パーシー・ロバートソンであることを 2005 年に突き止めた ([59] p.122). アインシュタインが「いずれにせよ誤りだらけの」「貴誌の匿名の専門家による意見」として無視した意見の著者がアインシュタインの共同研究者のロバートソンだったことをアインシュタインが知ったら大層驚いただろう.

10.9.1　重力波は横波

レーザー干渉計重力波観測所 (LIGO) での重力波の観測は図 2.5 のマイケルソン干渉計を使って行われた. 図 2.5 を図 10.14 に再掲する. 図 10.14 の半透明鏡の位置から y 軸上の鏡 B までロープを張るとしよう. 半透明鏡の位置でこのロープを x 軸の正および負の方向へ振動させるとすると，図に示すようにロープの振動の波は y 軸方向へ進んで行く. ロープの波の振動方向は x 軸に平行で進行方向の y 軸に垂直 (横方向) なのでこのロープの波は横波である.

正の電荷を半透明鏡の位置に置くとその電荷の作る電場の強度は仮想的な電気力線で表せる. y 軸方向の電気力線の 1 本を y 軸に平行とする. 半透明鏡の位置に置いた正電荷を x 軸の正および負の方向へ振動させるとすると，図に示すように電気力線は振動し，その振動の波は y 軸方向へ進んで行き，その電場の方向は y 軸に垂直の横方向なので横波である. この電場の波が式 (3.5) で表される電磁波でその伝搬速度は光速 c ある.

同様に質点を半透明鏡の位置に置くとその質点の作る重力場の強度は仮想的な重力線で表せる. y 軸方向の重力線の 1 本を y 軸に平行とする. 半透明鏡の位置に置いた質点を x 軸の正および負の方向へ振動させるとすると，図に示すように重力線は振動し，その振動の波は y 軸方向へ進んで行き，その重力場の方向は y 軸に垂直の横方向なので横波である. この重力波の式がローレンツ変換に対して不変でなければならないことから重力波は電磁波と同じ光速 c で飛行することが分かる.

円運動は加速運動であり，電荷の加速運動と同様に質量の円運動は重力波を発生するはずである. 例えば 2 個の巨大な天体がそれらの重心の周りにお互い

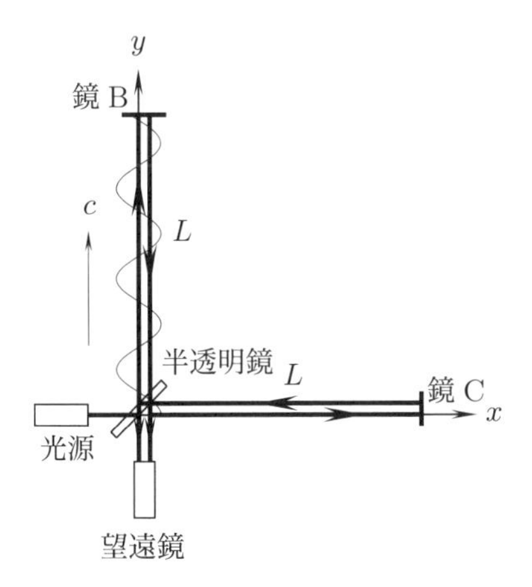

図 10.14 マイケルソン干渉計．y 軸方向へ進む横波．

に回転するときの加速運動で重力波が発生すると考えられる．この回転の周期は長いので，例えば周期 T が 1 秒とすると，波長は $\lambda = cT = 30$ 万 km となり，図 10.14 の波の波面はほぼ直線になる．

重力波の重力場は式 (8.55) のように空間の長さを収縮させる．重力波が来るとその重力場で図 10.14 のマイケルソン干渉計の鏡の位置が変化し，その位置の変化をレーザー光の干渉縞の変化で観測することにより重力波を検出するとされている[14]．

LIGO が検出した重力波は地球から 13 億光年離れた太陽質量の 36 倍と 29 倍の 2 個のブラックホール同士の衝突合体により生じたものとされ，その重力波の重力場による距離の収縮の大きさは LIGO の $L = 4\,\mathrm{km}$ の鏡の間隔で $10^{-18}\,\mathrm{m}$ と見積もられている[15]．この数値から測定精度は $10^{-18}\,\mathrm{m/4km} = 2.5 \times 10^{-22}$ である．この値は式 (8.60) の地球の重力場での収縮の値 6.95×10^{-10} よりも $2.5 \times 10^{-22}/6.95 \times 10^{-10} = 3.6 \times 10^{-13}$ 倍も小さい．

---

[14] 国立天文台 http://tamago.mtk.nao.ac.jp/spacetime/aboutGW_j.html，重力波の検出．

[15] Laser Interferometer Gravitational-Wave Observatory (2017) https://www.ligo.caltech.edu/ (2017.10.25 閲覧).

10.9.2　重力波の検出

通常，重力波の作る重力場の式はシュバルツシルトの解のような時間遅れの項はない式が使われている．本節ではそのような時間遅れのないときの式と時間遅れを生じるシュバルツシルトの式を使った場合を考える．

10.9.3　時間遅れのない式を使う場合

今，重力波は z 軸方向へ伝播するとすると z 軸方向の重力場は零であり，重力場の方向は z 軸に垂直な x および y 軸方向である．重力波の周期がレーザー光の周期よりも充分に長いときは，h および h_{xy} を定数としてこの重力場では次式が成り立つとされている[16]．

$$ds^2=(1+h)dx^2+h_{xy}dxdy+(1-h)dy^2+dz^2-c^2dt^2 \tag{10.116}$$

この式は重力場で長さは変化するがシュバルツシルトの式と異なり，時間の遅れを生じない式になっている．

図10.14で重力波がないときの半透明鏡から反射鏡までの距離を L_0 としよう．式(10.116)より x 軸および y 軸方向の腕の長さ L_x および L_y は重力場がないときの長さ L_0 に比べて，式(8.55)のように $h\ll 1$ として重力場によりそれぞれ

$$L_x=\frac{1}{\sqrt{1+h}}L_0\fallingdotseq\left(1-\frac{h}{2}\right)L_0,\quad L_y=\frac{1}{\sqrt{1-h}}L_0\fallingdotseq\left(1+\frac{h}{2}\right)L_0 \tag{10.117}$$

に収縮または膨張することが分かる．

式(10.116)で $ds^2=dy^2=dz^2=0$ と置いて光の x 軸方向の速さは

$$\frac{dx}{dt}=\pm\frac{1}{\sqrt{1+h}}c\fallingdotseq\pm\left(1-\frac{h}{2}\right)c \tag{10.118}$$

と遅くなることが分かる．y 軸方向の速さは $ds^2=dx^2=dz^2=0$ と置いて

$$\frac{dy}{dt}=\pm\frac{1}{\sqrt{1-h}}c\fallingdotseq\pm\left(1+\frac{h}{2}\right)c \tag{10.119}$$

と x 軸方向と同じ大きさで増大することが分かる．これらの値の増減を図10.15に示す．$T_0=L_0/c$ である．

---

16) 平松尚志，修士論文「宇宙論的起源の背景重力波による余剰次元の探求」(2004).

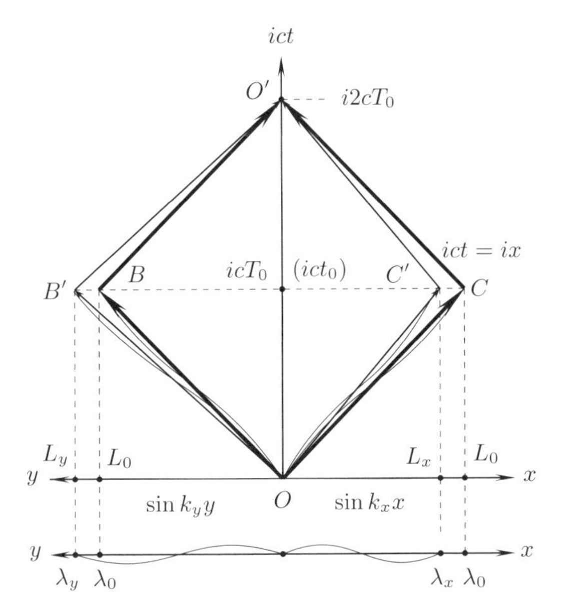

図 10.15　重力波がないときとあるときの光の世界線．直線 $\overline{OC}$, $\overline{CO'}$, $\overline{OB}$ および $\overline{BO'}$ と x 軸または y 軸の間の角度は 45 度である．剛体の長さ L_0 の変化とレーザー光の波長 λ_0 の変化を一つの図で示してある．

図 10.15 で重力波がないとき，x 軸方向の光は原点 O から出発して位置 $x=L_0$ にある C の鏡で時刻 $t=T_0$ で反射し，座標 O' に時刻 $t=2T_0$ に到達する．同様に重力波がないとき，y 軸方向の光は原点 O から出発して位置 $y=L_0$ にある B の鏡で時刻 $t=T_0$ で反射し，座標 O' に時刻 $t=2T_0$ に到達する．

重力波があるときは，x 軸方向の光は原点 O から出発して位置 $x=L_x$ にある C' の鏡で時刻 $t=T_0$ で反射し，座標 O' に時刻 $t=2T_0$ に到達する．同様に重力波があるとき，y 軸方向の光は原点 O から出発して位置 $y=L_y$ にある B' の鏡で時刻 $t=T_0$ で反射し，座標 O' に時刻 $t=2T_0$ に到達する．

このとき，図 10.15 の原点 O から位置 C' までの x 軸方向に進む光の速さは図 10.15 および式 (10.117) より

$$\frac{dx}{dt}=\frac{L_x}{T_0}=\frac{(1-h/2)L_0}{T_0}=\left(1-\frac{h}{2}\right)c, \quad c=\frac{L_0}{T_0} \tag{10.120}$$

であり，これは式 (10.118) の値に等しい．また，原点 O から位置 B' まで y 軸

方向に進む光の速さは図 10.15 および式 (10.117) より

$$\frac{dy}{dt}=\frac{L_y}{T_0}=\frac{(1+h/2)L_0}{T_0}=\left(1+\frac{h}{2}\right)c \tag{10.121}$$

であり，これは式 (10.119) の値に等しい．すなわち，図 10.15 の重力波のあるときの世界線は式 (10.118) および (10.119) と整合していることが分かる．

図 10.15 には重力波がないときの光の波長 λ_0 とその周期 $t_0=\lambda_0/c$ も示してある．

重力場があるとき，直線 $\overline{OC'}$ 上を運動する光の速さは，式 (10.118) と図 10.15 の記号を使うと

$$\frac{\lambda_x}{t_0}=\left(1-\frac{h}{2}\right)c,\quad \text{これから}\quad \lambda_x=\left(1-\frac{h}{2}\right)t_0c=\left(1-\frac{h}{2}\right)\lambda_0 \tag{10.122}$$

である．同様に重力場があるとき，直線 $\overline{OB'}$ 上を運動する光の速さは，式 (10.119) と図 10.15 の記号を使うと

$$\frac{\lambda_y}{t_0}=\left(1+\frac{h}{2}\right)c,\quad \text{これから}\quad \lambda_y=\left(1+\frac{h}{2}\right)t_0c=\left(1+\frac{h}{2}\right)\lambda_0 \tag{10.123}$$

この二つの式と式 (10.120) および (10.121) を比べると光の波長 λ_0 は図 10.14 の腕の長さ L_0 と同じ率で収縮または膨張することが分かる．

式 (10.117), 式 (10.122) および (10.123) より

$$\frac{L_x}{\lambda_x}=\frac{\left(1-\frac{h}{2}\right)L_0}{\left(1-\frac{h}{2}\right)\lambda_0}=\frac{L_0}{\lambda_0},\quad \frac{L_y}{\lambda_y}=\frac{\left(1+\frac{h}{2}\right)L_0}{\left(1+\frac{h}{2}\right)\lambda_0}=\frac{L_0}{\lambda_0} \tag{10.124}$$

が成り立つ．これらの物理量も図 10.15 に示す．

重力波がないとき直線 $\overline{OC}$ と $\overline{CO'}$ 上を進む波は

$$a_x^0(x,ct)=a\sin(k_0x-\omega_0ct),\quad k_0=\frac{2\pi}{\lambda_0},\quad \omega_0=\frac{2\pi}{ct_0} \tag{10.125}$$

と表せる．この波が位置 O' 来るときの位相は，$x=2L_0$, $t=2T_0$ と置き，ϕ_0 を光が $x=0, ct=0$ から位置 O' の $t=2T_0$, $x=0$ に着いたときの位相とすると

$$a_x^0(2L_0,2cT_0)=a\sin(2k_0L_0-2\omega_0cT_0)=a\sin\phi_0,\quad \phi_0=4\pi\left(\frac{L_0}{\lambda_0}-\frac{T_0}{t_0}\right) \tag{10.126}$$

である．

重力波がないとき y 軸方向の直線 $\overline{OB}$ と $\overline{BO'}$ 上を進む波 $a_y^0(y,ct)$

$$a_y^0(y,ct)=a\sin(k_0y-\omega_0ct) \tag{10.127}$$

についても光の波が位置 O' に着いたときに同じ位相差 ϕ_0 が得られる．

重力波があるとき直線 $\overline{OC'}$ と $\overline{C'O'}$ に沿って進む光は

$$a_x(x,ct)=a\sin(k_xx-\omega_0ct),\quad k_x=\frac{2\pi}{\lambda_x} \tag{10.128}$$

と表せる．この光の速さは上式の位相を零と置いて得られる x/t と式 (10.122) を使って

$$\overline{OC'}\text{ 上の光の速さ}=\frac{x}{t}=\frac{\omega_oc}{k_x}=\frac{2\pi}{ct_0}\times\frac{\lambda_x}{2\pi}c=\left(1-\frac{h}{2}\right)c \tag{10.129}$$

となり，これは確かに式 (10.120) の速さに等しい．

この波が位置 O' に着くときの波は，式 (10.128) で $x=2L_x$, $t=2T_0$ と置くと

$$a_x(2L_x,2cT_0)=a\sin(2k_xL_x-2\omega_0cT_0) \tag{10.130}$$

である．式 (10.124) を使った次式

$$k_xL_x=\frac{2\pi}{\lambda_x}L_x=2\pi\frac{L_0}{\lambda_0}=k_0L_0 \tag{10.131}$$

を使うと，式 (10.130) は

$$a_x(2L_x,2cT_0)=a\sin(2k_0L_0-2\omega_0cT_0) \tag{10.132}$$

となって，光が位置 C' の鏡で反射されて座標 O' に到達したときの位相は重力波のないときの式 (10.126) の位相に等しい．

重力波があるとき直線 $\overline{OB'}$ および $\overline{B'O'}$ に沿って進む光は

$$a_y(y,ct)=a\sin(k_yy-\omega_0ct),\quad k_y=\frac{2\pi}{\lambda_y} \tag{10.133}$$

と表せる．この光の速さは上式の位相を零と置いて得られる y/t と式 (10.123) を使って

$$\overline{OB'}\text{ 上の光の速さ}=\frac{y}{t}=\frac{\omega_o c}{k_y}=\frac{2\pi}{ct_0}\times\frac{\lambda_y}{2\pi}c=\left(1+\frac{h}{2}\right)c \tag{10.134}$$

となり，これは確かに式 (10.121) の速さに等しい．

式 (10.133) で $y=2L_y$，$t=2cT_0$ と置き，式 (10.117) および (10.123) を使うと

$$a_y(2L_y,2cT_0)=a\sin(2k_yL_y-2\omega_0cT_0)=a\sin(2k_0L_0-2\omega_0cT_0) \tag{10.135}$$

を得，原点 O を発した光が位置 B' の鏡で反射されて座標 O' に到達したときの位相も重力波のないときの式 (10.127) から得られる位相に等しい．

現在の説では鏡 C' と B' で反射された光が座標 O' に到達したときに位相差が生じるとされている．すなわち，座標 O' で観測される位相差は

$$\Delta\phi=\frac{\Delta L}{\lambda_0}=\frac{2L_y-2L_x}{\lambda_0}=\frac{(1+h/2)2L_0-(1-h/2)2L_0}{\lambda_0}=h\frac{2L_0}{\lambda_0}\neq 0 \tag{10.136}$$

と計算されている[17)]．この式では光が直線 $\overline{OC'}$ と $\overline{OB'}$ を飛行するときもその波長は重力波のないときの波長 λ_0 に等しいとしている．

しかし，図 10.15 を見れば明らかなように直線 $\overline{OC'}$ や $\overline{OB'}$ に沿って進む波で，周期が t_0 で波長が λ_0 の波はあり得ない．重力場で光速が式 (10.120) のに従って減少して 1 周期 $t=t_0$ のときに図のように位置 C から C' へ移動すると波長は必ず λ_0 から λ_x へ減少する．したがって式 (10.136) は波長の変化を考慮し式 (10.124) を使って

$$\Delta\phi=\frac{2L_y}{\lambda_y}-\frac{2L_x}{\lambda_x}=\frac{2L_0}{\lambda_0}-\frac{2L_0}{\lambda_0}=0 \tag{10.137}$$

となり，位相の変化は起きないはずである．

もしこの考察が正しければ，マイケルソン干渉計では重力波がないときとあるときで位相の差は検出できず，重力波の検出は不可能だと言うことになる．

10.9.4　シュバルツシルトの解を使う場合

前節の重力場では，時間遅れの項はなかった．時間遅れの項がないために重力波による干渉縞の変化が起きなかったのではないかとの疑問に答えるため

---

17) 平松尚志，前掲 p.26.

に，時間遅れのあるシュバルツシルトの式を使う場合を考えよう．

図 10.14 の y 軸の正方向へ重力波が進行し，重力場は進行方向の y 軸に垂直な x 軸方向だとする．この重力波による y 軸方向への重力場は零なので，y 軸方向への腕の長さ L_0 の収縮は起きない．

レーザー光線が長さ L_0 の鏡までに到達する時間 T_0 は LIGO では $T_0 = L_0/c = 4\,\mathrm{km}/(3\times10^5\,\mathrm{km/秒}) = 1.3\times10^{-5}$ 秒であり，重力波の周期が例えば 1 秒くらいで T_0 と比べて充分に長いときは，重力波の作る重力場は静的と見なせ，その重力場はシュバルツシルトの解で近似できると仮定する．

シュバルツシルトの式 (8.48) で $2M/r \to h$ と置くと，この 2 次元 $x-y$ 空間での ds^2 は

$$ds^2 = \frac{dx^2}{1-h} + dy^2 - (1-h)c^2dt^2 \tag{10.138}$$

と書ける．この式から y 軸方向の腕の長さ L_0 は不変であるが x 軸方向の腕の長さ L_x および波長 λ_x は式 (8.55) のように $h \ll 1$ として

$$L_x = \sqrt{1-h}L_0 \fallingdotseq \left(1-\frac{h}{2}\right)L_0, \quad \lambda_x = \sqrt{1-h}\lambda_0 \fallingdotseq \left(1-\frac{h}{2}\right)\lambda_0 \tag{10.139}$$

に収縮し，シュバルツシルト時間で計る光の飛行時間 T および周期 t_1 は式 (8.53) のように

$$T = \frac{T_0}{\sqrt{1-h}} \fallingdotseq \left(1+\frac{h}{2}\right)T_0, \quad t_1 = \frac{t_0}{\sqrt{1-h}} \fallingdotseq \left(1+\frac{h}{2}\right)t_0 \tag{10.140}$$

と増大する．

式 (10.138) で $ds^2 = dy^2 = 0$ と置いて光の x 軸方向の速さは

$$\frac{dx}{dt} = \pm(1-h)c \tag{10.141}$$

と遅くなり，y 軸方向の速さも重力場での時計の遅れにより $ds^2 = dx^2 = 0$ と置いて

$$\frac{dy}{dt} = \pm\sqrt{1-h}c \fallingdotseq \pm\left(1-\frac{h}{2}\right)c \tag{10.142}$$

と x 軸方向の半分だけ遅くなることが分かる．これらの値の増減を図 8.10 と同じ方法で描いた図 10.16 に示す．

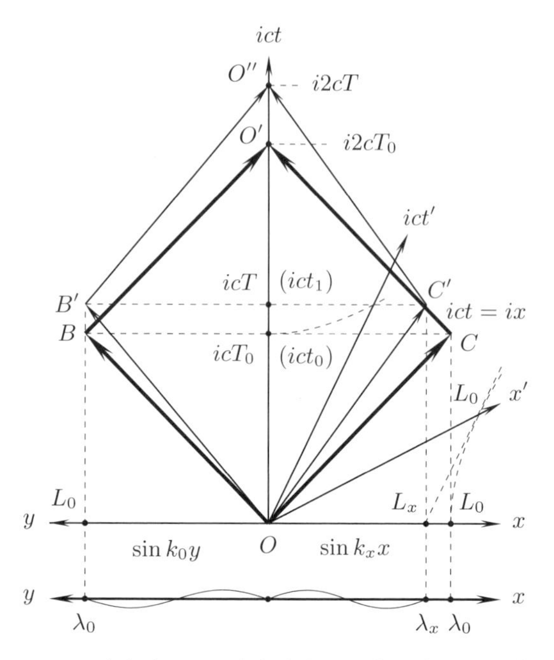

図 10.16　重力波がないときとあるときの光の世界線．線分 $\overline{OC}$, $\overline{CO'}$, $\overline{OB}$ および $\overline{BO'}$ と x 軸の間の角度は 45 度である．

図 10.16 で重力波がないとき，x 軸方向の光は原点 O から出発して位置 $x=L_0$ にある C の鏡で時刻 $t=T_0$ で反射し，座標 O' に時刻 $t=2T_0$ に到達する．同様に重力波がないとき，y 軸方向の光は原点 O' から出発して位置 $y=L_0$ にある B の鏡で時刻 $t=T_0$ で反射し，座標 O' に時刻 $t=2T_0$ に到達する．

重力波があるときは，x 軸方向の光は原点 O から出発して位置 $x=L_x$ にある C' の鏡で時刻 $t=T$ で反射し，位置 O'' に時刻 $t=2T$ に到達する．同様に重力波があるとき，y 軸方向の光は原点 O から出発して位置 $x=L_0$ にある B' の鏡で時刻 $t=T$ で反射し，位置 O'' に時刻 $t=2T$ に到達する．

図 10.16 の原点 O から位置 C' まで x 軸方向に進む光の速さは，式 (10.139) および (10.140) から

$$\frac{dx}{dt}=\frac{L_x}{T}=\frac{(1-h/2)L_0}{(1+h/2)T_0}\fallingdotseq(1-h)\frac{L_0}{T_0}=(1-h)c, \quad c=\frac{L_0}{T_0} \tag{10.143}$$

であり，これは式 (10.141) に等しい．また，原点 O から位置 B' まで y 軸方向

に進む光の速さは図および式 (10.140) より

$$\frac{dy}{dt}=\frac{L_0}{T}=\frac{L_0}{(1+h/2)T_0}\fallingdotseq\left(1-\frac{h}{2}\right)\frac{L_0}{T_0}=\left(1-\frac{h}{2}\right)c \tag{10.144}$$

であり，これは式 (10.142) に等しい．これらから，図 10.16 の重力場のあるときの世界線は式 (10.141) および (10.142) と整合していることが分かる．

図 10.16 で直線 $\overline{OC}$, $\overline{OB}$ に沿って進む光は図 10.15 と同じであり，したがってその波には式 (10.125) および (10.126) が成り立つ．

図 10.16 から分かるように，直線 $\overline{OC'}$ に沿って進む光は

$$a_x(x,ct)=a\sin(k_x x-\omega ct),\quad k_x=\frac{2\pi}{\lambda_x},\quad \omega=\frac{2\pi}{ct_1} \tag{10.145}$$

と表せる．この光の速さは上式の位相を零と置いて得られる x/t と式 (10.139) を使って

$$\overline{OC'}\text{ 上の光の速さ}=\frac{x}{t}=\frac{\omega c}{k_x}=\frac{\lambda_x}{2\pi}\times\frac{2\pi}{ct_1}c=(1-h)c \tag{10.146}$$

となり，これは確かに式 (10.143) の速さに等しい．

式 (10.145) に $x=2L_x$, $t=2T$ と置くと

$$a_x(2L_x,2cT)=a\sin(2k_xL_x-2\omega cT) \tag{10.147}$$

である．式 (10.139) および (10.140) を使うと

$$\begin{aligned}k_xL_x&=2\pi\frac{L_x}{\lambda_x}=2\pi\frac{(1-h/2)L_0}{(1-h/2)\lambda_0}=2\pi\frac{L_0}{\lambda_0},\\ \omega cT&=\frac{2\pi c(1+h/2)T_0}{c(1+h/2)t_0}=2\pi\frac{T_0}{t_0}\end{aligned} \tag{10.148}$$

となり，これを式 (10.147) へ代入すると重力場にない式 (10.126) と同じになる．すなわち，光が位置 C' の鏡で反射されて座標 O'' に到達したときの位相は重力場のないときの式 (10.126) の位相に等しく，重力波の検出はできないことを示している．

同様に，図 10.16 から直線 $\overline{OB'}$ に沿って進む光は

$$a_y(y,ct)=a\sin(k_0y-\omega ct),\quad k_0=\frac{2\pi}{\lambda_0},\quad \omega=\frac{2\pi}{ct_1} \tag{10.149}$$

と表せる．この光の速さは上式の位相を零と置いて得られる y/t と式 (10.140) を使って

$$\overline{OB'}\ \text{上の光の速さ} = \frac{y}{t} = \frac{\omega c}{k_0} = \frac{\lambda_0}{2\pi} \times \frac{2\pi}{ct_1} c \fallingdotseq \left(1 - \frac{h}{2}\right) c \tag{10.150}$$

となり，これは確かに式 (10.144) の速さに等しい．

式 (10.149) に $y = 2L_0$, $t = 2cT$ と置き，式 (10.148) および式 (10.126) を使って

$$a_y(2L_0, 2cT) = a\sin(2k_0L_0 - 2\omega cT) = a\sin(2k_0L_0 - 2\omega_0 cT_0) = \sin\phi_0 \tag{10.151}$$

を得，光が位置 B' の鏡で反射されて座標 O'' に到達したときの位相も重力場のないときの式 (10.126) の位相に等しいことが分かる．

以上の考察から式 (10.116) や式 (10.138) のように h が時間に無関係に一定であるとすると，重力波があっても原点 O を発した x 軸と y 軸方向の二つの波は $t = 2T$ の同時に座標 O'' に到着し，両者の波の位相は同じで変化しないことが分かる．すなわち，重力波の重力場が時間の遅れをもたらすシュバルツシルトの式から得られる式 (10.138) で表される場合も，マイケルソン干渉計では重力波がないときと有るときで位相の差は検出できず，重力波の検出は不可能だと言うことになる．

慣性系で剛体棒の長さがローレンツ収縮するとき，剛体で作った標準の物差しでその変化を測ろうとしても標準の物差しの長さも剛体棒と同じ割合で収縮するので剛体棒の長さの収縮は測れない．レーザー光でもその波長は同様にローレンツ収縮するので測れない．

同様に局所慣性系でも剛体棒の長さの収縮は，剛体で作った標準の物差しでは剛体棒の長さの収縮は測れない．局所慣性系と重力場の等価原理から，剛体棒の長さの収縮は剛体で作った標準の物差しやレーザー光では測れない．

マックス・プランク重力研究所 (通称 アルバート・アインシュタイン研究所) 所長の B.S. シュッツ教授は重力波はレーザー干渉計で測れるとしている．最近の著書で次のように書いている [60].

> 干渉計では二つの光のビームをいっしょにすることで干渉させるため，標準の波長を基準にして腕の長さの変化を測定しているのではないかとか，学生によっては，光の波長が重力波によって影響を受け，測定が不可能になるのではないか，といった誤解を招きやすい．ここでのビーム検出器の説明ではっきりさせたいのは，光の波長が意味をもつのではないことである．干渉計は基本的には二つの往復時間を比べるものであり，光が腕の中をヌル世界線に沿って行き来する限り，その光路における光の波長はまったく問題にならないのである．　([60] シュッツ p.290)

シュッツも式 (10.116) と同じ式を使っており，論理が良く分からない．

2017 年のノーベル物理学賞は重力波の初観測の成功に寄与したとしてキップ・ソーン (カリフォルニア工科大学名教授) 等 3 名に与えられた．もし，重力波が式 (10.116) や式 (10.138) のように h が時間に無関係に一定でも検出できれば観測は容易であったろう．h が一定でない時間変化のある微小な項を検出することにより観測可能となったのだと思われる．

10.10　結語

質点の運動方程式を利用して光の運動方程式を導き太陽の重力場で光が曲がる角度を求めた．重力場と同じ加速度を持つ加速場で光の曲がる角度は一般相対性理論で得られる角度の半分となり，一見光に関しては重力場と加速場が等価であるとする等価原理が成り立たないように見える．

光を波として扱い，波の速さが重力場の強さで変化するときホイヘンスの原理で光の進路は曲がるが，ホイヘンスの原理で曲がる角度も一般相対性理論で得られる角度の半分である．それゆえ，光が加速場で曲がる角度とホイヘンスの原理で曲がる角度を加えると，一般相対性理論で得られる角度に等しくなる．したがって，加速度が位置で変化する加速場を考えると，重力場と加速場が等価であるとする等価原理は成り立っている．

パウンド・レプカの γ 線の地球への垂直落下実験では，ホイヘンスの原理とは無関係なので，一般相対性理論で得られる落下のエネルギー増加は単に加速場で得られる値に等しい．

現在の超高精度の時計を使うと，時計をわずか 1 cm 持ち上げたときの重力場の強さの変化による時計の遅れを検出することができる．一般相対性理論による太陽や地上の弱い場での理論値は非常に高い精度で観測値と一致しており，一般相対性理論が弱い重力場では正確に成り立つことを示している．

重力波の周期がレーザー光線の飛行時間よりも充分に長いとき重力場は一定で定常状態であるとみなせる．今まで重力場でレーザー光線の波長が変化しないとされ，その結果重力波は検出できるとされていた．ここでは現在使われている時間遅れの項がない重力場の式では，重力場はマイケルソン干渉計では検出できないことを示した．

さらに時間遅れのあるシュバルツシルトの式を使っても重力波はマイケルソン干渉計では検出できないことを示した．これは慣性系で剛体棒の長さのローレンツ収縮を剛体の物差しや光で測れないのと同様である．重力場で剛体棒の長さが収縮するとき，剛体で作った物差しや光でその収縮を測ろうとしても剛体の物差しの長さも光の波長も剛体棒と同じ割合で収縮するので，剛体棒の長さの収縮は測れないことに相当する．

キップ・ソーン等がLIGOで重力波の観測に成功したのは，式(10.116)や式(10.138)でhが時間に無関係に一定とした項では表せない微小の項の影響を検出したからだと思われる．

第11章

強い重力場での運動

前章までは地上や太陽表面の弱い重力場での運動を考えてきた．太陽表面でも重力場による相対論的効果は式(8.59)で与えられているように$2M_S/R_S = 4.24\times10^{-6}$と非常に小さかったが，そこでは一般相対性理論から導かれたシュバルツシルトの解は高い精度で成り立っていた．この章では$2M/r$が1に近い，さらには1以上の強い重力場での運動について考える．

前章で見たように光子はそのエネルギーに相当する重力質量を持ちニュートンの重力法則の引力で曲げられるとする計算がほぼ成り立つにもかかわらず，重力場で落下する速度が増大するどころか減少するのは大層不思議である．この現象について詳細に考察する．

11.1 ニュートンの運動方程式から導かれるブラックホール

一般相対性理論で扱うブラックホールの式とニュートンの運動方程式から導かれるブラックホールの式は似ているところがある．それでまず，分かり安いニュートンの運動方程式から導かれるブラックホールについて考えよう．

質量Mの天体が作る重力場で角運動量が零のとき，質量mの質点に対するニュートンの運動方程式(8.40)および(8.42)よりE_0を定数として次式

$$\frac{1}{2}mv^2 - \frac{GmM}{r} = \frac{1}{2}mv_0^2 - \frac{GmM}{r_0} = E_0 = \text{一定} \tag{11.1}$$

が得られる．この式は運動エネルギーと重力の位置のエネルギーの和E_0は位置rに無関係に一定であることを示している．

式(11.1)から運動エネルギーと重力の位置のエネルギーの和E_0が正

$$0 < E_0 = \frac{1}{2}mv_0^2 - \frac{GmM}{r_0} \tag{11.2}$$

のときは

$$0 < \frac{1}{2}mv^2 - \frac{GmM}{r} \tag{11.3}$$

であり，この不等式は $r \to \infty$ でも成り立つので，質点 m は無限遠へ飛び去ることができる．しかし，運動エネルギーと重力の位置のエネルギーの和 E_0 が負のとき，$E_0 \to -|E_0|$ と書くと

$$\frac{1}{2}mv^2 - \frac{GmM}{r} = \frac{1}{2}mv_0^2 - \frac{GmM}{r_0} = -|E_0| < 0 \tag{11.4}$$

である．r の最大値は $v^2 = 0$ のとき

$$r = \frac{GmM}{|E_0|} \tag{11.5}$$

で，質点の位置 r は次の範囲内

$$0 < r \leq \frac{GmM}{|E_0|} \tag{11.6}$$

にある．

式 (8.43) のように

$$\frac{GM}{c^2} \to M \tag{11.7}$$

と書くと，式 (11.1) は

$$\frac{1}{c^2}\left(\frac{dr}{dt}\right)^2 = \frac{2M}{r} - \frac{2M}{r_0} + \frac{v_0^2}{c^2} \tag{11.8}$$

となる．これから

$$\frac{1}{c}\frac{dr}{dt} = \pm\left(\frac{2M}{r} - \frac{2M}{r_0} + \frac{v_0^2}{c^2}\right)^{1/2} \tag{11.9}$$

が得られる．質点が $r = r_0$ から $r = 0$ へ向かって落下するときは，速度は負なので負符号を選び，r 座標の増加する方向へ進む時は正符号を選ぶ．

11.1.1 質点が位置 r_0 で静止した状態から落下するとき

質点が $r=r_0$ で静止した状態から重力の中心へ向かって落下するときは，式 (11.9) で負符号を選び，$r=r_0$ のとき $v_0=0$ と置くと

$$\frac{1}{c}\frac{dr}{dt}=-\sqrt{\frac{2M}{r}-\frac{2M}{r_0}} \tag{11.10}$$

となり，書き直すと

$$cdt=-\frac{1}{\sqrt{2M}}\frac{dr}{\left(\frac{1}{r}-\frac{1}{r_0}\right)^{1/2}}=-\sqrt{\frac{r_0}{2M}}\frac{\sqrt{r}dr}{\sqrt{r_0-r}} \tag{11.11}$$

が得られる．

c_1 および c_2 を任意定数として，次式の積分公式が成り立つ．

$$a<r \text{ のとき} \quad \int\frac{\sqrt{r}dr}{\sqrt{r-a}}=\sqrt{r(r-a)}+a\ln(\sqrt{r/a}+\sqrt{r/a-1})+c_1 \tag{11.12}$$

$$r<a \text{ のとき} \quad \int\frac{\sqrt{r}dr}{\sqrt{a-r}}=-\sqrt{r(a-r)}+a\tan^{-1}\sqrt{\frac{r}{a-r}}+c_2 \tag{11.13}$$

式 (11.13) を使って，$r=r_0$ で $t=0$ として $r=r_0$ から r まで積分すると，式 (11.11) の積分は $r<r_0$ のとき

$$\begin{aligned} ct&=-\sqrt{\frac{r_0}{2M}}\left(-\sqrt{r(r_0-r)}+r_0\tan^{-1}\sqrt{\frac{r}{r_0-r}}\right)\Bigg|_{r_0}^{r} \\ &=\sqrt{\frac{r_0}{2M}}\left[\sqrt{r(r_0-r)}+r_0\left(\frac{\pi}{2}-\tan^{-1}\sqrt{\frac{r}{r_0-r}}\right)\right] \end{aligned} \tag{11.14}$$

と得られる．

式 (11.10) の質点の速さを図 11.1 に示す．式 (11.10) から質点の速度は $r_0\to\infty$ のときは，$r=2M$ で質点の速さは光速 c になり，$r<2M$ では光速 c を超えることが分かる．図 11.1 の速さに対応する式 (11.14) の解を図 11.2 に示す．

式 (11.8) で $dt\to-dt$ と置いても式は不変である．すなわち，運動は可逆であり，時間の逆向きの運動は数学的には常に可能である．具体的には，図 11.1 および図 11.2 の時間の逆向きの運動は，それらの図の縦軸で $t\to-t$ と置いた飛跡になる．このことを図 11.1 および 11.2 を使って言うと，例えば $r_0=12M$

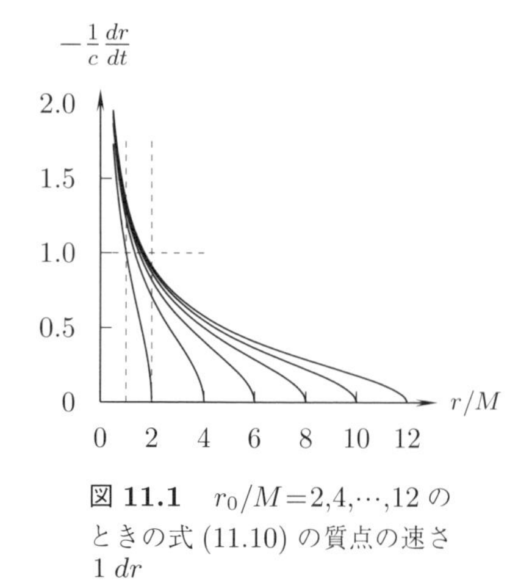

図 11.1　$r_0/M=2,4,\cdots,12$ のときの式 (11.10) の質点の速さ $\dfrac{1}{c}\dfrac{dr}{dt}$.

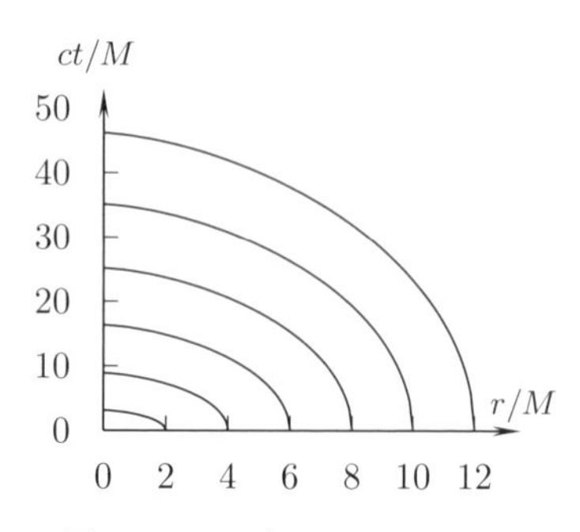

図 11.2　$r_0/M=2,4,\cdots,12$ のときの式 (11.14) の質点の飛跡.

から落下した質点の速さは $r=1.7M$ で光速 c に達し，$r=M$ では速さは $v/c=1.4$ になる．この逆向きの運動は $r_0=M$ で速さ $v_0/c=1.4$ で正方向へ質点を射出することであり，もし，この初速度を与えることができれば質点は位置 $r=12M$ に到達すると言うことである．

しかし，もし光速 c 以上の初速度を与えることができないときは，ある距離，例えば $r=2M$ の外へ出られなくなることが起きる．

11.1.2　質点が初速度 v_0 で外向きに運動する時

質点が $r=r_0$ で外向きの初速度 v_0 を持って運動する時を考えよう．式 (11.9) で正符号を取ると

$$\frac{1}{c}\frac{dr}{dt}=\left(\frac{2M}{r}-\frac{2M}{r_0}+\frac{v_0^2}{c^2}\right)^{1/2}=\left(\frac{2M}{r}-a\right)^{1/2},\quad \text{ただし}\quad a=\frac{2M}{r_0}-\frac{v_0^2}{c^2} \tag{11.15}$$

と書ける．$r_1=2M/a$ と置いて $0<a$ で $r_0\leq r\leq r_1$ のときの解を求めよう．式 (11.15) より

$$cdt=\frac{dr}{\sqrt{\dfrac{2M}{r}-a}}=\frac{1}{\sqrt{a}}\frac{\sqrt{r}dr}{\sqrt{\dfrac{2M}{a}-r}}=\frac{1}{\sqrt{a}}\frac{\sqrt{r}dr}{\sqrt{r_1-r}},\qquad r_1=\frac{2M}{a} \tag{11.16}$$

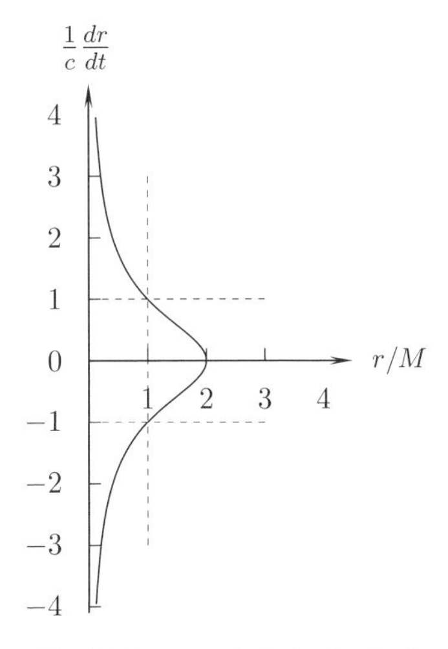

図 **11.3**　$a=1$ のときの式 (11.15) および $r_1=2M$ のときの式 (11.19) の質点の速さ $\frac{1}{c}\frac{dr}{dt}$.

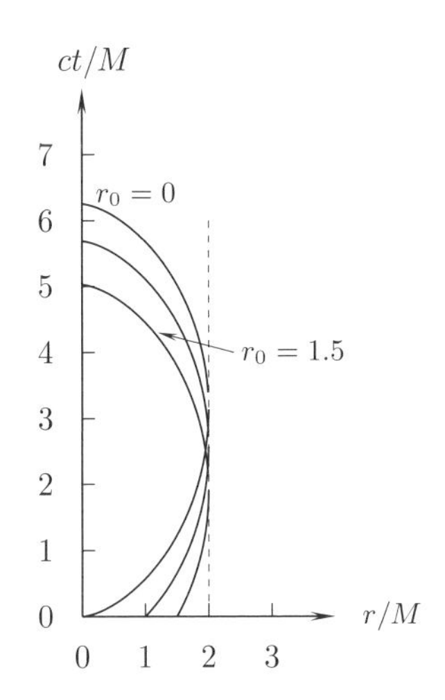

図 **11.4**　式 (11.17) および (11.21) の質点の飛跡 $r_0/M=0,1,1.5$.

と表し，この式を $r=r_0$ のときに $t=0$ とし，式 (11.13) を使って $r=r_0$ から $r\le r_1$ まで積分すると

$$
\begin{aligned}
ct&=\frac{1}{\sqrt{a}}\int_{r_0}^{r}\frac{\sqrt{r}dr}{\sqrt{r_1-r}}=\frac{1}{\sqrt{a}}\left(-\sqrt{r(r_1-r)}+r_1\tan^{-1}\sqrt{\frac{r}{r_1-r}}\right)\Bigg|_{r=r_0}^{r}\\
&=\frac{1}{\sqrt{a}}\Bigg(-\sqrt{r(r_1-r)}+r_1\tan^{-1}\sqrt{\frac{r}{r_1-r}}\\
&\quad+\sqrt{r_0(r_1-r_0)}-r_1\tan^{-1}\sqrt{\frac{r_0}{r_1-r_0}}\Bigg),\quad r_0\le r\le r_1\text{のとき}
\end{aligned}
\tag{11.17}
$$

が得られる．

図 11.3 に式 (11.15) の質点の速さ，図 11.4 に $a=1$, $r_0/M=0,1,1.5$ のときの式 (11.17) で得られる質点の飛跡を示す．$a=1$ と置いたことは式 (11.15) より次式

$$
\frac{v_0^2}{c^2}=\frac{2M}{r_0}-1,\quad \frac{v_0}{c}=\sqrt{\frac{2M}{r_0}-1}
\tag{11.18}
$$

の初期条件を $r=r_0$ で使ったことに相当し，$a=1$ のときは $r_1=2M$ である．式 (11.18) では $r_0\to 0$ のときは $v/c\to +\infty$ である．

図 11.4 の質点の飛跡は $r=r_0$ から出発し $r=r_1$ で最大値に達し，そこで質点の速さが零となり，その結果 $r=0$ へ向かって落下する．$r=r_1$ から落下する質点の速さは，式 (11.9) の負符号を選び $r_0\to r_1$, $v_0\to 0$ と置いて

$$\frac{1}{c}\frac{dr}{dt}=-\sqrt{\frac{2M}{r}-\frac{2M}{r_1}} \tag{11.19}$$

で表される．

式 (11.17) で積分の上限を $r=r_1$ と置いた積分を ct_1 とする．すなわち

$$ct_1=\frac{1}{\sqrt{a}}\int_{r_0}^{r_1}\frac{\sqrt{r}dr}{\sqrt{r_1-r}} \tag{11.20}$$

とすると，質点が r_1 から落下して $0<r\leq r_1$ に到達する時間は式 (11.11) および (11.14) を利用して

$$\begin{aligned} ct&=\frac{1}{\sqrt{a}}\int_{r_0}^{r_1}\frac{\sqrt{r}dr}{\sqrt{r_0-r}}-\sqrt{\frac{r_1}{2M}}\int_{r_1}^{r}\frac{\sqrt{r}dr}{\sqrt{r_1-r}}\\ &=ct_1+\sqrt{\frac{r_1}{2M}}\left[\sqrt{r(r_1-r)}+r_1\left(\frac{\pi}{2}-\tan^{-1}\sqrt{\frac{r}{r_1-r}}\right)\right],\quad 0<r\leq r_1 \end{aligned} \tag{11.21}$$

と得られる．ただし式 (11.17) より

$$ct_1=\frac{1}{\sqrt{a}}\left(r_1\frac{\pi}{2}+\sqrt{r_0(r_1-r_0)}-r_1\tan^{-1}\sqrt{\frac{r_0}{r_1-r_0}}\right) \tag{11.22}$$

である．

$a=1, r_1=2M$ と置いたときの式 (11.19) の速さを式 (11.15) の速さと共に図 11.3 に，式 (11.21) の質点の飛跡を式 (11.17) の飛跡と共に図 11.4 に示す．

図 11.4 で位置 $r_0=M$ で正方向へ発射された質点は図 11.3 に示すようにその速さは光速 c である．この質点は重力で減速され，$r=2M$ で速さは零となり，引力で質点の速さは負となり $r=0$ へ引き戻される．位置 $r=M$ で速さは光速 c に戻り，その後は光速 c よりも早くなる．もし，発射速度を光速 c よりも大きくすることができないときは，位置 $r=M$ の内側にある物体は位置 $r=2M$ の外へ出ることができない．ニュートンの運動方程式 (11.9) で決まる質

点の速さはその質量 m に無関係であり，どのような質量の質点も同じ飛跡になる．

強い重力場で光でさえある半径の外に出られないときは，その重力場は真っ暗で何も見えないはずであり，ブッラックホールと呼ばれる．ニュートン力学の時代にもブラックホールの存在は指摘されていた[1)]．

11.2　一般相対性理論による強い重力場での光の運動

前章で導いた式を使って，強い重力場での光の運動について考えよう．ϕ 方向の運動がなく，r 方向の 1 次元の光の運動方程式は式 (10.6) で l_ϕ^2 の項を零と置いて

$$\frac{1}{c^2}\left(\frac{dr}{dt}\right)^2=\left(1-\frac{2M}{r}\right)^2,\qquad \frac{1}{c}\frac{dr}{dt}=\pm\left(1-\frac{2M}{r}\right) \tag{11.23}$$

である．この式を積分して $r/M=2$ 近辺の強い重力場での解を求めよう．

11.2.1　式 (11.23) で負符号のときの解

式 (11.23) で光が $2M<r$ で重力の中心へ向かう負符号のときの式

$$\frac{1}{c}\frac{dr}{dt}=-\left(1-\frac{2M}{r}\right) \tag{11.24}$$

は，次式

$$cdt=-\frac{dr}{1-\dfrac{2M}{r}}=-\frac{rdr}{r-2M}=-\frac{(r-2M+2M)dr}{r-2M}=-\left(1+\frac{2M}{r-2M}\right)dr \tag{11.25}$$

となるから，これを $r=r_0$ のときに $t=0,\ 2M<r<r_0$ として $r=r_0$ から r まで積分すると

1) [61] レオナルド・サスキンド p.27–30. 18 世紀後半に，偉大なフランスの物理学者ピエール＝シモン・ラプラスは，アイザック・ニュートンの提唱した光の粒子説とニュートン力学から，光も万有引力の影響を受けると考え，十分に質量と密度の大きな天体があれば，その重力は光の速度でも抜け出せないほどになるに違いない，と推測した．

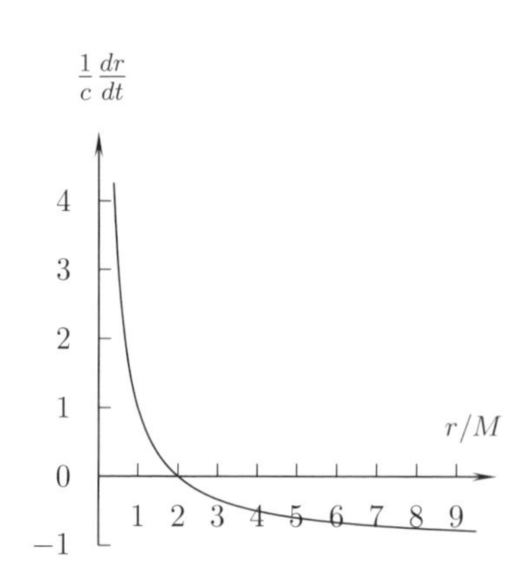

図 11.5　式 (11.24) の強い重力場での光の速さ $\dfrac{1}{c}\dfrac{dr}{dt}$.

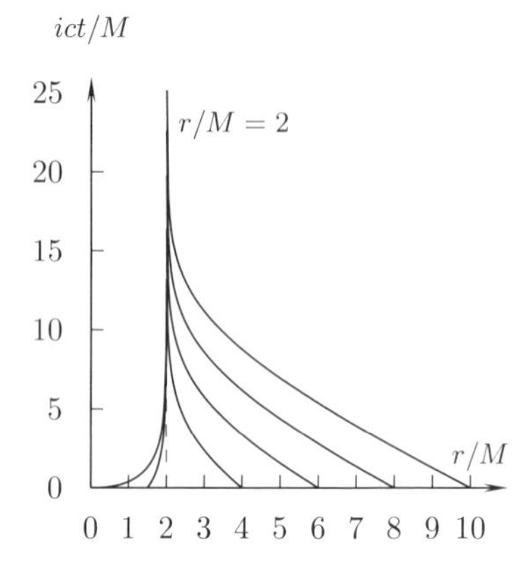

図 11.6　式 (11.26) および (11.27) の強い重力場で $r_0/M=0, 1.5, 4, 6, 8, 10$ からシュバルツシルト半径へ向かう光の世界線.

$$ct=\int_0^t cdt=-\int_{r_0}^{r}\left(dr+2M\frac{dr}{r-2M}\right)=-\left(r+2M\ln(r-2M)\right)\Big|_{r_0}^{r}$$
$$=r_0-r+2M\ln\frac{r_0-2M}{r-2M},\quad 2M<r<r_0 のとき \tag{11.26}$$

を得る.

式 (11.24) で $r_0<r<2M$ のときは，外向きの運動になる．このときは，式 (11.26) より

$$ct=\int_0^t cdt=-\int_{r_0}^{r}\left(dr-2M\frac{dr}{2M-r}\right)=-\left(r+2M\ln(2M-r)\right)\Big|_{r_0}^{r}$$
$$=r_0-r+2M\ln\frac{2M-r_0}{2M-r},\quad r_0<r<2M のとき \tag{11.27}$$

が得られる．式 (11.24) の負符号のときの光の速さを r が $2M$ に近い場合を図 11.5 に，このときの式 (11.26) および (11.27) の光の世界線を図 11.6 に示す.

図 11.5 で $2M<r$ で $dr/dt<0$ のときは，光は図の原点へ向かっている．光の速さは $r=10M$ では $dr/dt=-0.8$ くらいであるが，$r=4M$ では $dr/dt=-1/2$ と遅くなり，$r=2M$ では式 (11.24) からも分かるように光の速さは零になる.

光の静止質量は零であるが，光が太陽の近くの重力場で曲がるのは光はエネルギーを持っているので式 (10.13) で表される重力質量を持っているからだとも考えられる．しかし，光子に引力が働くと思われるのに r が M に近い強い引力の重力場で光の速さが非常に遅くなり，$r=2M$ でその速さが零になるのは大層不思議な現象である．

また，図 11.6 に示されているように，$2M<r_0$ の位置 r_0 から原点へ向かう光は $r=2M$ に到達するのに無限大の時間が掛かり，その内側へ入ることはできない．また，$r_0<2M$ の位置 r_0 で外向きに向かった光も $r=2M$ に到達するのに無限大の時間が掛かり，この半径の外側へ出ることはできない．したがってこの光を放出しない重力場は暗く見えるので，ブラックホールと呼ばれ，シュバルツシルト半径 $r=2M$ はブラックホール半径と呼ばれる．

11.2.2 式 (11.23) で正符号のときの解

式 (11.23) で正符号のときは

$$\frac{1}{c}\frac{dr}{dt}=1-\frac{2M}{r} \tag{11.28}$$

で，これから

$$cdt=\frac{rdr}{r-2M}=dr+2M\frac{dr}{r-2M} \tag{11.29}$$

と書け，これを積分して

$2M<r_0<r$ のとき

$$\begin{aligned}ct&=\int_0^t cdt=\int_{r_0}^r\left(1+2M\frac{1}{r-2M}\right)dr=\left(r+2M\ln(r-2M)\right)\Big|_{r_0}^r\\&=r-r_0+2M\ln\frac{r-2M}{r_0-2M}\end{aligned} \tag{11.30}$$

$r<r_0<2M$ のとき

$$\begin{aligned}ct&=\int_0^t cdt=\int_{r_0}^r\left(1-2M\frac{1}{2M-r}\right)dr=\left(r+2M\ln(2M-r)\right)\Big|_{r_0}^r\\&=r-r_0+2M\ln\frac{2M-r}{2M-r_0}\end{aligned} \tag{11.31}$$

を得る．式 (11.28) の光の速さを図 11.7 に，式 (11.30) および (11.31) の光の

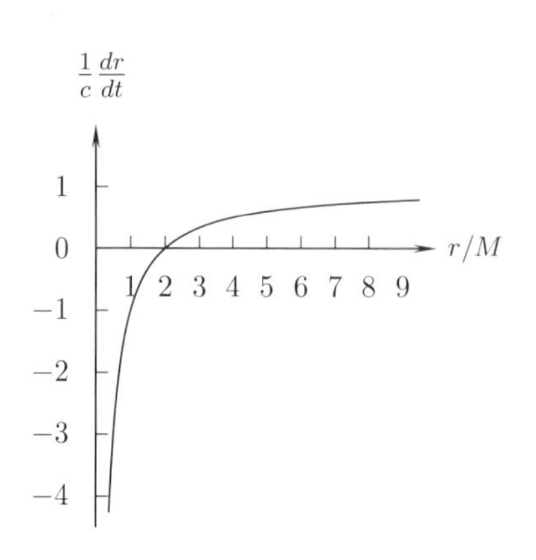

図 11.7　式 (11.24) の強い重力場での光の速さ dr/cdt

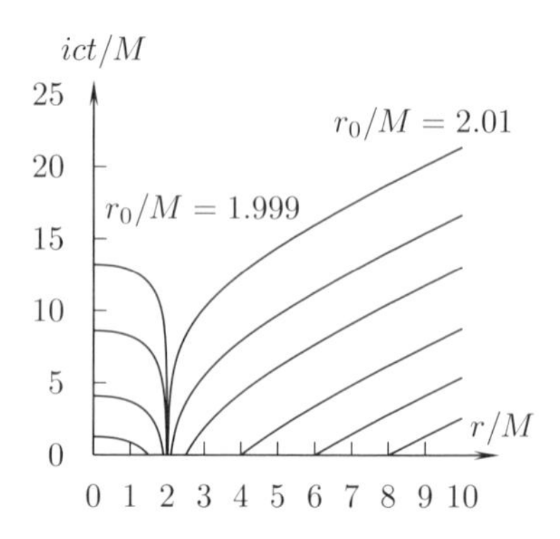

図 11.8　強い重力場の式 (11.30) で $r_0/M = 2.01, 2.1, 2.5, 4, 6, 8$ から無限遠へ，式 (11.31) で $r_0/M = 1.5, 1.9, 1.99, 1.999$ から原点へ向かう光の世界線.

世界線を図 11.8 に示す.

$2M < r_0$ で位置 r_0 で外向きに発した光はシュバルツシルト半径近くではその速さは c よりも小さいが，$10M < r_0$ 以上ではほぼ光速 c に等しくなる．図 11.8 で $r_0 = 2.01M$ で外向きへ放射された光の速さは零に近くその世界線は速さが増加するように曲がっているが，$9M < r_0$ では速さは c に近く，世界線は直線的になっている.

$r_0 < 2M$ で位置 r_0 で内向きに発せられた光はシュバルツシルト半径近くではその速さは c よりも小さいが，$r = M$ で光速 c に等しくなり，それ以下の位置では光速 c の何倍も速くなり，$r \to 0$ で速さは無限大になる．すなわち，一般相対性理論では特殊相対性理論で確立された光速度不変の原理は成り立たない.

この光の速さが零になる不思議な現象について，エドウイン・F・テイラー等は次のように書いている.

> 何だって？相対論の研究を通して，誰もが光の速さは不変であり，すべての観測者に対して同じ 1 の値であると主張している．この原理は多くの混乱を引き起こしたのだが，最終的に私は受け入れた．今ここでは，ブラックホールの近くで光の速さが 1 よりも小さくなり，地平線では 0 になるなどと言っている．またここ

でもあなたは全くもって私を混乱させることに成功したようだ．どちらかはっきりしてくれ．　([55] テイラー等 p.205)

この疑問についてさらに考えよう．

11.2.3　光速がシュバルツシルト半径で零となる理由

なぜ，光速がシュバルツシルト半径で零となるのか，その理由を考えよう．図 8.8 では双曲回転角は $\hat{\theta}=0.8$ であるが，図 11.9 に双曲回転角が $\hat{\theta}=1.4$ のときを示す．図 8.8 と図 11.9 を見比べると分かるように，$\dfrac{1}{c}\dfrac{dx}{dt}$ は $\hat{\theta}$ が大きくなるにつれ非常に急速に小さくなる．

すなわち，式 (8.36) より得られる

$$cdt=\cosh\hat{\theta}cdt' \tag{11.32}$$

は 8.6 節で述べたように特殊相対性理論の時計の遅れの式，式 (8.52) に相当し，$cdt'=$一定とすると

$$\hat{\theta}\to\infty \text{ のとき，}\quad cdt=\cosh\hat{\theta}cdt'\to\infty \tag{11.33}$$

となる．また，式 (8.35)

$$dx=\frac{dx'}{\cosh\hat{\theta}} \tag{11.34}$$

は，特殊相対性理論のローレンツ収縮の式，式 (8.54) に相当し，$dx_0=dx'=$一定として

$$\hat{\theta}\to\infty \text{ のとき，}\quad dx\to 0 \tag{11.35}$$

となる．

光の場合，式 (8.47) で $ds=0$ なので，$\hat{\theta}$ に無関係に常に

$$\frac{1}{c}\frac{dx'}{dt'}=1 \tag{11.36}$$

が成り立っている．すなわち，局所慣性系 $K(dx,icdt')$ では光速は常に c であるが $\hat{\theta}\to\infty$ で

$$\frac{1}{c}\frac{dx}{dt}=\frac{1}{\cosh\hat{\theta}}\frac{1}{c}\frac{dx'}{dt}=\frac{1}{\cosh^2\hat{\theta}}\frac{1}{c}\frac{dx'}{dt'}=\frac{1}{\cosh^2\hat{\theta}}\to 0 \tag{11.37}$$

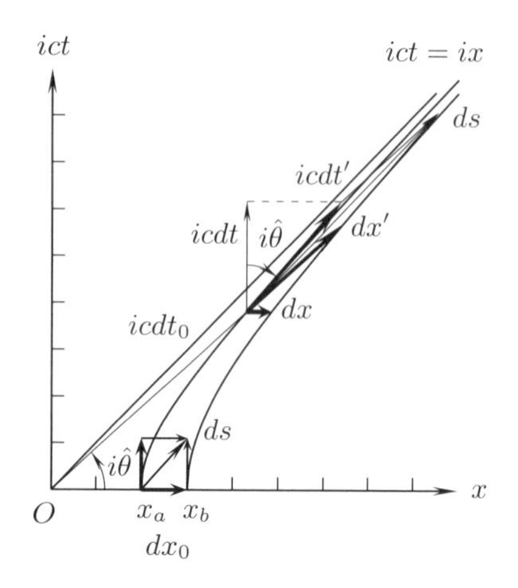

図 11.9　図 8.8 の局所慣性座標系 $(dx',icdt')$ で $\hat{\theta}$ が大きくなるにつれ図の $dx/cdt=\dfrac{1}{c}\dfrac{dx}{dt}$ は急速に小さくなる．$dx_0=x_b-x_a$.

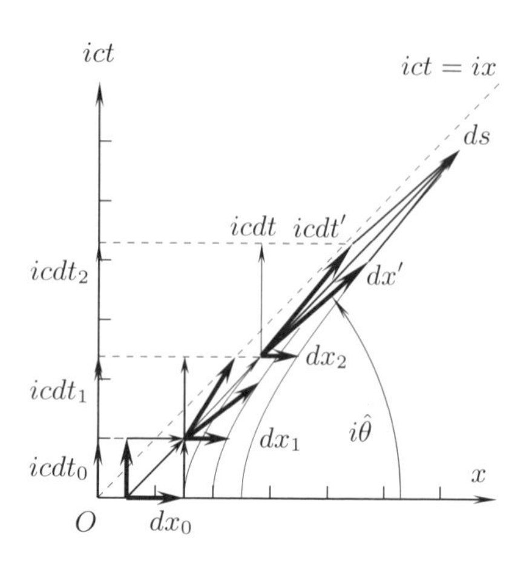

図 11.10　式 (11.39) の幾何学的意味.

となり，シュバルツシルト座標系 $K(x,ict)$ で $\hat{\theta}\to\infty$ のとき，光の速さ $\dfrac{1}{c}\dfrac{dx}{dt}$ は急速に零に近づく.

図 11.10 に示すように，式 (11.32) の積分を微小量の和で近似すると

$$\int_0^t cdt=cdt_0+cdt_1+cdt_2+\cdots \tag{11.38}$$

と書けるが，$cdt'=$ 一定とすると，式 (11.38) は

$$\begin{aligned}\int_0^t cdt&=cdt_0+cdt_1+cdt_2+\cdots=(\cosh\hat{\theta}_0+\cosh\hat{\theta}_1+\cosh\hat{\theta}_2+\cdots)\times cdt'\\&=(\cosh\hat{\theta}_0+\cosh\hat{\theta}_1+\cosh\hat{\theta}_2+\cdots)\times\text{定数}\to\infty\end{aligned} \tag{11.39}$$

となる．これは式 (11.32) の cdt の積分値が $x\to 2M$ で無限大になることの幾何学的な理由である.

式 (11.39) の dt の積分は発散するが，その具体的な積分計算が式 (11.26) である．他方，式 (11.34) の dx の積分は有限の値に収束するが，その具体的な積分計算は 11.4 節で示す.

図 11.9 および図 11.10 を見ても分かるように，$\hat{\theta}\to\infty$ で $\dfrac{1}{c}\dfrac{dx}{dt}\to 0$ となって光の速さが零になっても光子が静止するわけではなく，光子は局所慣性系 $K(dx',icdt')$ では式 (11.36) のように光速 c で運動しており，単にシュバルツシルト座標系で静止しているように見えるだけである．

11.3 エディントン–フィンケルシュタイン座標

前節の光がシュバルツシルト半径の内部へ行けない困難を回避するためにアーサー・エディントンは 1930 年に新しい変数を導入し，デヴィッド・フィンケルシュタインは 1958 年にエディントンの方法を再発見した [51]．このエディントン–フィンケルシュタイン座標を使った方法について考えよう．新しい変数 v を次式で定義する．

$$v=ct+r+2M\ln\left|\frac{r}{2M}-1\right| \quad このとき \quad ct=v-r-2M\ln\left|\frac{r}{2M}-1\right| \tag{11.40}$$

である．絶対値記号を外して書くと変数 v は

$$2M<r \text{ のときは} \qquad v=ct+r+2M\ln\left(\frac{r}{2M}-1\right), \tag{11.41}$$

$$r<2M \text{ のときは} \qquad v=ct+r+2M\ln\left(1-\frac{r}{2M}\right) \tag{11.42}$$

である．

式 (11.41) および (11.42) の微小量 dv を計算すると，$2M<r$ のときは

$$dv=cdt+dr+2M\frac{\dfrac{1}{2M}}{\dfrac{r}{2M}-1}dr=cdt+dr+\frac{2Mdr}{r-2M}=cdt+\frac{rdr}{r-2M} \tag{11.43}$$

$r<2M$ のときは

$$dv=cdt+dr+2M\frac{-\dfrac{1}{2M}}{1-\dfrac{r}{2M}}dr=cdt+dr+2M\frac{\dfrac{1}{2M}}{\dfrac{r}{2M}-1}dr=cdt+\frac{rdr}{r-2M} \tag{11.44}$$

となり，両者は同じ形である．これから

$$cdt = dv - \frac{dr}{1-\dfrac{2M}{r}} \tag{11.45}$$

が得られる．

式 (11.23) より

$$\left(1-\frac{2M}{r}\right)(cdt)^2 = \frac{dr^2}{1-\dfrac{2M}{r}} \tag{11.46}$$

となり，これに式 (11.45) を代入すると，$2M<r$ のときと $r<2M$ のときに対して

$$\left(1-\frac{2M}{r}\right)\left(dv-\frac{dr}{1-\dfrac{2M}{r}}\right)^2 - \frac{dr^2}{1-\dfrac{2M}{r}} = \left(1-\frac{2M}{r}\right)dv^2 - 2dvdr = 0 \tag{11.47}$$

を得る．すなわち

$$dv\left(\left(1-\frac{2M}{r}\right)dv - 2dr\right) = 0 \tag{11.48}$$

となり，次の二つの解が得られる，すなわち，c_1 を適当な定数として

$$dv = 0, \quad v = 一定 = c_1 \tag{11.49}$$

$$\text{または} \quad \left(1-\frac{2M}{r}\right)dv - 2dr = 0 \tag{11.50}$$

の二つの解である．

式 (11.50) の解は，c_2, c_3 を適当な定数として

$r<2M$ のとき

$$v = 2\int\frac{rdr}{r-2M} = 2r + 4M\ln\left(1-\frac{r}{2M}\right) + c_2 \tag{11.51}$$

$2M<r$ のとき

$$v = 2\int\frac{rdr}{r-2M} = 2r + 4M\ln\left(\frac{r}{2M}-1\right) + c_3 \tag{11.52}$$

である．

新しい変数 $\hat{t}$ を次式で定義する．

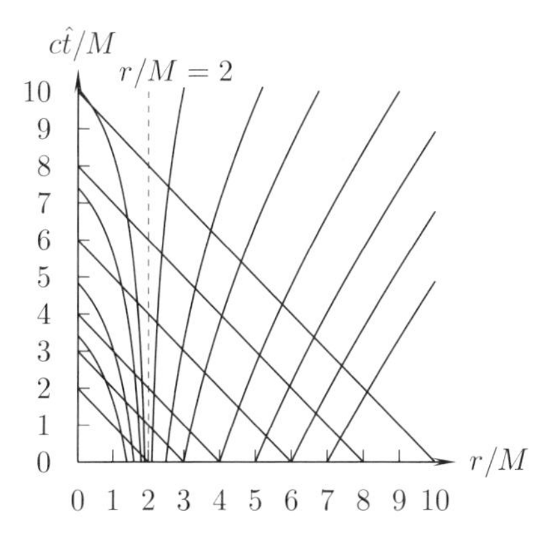

図 11.11　式 (11.54) で $r/M=2,3,4,6,8,10$ から中心へ，式 (11.55) で $r/M=1.4,1.6,1.8,1.9$ から中心へ，式 (11.56) で $r/M=2.1,2.5,3,4,5,6,7$ から無限遠へ向かう世界線.

$$c\hat{t}=v-r \tag{11.53}$$

式 (11.49) のときは

$$c\hat{t}=c_1-r \tag{11.54}$$

が得られ，r が減少すると $\hat{t}$ が増大するので，重力の中心へ向かう光を表すとされる.

式 (11.50) を使うときで $r<2M$ のときは，式 (11.51) を式 (11.53) へ代入すると

$$r<2M\ のとき\quad c\hat{t}=v-r=r+4M\ln\left(1-\frac{r}{2M}\right)+c_2 \tag{11.55}$$

であり，$2M<r$ のときは式 (11.52) を式 (11.53) へ代入して

$$2M<r\ のとき\quad c\hat{t}=v-r=r+4M\ln\left(\frac{r}{2M}-1\right)+c_3 \tag{11.56}$$

である.

これらの結果を図 11.11[2)] に示す．式 (11.54) で $c_1/M=2,3,4,5,6,8,10$ と置いたのが図で r 軸と $ic\hat{t}$ 軸に対して 45 度になっている直線である．同図で $r<2M$ で $r=0$ へ向かっている曲線は，式 (11.55) で $r/M=1.4,1.6,1.8,1.9$ と置い

2) 図 11.11 は [51] ハートルの図 12.2 に相当する.

たときに定数 c_2 を $\hat{t}=0$ となるように定めたときの世界線である．$2M<r$ で遠方へ向かっている曲線は，式 (11.56) で定数 c_3 を $r/M=2.1,2.5,3,4,5,6,7$ と置いたときに $\hat{t}=0$ となるように定めたときの世界線である．

図 11.11 では，図 11.6 のような $r=2M$ で t が無限大になることが避けられており，光は $2M<r$ の領域から $r=2M$ を超えて $r<2M$ の領域へ滑らかに運動できていて，図 11.6 のような困難がない．

前々節の解と本節の解との関係および縦軸の変数 $\hat{t}$ がどのような意味を持つのかを考えよう．

(1) 内向きで $2M<r$ のとき

$r=0$ の原点へ向かう向きを内向き，r の無限遠へ向かう方向を外向きと呼ぼう．式 (11.30) の ct を式 (11.41) へ代入すると v は $2M<r<r_0$ のとき

$$v=ct+r+2M\ln\left(\frac{r}{2M}-1\right)=r_0+2M\ln\left(\frac{r_0}{2M}-1\right) \tag{11.57}$$

となるので，式 (11.53) の $\hat{t}$ は

$$c\hat{t}=v-r=r_0+2M\ln\left(\frac{r_0}{2M}-1\right)-r=c_1-r \tag{11.58}$$

となり，式 (11.54) と同じ形になる．このとき，定数 c_1 は式 (11.26) の定数 r_0 と

$$c_1=v=r_0+2M\ln\left(\frac{r_0}{2M}-1\right) \tag{11.59}$$

の関係がある．式 (11.58) の $c\hat{t}$ は式 (11.59) の定数 c_1 では，$r=r_0$ で $c\hat{t}=0$ とはならないので，0 とするためにはこの定数は変更せねばならない．このことは以下でも同じである．式 (11.58) の $c\hat{t}$ が $r=2M$ で無限大にならないのは，単に式 (11.30) の ct の値から対数関数の項を除いたからである．

(2) 内向きで $r<2M$ のとき

式 (11.31) の ct を式 (11.42) へ代入すると v は

$$v=ct+r+2M\ln\left(1-\frac{r}{2M}\right)=2r-r_0+2M\ln\frac{\left(1-\dfrac{r}{2M}\right)^2}{1-\dfrac{r_0}{2M}} \tag{11.60}$$

となるので，式 (11.53) の $\hat{t}$ は

$$c\hat{t}=v-r=r+4M\ln\left(1-\frac{r}{2M}\right)+c_2 \tag{11.61}$$

と書け，式 (11.55) と同じ形になる．このとき，定数 c_2 は式 (11.31) の定数 r_0 と

$$c_2=-\left(r_0+2M\ln\left(1-\frac{r_0}{2M}\right)\right) \tag{11.62}$$

の関係がある．

3) 外向きで $2M<r$ のとき

式 (11.30) の ct を式 (11.41) へ代入すると v は

$$v=ct+r+2M\ln\left(\frac{r}{2M}-1\right)=2r-r_0+4M\ln\left(\frac{r}{2M}-1\right)-2M\ln\left(\frac{r_0}{2M}-1\right) \tag{11.63}$$

となるので，式 (11.53) の $\hat{t}$ は

$$c\hat{t}=v-r=r+4M\ln\left(\frac{r}{2M}-1\right)+c_3 \tag{11.64}$$

となり，式 (11.56) と同じ形になる．このとき，定数 c_3 は式 (11.30) の定数 r_0 と

$$c_3=-\left(r_0+2M\ln\left(\frac{r_0}{2M}-1\right)\right) \tag{11.65}$$

の関係がある．

以上の計算から式 (11.54), (11.55) および (11.56) の形の解は，式 (11.48) から得られる式 (11.49) および (11.50) を使わなくても前前節で求めた解 ct を v の定義式 (11.40) へ代入すれば得られること，式 (11.54) に無限大になる特異点がないのは変数 v を式 (11.40) のように定義することにより ct の特異点を除くように定義したためであることが分かる．その結果，式 (11.58) が得られ，光が $2M<r$ の領域から $r<2M$ の領域へ飛行することが可能になった．しかし，図 11.11 の縦軸の $c\hat{t}$ の物理的な意味は何なのか，時間と見なして良いのかははっきりしない．

11.4　変数 r と局所慣性系の変数 r' の関係

前節の問題をさらに深く考えるために，図 8.8 で使った局所座標系 $K(dx',icdt')$ の変数 x' および t' との関係を考えよう．今使っている変数 r を使うと，局所座標系は $K(dr',icdt')$ であり，この変数 r' と式 (11.23) の変数 r の関係を考えよう．

シュバルツシルトの解は式 (8.47) を使うと

$$ds^2 = dr'^2 + (icdt')^2 = \frac{1}{1-\dfrac{2M}{r}}dr^2 + \left(1-\frac{2M}{r}\right)(icdt)^2 \tag{11.66}$$

と書ける．これから $2M<r$ のとき

$$dr' = \pm\frac{dr}{\sqrt{1-\dfrac{2M}{r}}} = \pm\frac{\sqrt{r}dr}{\sqrt{r-2M}}, \quad cdt' = \pm\sqrt{1-\frac{2M}{r}}cdt \tag{11.67}$$

である．

シュバルツシルト半径の内部 $r<2M$ の場合は，式 (11.66) は次のように書ける．

$$\begin{aligned} ds^2 &= -\frac{dr^2}{\dfrac{2M}{r}-1} + \left(\frac{2M}{r}-1\right)(cdt)^2 = \frac{(idr)^2}{\dfrac{2M}{r}-1} + \left(\frac{2M}{r}-1\right)(cdt)^2 \\ &= (idr')^2 + (cdt')^2 \end{aligned} \tag{11.68}$$

これから $r<2M$ のとき

$$dr' = \pm\frac{dr}{\sqrt{\dfrac{2M}{r}-1}} = \pm\frac{\sqrt{r}dr}{\sqrt{2M-r}}, \quad cdt' = \pm\sqrt{\frac{2M}{r}-1}cdt \tag{11.69}$$

と表せる．式 (11.69) は後に示すように $2M<r$ のときの式 (11.66) を $r<2M$ の領域へ解析的に延長したものと見なすことができる．

(1)　内向き方向に積分するとき　式 (11.67) および (11.69) の最初の式の負符号の式を $r=r_0$ で $r'=0$ として $r=r_0$ から内向きに，次の三つの場合に別けて積分する．

1) $2M \le r \le r_0$ のとき，式 (11.12) の積分を使って

$$r' = \int_0^{r'} dr' = -\int_{r_0}^{r} \frac{\sqrt{r}dr}{\sqrt{r-2M}} = \int_r^{r_0} \frac{\sqrt{r}dr}{\sqrt{r-2M}}$$
$$= \left[\sqrt{r(r-2M)} + 2M\ln\left(\sqrt{r/2M} + \sqrt{r/2M-1}\right)\right]\Big|_r^{r_0} \tag{11.70}$$

2) $r \le 2M \le r_0$ のとき，式 (11.12) および (11.13) の積分を使って

$$r' = \int_0^{r'} dr' = -\int_{r_0}^{r} [\ ]dr = \int_r^{r_0} [\ ]dr = \int_{2M}^{r_0} \frac{\sqrt{r}dr}{\sqrt{r-2M}} + \int_r^{2M} \frac{\sqrt{r}dr}{\sqrt{2M-r}}$$
$$= \left[\sqrt{r(r-2M)} + 2M\ln\left(\sqrt{r/2M} + \sqrt{r/2M-1}\right)\right]\Big|_{r=2M}^{r_0}$$
$$+ \left[-\sqrt{r(2M-r)} + 2M\tan^{-1}\sqrt{\frac{r}{2M-r}}\right]\Big|_r^{2M}$$
$$= \sqrt{r_0(r_0-2M)} + 2M\ln\left(\sqrt{\frac{r_0}{2M}} + \sqrt{\frac{r_0}{2M}-1}\right)$$
$$+ 2M \times \frac{\pi}{2} + \sqrt{r(2M-r)} - 2M\tan^{-1}\sqrt{\frac{r}{2M-r}} \tag{11.71}$$

を得る．

3) $r \le r_0 \le 2M$ のとき，式 (11.13) の積分を使って

$$r' = -\int_{r_0}^{r} \frac{\sqrt{r}dr}{\sqrt{2M-r}} = \left[-\sqrt{r(2M-r)} + 2M\tan^{-1}\sqrt{\frac{r}{2M-r}}\right]\Big|_r^{r=r_0} \tag{11.72}$$

を得る．

式 (11.70), (11.71) および (11.72) の r' と r の関係を図 11.12 に示す．

(2) 外向き方向に積分するとき 式 (11.67) および (11.69) の最初の式の正符号の式を $r = r_0$ のときに $r' = 0$ として $r = r_0$ から外向きに，式 (11.12) および (11.13) の積分公式を使って次の三つの場合に別けて積分する．

1) $r_0 \le r \le 2M$ のとき，式 (11.13) の積分を使って

$$r' = \int_{r_0}^{r} \frac{\sqrt{r}dr}{\sqrt{2M-r}} = \left[-\sqrt{r(2M-r)} + 2M\tan^{-1}\sqrt{\frac{r}{2M-r}}\right]\Big|_{r=r_0}^{r} \tag{11.73}$$

2) $r_0 \le 2M \le r$ のとき，式 (11.12) および (11.13) の積分を使って

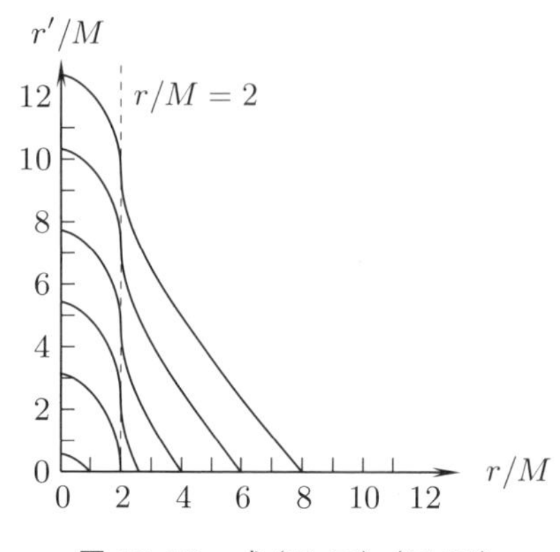

図 11.12　式 (11.70), (11.71) および (11.72) の r' と r の関係，$r_0/M=1,2,2.6,4,6,8$ のとき．

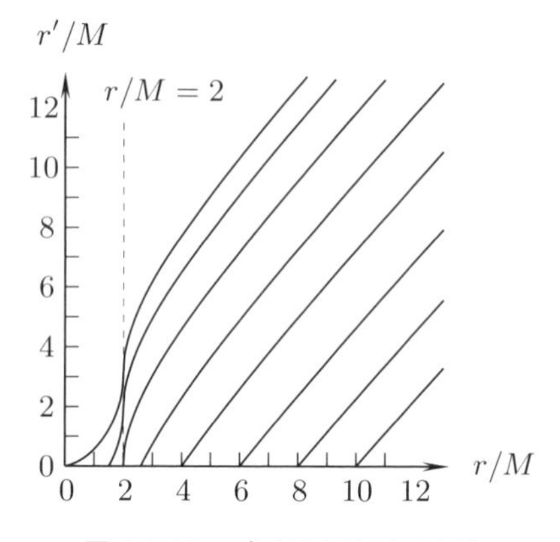

図 11.13　式 (11.73), (11.74) および (11.75) の r' と r の関係，$r_0/M=0,1.5,2.6,4,6,8,10$ のとき．

$$
\begin{aligned}
r' &= \int_{r_0}^{2M} \frac{\sqrt{r}dr}{\sqrt{2M-r}} + \int_{2M}^{r} \frac{\sqrt{r}dr}{\sqrt{r-2M}} \\
&= \left[-\sqrt{r(2M-r)} + 2M \tan^{-1} \sqrt{\frac{r}{2M-r}} \right] \Bigg|_{r=r_0}^{2M} \\
&\quad + \left[\sqrt{r(r-2M)} + 2M \ln(\sqrt{r/2M} + \sqrt{r/2M-1}) \right] \Bigg|_{r=2M}^{r} \\
&= 2M \times \frac{\pi}{2} + \sqrt{r_0(2M-r_0)} - 2M \tan^{-1} \sqrt{\frac{r_0}{2M-r_0}} \\
&\quad + \sqrt{r(r-2M)} + 2M \ln\left(\sqrt{\frac{r}{2M}} + \sqrt{\frac{r}{2M}-1} \right)
\end{aligned}
\tag{11.74}
$$

を得る．

3) $2M \leq r_0 \leq r$ のとき，式 (11.12) の積分を使って

$$
r' = \int_{r_0}^{r} \frac{\sqrt{r}dr}{\sqrt{r-2M}} = \left[\sqrt{r(r-2M)} + 2M \ln(\sqrt{r/2M} + \sqrt{r/2M-1}) \right] \Bigg|_{r=r_0}^{r}
\tag{11.75}
$$

を得る．

式 (11.73), (11.74) および (11.75) の r' と r の関係を図 11.13 に示す．

図 11.12 および 11.13 の変数 r と r' の関係を見ると，いずれの図でも変数 r と r' は $r=2M$ の外側と内側で連続的な接続が可能であり，物理的に合理的であるように見える．この図から，局所慣性系の変数 r' と変数 r の間の関係は $r=2M$ の近くでは直線の関係から大きく外れる．すなわち，微小長さは $dr<dr'$ で，シュバルツシルト座標系の長さ dr は局所慣性系の長さ dr' よりも「ローレンツ収縮」をしているが，広い範囲を見ると座標 r の収縮はそれほど大きくはないことが分かる．

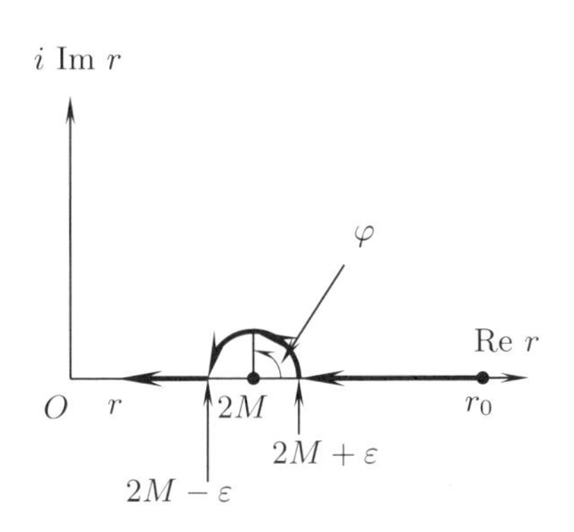

図 11.14　式 (11.76) の積分を求めるための変数 r を複素数とした複素平面上の積分路．

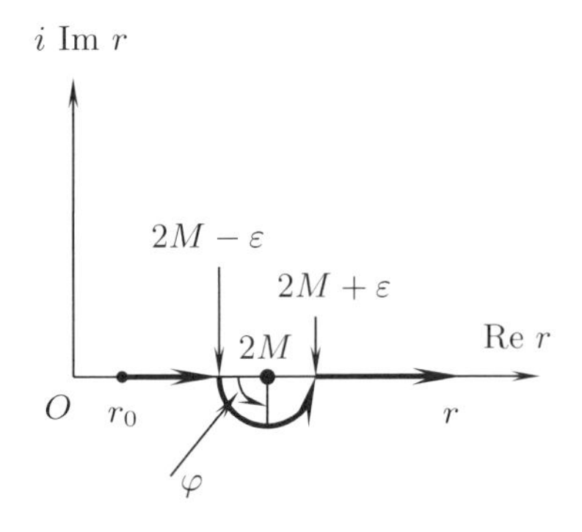

図 11.15　式 (11.74) の積分が式 (11.73) の積分の解析的延長であることを示すための r の複素平面上の積分路．

式 (11.71) の積分は式 (11.70) の積分の解析的延長の結果であることを示そう．$r<2M<r_0$ として式 (11.70) の $2M<r$ の積分は次の式に依って $r<2M$ での積分へ解析的延長ができる．すなわち $r<2M$ として図 11.14 の積分路に沿って積分すると

$$
\begin{aligned}
r' &= \int_0^r dr' = -\int_{r_0}^r \sqrt{\frac{r}{r-2M}}\,dr \\
&= -\left(\int_{r_0}^{2M+\epsilon} + \int_{2M+\epsilon}^{2M-\epsilon} + \int_{2M-\epsilon}^{r}\right)\sqrt{\frac{r}{r-2M}}\,dr
\end{aligned}
\tag{11.76}
$$

となる．ここで ϵ は正の微小な値である．$r=2M$ での留数は零なので，$r=2M$ の半円に沿っての積分は消え，第 1 項と第 3 項の積分だけが残る．第 3 項の積分は式 (11.68) を使って $dr'\to idr'$ と置き換えると被積分関数の平方根

から来る虚数が消え，その積分は式 (11.71) の積分に等しい．すなわち，式 (11.71) の積分は式 (11.70) の $2M<r$ での積分の $r<2M$ の領域への解析的延長になっている．

式 (11.74) の積分も図 11.15 の積分路に沿う積分を考えることにより，式 (11.73) の積分の $2M<r$ の領域への解析的延長になっていることを示せる．

11.5 変数 r と局所慣性系の変数 t' による光の垂直運動

11.2 節の光の運動を前節で用いた局所座標系 $K(dr',icdt')$ の座標変数 t' を使って表すことを考えよう．光の運動方程式，式 (11.23) は $2M<r$ の場合は式 (11.67) を使って変数 t を t' で表すと，

$$2M<r \text{ の場合} \qquad \frac{1}{c}\frac{dr}{dt'}=\pm\sqrt{1-\frac{2M}{r}} \tag{11.77}$$

となり，$r<2M$ の場合は

$$r<2M \text{ の場合} \qquad \frac{1}{c}\frac{dr}{dt'}=\pm\sqrt{\frac{2M}{r}-1} \tag{11.78}$$

となる．重力の中心への内向き方向の運動は負符号，外向きの運動は正符号を取る．

微分方程式 (11.78) はニュートンの運動方程式 (11.10) と同じ形であり，また，微分方程式 (11.77) および (11.78) は式 (11.67) および (11.69) の 1 番目の式と同じである．それゆえ，式 (11.77) および (11.78) の解はすでに得られた積分を利用して得られる．

11.5.1 光が内向き方向に運動するとき

式 (11.77) より内向き方向へ運動する光の世界線は負符号を使って

$$2M\leq r \text{ のとき} \qquad cdt'=-\frac{dr}{\sqrt{1-\dfrac{2M}{r}}}=-\frac{\sqrt{r}\,dr}{\sqrt{r-2M}} \tag{11.79}$$

を積分して得られる．

1) $2M\leq r\leq r_0$ のとき，式 (11.70) で $r'\to ct'$ と置いて

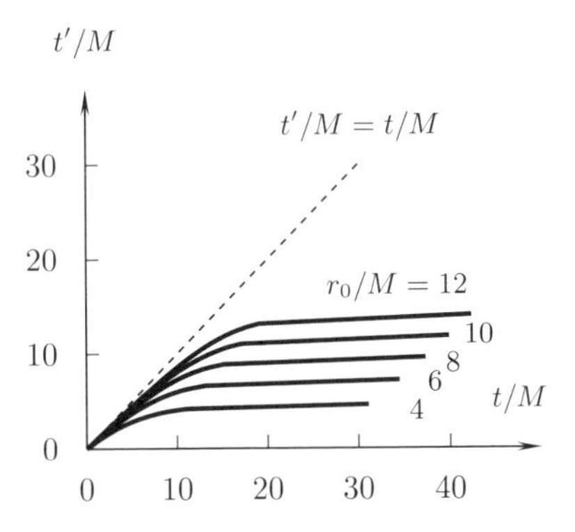

図 11.16　式 (11.27) の t と式 (11.80) の t' の関係．$r_0/M=4,6,\cdots,12$ のとき．

$$ct' = -\int_{r_0}^{r} \frac{\sqrt{r}dr}{\sqrt{r-2M}} = \left(\sqrt{r(r-2M)} + 2M\ln(\sqrt{r/2M} + \sqrt{r/2M-1}\right)\Bigg|_{r}^{r=r_0} \tag{11.80}$$

である．

図 11.16 に式 (11.25) の t と式 (11.80) の t' の関係を r をパラメータとして描いた図を示す．図 11.13 の r と r' の図とは異なり，式 (11.80) で $r=2M$ のときの r' の値で t は無限大になっている．すなわち，変数 t と t' の間には特異点があり変数 r と r' の間のような単純な関係ではない．

2) $r \leq 2M \leq r_0$ のとき，式 (11.71) で $r' \to ct'$ と置いて得られる，すなわち

$$\begin{aligned} ct' &= \int_{2M}^{r_0} \frac{\sqrt{r}dr}{\sqrt{r-2M}} + \int_{r}^{2M} \frac{\sqrt{r}dr}{\sqrt{2M-r}} \\ &= \sqrt{r_0(r_0-2M)} + 2M\ln\left(\sqrt{\frac{r_0}{2M}} + \sqrt{\frac{r_0}{2M}-1}\right) \\ &\quad + M\pi + \sqrt{r(2M-r)} - 2M\tan^{-1}\sqrt{\frac{r}{2M-r}} \end{aligned} \tag{11.81}$$

である．

3) $r \leq r_0 \leq 2M$ のとき，式 (11.72) で $r' \to ct'$ と置いて得られる．すなわち

$$ct' = -\int_{r_0}^{r} \frac{\sqrt{r}dr}{\sqrt{2M-r}} = \left[-\sqrt{r(2M-r)} + 2M\tan^{-1}\sqrt{\frac{r}{2M-r}}\right]\Bigg|_{r}^{r=r_0} \tag{11.82}$$

である．

微分方程式 (11.78) は質点の運動に対するニュートンの運動方程式 (11.15) と同じ形である．したがって，光子が次に導く式 (11.87) で $r=2M$ で速度が零となった後に内向きに落下する時は，積分は式 (11.21) で $r_1=2M$ と置いて $0\leq r\leq 2M$ のとき

$$
\begin{aligned}
ct' &= \int_{r_0}^{2M} \frac{\sqrt{r}dr}{\sqrt{2M-r}} - \int_{2M}^{r} \frac{\sqrt{r}dr}{\sqrt{2M-r}} \\
&= ct_1 + \left[\sqrt{r(2M-r)} + 2M\left(\frac{\pi}{2} - \tan^{-1}\sqrt{\frac{r}{2M-r}}\right)\right] \qquad (11.83)
\end{aligned}
$$

と得られる．ただし式 (11.13) で $a=1, r_1=2M$ と置いて，$0\leq r_0<2M$ では

$$
ct_1 = \int_{r_0}^{2M} \frac{\sqrt{r}dr}{\sqrt{2M-r}} = \left(2M\frac{\pi}{2} + \sqrt{r_0(2M-r_0)} - 2M\tan^{-1}\sqrt{\frac{r_0}{2M-r_0}}\right) \qquad (11.84)
$$

である．

11.5.2　光が外向き方向に運動するとき

重力場の中心から外向き方向へ運動する光の世界線は式 (11.77) および (11.78) の正符号を選択して

$$
2M<r \text{ の場合} \qquad cdt' = \frac{dr}{\sqrt{1-\dfrac{2M}{r}}} = \frac{\sqrt{r}dr}{\sqrt{r-2M}} \qquad (11.85)
$$

$$
r<2M \text{ の場合} \qquad cdt' = \frac{dr}{\sqrt{\dfrac{2M}{r}-1}} = \frac{\sqrt{r}dr}{\sqrt{2M-r}} \qquad (11.86)
$$

であるが，これらの積分も 11.4 節の結果を利用して得られるが，ここでは，$r=r_0$ のときに $t'=0$ として積分する．

1) $r_0<r\leq 2M$ のとき，式 (11.73) で $r'\to ct'$ と置けば良い．すなわち

$$
ct' = \left[-\sqrt{r(2M-r)} + 2M\tan^{-1}\sqrt{\frac{r}{2M-r}}\right]\Bigg|_{r=r_0}^{r} \qquad (11.87)
$$

である．

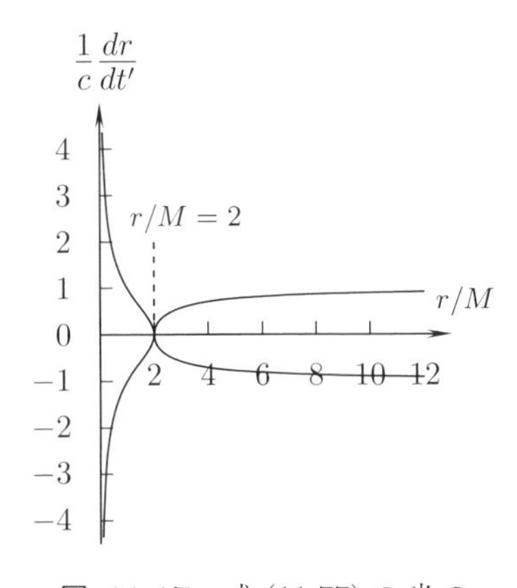

図 11.17　式 (11.77) の光の速さ $\frac{1}{c}\frac{dr}{dt'}$.

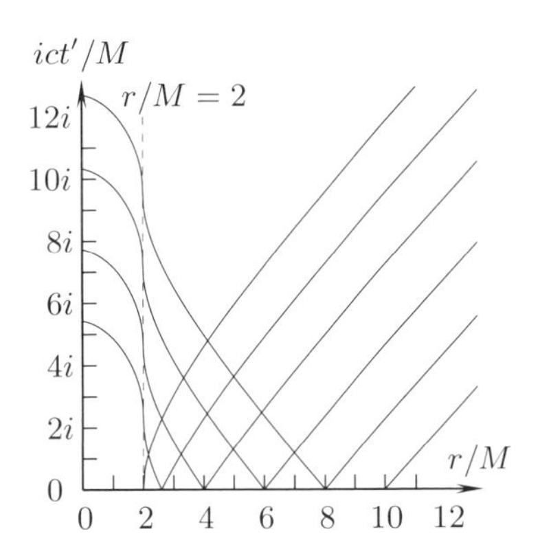

図 11.18　(r,ict') 座標系における光の世界線.

2) $r_0<2M\leq r$ のとき，数学的には微分方程式 (11.86) の解は式 (11.74) で $r'\to ct'$ と置いても得られるが，重力により $r=2M$ で速度を零に減速した光子が再び速度を増大させて $r=2M$ を超えて運動することは，物理的には考えにくい．それゆえ，式 (11.74) の解はないとする．

3) $2M\leq r_0\leq r$ のとき，式 (11.75) で $r'\to ct'$ と置く．すなわち

$$ct'=\left[\sqrt{r(r-2M)}+2M\ln(\sqrt{r/2M}+\sqrt{r/2M-1})\right]\Big|_{r=r_0}^{r} \tag{11.88}$$

を得る．

式 (11.36) を積分すれば $r'=ct'+$定数 が得られるので，式 (11.73) から式 (11.87) および式 (11.75) から式 (11.88) が得られるのは当然のことである．式 (11.77) および (11.78) の dr/cdt' を図 11.17 に，式 (11.80)～(11.88) の光の世界線を図 11.18 に示すが，これらは図 11.12 および 11.13 の図を合わせたものである．

図 11.18 の光の世界線を見ると，$r=r_0, 2M<r_0$ で内向きに発した光は $r=2M$ のシュバルツシルト半径を超えてその内側へ滑らかに入り，そのまま $r=0$ の中心点へ到達し，図 11.6 のように $r=2M$ のシュバルツシルト半径の外側に留まることはない．すなわち，図 11.6 のように $r=2M$ のシュバルツシルト半径の位置に到達するのに無限大の時間を要し，シュバルツシルト半径の外側表面に光が蓄積する不可解な現象は起きない．

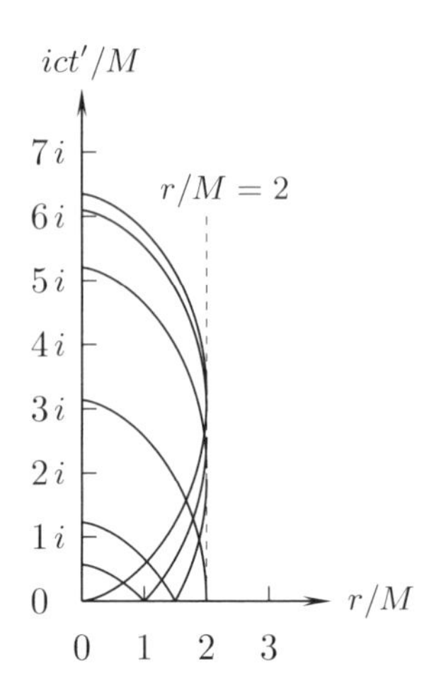

図 11.19　$K(r,ict')$ 座標系における光の世界線．$0 \leq r \leq 2M$ のとき．

$r_0 < 2M$ で式 (11.87) の外向きと式 (11.83) の内向きの光の世界線は図 11.18 と一緒に書くと分かりにくくなるので図 11.19 に示す．この図はニュートンの運動方程式の質点の飛跡を描いた図 11.4 と形はまったく同じである．図 11.4 では，質点が $r = 2M$ で速度が零になるように初速度 v_0 を決めているが，図 11.19 では光の初速度は図 11.17 のように位置座標で決まっている．図 11.19 の光の世界線から，シュバルツシルト半径内の光はシュバルツシルト半径の外へ出られないことが分かる．これから，$r = 2M$ は光がその内側から外側へ出られない壁になっており，ブラックホールの半径と呼べることが分かる．

図 11.18 はエディントン–フィンケルシュタイン座標を使った図 11.11 と似たような現象を示しているが，図 11.11 よりも縦軸の物理的な意味は分かりやすい．エディントン等以外にも幾つかの取り扱いがあるが，特に，クルスカル–スゼッケル座標系による取り扱いは有名である [63](p.867)．しかし，そこで使われる座標変数の物理的な意味は良く分からない．

11.6　質点の垂直自由落下問題

前節の強い重力場での光の垂直な落下および上昇の問題の解を参考にしながら，光の場合よりもやや複雑な質点の垂直自由落下の問題を考察しよう．

11.6.1 座標系 $K(r,ict)$ での質点の垂直自由落下運動

式 (9.93) を使って位置 r_0 で静止した状態から重力場で重力の中心へ垂直に自由落下する質点の運動方程式を考えよう．

式 (9.80) の保存式は[3]

$$\left(1-\frac{2M}{r}\right)\frac{dt}{d\tau}=\frac{E}{m_0c^2}=\text{一定} \tag{11.89}$$

である．位置 $r=r_0$ で静止している質点に対しては，シュバルツシルトの式 (8.49) で $dx=0$ と置いた式が成り立ち

$$dr=0 \quad \text{のとき} \quad d\tau^2=\left(1-\frac{2M}{r_0}\right)dt^2 \tag{11.90}$$

が得られる．これから，$r=r_0$ での $dt/d\tau$ は

$$\left.\frac{dt}{d\tau}\right|_{r=r_0}=\left(1-\frac{2M}{r_0}\right)^{-1/2} \tag{11.91}$$

である．これを式 (11.89) で $r=r_0$ と置いた式に代入すると一定値は

$$\frac{E}{m_0c^2}=\left(1-\frac{2M}{r_0}\right)\left(1-\frac{2M}{r_0}\right)^{-1/2}=\left(1-\frac{2M}{r_0}\right)^{1/2}=\text{一定} \tag{11.92}$$

と得られる．これを式 (11.89) で使うと

$$\frac{E}{m_0c^2}=\left(1-\frac{2M}{r}\right)\frac{dt}{d\tau}=\left(1-\frac{2M}{r_0}\right)^{1/2} \tag{11.93}$$

と，質点 m が $r=r_0$ で速度零から自由落下するときの保存則が得られる．この式から固有時間 $d\tau$ とシュバルツシルト時間 dt の関係

$$\frac{dt}{d\tau}=\frac{\left(1-\dfrac{2M}{r_0}\right)^{1/2}}{1-\dfrac{2M}{r}}, \qquad \text{または} \qquad \frac{d\tau}{dt}=\frac{1-\dfrac{2M}{r}}{\left(1-\dfrac{2M}{r_0}\right)^{1/2}} \tag{11.94}$$

が得られる[4]．この重力場で運動する質点に対する固有時間 $d\tau$ と無限遠時間

---

[3] [20] Tayler の p.98 式 (3.12) に等しい．

[4] この式は J.Foster, J.D.Nightingale, 原哲也訳『一般相対論入門』，吉岡書店 (1991) p.124, 式 (4.4.11) の上で与えられている式と同じである．

dt の関係は静止しているときの式 (8.53) や重力場のない特殊相対性理論の式 (8.52) とも異なることに注意しよう．

重力の中心へ垂直に落下する場合を考えるので ϕ 方向の運動はなく式 (9.93) で ϕ の項を無視すると

$$\frac{1}{c^2}\left(\frac{dr}{d\tau}\right)^2 = \left(1-\frac{2M}{r}\right)^2\left(\frac{dt}{d\tau}\right)^2 - \left(1-\frac{2M}{r}\right) \tag{11.95}$$

が得られる．式 (11.94) から得られる次式

$$\frac{dr}{d\tau} = \frac{dr}{dt}\frac{dt}{d\tau} = \frac{dr}{dt}\frac{\sqrt{1-\dfrac{2M}{r_0}}}{1-\dfrac{2M}{r}} \tag{11.96}$$

を使うと，式 (11.95) より

$$\frac{1}{c^2}\left(\frac{dr}{dt}\right)^2 \frac{1-\dfrac{2M}{r_0}}{\left(1-\dfrac{2M}{r}\right)^2} = \left(1-\frac{2M}{r_0}\right) - \left(1-\frac{2M}{r}\right) \tag{11.97}$$

となり，これから

$$\frac{1}{c^2}\left(\frac{dr}{dt}\right)^2 = \left(1-\frac{2M}{r}\right)^2 \frac{\dfrac{2M}{r}-\dfrac{2M}{r_0}}{1-\dfrac{2M}{r_0}} \tag{11.98}$$

が得られる．これから

$2M < r < r_0$ のときは

$$\frac{1}{c}\frac{dr}{dt} = \pm\left(1-\frac{2M}{r}\right)\sqrt{\frac{\dfrac{2M}{r}-\dfrac{2M}{r_0}}{1-\dfrac{2M}{r_0}}} \tag{11.99}$$

となり[5]，$r < 2M < r_0$ のときは

---

[5] この式は J.Foster, J.D.Nightingale, 原哲也訳『一般相対論入門』，吉岡書店 (1991) p.124, 式 (4.4.11) および E.F.Taylor, J.A. Wheller, 牧野伸義訳『一般相対性理論入門』，ピアソン・エデュケーション (2004), p.119 式 (3.46) と同じである．

$$\frac{1}{c}\frac{dr}{dt}=\pm\left(\frac{2M}{r}-1\right)\sqrt{\frac{\dfrac{2M}{r}-\dfrac{2M}{r_0}}{1-\dfrac{2M}{r_0}}} \tag{11.100}$$

となる．

$2M<r<r_0$ のときの式 (11.99) の解を求めよう．負符号の式 (11.99) を $r=r_0$ のときに $t=0$ として積分すると

$$ct=\sqrt{1-\frac{2M}{r_0}}\int_r^{r_0}\frac{dr}{\left(1-\dfrac{2M}{r}\right)\sqrt{\dfrac{2M}{r}-\dfrac{2M}{r_0}}} \tag{11.101}$$

である．

式 (11.101) の積分を行う通常の方法はサイクロイドの媒介変数を使うことである．変数 r をサイクロイドの媒介変数 φ を使って

$$r=\frac{r_0}{2}(1+\cos\varphi)=r_0\cos^2\frac{\varphi}{2} \tag{11.102}$$

と表すと，$\varphi=0$ のときに $r=r_0$, $\varphi=\pi$ のときに $r=0$ である．この r を使うと，

$$\frac{1}{r}-\frac{1}{r_0}=\frac{2}{r_0(1+\cos\varphi)}-\frac{1}{r_0}=\frac{1-\cos\varphi}{r_0(1+\cos\varphi)}=\frac{1}{r_0}\tan^2\frac{\varphi}{2} \tag{11.103}$$

である．

また式 (11.102) を使うと

$$1-\frac{2M}{r}=1-\frac{2M}{\dfrac{r_0}{2}(1+\cos\varphi)} \tag{11.104}$$

である．さらに式 (11.102) より

$$dr=-r_0\cos\frac{\varphi}{2}\sin\frac{\varphi}{2}d\varphi \tag{11.105}$$

である．式 (11.102)～(11.105) を使うと

$$\frac{dr}{\left(1-\frac{2M}{r}\right)\sqrt{\frac{1}{r}-\frac{1}{r_0}}}=\frac{-r_0\sin\frac{\varphi}{2}\cos\frac{\varphi}{2}d\varphi}{\left(1-\frac{4M}{r_0(1+\cos\varphi)}\right)\frac{1}{\sqrt{r_0}}\tan\frac{\varphi}{2}}=-\frac{(r_0)^{3/2}(1+\cos\varphi)^2d\varphi}{2\left(1+\cos\varphi-\frac{4M}{r_0}\right)} \tag{11.106}$$

が得られ，これを式 (11.101) で使うと

$$ct=\frac{r_0}{2}\sqrt{\frac{r_0}{2M}-1}\int_0^{\varphi}\frac{(1+\cos\varphi)^2d\varphi}{1+\cos\varphi-\frac{4M}{r_0}} \tag{11.107}$$

を得る.

次式が成り立つ.

$$\begin{aligned}\frac{(1+\cos\varphi)^2d\varphi}{1+\cos\varphi-\frac{4M}{r_0}}&=(1+\cos\varphi)\frac{1+\cos\varphi-\frac{4M}{r_0}+\frac{4M}{r_0}}{1+\cos\varphi-\frac{4M}{r_0}}\\&=(1+\cos\varphi)\left(1+\frac{4M}{r_0}\frac{1}{1+\cos\varphi-\frac{4M}{r_0}}\right)\\&=1+\cos\varphi+\frac{4M}{r_0}\frac{1+\cos\varphi-\frac{4M}{r_0}+\frac{4M}{r_0}}{1+\cos\varphi-\frac{4M}{r_0}}\\&=1+\cos\varphi+\frac{4M}{r_0}\left(1+\frac{4M}{r_0}\frac{1}{1+\cos\varphi-\frac{4M}{r_0}}\right)\\&=1+\frac{4M}{r_0}+\cos\varphi+\left(\frac{4M}{r_0}\right)^2\frac{1}{\cos\varphi+1-\frac{4M}{r_0}}\end{aligned} \tag{11.108}$$

また，$0<C\equiv1-\frac{4M}{r_0}<1$ のとき

$$1-C^2=1-\left(1-\frac{4M}{r_0}\right)^2=1-\left(1-\frac{8M}{r_0}+\frac{(4M)^2}{r_0^2}\right)=\frac{(4M)^2}{r_0^2}\left(\frac{r_0}{2M}-1\right) \tag{11.109}$$

であり，この式と次の積分

$$\int \frac{d\varphi}{\cos\varphi+C}=\frac{2}{\sqrt{1-C^2}}\tanh^{-1}\left(\frac{1-C}{\sqrt{1-C^2}}\tan\frac{\varphi}{2}\right)$$
$$=\frac{r_0}{2M}\frac{1}{\sqrt{\frac{r_0}{2M}-1}}\tanh^{-1}\left(\frac{\tan\frac{\varphi}{2}}{\sqrt{\frac{r_0}{2M}-1}}\right) \tag{11.110}$$

を式 (11.107) で使うと $2M<r<r_0$ のとき

$$ct=\frac{r_0}{2}\sqrt{\frac{r_0}{2M}-1}\left[\left(1+\frac{4M}{r_0}\right)\varphi+\sin\varphi\right]+2M\tanh^{-1}\left(\frac{\tan\frac{\varphi}{2}}{\sqrt{\frac{r_0}{2M}-1}}\right) \tag{11.111}$$

が得られる[6]．

式 (11.99) の負符号のときの速さおよび式 (11.100) の正符号のときの速さを図 11.20 に示す．例えば $r_0=10M$ で $t=0$ のときの速さは $dr/dt=0$ で，時間 t と共に速さの絶対値 $|dr/dt|$ は増大し，重力の中心 $r=0$ へ向かって落下して行く．しかし，$r=4M$ を過ぎると速さの増大は止まり，その後は減少して行き，$r=2M$ では速さは零になる．これは式 (11.99) を見れば明らかで，重力の中心へ落下する質点が $r=2M$ の位置で速度が零になる．

図 11.21 には，図 11.20 の速さに対応する垂直自由落下する質点の式 (11.102) の位置 r と式 (11.111) の時刻 t の関係を φ をパラメータとしたパラメトリック作図で示す．$r=2M$ で速さが零になり，$r=2M$ の位置に到着するには無限大の時間がかかることは，式 (11.101) で分母が零になることからも分かる．$r=2M$ でも非常に強い重力が働くはずなのに，その位置で質点が静止し，$r=2M$ に到達するには無限大の時間がかかるのはまことに不思議な現象であるが，これは前節で光の運動で起きたことに似ている．

エドウイン・F・テイラーは，この不可解な現象について次のように書いている．

---

[6]式 (11.111) は [63] Misner p.863 式 (31.10c) に等しい．また，図は p.864, 図 31.1 p.874 図 31.4 にある．

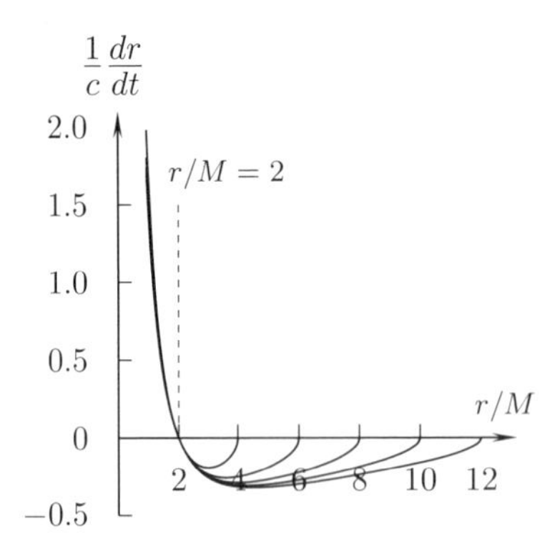

図 11.20　質点が $r_0/M=4,6,8,10,12$ から自由落下するときの式 (11.99) の速さおよび式 (11.100) の正符号時の速さ $\dfrac{1}{c}\dfrac{dr}{dt}$.

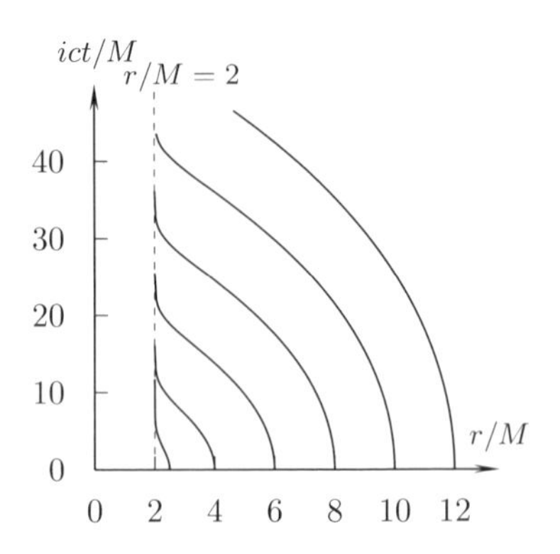

図 11.21　質点が $r_0/M=2.5,4,6,8,10,12$ から自由落下するときの式 (11.102) の位置 r と式 (11.111) 遠方時間 t.

無限遠の半径から静止状態で自由落下を表す (3.22) 式から驚くべき帰結がもたらされる．粒子が地平線に近づくにつれて $(r\to 2M)$, 曲率因子 $(1-2M/r)$ は 0 になり，記録係の速度も 0 になる．シュワルツシルト記録係は，換算円周 r の軌跡を遠方時間 t の関数として記録するのだが，事象の地平線に近づくにつれて，自由落下する粒子がゆっくり落下することを計算から知ることができる．事象の地平線 $r=2M$ に近づけば近づく程，速度 dr/dt は 0 に近づく．この座標系で追跡すると，粒子自身が事象の地平線に近くまでに無限の遠方時間 t がかかってしまう．

([55] テイラー等 p.100)

そんなことは不可能だ．粒子は，ニュートン的な言語で，強烈な重力として表されるものに引き寄せられる．この力が粒子を遅くすると信じろって言われても無理だ．$r=2M$ にある事象の地平線のすぐ外の球殻にしがみついている何者かが観測すると，粒子が遅くなり，ゆっくりと無限の時間をかけて地平線で静止するとでも言うのか．アイディア全体がばかげている．中略

誰それが測定しノートに書き込んだものなんてどうでもいい．興味があるのは現実だ．単刀直入に教えてくれ．落下する石は地平線で本当に止まるのか止まらないのか．

([55] テイラー等 p.101)

次に，式 (11.111) の不可解な解について考察するために同じ自由落下の現象

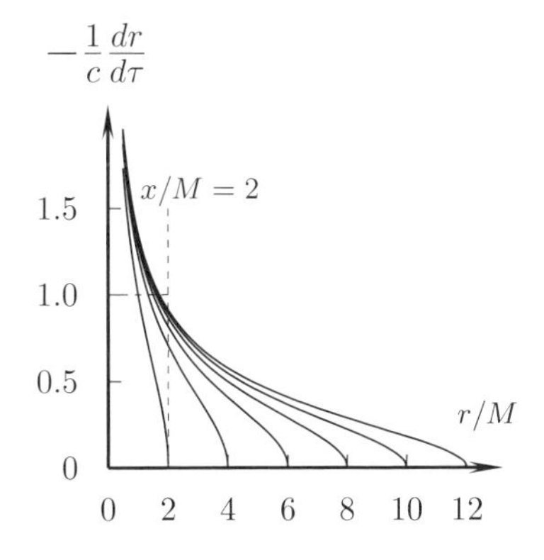

図 **11.22** 質点が $r_0/M=2,4,\cdots,12$ から自由落下するときの式 (11.112) の速さ $-\frac{1}{c}\frac{dr}{d\tau}$.

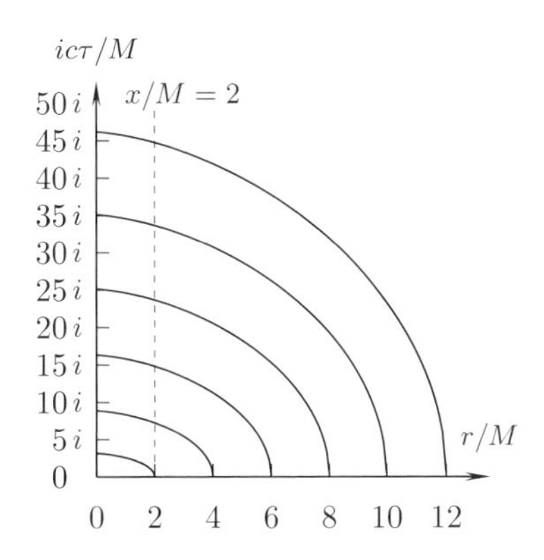

図 **11.23** 質点が $r_0/M=2,4,\cdots,12$ から自由落下するときの式 (11.113) の位置 r と固有時間 τ.

で位置を固有時間 τ の関数として求めよう．式 (11.94) を式 (11.95) で使うと

$$\frac{1}{c^2}\left(\frac{dr}{d\tau}\right)^2=\frac{2M}{r}-\frac{2M}{r_0},\qquad \frac{1}{c}\frac{dr}{d\tau}=\pm\sqrt{\frac{2M}{r}-\frac{2M}{r_0}} \tag{11.112}$$

が得られる[7]．

式 (11.112) はニュートンの運動方程式 (11.9) で $v_0=0$ とし，その変数 t を τ と置き換えた式と同じ形である．それゆえ，式 (11.112) の解は式 (11.6) で $t\to\tau$ と置いて得られる．すなわち $r=r_0$ から自由落下して $r<r_0$ のとき

$$c\tau=\sqrt{\frac{r_0}{2M}}\left[\sqrt{r(r_0-r)}+r_0\left(\frac{\pi}{2}-\tan^{-1}\sqrt{\frac{r}{r_0-r}}\right)\right] \tag{11.113}$$

と得られる．

式 (11.112) の固有時間で計った速さ $dr/d\tau$ の負符号のときの $-dr/cd\tau$ を図 11.22 に示すが，これは図 11.1 で $t\to\tau$ と置き換えただけである．また，図 11.23 に式 (11.113) の固有時間 τ を示すが，これは図 11.2 で $t\to i\tau$ と置き換えただけである．

図 11.22 および 11.23 を見れば分かるように，固有時間 τ を使うと，$r=2M$

[7] 式 (11.112) は [20] E.F.Taylor and J.A. Wheller p.119 式 (3.47) と同じである．

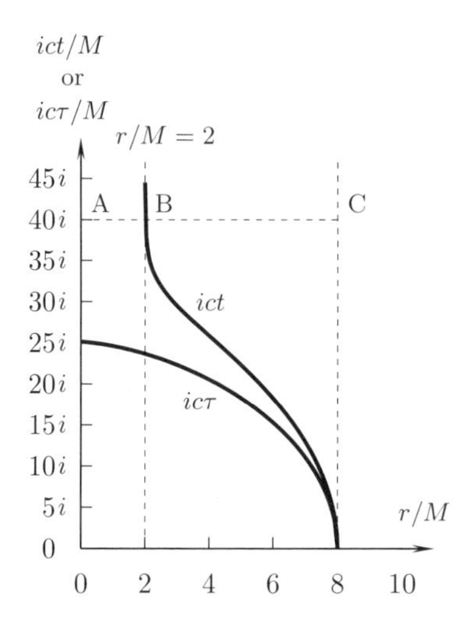

図 11.24　質点が $r_0=8$ から垂直自由落下するときの式 (11.113) の位置 r と固有時間 τ および式 (11.102) の r と式 (11.111) の t の関係.

は特異点ではなく，$2M<r<r_0$ で自由落下した質点は $r<2M$ の領域に滑らかに落下して行き，式 (11.112) より

$$\frac{2M}{r}-\frac{2M}{r_0}=1, \qquad \frac{2M}{r}=1+\frac{2M}{r_0} \tag{11.114}$$

となる．$r/2M=1/(1+2M/r_0)$ で光速度 c になり，$r\to 0$ へ光速度 c 以上の速さになって落下し，$r=0$ で速さは無限大になる．遠方時間 t を使うとシュバルツシルト半径 $r=2M$ に達するのに無限大の時間を要するが，固有時間 τ を使うと有限の時間でシュバルツシルト半径 $r=2M$ を超えて $r=0$ に達するのは不思議である．この違いについて，考えよう．

図 11.24 に $r_0/M=8$ のときの式 (11.111) の遠方時間 t と式 (11.113) の固有時間 τ を一緒に示す．今ある冒険家が位置 $r/M=8$ に静止していた宇宙実験室に乗り，$t=\tau=0$ から自由落下を始めたとする．図の座標軸では冒険家の腕時計が $\tau=23.7$ 年でシュバルツシルト半径を超え，$\tau=25.1$ 年にブラックホールの中心に到着したとする．位置 $r_0=8M$ に静止している観測者の時計では宇宙実験室は永遠に位置 B に居る．宇宙実験室が図の A と B の 2 か所の位置にあるのは不可解である．

11.6.2　ディラックの説明

前節の不可解な現象について，ディラックの説明を見てみよう．ディラックの記号は $m=M$ である．

> これから $r\downarrow 2m$ で $t\to\infty$ となることがわかる．質点が臨界半径 $r=2m$ に着くまでには無限の時間がかかるわけである．
>
> 質点がきまったスペクトル線の光をだしているとし，それを誰かが遠方で観測するものとしよう．その光は $g_{00}^{-1/2}=(1-2m/r)^{-1/2}$ 倍だけ赤方偏移するが，この因子は，質点が臨界半径に近づくと無限大になる．光にかぎらず，質点のところでおこるどんな物理現象も，遠方の観測者から見ると，質点が $r=2m$ に近づくにつれてどんどん緩慢になっていくのである．
>
> もし，質点にのって走る観測者がいたらどうであろう？　彼の時間は ds である．上の計算から
>
> (式を省略．式 (11.113) に相当する式：引用者注)
>
> となり，これは $r\to 2m$ のとき $-k^{-1}$ に収束する．したがって，この観測者から見ると固有時で有限の時間に質点は $r=2m$ に到着する．この走る観測者は年齢を重ねること有限のうちに $r=2m$ に着いてしまうのである．そのあと彼はどうなるのか？　彼は，からっぽの空間を r のより小さいところに向かって飛びつづけるのであろう．　([64] ディラック p.75–76)
>
> こうして，シュヴァルツシルト解は $r<2m$ まで延長できることがわかった．しかし，この領域は $r>2m$ の領域と交信不可能なのである．どんな信号も，光だって，境界 $r=2m$ を越すのに無限の時間を要する．これは容易に確かめられることである．したがって，領域 $r<2m$ について，われわれは直接の観測による知見をもち得ない．このような領域はブラック・ホールとよばれる．物はそのなかに落ちこむであろうが (われわれの時計では無限の時間かかる)，何もでてくることはないからである．
>
> そんな領域がほんとうに存在できるであろうか？　われわれにいえることは，アインシュタイン方程式はそれを許容するということだけである．大質量の星がつぶれてきわめて小さい半径になり，その結果として重力が特別に強くなれば，物理学で既知のどんな力もこれを支えることができず，崩壊はさらに進まざるを得ないであろう．そうすれば，ブラック・ホールとなるほかなさそうである．それには，われわれの時計でこそ無限の時間かかるが，崩壊してゆく物質それ自身からすれば時

> 間は有限でしかない.　([64] ディラック p.80)

すなわちディラックは,「質点が臨界半径 $r=2\,\mathrm{m}$ に着くまでには無限の時間がかかるわけである」「したがって，この観測者から見ると固有時で有限の時間に質点は $r=2\,\mathrm{m}$ に到着する．この走る観測者は年齢を重ねること有限のうちに $r=2\,\mathrm{m}$ に着いてしまうのである」「われわれの時計でこそ無限の時間かかるが，崩壊してゆく物質それ自身からすれば時間は有限でしかない」とあるだけで，シュヴァルツシルト時間と固有時間の違いの不可解さの説明はない.

11.7　局所慣性系の変数を用いた質点の垂直自由落下運動

質点が $r=2M$ のシュバルツシルト半径を超えられない困難を考察するために，光の運動のときのように，局所慣性系 $K(dr',icdt')$ の変数を用いた質点の垂直自由落下運動を考えよう.

11.7.1　変数 r と t' を使う場合

質点が重力の中心へ垂直自由落下する時，式 (11.99) で式 (11.67) を使って変数 t を t' で表すと $2M<r<r_0$ では

$$\frac{1}{c}\frac{dr}{dt'}=-\left(1-\frac{2M}{r_0}\right)^{-1/2}\sqrt{1-\frac{2M}{r}}\sqrt{\frac{2M}{r}-\frac{2M}{r_0}} \tag{11.115}$$

が得られ，$r<2M<r_0$ では式 (11.69) を使うと式 (11.100) より

$$\frac{1}{c}\frac{dr}{dt'}=-\left(1-\frac{2M}{r_0}\right)^{-1/2}\sqrt{\frac{2M}{r}-1}\sqrt{\frac{2M}{r}-\frac{2M}{r_0}} \tag{11.116}$$

が得られる．式 (11.115) および (11.116) の dr/cdt' を図 11.25 に示すが，図の縦軸は $-dr/cdt'$ である.

式 (11.115) より $2M<r<r_0$ では

$$cdt'=-\sqrt{\frac{r_0}{2M}-1}\frac{rdr}{\sqrt{(r-2M)(r_0-r)}} \tag{11.117}$$

となり，$r<2M<r_0$ では式 (11.116) より

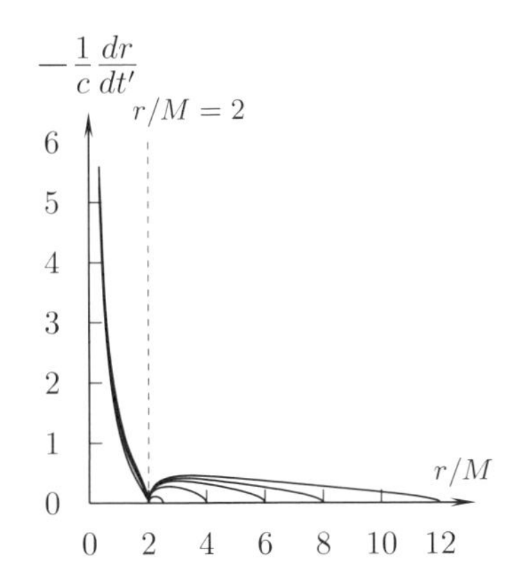

図 **11.25** 質点が $r_0/M=2.5,4,6,8,12$ から垂直に自由落下するときの式 (11.117) および (11.118) の位置 r と速さ $-\frac{1}{c}\frac{dr}{dt'}$.

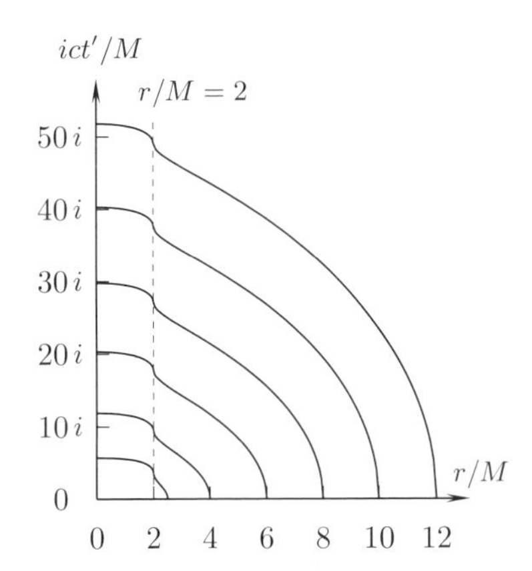

図 **11.26** 質点が $r_0/M=2.5,4,6,8,10$ から垂直に自由落下するときの式 (11.121) および (11.122) の位置 r と時間 t'.

$$cdt'=-\sqrt{\frac{r_0}{2M}-1}\frac{rdr}{\sqrt{(2M-r)(r_0-r)}} \tag{11.118}$$

となる.

次の積分公式が成り立つ. $2M<r<r_0$ のとき

$$\int\frac{rdr}{\sqrt{(r-2M)(r_0-r)}}=-\sqrt{(r-2M)(r_0-r)}$$
$$-\frac{2M+r_0}{2}\tan^{-1}\left(\frac{2M+r_0-2r}{2\sqrt{(r-2M)(r_0-r)}}\right) \tag{11.119}$$

$r<2M<r_0$ のとき

$$\int\frac{rdr}{\sqrt{(2M-r)(r_0-r)}}=\sqrt{(2M-r)(r_0-r)}$$
$$-(2M+r_0)\ln(\sqrt{2M-r}+\sqrt{r_0-r}) \tag{11.120}$$

この積分公式を使うと, 式 (11.117) および式 (11.118) より $r=r_0$ のとき $t'=0$ として次式が得られる.

$2M<r<r_0$ のとき

$$
\begin{aligned}
ct' &= \sqrt{\frac{r_0}{2M}-1}\Bigg[\sqrt{(r-2M)(r_0-r)} \\
&\quad + \frac{1}{2}(2M+r_0)\left(\tan^{-1}\left(\frac{2M+r_0-2r}{2\sqrt{(r-2M)(r_0-r)}}\right)\right)\Bigg]\Bigg|_{r=r_0}^{r} \\
&= \sqrt{\frac{r_0}{2M}-1}\Bigg[\sqrt{(r-2M)(r_0-r)} \\
&\quad + \frac{1}{2}(2M+r_0)\left(\tan^{-1}\left(\frac{2M+r_0-2r}{2\sqrt{(r-2M)(r_0-r)}}\right)+\frac{\pi}{2}\right)\Bigg] \qquad (11.121)
\end{aligned}
$$

$r<2M<r_0$ のとき

$$
\begin{aligned}
ct' &= -\sqrt{\frac{r_0}{2M}-1}\left(\int_{r_0}^{2M}\frac{rdr}{\sqrt{(r-2M)(r_0-r)}} - \int_{2M}^{r}\frac{rdr}{\sqrt{(2M-r)(r_0-r)}}\right) \\
&= \sqrt{\frac{r_0}{2M}-1}\Bigg[\Bigg[\sqrt{(r-2M)(r_0-r)} \\
&\quad + \frac{2M+r_0}{2}\left(\tan^{-1}\left(\frac{2M+r_0-2r}{2\sqrt{(r-2M)(r_0-r)}}\right)\right)\Bigg]\Bigg|_{r=r_0}^{2M} \\
&\quad - \left[\sqrt{(2M-r)(r_0-r)}-(2M+r_0)(\ln\sqrt{2M-r}+\sqrt{r_0-r})\right]\Big|_{r=2M}^{r}\Bigg] \\
&= \sqrt{\frac{r_0}{2M}-1}\Bigg[-\sqrt{(2M-r)(r_0-r)} \\
&\quad + (2M+r_0)\left(\ln(\sqrt{2M-r}+\sqrt{r_0-r})\Big|_{r=2M}^{r}+\frac{\pi}{2}\right)\Bigg] \\
&= \sqrt{\frac{r_0}{2M}-1}\Bigg[-\sqrt{(2M-r)(r_0-r)} \\
&\quad + (2M+r_0)\left(\ln\frac{\sqrt{2M-r}+\sqrt{r_0-r}}{\sqrt{r_0-2M}}+\frac{\pi}{2}\right)\Bigg] \qquad (11.122)
\end{aligned}
$$

$r_0/M=2.6,4,6,8,10$ のときの質点の式 (11.121) および (11.122) の世界線を図 11.26 に示す．図 11.25 に示すように $r=2M$ で質点の速さ dr/dt' は零になるが，質点は短時間でシュバルツシルト半径を超え，その後光速 c を超えて速やかに $r=0$ に到達している．しかし，速さは $r=2M$ の前後で滑らかには変化して居らず，それに対応して図 11.26 でも時間 t' は急激に変化している．

11.7.2 変数 r' と t' を使う場合

質点が自由落下するときの位置座標 r と r' の関係を考えよう．式 (11.73) で $r_0=0$ と置いて $0\leq r\leq 2M$ では

$$r'=-\sqrt{r(2M-r)}+2M\tan^{-1}\sqrt{\frac{r}{2M-r}} \tag{11.123}$$

となり，式 (11.74) で $r_0=0$ と置いて $2M\leq r$ では

$$r'=\sqrt{r(r-2M)}+2M\ln\left(\sqrt{\frac{r}{2M}}+\sqrt{\frac{r}{2M}-1}\right)+\pi M \tag{11.124}$$

となる．この式から $r=2M$ のとき，$r'=\pi M$ であることが分かる．この変数 r' と r の関係を図 11.27 および 11.28 に示す．図 11.28 は図 11.27 の原点付近を拡大した図である．

位置座標 r と r' の関係を再確認するために，図 8.8 をこの章で用いている記号で書き直したものを図 11.29 に示す．図の dr は図 8.7 に示したように dr' の特殊相対性理論のローレンツ収縮に相当する．図の双曲線は $2M<r,r'$ の場合しか表せないが，そこでは常に $r<r'$ である．図の局所慣性系の座標軸の dr' は図の座標系 $K(r',ict')$ の r' 軸上に描かれている dr' に等しい．それゆえ，局所慣性系の座標軸の r' は重力による「ローレンツ収縮」を起こさないときの長さであるという明確な物理的意味を持っており，t を遠方時間と呼ぶのを真似れば r' は遠方距離とも言えよう．

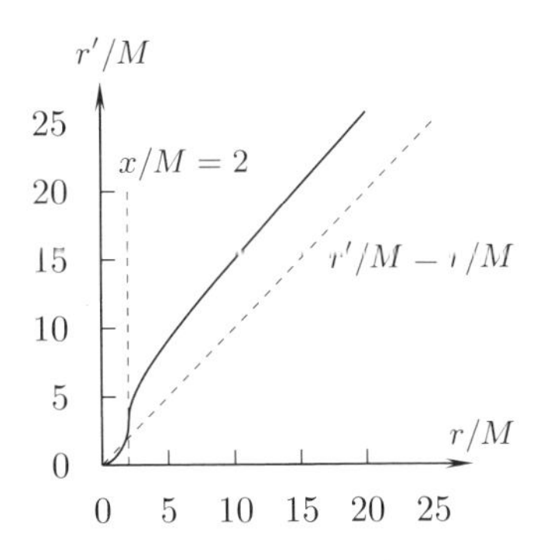

図 11.27 式 (11.123) および (11.124) の位置 r' と r の関係．$2M<r$ では $r<r'$ である．

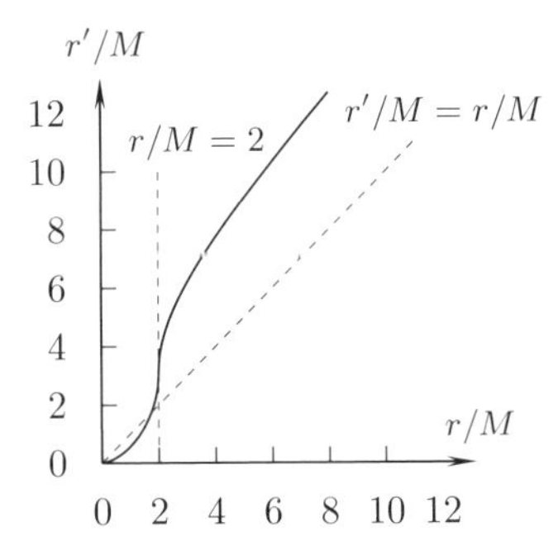

図 11.28 図 11.27 の原点付近の拡大図．$2M<r$ では $r<r'$ である．

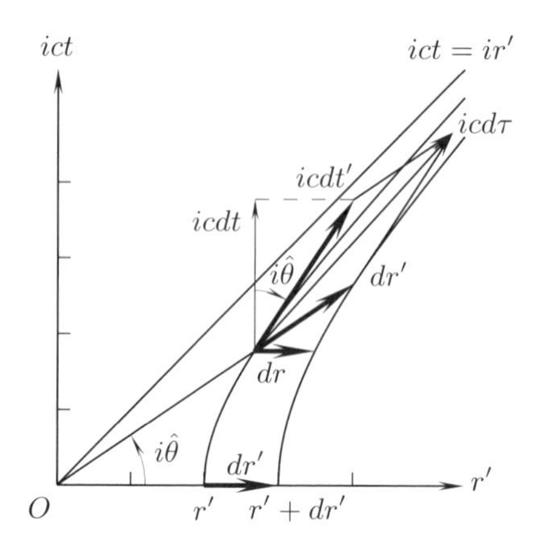

図 11.29　座標系 $K(r', ict')$, $ds^2 = -(cd\tau)^2 < 0$ の場合.

質点が重力の中心へ垂直に自由落下するとき，座標系 $K(r', ict')$ 系での質点の速さは，$2M < r < r_0$ では式 (11.115) で式 (11.67) を使って dr を dr' で置き換えると

$$\frac{1}{c}\frac{dr'}{dt'} = -\left(1 - \frac{2M}{r_0}\right)^{-1/2} \sqrt{\frac{2M}{r} - \frac{2M}{r_0}} \tag{11.125}$$

で与えられる．この速さ $-\dfrac{1}{c}\dfrac{dr'}{dt'}$ を図 11.30 に横軸に r を用いた場合を示す．この質点の速さは自然落下を始めた位置 r_0 に無関係に $r = 2M$ で光速 c になり，$r = 2M$ 付近で不自然な変化はなく，$r = 2M$ の前後で滑らかに変化している．図 11.31 にはこの速さを横軸を r' とした場合を示す．この図は次のようにして描くことができる．すなわち，図 11.31 は式 (11.125) の速さ $-\dfrac{1}{c}\dfrac{dr'}{dt'}$ を式 (11.123) および (11.124) の r' を r をパラメータとした作図 (パラメトリックプロット) で描いてある.

光の場合は式 (11.36) のように局所慣性系では速さは常に光速 c に等しかったが，質点の場合は図 11.30 および 11.31 に示されているように $r < 2M$ のブラックホール内部では質点の速さは光速 c を超え，$r \to 0$ では無限大になる．すなわち，ブラックホールの内部の局所慣性系では質量を持つ質点の速さの方が光の速さよりも大きいと言う不思議な現象が起きる.

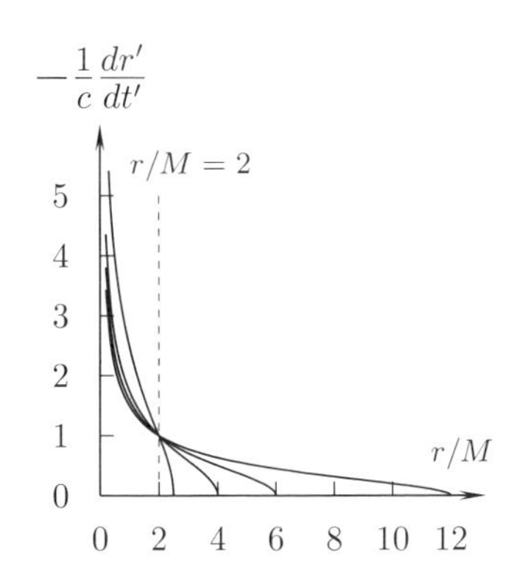

図 **11.30** $r_0/M=2.5,4,6,12$ から垂直自由落下するときの式 (11.125). 速さ $-\dfrac{1}{c}\dfrac{dr'}{dt'}$.

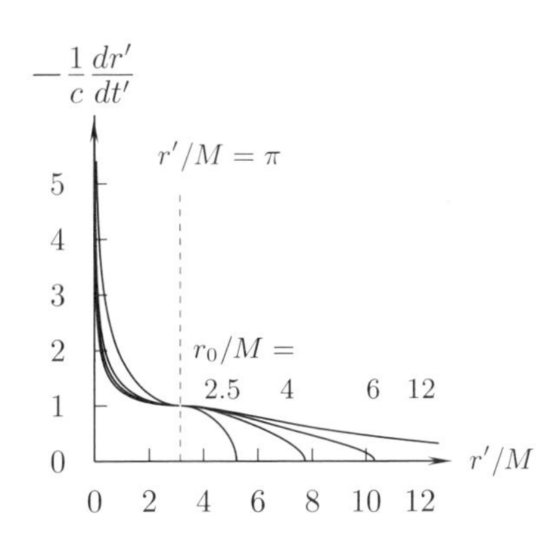

図 **11.31** 図 11.30 の速さ $-\dfrac{1}{c}\dfrac{dr'}{dt'}$ を描いたもの. 横軸を式 (11.123) および (11.124) の r' としたとき.

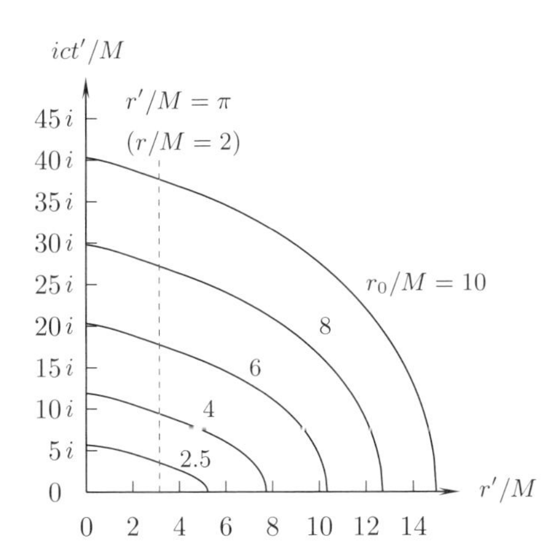

図 **11.32** 質点の垂直自由落下. 図 11.31 の速さに対応する式 (11.123) および (11.124) の r' と式 (11.121) および (11.122) の時間 t'.

図 11.31 と同様に式 (11.121) および (11.122) の ct' と式 (11.123) および (11.124) の r' を r をパラメータとした作図 (パラメトリックプロット) で描いたのが図 11.32 である．変数 r と r' は $r<r'$ となっていることが図 11.31 および 11.32 に反映されているが，速さ dr'/cdt' もシュバルツシルト半径付近でも滑らかに変化し，$r=2M$ に対応する $r'=\pi M$ で光速 c になっている．図 11.32 は図 11.26 に比べると，$r=2M$ での急激な変化がなく，より自然である．図 11.32 の位置 r' と時間 t' の関係は図 11.23 の位置 r と固有時間 τ の関係に似ている．

11.8　宇宙論その 2，ビッグバンのときのブラックホールの半径

この節では，第 7 章の続きとして宇宙について考える．第 7 章で述べたように，現在の宇宙論では宇宙は約 138 億年前には，すべての質量やエネルギーが 1 点に集まっていて，それが大爆発を起こして膨張したとするビッグバン説が有力とされている．ビッグバンが起きる直前のすべての質量やエネルギーが 1 点に集まっていたときのシュバルツシルト半径を求めてみよう．観測可能な宇宙の星の数および質量は次のように推定されている[8]．

> **観測可能な宇宙**
>
> 2. 典型的な星 (太陽) の質量は 2×10^{30} kg であり，星 1 つに対して約 1×10^{57} の水素原子があることになる．典型的な銀河には約 4000 億の星があるから，銀河 1 つあたり $1\times10^{57}\times4\times10^{11}=4\times10^{68}$ の水素原子がある計算となる．宇宙には 800 億の銀河があるといわれているので，観測可能な宇宙には $4\times10^{68}\times8\times10^{10}=3\times10^{79}$ の水素原子がある．しかしこれは下限を示したに過ぎず，また水素原子は星以外にも存在する．
>
> (ウィキペディア「観測可能な宇宙」2017.10)
> https://ja.wikipedia.org/wiki/観測可能な宇宙[9]

[8] "Mass of the Universe",The Physics Factbook Edited by Glenn Elert —— Written by his students An educational, Fair Use website.
http://hypertextbook.com/facts/2006/KristineMcPherson.shtml

[9] "How many atoms make up the universe?"(1998).
http://www.madsci.org/posts/archives/1998-10/905633072.As.r.html (2017.10.25 閲覧).

この数値を使うと，観測可能な宇宙の星の総質量 M_m は

$$M_m = 2\times10^{30}\,\mathrm{kg}\times4{,}000\times10^{8}\,個\times800\times10^{8}\,個 = 6.40\times10^{52}\,\mathrm{kg} \qquad (11.126)$$

となる．この数値を使ったときのシュバルツシルト半径 $2M$ は式 (8.43) を使って

$$2M = 2\times\frac{GM_m}{c^2} = 2\times\frac{6.67\times10^{-11}\,\mathrm{m^3/(kg{\cdot}s^2)}\times6.40\times10^{52}\,\mathrm{kg}}{(3.00\times10^{8}\,\mathrm{m/s})^2} = 9.51\times10^{25}\,\mathrm{m} \qquad (11.127)$$

となる．この長さを光年に直すと

$$2M = \frac{9.51\times10^{25}\,\mathrm{m}}{365\times24\times60\times60\mathrm{s}\times3.00\times10^{8}\,\mathrm{m/s}}\,光年 = 1.0\times10^{10}\,光年$$
$$= 100\,億光年 \qquad (11.128)$$

である．現在観測されている最も遠い天体は約 129 億光年とされているので，この単純な計算では，その天体は宇宙の膨張の途中でシュバルツシルト半径の 100 億光年を超えたことになる．

観測可能な宇宙の総質量の 5%未満が星などの可視的な物質で構成されており，残りは暗黒物質やダークエネルギーが占めていると推定されている．(上記のウイキペディア) このときの宇宙の総質量を M_T とすると

$$M_T = \frac{6.4\times10^{52}\,\mathrm{kg}}{0.05} = 1.28\times10^{54}\,\mathrm{kg} \qquad (11.129)$$

となる．この数値を使ったときのシュバルツシルト半径 $2M$ は式 (11.128) より

$$2M = \frac{100\,億光年}{0.05} = 2{,}000\,億光年 \qquad (11.130)$$

と，式 (11.128) の 20 倍になる．このときは，観測される全天体や我々は今もブラックホールの内部に居ることになる．

ニュートンの運動方程式は時間に関して可逆である．すなわち，$dt \to -dt$ と置いた式も成り立つので，式 (11.10) で $r=2M$ の外から内へ落下する質点は，速さを $v \to -v$ とすれば内から外へ脱出することができる．同様に式 (11.112) の相対論的運動方程式でも $d\tau \to -d\tau$ と置いた式が成り立つので，ブラックホール内部で質点が光速 c を超えていても $v \to -v$ と光速を越える初速を与え

られればブラックホールからその外部へ脱出できる．しかし，質点が光速を越える初速を与えられない限り，光と共に質点はブラックホールの内部から脱出できない．

1 点にあった質量がビッグバンが起きて外向きに運動すると中央部分の質量は飛散してなくなり，強い重力場は消えてブラックホールはなくなったように見えるだろう．それゆえ，そこではブラックホール内部でもブラックホール内部に居ることに気付かないかも知れない．

シュバルツシルト半径が 2,000 億光年であるとしよう．このとき，半径が 2,000 億光年の外に居る観測者は，その半径内部には光や質量が閉じ込められているので，半径が 2,000 億光年のブラックホールがあると観測するだろう．ブラックホールの中心から外向きへ飛び散った光や質量は，図 11.19 に見られるように光さえもブラックホール半径に達するとブラックホールの中心へ向かって落下する．ブラックホールの中心へ向かって落下した質量や光は中心で圧縮されて，ビッグバンの初期状態に戻るかも知れない．そうすると，ビッグバンが繰り返されることになる．

ロジャー・ペンローズは著書『宇宙の始まりと終わりはなぜ同じなのか』[65] で宇宙の始まりと終わりが同じになる理由を一般相対性理論と熱力学を用いて説明している．彼は，宇宙が膨張して最終的に低温で希薄になる状態はビッグバンの 1 点に集中し高温高圧の状態と同じであり，宇宙は永遠に循環する「サイクリック宇宙」であると書いているがその論理は大層難解である．

シュバルツシルト半径から光や質量が外へ出ることができない以上，宇宙の全エネルギーはこのシュバルツシルト半径以内に閉じ込められており，エネルギーが飛び散って全宇宙が希薄になることはないはずである．それゆえ，全宇宙の光や質量が再び宇宙の中心に集まり，ビッグバンの状態に戻ることが考えられる．ペンローズと論理は異なるが，彼のいう「サイクリック宇宙」はあり得るように思われる．

ペンローズの著書の訳者，竹内 薫の至言を紹介したい．

> ペンローズの新しい宇宙論は，人類の宇宙に対する考えに革命をもたらす可能性がある．それはちょうど，コペルニクスやガリレオが地動説を唱え，人類の宇宙観を変えた状況に似ている．
>
> いまのところ，ペンローズの (「サイクリック宇宙」の：引用者注) 主張が正し

> いのかどうか，誰にも判断がつかない．だが，コペルニクスやガリレオと同時代の人々も，地球が動いているのか，天が動いているのか，判断がつかなかったのだ．
> われわれはみな，宇宙の住人だ．この宇宙の過去と未来についての革命的な主張を知ることは，われわれの住処(すみか)を知ることにほかならない．
>
> ([65] ペンローズ p.268–269)

11.9 結語

光や質点がブラックホール半径であるシュバルツシルト半径の外からシュバルツシルト半径 $r=2M$ に到達するには，図 11.6 および 11.21 に見られるようにシュバルツシルトの解の変数である遠方時間で計ると無限大の時間がかかる困難があることはエディントンの時代から知られていた．質点の運動では，質点と一緒に運動する時計が刻む固有時間を考えるとシュバルツシルト半径を難なく超えることも当時から知られていた．この物理的に不可解な現象を説明するために，光の場合はエディントン–フィンケルシュタイン座標やクルスカル–スゼッケル座標系等が考案されたが座標変数の物理的な意味は良く分からない．

本章では，局所慣性系の座標 $K(dr', icdt')$ の座標変数を使うと図 11.18 および 11.32 に見られるように光も質点も有限の時間でシュバルツシルト半径を超えて落下することを示した．本章で導いた式が観測結果を良く説明できるか否かを知るには，シュバルツシルト半径に近い位置での光や質点の運動を観測することが望ましい．

宇宙論では，現在推定されている質量を使うと，シュバルツシルト半径は約 2,000 億光年となることを示した．光も天体もこのシュバルツシルト半径の外へ出ることはできなければ，宇宙が無限に膨張を続けることはできないことになる．サイクリック宇宙論の今後の発展に期待したい．

付録 A
複素関数および解析的延長

独立変数および従属変数が複素数の関数は複素関数と呼ばれる．複素関数を考える利点の一つは，関数を全複素変数領域へなめらかに延長する解析的延長を行うことができることである．それにより，一見発散する級数の和を求めたり，発散する積分の値を求めたりすることができる．さらに，一見別のものに見える関数が解析的延長で同一の関数であることが分かれば，元の関数に成り立つ公式がそのまま使えることになる．解析的延長とは何か，この延長はどのように行われるのかを具体的に考える．

解析的延長の概念は複素関数論を学ぶときには必ず教わる．しかし，通常は定理とその証明を学ぶだけなので，その有用性を知ることは少ない．それが何を意味するのか分かってしまえば簡単なことであるが，明確には理解できていない者も多いように見える[1)]．それで，ここでは簡単な具体例を挙げながらその意味と有用性を丁寧に説明する．

この解析的延長の概念は，フーリエ変換やラプラス変換，ベッセル関数やガンマ関数等，数学，物理学および工学の多くの広範囲の分野の数学で使われ，これらの分野で研究する者には必須の知識である．

A.1　発散級数の総和

特殊相対性理論を理解するには，第 1 章の三角関数や双曲線の内容で充分であるが，解析的延長の考えの有用性を示すために，まず発散級数の和について考察しよう．現実の物理的な問題を扱う場合，このような発散する量の収束値

[1)] 実は筆者も学生のとき，数学の講義で学びはしたがその真意は理解できていなかった．

を求めることが必要になる場合がしばしばある．解析的延長を使うと，無限大へ発散する級数の和や積分の値を有限の値として求めることができるという魔法のような力がある．

次のような無限級数を考えよう．

$$S=1-1+1-1+\cdots \tag{A.1}$$

この級数は次に示すように，最初の項から 2 項ずつ加えると 0, 最初の項を除いて次の項から 2 項ずつまとめて加えると 1 になる．すなわち

$$\begin{aligned} S&=(1-1)+(1-1)+\cdots=0+0+0+\cdots=0,\\ S&=1+(-1+1)+(-1+1)+\cdots=1+0+0+0+\cdots=1 \end{aligned} \tag{A.2}$$

である．すなわち，この級数は一定の値には収束しないように見える[2)]．真の値はどうなのだろうか？

もう一つの例として次の級数を考えよう．

$$S=1-2+3-4+5-6+\cdots \tag{A.3}$$

この級数は最初の項から 2 項ずつ加えると $-\infty$, 最初の項を除いて次の項から 2 項ずつまとめて加えると ∞ になる，すなわち

$$\begin{aligned} S&=(1-2)+(3-4)+\cdots=-1-1-1-\cdots=-\infty,\\ S&=1+(-2+3)+(-4+5)+\cdots=1+1+1+\cdots=\infty. \end{aligned} \tag{A.4}$$

加える順番をわずかにかえるだけで値は大きく異なり，真の値がどうなるか予想も付かない．

無限級数 $\sum_{n=1}^{\infty} a_n$ が収束しなくても，その和を有限な値で求めるための種々の総和法が考案されている，すなわち，チェザロの総和法，ヘルダーの総和法，リッツの総和法，アーベルの総和法，ボレルの総和法，オイラーの総和法等 ([66] 内田，[67] 石黒) である．

例えば，チェザロの 1 次の総和法は次のようである．

---

2) 筆者が高校 2 年生のときに，数学の授業でこの話を聞いた．しかし，先生は答えを云われなかったので長い間この疑問が心に残った．

n を正の整数として，級級 $\sum_{n=1}^{\infty} a_n$ の部分和 s_n とその相加平均 S_n を次式で定義する．

$$s_n = a_1 + a_2 + \cdots + a_n, \quad S_n = \frac{1}{n}(s_1 + s_2 + \cdots + s_n). \tag{A.5}$$

このとき

$$\lim_{n \to \infty} S_n = S \tag{A.6}$$

が存在するならば，級数 $\sum_{n=1}^{\infty} a_n$ はチェザロの 1 次の総和が可能であるといい，S をチェザロの 1 次の和と呼ぶ．

この公式を式 (A.1) に適用してみよう．

$$s_n = 1 - 1 + 1 - 1 + 1 \cdots,$$

$$s_1 = 1,\ s_2 = 0,\ s_3 = 1,\ s_4 = 0,\ s_5 = 1, \cdots$$

$$S_1 = 1,\ S_2 = \frac{1+0}{2} = \frac{1}{2},\ S_3 = \frac{1+0+1}{3} = \frac{2}{3},\ S_4 = \frac{1+0+1+0}{4} = \frac{1}{2}, \cdots \tag{A.7}$$

これからチェザロの 1 次の総和は収束し，その値は

$$S = \lim_{n \to \infty} S_n = \frac{1}{2} \tag{A.8}$$

と得られる．

式 (A.3) の級数については次のようになる．

$$s_n = 1 - 2 + 3 - 4 + 5 \cdots,$$

$$s_1 = 1,\ s_2 = 1 - 2 = -1, \quad s_3 = 1 - 2 + 3 = 2,$$

$$s_4 = 1 - 2 + 3 - 4 = -2, \quad s_5 = 1 - 2 + 3 - 4 + 5 = 3, \cdots$$

$$S_1 = 1,\ S_2 = \frac{1-1}{2} = 0, \quad S_3 = \frac{1-1+2}{3} = \frac{2}{3}, \quad S_4 = \frac{1-1+2-2}{4} = 0,$$

$$S_5 = \frac{1-1+2-2+3}{5} = \frac{3}{5}, \quad S_6 = \frac{1-1+2-2+3-3}{5} = 0, \cdots \tag{A.9}$$

これを見るとチェザロの 1 次の総和は収束しないので，他の総和公式を試みなければならない．式 (A.1) の場合は収束した値が得られたが，その和にどのような意味があるのか，異なる総和公式で和は同じ値を与えるのか否かも問題で

ある．もし，総和公式ごとに異なる値を与えるとしたら，その総和にはどのような意味があるだろうか？

これについて考えるために，解析関数およびその解析的延長について考えよう．

A.2　指数関数と三角関数

指数関数 e^x のマクローリン展開は次式のように書ける（[8] 高木 p.66)．

$$e^x = \sum_{n=0}^{\infty} \frac{x^n}{n!} = 1 + \frac{x}{1!} + \frac{x^2}{2!} + \frac{x^3}{3!} + \cdots \tag{A.10}$$

この級数は $-\infty < x < \infty$ で収束する．この式の右辺は何回微分しても同じであることは容易に分かる．$x=1$ と置くと，定数 e は次式で与えられることが分かる．

$$e = \sum_{n=0}^{\infty} \frac{1}{n!} = 1 + \frac{1}{1!} + \frac{1}{2!} + \frac{1}{3!} + \cdots = 2.718281... \tag{A.11}$$

虚数単位 i は 2 乗すると -1 となる量であると定義される．すなわち，

$$i^2 = -1, \quad i = \sqrt{-1}. \tag{A.12}$$

式 (A.10) へ虚数 ix を 代入するとオイラーの公式

$$\begin{aligned} e^{ix} &= 1 + \frac{ix}{1!} + \frac{(ix)^2}{2!} + \frac{(ix)^3}{3!} + \cdots \\ &= \left(1 - \frac{x^2}{2!} + \frac{x^4}{4!} - \cdots\right) + i\left(\frac{x}{1!} - \frac{x^3}{3!} + \frac{x^5}{5!} - \cdots\right) \\ &= \cos x + i \sin x \end{aligned} \tag{A.13}$$

が得られる [8](高木 p.194)．ここで，$\cos x$ および $\sin x$ のマクローリン展開は次式で与えられることを使った ([8] p.67)．

$$\cos x = 1 - \frac{x^2}{2!} + \frac{x^4}{4!} - \cdots, \quad \sin x = \frac{x}{1!} - \frac{x^3}{3!} + \frac{x^5}{5!} - \cdots \tag{A.14}$$

式 (A.13) で x を $-x$ と置くと

$$e^{-ix} = \cos x - i \sin x \tag{A.15}$$

である．式 (A.13) と式 (A.15) の和および差を取ると $\cos x$ および $\sin x$ はそれぞれ次のように表せることが分かる．

$$\cos x = \frac{e^{ix}+e^{-ix}}{2}, \quad \sin x = \frac{e^{ix}-e^{-ix}}{2i}. \tag{A.16}$$

A.3　複素関数

複素数 z は x および y を実数として，次式のように表せる．

$$z = x + iy \tag{A.17}$$

複素数の量を図示するために，横軸に実数の x, 縦軸に虚数 iy を取る図 A.1 の座標系を考える．

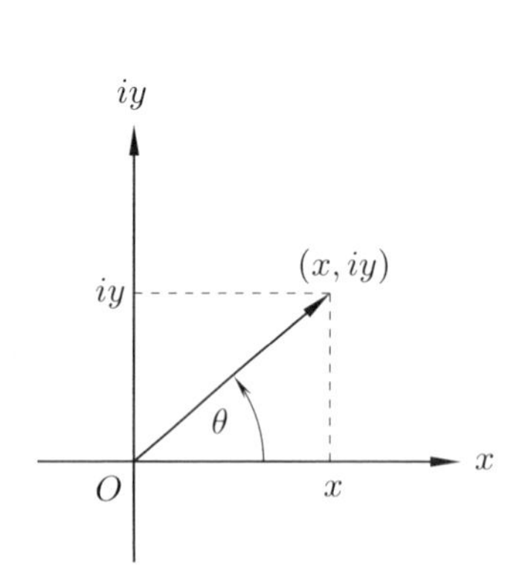

図 A.1　複素数 $z=x+iy$ を表すための座標系．

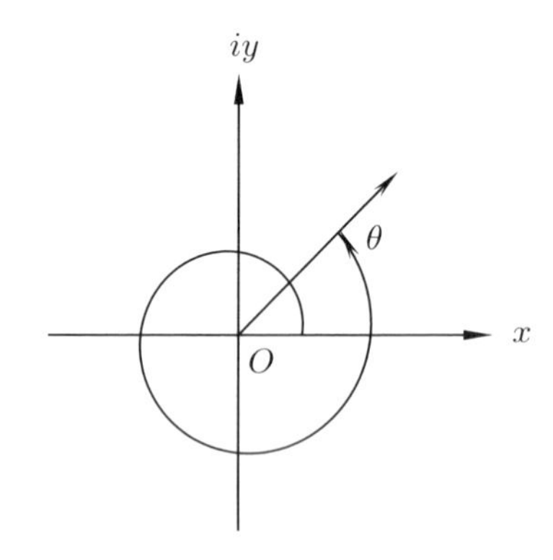

図 A.2　角度 θ が正のときは反時計回り，負のときは時計回りに測ることに決められている．

x および y を極座標 (r,θ) を使って ([56] p.168)

$$x = r\cos\theta, \quad y = r\sin\theta \tag{A.18}$$

と表し，これを式 (A.17) へ代入し式 (A.13) を使うと

$$z = r\cos\theta + ir\sin\theta = re^{i\theta}, \quad \text{ただし} \quad r = \sqrt{x^2+y^2}, \quad \tan\theta = \frac{y}{x} \tag{A.19}$$

と表せる．角度 θ は複素数 z の偏角と呼ばれ図 A.2 のように，通常正のときに

反時計回り，負のときに時計回りに測ると決められている．

式 (A.19) の対数を取ると

$$\ln z = \ln re^{i\theta} = \ln r + i\theta \tag{A.20}$$

と書ける．すなわち，任意の複素数 z に対してその対数は式 (A.20) で表せる．

例えば角度 ϕ を $0 \le \phi \le 2\pi$ の範囲に制限すると，図 A.2 に示すような任意の角度 θ は

$$\theta = \phi + 2n\pi, \quad z = re^{i\phi + i2n\pi}, \quad 0 \le \phi \le 2\pi, \quad n = 0, \pm 1, \pm 2, \pm 3, \cdots \tag{A.21}$$

と表せるので，式 (A.20) は一般に

$$\ln z = \ln r + i\phi + i2n\pi, \quad 0 \le \phi \le 2\pi, \quad n = 0, \pm 1, \pm 2, \pm 3, \cdots \tag{A.22}$$

となり，対数関数は z 平面上の一つの z の値に $n = 0, \pm 1, \pm 2, \cdots$ の無限個の値を取る多価関数である．また，$z = 1 = e^{i2n\pi}$ と表せるから

$$z^{\frac{1}{2}} = 1^{\frac{1}{2}} = e^{i2n\pi\frac{1}{2}} = e^{in\pi} = \pm 1 \tag{A.23}$$

となり，よく知られているように $z^{\frac{1}{2}}$ は正と負の符号の二つの値を取る二価関数である．また，$z = i = e^{i\pi/2 + i2n\pi}$, $z = -1 = e^{i\pi + i2n\pi}$ と表すと

$$\ln i = i\left(\frac{1}{2} + 2n\right)\pi, \quad \ln(-1) = i(1 + 2n)\pi, \quad n = 0, \pm 1, \pm 2, \pm 3, \cdots \tag{A.24}$$

である．

例えば関数 $1/(1-z)$, $\ln z$ および $z^{1/2}$ は $z = 1$ または $z = 0$ で関数の値またはその微係数が無限大になる．このような点を特異点と呼ぶ．また，関数 $\ln z$ および $z^{1/2}$ は変数 z が図 A.2 の原点 $z = 0$ を 1 周するごとに値が変わる．この様な点を枝点 (branching point) と呼ぶ．

式 (A.22) および (A.24) の対数関数の $n = 0$ のときの値を主値と呼ぶ．式 (A.24) で主値のみを考えると例えば

$$\ln i = \ln e^{i\frac{\pi}{2}} = \frac{i\pi}{2}, \quad \ln(-1) = \ln e^{i\pi} = i\pi, \quad \ln(-i) = e^{i\frac{3\pi}{2}} = i\frac{3\pi}{2} \tag{A.25}$$

である．

上記のことから，関数 $\ln z$ と $\ln|z|$ は異なることが分かる．すなわち，$z =$

-1 のときその主値は

$$\ln z = \ln e^{i\pi} = i\pi, \quad \ln|z| = \ln 1 = 0 \tag{A.26}$$

で明らかに異なる値を取る．

図 A.1 のような複素数座標系を考えることの利点を考えよう．x を実数として，次の関数を考える．

$$f(x) = 1 + x + x^2 + x^3 + \cdots \tag{A.27}$$

この級数はよく知られているように，$|x| \geq 1$ で発散し $|x| < 1$ のときに収束して

$$f(x) = \frac{1}{1-x}, \quad \text{ただし} \quad |x| < 1 \tag{A.28}$$

と得られる．

しかし，$x=1$ ではこの関数は無限大になり，$1<x$ の領域へ滑らかに延長することはできない．$1<x$ の領域への滑らかな延長は複素数を考えると可能になる．

A.3.1　解析的延長

複素変数 z の関数 $f(z)$ がある複素平面上の領域 K の各点で，微係数

$$\lim_{h\to 0} \frac{f(z+h) - f(z)}{h} = f'(z)$$

が複素数 $h = |h|e^{i\theta}$ の偏角 θ に無関係に存在するとき，関数 $f(z)$ は解析的 (analytic) であると言い，関数 $f(z)$ を解析関数と呼ぶ．このとき，関数 $f(z)$ は領域 K で無限回微分可能ですべての微係数は連続である．また，複素平面上の領域 K の各点において微分可能な関数は正則 (regular) であると言い ([8] p.202)，この関数は正則関数と呼ばれるが，正則関数と解析関数は同じものである．解析関数の例としては，z^n, $\sin z$, $\cos z$, $\sinh z$, $\cosh z$, $\ln z$, $z^{1/2}$ 等通常目にする多くの関数はすべて解析関数である．

式 (A.28) の関数を $1<x$ の領域へ滑らかに延長するために，全複素平面で定義される解析関数 $g(z)$

$$g(z) = \frac{1}{1-z}, \quad \text{ただし全複素平面上} \tag{A.29}$$

を考える．解析関数 $g(z)$ は $-1<x<1$ の実軸上で式 (A.27) の級数 $f(x)$ に一致する．すなわち x が変域 $-1<x<1$ のときは $g(x)=f(x)$ が成り立つので，1.1 節で説明した一致の定理により関数 $g(z)$ は級数 $f(x)$ の全複素平面上への解析的延長である．すなわち，関数 $f(x)$ 関数 $g(z)$ として全複素平面上へ延長される．この関数 $g(z)$ を考えると，図 A.3 に示すように $x=1$ にある特異点を避けて上側または下側を回って再び $1<x$ の x 軸上へ戻れば，式 (A.28) の関数値は $1<x$ の x 軸上へ滑らかに延長できたことになる．

つまり，上の例で式 (A.27) の級数を実数の範囲だけで考えていたのでは，$x=1$ の特異点を超えて $1<x$ の領域へ関数を滑らかに外挿することはできないが，複素数を考えることにより $1<x$ の領域へ滑らかに延長した関数の値を求めることが可能になることが分かる．このように複素平面上の関数を考えることにより次節で見るように，発散級数や発散する積分を有限の値で求めることがことができるのが解析的延長の大きな利点である．

また，式 (A.27) で $x=-1$ と置くと式 (A.1) の級数が得られる．式 (A.1) を見るだけではその値がどうなるか分からなかったが，式 (A.29) で $z=-1$ と置くと

$$g(z)|_{z=-1}=\left.\frac{1}{1-z}\right|_{z=-1}=\frac{1}{2} \tag{A.30}$$

となり，式 (A.8) のチェザロの和と一致する．それゆえ，発散級数の和を求める種々の総和公式が解析的延長した関数の値を与えれば，一意的な値が得られ，それなりに意味のある和が得られることになる．

式 (A.27) の $f(x)$ を微分すると

$$f'(x)=1+2x+3x^2+4x^3+5x^4+\cdots \tag{A.31}$$

となり，これに $x=-1$ と置くと，式 (A.3) の級数が得られる．式 (A.31) の全複素平面上への解析的延長は，式 (A.29) を微分して得られ

$$g'(z)=\frac{1}{(1-z)^2} \tag{A.32}$$

である．この式に $z=-1$ と置くと，式 (A.3) の級数の和は

$$g'(z)|_{z=-1}=\left.\frac{1}{(1-z)^2}\right|_{z=-1}=\frac{1}{4} \tag{A.33}$$

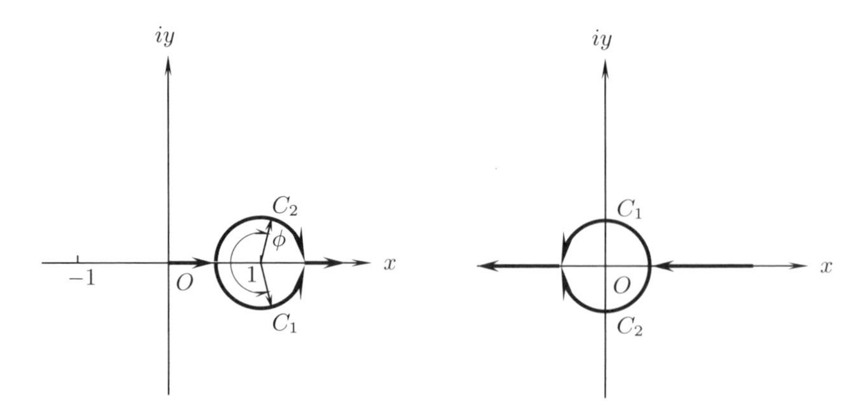

図 **A.3**　関数 $f(x)=\dfrac{1}{1-x}$ の $1<x$ への滑らかな延長.

図 **A.4**　関数 $f(x)=x^{\frac{1}{2}}$ の $x<0$ への滑らかな延長.

と得られる.

また，例えば式 (A.27) および (A.31) で $x=2$ と置くと

$$
\begin{aligned}
f(x)|_{x=2} &= 1+2+2^2+2^3+\cdots, \\
f'(x)|_{x=2} &= 1+2\cdot2+3\cdot2^2+4\cdot2^3+\cdots
\end{aligned}
\tag{A.34}
$$

となって明らかに発散してしまい無意味である．しかし，式 (A.29) および (A.32) を使うと式 (A.27) および (A.31) を解析的延長した値として

$$
\begin{aligned}
g(z)|_{z=2} &= \left.\frac{1}{1-z}\right|_{z=2} = -1, \\
g'(z)|_{z=2} &= \left.\frac{1}{(1-z)^2}\right|_{z=2} = 1
\end{aligned}
\tag{A.35}
$$

と有限な値が求まる．すなわち，式 (A.27) および (A.31) の二つの級数は $x=2$ では明らかに発散し確定した値は得られないが，それらの式で定義される関数を滑らかに複素平面上で延長すると，$x=2$ でも一意的な意味のある有限な値が得られる，と言うことである.

A.3.2　平方根を含む関数の解析的延長

x を正の実数として定義される関数

$$f(x)=x^{\frac{1}{2}}, \quad 0\leq x \tag{A.36}$$

の $0\leq x$ の領域から $-x<0$ への滑らかな延長は $x=0$ にある特異点を避けて図 A.4 の上半円 C_1 または下半円 C_2 に沿って行うことができる．上半円上から $-x$ へ行く場合は，$-x=e^{i\pi}x$, 下半円上から $-x$ へ行く場合は，$-x=e^{-i\pi}x$ なので，$0\leq x$ として

$$\text{上半円 } C_1 \text{ の場合} \quad f(-x)=(-x)^{\frac{1}{2}}=(e^{i\pi}x)^{\frac{1}{2}}=e^{i\pi/2}\sqrt{x}=i\sqrt{x},$$

$$\text{下半円 } C_2 \text{ の場合} \quad f(-x)=(-x)^{\frac{1}{2}}=(e^{-i\pi}x)^{\frac{1}{2}}=e^{-i\pi/2}\sqrt{x}=-i\sqrt{x} \tag{A.37}$$

である．式 (A.36) の関数 $f(x)$ の全複素平面への解析接続は z を複素数として

$$f(z)=z^{\frac{1}{2}} \tag{A.38}$$

であるが，x 軸上の $x<0$ では式 (A.37) の値を取る．

また，$|x|\leq 1$ のときの関数

$$f(x)=(1-x^2)^{\frac{1}{2}}, \quad \text{ただし} \quad |x|\leq 1 \tag{A.39}$$

の $x>1$ への解析接続は $x=1$ の特異点を避けて図 A.3 の上または下半円に沿って滑らかに延長することができる．

変数 z は $x=1$ の近傍の値を取るとし $\varepsilon=|1-z|$, 角度 ϕ は図 A.3 に示すように値 $1-z$ の実軸 x 軸からの角度とすると，関数 $g(z)=(1-z)^{\frac{1}{2}}$ は

$$g(z)=(1-z)^{\frac{1}{2}}=(\varepsilon e^{i\phi})^{\frac{1}{2}} \tag{A.40}$$

と表せる．図 A.3 の下半円 C_1 に沿って $z=1-\varepsilon$ から $z=1+\varepsilon$ へ滑らかに延長すると角度 ϕ は反時計回りなので π であり，C_1 経由では

$$g(z)|_{z=1+\varepsilon}=(1-z)^{\frac{1}{2}}\Big|_{z=1+\varepsilon}=(\varepsilon e^{i\pi})^{\frac{1}{2}}=\sqrt{\varepsilon}e^{i\pi\frac{1}{2}}=i\sqrt{\varepsilon}=i\sqrt{x-1} \tag{A.41}$$

となり，上半円 C_2 に沿って $z=1-\varepsilon$ から $z=1+\varepsilon$ へ滑らかに延長すると角度 ϕ は時計回りに $-\pi$ なので，C_2 経由では

$$g(z)|_{z=1+\varepsilon}=(1-z)^{\frac{1}{2}}\Big|_{z=1+\varepsilon}=(\varepsilon e^{-i\pi})^{\frac{1}{2}}=\sqrt{\varepsilon}e^{-i\pi\frac{1}{2}}=-i\sqrt{\varepsilon}=-i\sqrt{x-1} \tag{A.42}$$

となる．これらを使うと，式 (A.39) の関数 $f(x)$ の $x<1$ から $1<x$ への解析的延長は

$$f(z)\big|_{z=1+\varepsilon}=((1+z)(1-z))^{\frac{1}{2}}\Big|_{z=1+\varepsilon}$$
$$=\begin{cases} i\sqrt{(x+1)(x-1)}=i\sqrt{x^2-1}, & C_1\text{経由}, \\ -i\sqrt{(x+1)(x-1)}=-i\sqrt{x^2-1}, & C_2\text{経由} \end{cases} \tag{A.43}$$

となる．

A.3.3　積分で定義される関数の解析的延長

関数 $f(t)$ を次式で定義しよう．

$$f(t)=t. \tag{A.44}$$

この関数の積分

$$\int_0^\infty f(t)dt=\int_0^\infty t\,dt \tag{A.45}$$

は明らかに発散する．しかし，e^{-xt} を重み関数として

$$F(x)=\int_0^\infty e^{-xt}f(t)dt,\quad \text{ただし}\quad 0<x \tag{A.46}$$

は $0<x$ のときには収束し，部分積分を行うと

$$F(x)=-\frac{1}{x}e^{-xt}t\Big|_{t=0}^{t=\infty}+\frac{1}{x}\int_0^\infty e^{-xt}dt=-\frac{1}{x^2}e^{-xt}\Big|_{t=0}^{t=\infty}=\frac{1}{x^2} \tag{A.47}$$

と有限の値が得られる．

式 (A.46) の積分は $x\leq 0$ では明らかに発散するけれど，式 (A.47) の最後の式の関数は $x=0$ の特異点を除いて滑らかな解析関数であり，$x<0$ でも有限の値を持っている．すなわち

$$\text{全複素平面上}\quad F(z)=\frac{1}{z^2} \tag{A.48}$$

は式 (A.46) で定義される関数を全複素平面へ解析接続した関数である．

式 (A.48) の関数 $F(z)$ にラプラスの逆変換を行えば式 (A.44) の元の関数 $f(t)$ は得られる．今の場合ラプラスの逆変換は [68]

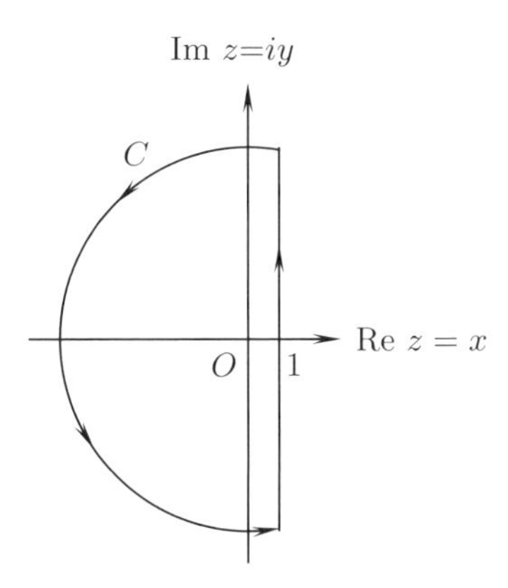

図 **A.5** 式 (A.50) の積分路 C.

$$f(t)=\frac{1}{2\pi i}\int_{1-i\infty}^{1+i\infty}e^{zt}F(z)dz \tag{A.49}$$

と書ける．この積分は，積分路を $\mathrm{Re}(z)<0$ の領域へ変更すること，すなわち，図 A.5 に示す半円を積分路へ追加した閉じた積分路 C を考え，半円の半径を大きくすればその上の積分は無限小になることを使うと，閉じた積分路の積分はその積分路内の被積分関数の留数 a_{-1} を計算して得られる．すなわち，図 A.5 の閉じた積分路の積分は

$$\int_{1-i\infty}^{1+i\infty}e^{zt}F(z)dz=\int_C e^{zt}F(z)dz=2\pi i a_{-1} \tag{A.50}$$

で得られる．

被積分関数の留数 a_{-1} は

$$a_{-1}=\lim_{z\to 0}\frac{d}{dz}(z^2e^{zt}F(z))=\lim_{z\to 0}\frac{d}{dz}e^{zt}=t \tag{A.51}$$

と得られ，この値を使うと，式 (A.49) は

$$f(t)=\frac{1}{2\pi i}2\pi i a_{-1}=t \tag{A.52}$$

となり，この逆変換で得られた関数 $f(t)=t$ は式 (A.44) と確かに一致する．

この場合，関数 $F(x)$ を求める式 (A.46) の積分は $0<x$ の条件を付けて行っ

たのだから，式 (A.50) の積分で積分路を $x<0$ の領域へ持って行って $x<0$ の関数 $F(x)$ の値を使うのは，式 (A.46) の条件を無視した非論理的な方法ではないか，と思う者がいるかもしれない[3]．例えば，式 (A.46) の $F(x)$ で $x=-1$ と置くと

$$F(x)|_{x=-1} = \int_0^\infty e^t t dt \tag{A.53}$$

となって，この積分は無限大に発散してしまう．しかし，式 (A.46) で定義された関数 $F(x)$ を滑らかに全複素平面へ解析的延長を行ったのが式 (A.48) で，その式で $z=-1$ と置くと

$$F(z)|_{z=-1} = 1 \tag{A.54}$$

と有限の値が得られ，このような値を使ったことになる．これも前節で述べた発散する級数和を求めるための解析的延長と同じことを行ったことになる．

解析的延長を行った式 (A.48) を使うお陰で式 (A.52) より元の関数 $f(t)$ が得られている．このような解析的延長はフーリエ変換やラプラス変換で微分方程式を解く場合に当然のこととして日常的に使われているが，恐らく多くの人はそれを意識していないであろう．

式 (A.27) および (A.31) の級数の場合は，その和が式 (A.29) および (A.32) の解析関数の形で得られたので，その全複素平面への解析的延長は簡単であった．また，その特異点が 1 点 $z=1$ にあることも直ぐに分かった．級数の和が解析関数で求まらないときは，級数展開の位置を特異点からの距離が大きくなるようにずらすことにより級数の求まる範囲を広げねばならない．また，式 (A.46) のように積分で定義される関数の場合は，式 (A.48) のように積分が解析的に行える場合は解析的延長は簡単である．しかし，そうでない場合は多くの数学書に書いてあるように，解析的延長は積分路を変更することにより行わなければならない．

---

[3] 契約書には配当金 50%を支払うと書いてあるのに，いざ受け取る段には契約に従って損金 50%を支払えと言われるような不合理．

A.4　結語

円周上の弧の微小長さを計算するピタゴラスの定理を解析的に延長すると双曲線上の弧の微小長さを計算するミンコフスキーノルムの式になること，ユークリッド空間の回転の式を解析的に延長するとミンコフスキー空間のローレンツ変換の式になることは今もあまり知られていない．その理由は，解析的延長の概念があまり浸透していないからではないかと思われる．

筆者の知る解析的延長の考えが物理学の分野で挙げた大きな成果の一つは，太陽から輻射されるエネルギーの角度分布を求めるミルの問題を解くために使われたウィーナー・ホッフの方法である [25] (p.224)．もう一つは，ランダウがプラズマ中に発生する振動が減衰するランダウ減衰と呼ばれる現象を解明したことである．ランダウ以前には減衰しないとされていたプラズマ振動が減衰することを解析的延長の考えを使って理論的に示された．解析的延長の考えを知らない者には証明することは不可能な現象であった．今後も解析的延長の考えが応用できる分野は沢山あると思われる．

付録 B

双曲線関数の変数 $\hat{\theta}$ の幾何学的な意味

三角関数 $y=\sin\theta$ の変数 θ には二つの異なる幾何学的な意味がある．一つは 1.2.1 節で見たように単位円の弧の長さで，もう一つは単位円で囲まれる面積であるが，それぞれに応じて，双曲線関数の変数にも二つの幾何学的な解釈が可能である．ここでは後者の円で囲まれる面積の場合を考える．

双曲線関数の幾何学的な意味を考えるためにまず三角関数の幾何学的な意味を再考しよう．図 B.1 に示すように原点に中心がある半径 r の円

$$x^2+y^2=r^2, \qquad y=(r^2-x^2)^{\frac{1}{2}}, \quad \text{ただし} \quad |x|\leq r \tag{B.1}$$

の上の位置を $\mathrm{P}(x,y)$, $\angle POx=\theta$ と置くと，

$$x=r\cos\theta, \qquad y=r\sin\theta \tag{B.2}$$

である．このとき，円周が x 軸と交わる点を $\mathrm{A}=(r,0)$ として，図の灰色の扇形 $\widehat{OAP}$ の面積 S は，式 (B.1) の y を x について x から r までの積分に $x=0$ から x までの 3 角形 $\mathrm{O}x\mathrm{P}$ の面積 $\dfrac{1}{2}xy$ を加えて

$$S(x)=\frac{1}{2}xy(x)+\int_x^1 y(x)dx, \quad y(x)=\sqrt{r^2-x^2}, \quad \text{ただし} \quad |x|\leq r \tag{B.3}$$

で得られる．積分は $x=r\cos\theta$ と置くと容易にできる．

$$r^2-x^2=r^2(1-\cos^2\theta)=r^2\sin^2\theta, \quad \frac{dx}{d\theta}=-\sin\theta, \quad x=r \text{ のとき} \quad \theta=0 \tag{B.4}$$

を使うと，

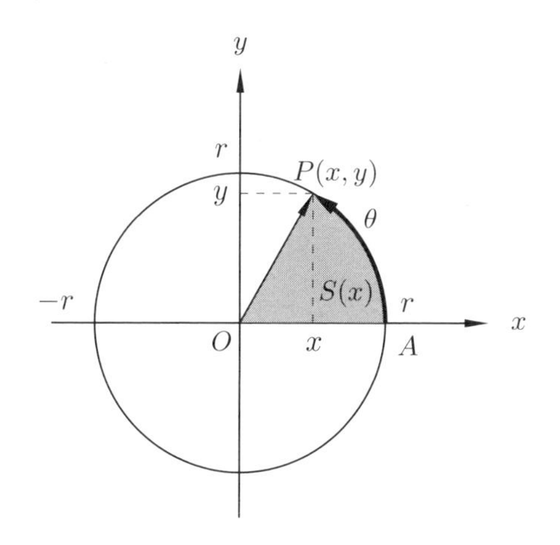

図 **B.1** 円 $y=\pm\sqrt{r^2-x^2}$ および面積 $S(x)$, $x=r\cos\theta$, $y=r\sin\theta$.

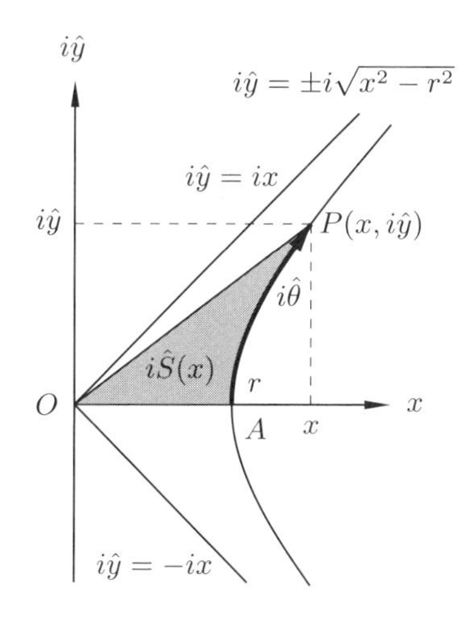

図 **B.2** 双曲線関数 $i\hat{y}=\pm i\sqrt{x^2-r^2}$ と面積 $S(x)=i\hat{S}(x)$, $x=r\cosh\hat{\theta}$, $\hat{y}=r\sinh\hat{\theta}$.

$$\int_x^r \sqrt{r^2-x^2}dx=-r^2\int_\theta^0 \sin^2\theta' d\theta'=r^2\int_0^\theta \frac{1-\cos 2\theta'}{2}d\theta'$$
$$=\frac{1}{2}r^2\left(\theta'-\frac{1}{2}\sin 2\theta'\right)\Big|_0^\theta=r^2\left(\frac{\theta}{2}-\frac{1}{4}\sin 2\theta\right) \qquad \text{(B.5)}$$

である．これと

$$\frac{1}{2}xy(x)=\frac{1}{2}r^2(\sin\theta\cos\theta=\frac{1}{4}\sin 2\theta) \qquad \text{(B.6)}$$

を使うと

$$S(x)=\frac{1}{2}xy(x)+r^2\left(\frac{\theta}{2}-\frac{1}{4}\sin 2\theta\right)=r^2\frac{\theta}{2} \qquad \text{(B.7)}$$

が得られる．すなわち，図 B.1 の灰色の扇形 $\widehat{OAP}$ の $r=1$ のときの面積 $S(x)$ は角度 θ の半分である．

ここで式 (B.3) の面積を表す関数 $S(x)$ の $r<x$ の領域への解析的延長を考えよう．式 (B.1) の $r<x$ の領域への解析的延長は，式 (A.43) と同じ形の式で与えられる．$r<x$ では y は虚数になるので $\hat{y}$ を実数として $y=i\hat{y}$ と書き正符号の場合を選んで

$$y(x)=i(x^2-r^2)^{\frac{1}{2}}=i\hat{y}(x),\quad \hat{y}(x)=(x^2-r^2)^{\frac{1}{2}},\quad \text{ただし}\quad r\le|x| \tag{B.8}$$

と書こう．これは書き直すと

$$x^2-\hat{y}^2=r^2 \tag{B.9}$$

となる．すなわち，式 (B.1) の円の式を $r<x$ へ解析的延長を行うと，図 B.2 の双曲線の式になる．

式 (B.1) を $r<x$ へ解析的延長を行った式 (B.8) を式 (B.3) で使うと，灰色の部分の面積は

$$S(x)=\frac{i}{2}x\hat{y}(x)+i\int_x^r\hat{y}(x)dx,\ \ \hat{y}(x)=\sqrt{x^2-r^2},\quad \text{ただし}\quad r\le|x| \tag{B.10}$$

で得られる．すなわち，式 (B.10) の積分 $S(x)$ は明らかに図 B.2 に灰色で示した扇形 $\widehat{OAP}$ の面積である．

式 (B.10) の積分は，式 (B.4) および (B.5) の解析的延長で簡単に求めることができる．すなわち，$\hat{\theta}$ を実数として式 (B.7) で $\theta=i\hat{\theta}$ と置いて

$$S(x)=\frac{r^2\theta}{2}=\frac{ir^2\hat{\theta}}{2} \tag{B.11}$$

と簡単に得られる．

この結論を検証してみよう．$\hat{\theta}$ を実数として式 (B.2) で $\theta=i\hat{\theta}$ と置き

$$x=r\cos i\hat{\theta}=r\cosh\hat{\theta},\quad y=i\hat{y}=r\sin i\hat{\theta}=ir\sinh\hat{\theta} \tag{B.12}$$

を使うと

$$x^2-r^2=r^2(\cosh^2\hat{\theta}-1)=r^2\sinh^2\hat{\theta},\quad \frac{dx}{d\hat{\theta}}=r\sinh\hat{\theta} \tag{B.13}$$

が得られる．$x=r$ のとき $\hat{\theta}=0$ とすると

$$\begin{aligned}\int_x^1\sqrt{x^2-r^2}dx&=r^2\int_{\hat{\theta}}^0\sinh^2\hat{\theta}'d\hat{\theta}'=-r^2\int_0^{\hat{\theta}}\frac{\cosh2\hat{\theta}'-1}{2}d\hat{\theta}'\\&=\frac{r^2}{2}\left(\hat{\theta}'-\frac{1}{2}\sinh2\hat{\theta}'\right)\Big|_0^{\hat{\theta}}=r^2\left(\frac{\hat{\theta}}{2}-\frac{1}{4}\sinh2\hat{\theta}\right)\end{aligned} \tag{B.14}$$

式 (B.12) を式 (B.3) で使うと，$r\le x$ のとき

$$S(x)=i\left(\frac{1}{2}x\hat{y}(x)+\int_x^1\sqrt{x^2-r^2}dx\right)$$
$$=i\left(\frac{1}{2}x\hat{y}(x)+r^2\left(\frac{\hat{\theta}}{2}-\frac{1}{2}\sinh\hat{\theta}\cosh\hat{\theta}\right)\right)=i\frac{r^2\hat{\theta}}{2} \qquad \text{(B.15)}$$

が得られる．これは式 (B.7) の $r<x$ への解析的延長は予期したように式 (B.7) で $y=i\hat{y}$, $\theta=i\hat{\theta}$ と置いた値に等しいことの確認である．

ここで強調しておきたいのは，この三角関数との類似の関係は式 (B.1) の単位円を表す解析関数を $r<x$ へ解析接続した式 (B.8) から導かれる必然的な関係であることである．

双曲線関数は図 B.2 の扇形 OAP の面積の 2 倍の関数として表されることは文献 [8] (p.196) および [69] (p.98) にも書かれているが，双曲線の場合が円の場合と類似している，または，形式的にはそのまま成り立つ，と書かれている．しかし，円の場合の式の解析的延長であるとは書かれていない．

また，図 B.2 の灰色の面積が図 B.1 の灰色の面積に相当することは，図を見ただけでは良く分からず，それに気付くにはヴィンチェンゾ・リッカチ[1] のような高い能力を必要とする．しかし，図 B.1 の原点から位置 $P(x,y)$ への直線は，変数 x を $x<r$ から $r<x$ へ移動すると位置 $P(x,i\hat{y})$ への直線になること，そうすると図 B.1 の灰色の面積が図 B.2 の灰色の面積に対応することは普通の者にも容易に分かる．この点も解析的延長の概念の有用さがある．

[1] [9] マオール p.287.

付録 C
懸垂線としての双曲線関数

C.1 双曲線関数の歴史

マオールは，文献 [9] で双曲線関数の歴史を説明しているが，それを簡単に引用する (p.188).

> 1690.5 ヤコブ・ベルヌーイは懸垂線 (catenary) 問題，
> 「2 定点から自由に垂れ下がったたるんだ紐の形を求めよ」を提案.
> これは同じ時期に最速降下線の問題の歴史とほぼ並行して行われた
> ガリレオは放物線だと思った.
>
> 1691.6 ホイヘンス，ライプニッツ，ヨハン・ベルヌーイが三つの正しい
> 解を公表．双曲線を作図で示した.
>
> 1750 ヴィンチェンゾ・リッカチは，双曲線の方程式 $x^2-y^2=1$ と円の
> 方程式 $x^2+y^2=1$ の類似性に興味を持った.
> 双曲線関数のパラメータ ϕ は角度ではないが，双曲線関数の作る
> 扇形の面積の 2 倍と解釈できること，これは ϕ の解釈が円の扇形の
> 面積の 2 倍というのと完全に類似していることに気付いた.
>
> 1757 ヴィンチェンゾ・リッカチは次の記号を導入.
> $\mathrm{Ch}\,x=\dfrac{e^x+e^{-x}}{2},\quad \mathrm{Sh}\,x=\dfrac{e^x-e^{-x}}{2}$
> $(\mathrm{Ch}\,x)^2-(\mathrm{Sh}\,x)^2=1$ を満たすことを示す.
>
> ([9] マオール p.188 より作成)

マオールは双曲線関数について次のように書いている.

> 三角関数の間のすべての関係が，対応する双曲線関数の間の関係をもっていたらよいなと思われるかもしれない．こうすれば，三角関数と双曲線関数を完全に対等と見て，それに基づいて双曲線に円と同じ地位が与えられる．残念ながらこうはならない．双曲線と違って，円は閉じた曲線である；円を一周すると，元の状態に戻る．その結果，三角関数は**周期的**である —— その値は 2π ラジアンごとに繰り返す．この性質のため，周期的現象の研究 —— 音楽の音の解析から電磁波の伝播まで —— に三角関数が中心的役割を果たすのである．双曲線関数はこの性質をもたないので，数学における役割もそれほど重要でない．
>
> それでも数学では，純粋に形式的な関係が大きなひらめきを生み，新しい概念が発展する動機となったことがしばしばある．次の二つの章では，指数関数の変数 x に虚数を許すことによって，レオンハルト・オイラーが三角関数と双曲線関数の間の関係にまったく新しい基盤を与えたそのやり方を見ることにしよう．
>
> ([9] マオール p.196)

ここではマオールは，三角関数と双曲線関数は解析的延長の概念を使えば同一の関数であることには言及していない．

前節で見たように，歴史的には双曲線関数は懸垂線として確立された．懸垂線が双曲線であることを証明する数学的方法とその建築への応用を簡単に紹介する

C.2　ベルトラミの公式を使った懸垂線の導出

9.1 節の関数 $y(t)$ をここでは，x の関数と考える，すなわち未知関数を $y(x)$ とする．ラグランジアン $L(x,y,\dot{y})$ が x を含まず $\partial L/\partial x=0$ の場合を考える．ラグランジアン $L(y,\dot{y})$ を x で微分すると

$$\frac{dL}{dx}=\frac{\partial L}{\partial x}+\frac{\partial L}{\partial y}\frac{dy}{dx}+\frac{\partial L}{\partial \dot{y}}\frac{d\dot{y}}{dx}=\frac{\partial L}{\partial y}\dot{y}+\frac{\partial L}{\partial \dot{y}}\ddot{y}, \quad \dot{y}=\frac{dy}{dx}, \quad \ddot{y}=\frac{dy^2}{dx^2} \tag{C.1}$$

を得，これから

$$\dot{y}\frac{\partial L}{\partial y}=\frac{dL}{dx}-\ddot{y}\frac{\partial L}{\partial \dot{y}} \tag{C.2}$$

が得られる．オイラーの微分方程式 (9.5) に $\dot{y}$ を掛けると

$$\dot{y}\left(\frac{d}{dx}\left(\frac{\partial L}{\partial \dot{y}}\right)-\frac{\partial L}{\partial y}\right)=0 \tag{C.3}$$

である．この式から式 (C.2) を使って $\dot{y}\dfrac{\partial L}{\partial y}$ を消去すると

$$\frac{dL}{dx}-\ddot{y}\frac{\partial L}{\partial \dot{y}}=\dot{y}\frac{d}{dx}\left(\frac{\partial L}{\partial \dot{y}}\right) \tag{C.4}$$

が得られる．

次式

$$\frac{d}{dx}\left(\dot{y}\frac{\partial L}{\partial \dot{y}}\right)=\ddot{y}\frac{\partial L}{\partial \dot{y}}+\dot{y}\frac{d}{dx}\left(\frac{\partial L}{\partial \dot{y}}\right) \tag{C.5}$$

を式 (C.4) で使うと，

$$\frac{dL}{dx}-\frac{d}{dx}\left(\dot{y}\frac{\partial L}{\partial \dot{y}}\right)=0 \tag{C.6}$$

が得られ，これから

$$L-\dot{y}\frac{\partial L}{\partial \dot{y}}=\text{一定} \tag{C.7}$$

が得られる．この式は 1868 年にベルトラミによって導かれ，ベルトラミの公式と呼ばれる．

鎖の両端を固定して吊るすとする．鎖の単位長さの質量を ρ とすると，長さ ds の鎖が位置 $y(x)$ で持つ位置のエネルギー dU は g を重力加速度とすると

$$dU=\rho g y(x)ds \tag{C.8}$$

であり，鎖全体の位置のエネルギーは

$$ds^2=dx^2+dy^2, \quad ds=\sqrt{dx^2+dy^2} \tag{C.9}$$

を使うと

$$U=\int \rho g y(x)ds=\rho g\int y(x)\sqrt{1+\left(\frac{dy}{dx}\right)^2}dx \tag{C.10}$$

である．それゆえ式 (9.1) のラグランジアン L は

$$L(x,y,\dot{y})=y\sqrt{1+\dot{y}^2},\quad \dot{y}=\frac{dy}{dx} \tag{C.11}$$

である．このラグランジアンは x を含まず $\partial L/\partial x=0$ なので，式 (C.7) が使える．

$$\frac{\partial L}{\partial \dot{y}}=\frac{y\dot{y}}{\sqrt{1+\dot{y}^2}} \tag{C.12}$$

であり，式 (C.11) および (C.12) を式 (C.7) へ代入すると，任意定数を a として

$$L-\dot{y}\frac{\partial L}{\partial \dot{y}}=y\sqrt{1+\dot{y}^2}-\frac{y\dot{y}^2}{\sqrt{1+\dot{y}^2}}=\frac{y}{\sqrt{1+\dot{y}^2}}=a \tag{C.13}$$

が得られる．これから

$$\frac{dy}{dx}=\frac{1}{a}\sqrt{y^2-a^2}=\sqrt{\hat{y}^2-1},\qquad \text{ただし}\quad \hat{y}=\frac{y}{a} \tag{C.14}$$

を得，さらに

$$\frac{d\hat{y}}{d\hat{x}}=\sqrt{\hat{y}^2-1},\quad \text{ただし}\quad \hat{x}=\frac{x}{a} \tag{C.15}$$

と書ける．

$\hat{y}$ を

$$\hat{y}=\cosh(\hat{x}) \tag{C.16}$$

と置いて，$\hat{x}$ で微分すると

$$\frac{d\hat{y}}{d\hat{x}}=\sinh\hat{x}=\sqrt{\cosh^2\hat{x}-1}=\sqrt{\hat{y}^2-1} \tag{C.17}$$

となるから，式 (C.16) は式 (C.15) の解であることが分かる．この式から a を適当な定数として，式 (C.16) の解は

$$y=\frac{1}{a}\cosh(ax) \tag{C.18}$$

と表せる．すなわち，両手で鎖の両端を持って吊り下げたときの鎖の形状は双曲線関数の形であり，この曲線は懸垂線，英語ではカテナリ (Catenary) と呼ばれる．“Catenary”という言葉は 1691 年にホイヘンス (Huygens) によって作

られたようで，語源はラテン語の鎖 “catena”で，英語の鎖 chain も源をたどれば同じ語源に行き着くようだ．首に懸けた一様な重さの首飾りもその下半分は懸垂線になるはずである．

C.3　出雲大社の屋根の形状

西洋の大きな建築物は多くの場合石で出来ており石を削るのは大変な作業で，その形状は定規やコンパスで作りやすい長方形，円形や円弧である．西洋で双曲線関数の形状を初めて建築に取り入れたのは，19 世紀末のスペインのアントニ・ガウディと言われている．日本の建築物は木製なので加工がしやすく屋根の傾斜も直線ではなく，神社の屋根等には微妙な反り返りなどがあるが，その形状の多くは双曲線関数になっていると言われている．それは大工さんが鎖を垂らして曲線を決めていくためで，自然と双曲線関数になってしまうようだ[1)]．

出雲大社は，古事記にも書かれている古い神社でありその本殿の写真を図 C.1 に示す．この写真を使って中心から左の屋根の 6 点の位置座標をパソコンのディスプレイ上で読み取り，その各点を次式

$$S=\sum_{i=1}^{11}(y_i-r\cosh a(x_i+b))^2 \tag{C.19}$$

へ代入し，定数 r,a,b を S が最小になるように求めた．

得られた定数を使って計算した関数値

$$y=r\cosh(a(x+b)),\quad r=348,\quad a=0.00252,\quad b=94.0 \tag{C.20}$$

と読み取った各点を本殿の写真と重ね合わせたのが図 C.1 のグレーの線である．図の丸点がディスプレイ上で読み取った値である．この図の中心から左半分は式 (C.20) の双曲線を描いたもので，右半分の双曲線は式 (C.20) の双曲線を読み取った値に一致するように右へ平行移動させたものである．この図から，読み取った各点は読み取りの誤差はあるが双曲線関数と良く一致していることが分かる．この一致は，大工さんが屋根を作るときに鎖 (または縄) を吊

[1)] 物理のかぎプロジェクト，変分法 2
`http://hooktail.sub.jp/mathInPhys/variations2/` (2017.10.28).

るして屋根の形状を決めたことを示している．

西洋では円は美しく完全であると思われてきた．天動説では太陽や星々は美しく完全であり円運動をしているとされてきた．しかし，惑星は地球から見ると円運動だけでなく前後に動いて見えることがあり，天動説の天文学者を困らせた．しかし，プトレマイオス等は惑星は小さな円，周転円と大きな円を合成した軌道上を動くとしてこの困難を切り抜けた．その円を解析的に延長した双曲線の形状を美しいと思い，その形状を屋根に生かした東洋は西洋とある共通の美的感覚を持っていると思われる．

図 C.1　出雲大社の屋根(写真提供：Hisayo Takatsuka)[2] と双曲線関数(グレーの線)．

[2]一度は行きたい出雲大社．`http://www.scentoflifediscovery.com` (2017.10.27).

付録D

物理定数

表 D.1　物理定数表

物理量	記号	数値	単位
光速度	c	2.99792458×10^5	km/s
原子質量単位	amu	931.5	MeV
万有引力定数	G	6.67408×10^{-11}	$\mathrm{m^3/(kg\cdot s^2)}$
地球質量		5.972×10^{24}	kg
地球の赤道半径	a_E	6.3781×10^3	km
地球の自転周期		23 時間 56 分 4 秒	
地球の平均公転半径	1 au	1.49598×10^8	km
地球の公転周期		365.25	day
地球の平均公転速度		29.78	km/s
太陽の半径		6.960×10^8	m
太陽の質量		1.988×10^{30}	kg
太陽のシュバルツシルト半径	r_s	$2\times1.477\times10^3$	m
水星の軌道長半径	a	0.3871	au
水星の離心率	e	0.2056	
水星の近日点距離	$a(1-e)$	0.460×10^8	km
水星の遠日点距離	$a(1+e)$	0.698×10^8	km
水星の公転周期		87.97 day	
火星の平均公転半径		2.279×10^8	km
火星の公転周期		686.98	day
金星の平均公転半径		1.082×10^8	km
金星の公転周期		224.70	day

太陽のシュバルツシルト半径以外の値は，『理科年表』(平成 29 年)，丸善出版より．

参考文献

[1] J.J. キャラハン，樋口三郎訳『時空の幾何学――特殊および一般相対論の数学的基礎』，シュプリンガー・フェアラーク東京 (2003). 原著 J.J.Callahan, *The Geometry of Spacetime*, Springer-Verlag New York (2000).

[2] A. アインシュタイン，上川友好訳「運動物体の電気力学」，東海大学出版会 (1969). 原著 A. Einstein, "Zur Elektrodynamik bewegter Körper", *Analen der Physik*, p.891 (1905).

[3] H.A. Lorentz, A. Einstein, H. Minkowski, and H. Weyl, *The Principle of Relativity. A Collection of Original Memories on the Special and General Theory of Relativity*, Dover, New York (1952).

[4] K. S. ソーン，林一，塚原周信訳『ブラックホールと時空の歪み』，白揚社 (2000).

[5] A. アインシュタイン，金子務訳『特殊および一般相対性理論について』，白揚社 (1991).

[6] W. グラットザー『ヘウレーカ！ひらめきの瞬間』，化学同人，(2006) p.137.

[7] 小林啓祐『解析的延長がわかれば特殊相対性理論がわかる』，工学社 (2009).

[8] 高木貞治『解析概論』改訂第 3 版，岩波書店 (1983).

[9] E. マオール，伊理由美訳『不思議な e の物語』，岩波書店 (1999).

[10] E. マオール，伊理由美訳『ピタゴラスの定理』(4000 年の歴史)，岩波書店 (2008). 原著 *The Pythagorean Theorem A* 4,000-*Year History*, Princeton University Press (2007).

[11] 坂元洋幸，電気の歴史イラスト館「波を伝える物体・エーテル」 `http://www.geocities.jp/hiroyuki0620785/yowa/etel.htm` (2006).

[12] 鬼塚史朗「光の粒子説と波動説」，『物理教育』，第 43 巻，第 4 号 (1995). `43_KJ00005896682.pdf`

[13] G.B. Airy, "VI. On the phanomena of Newton's rings when formed between two transparent substances of different refractive powers", *Philosophical Magazine Series* 3, Volume 2, 1833- Issue 7, `http://www.tandfonline.com/doi/abs/10.1080/14786443308647959`

[14] 佐藤勝彦『相対性理論』，岩波書店 (1996).

[15] H. ミンコフスキー，上川友好訳「空間と時間」，東海大学出版会 (1969). 原著

Minkowski, H. Raum und Zeit, *Physikalishe Zeitschrift*, **10** 104-111 (1909). 英訳 H. Minkowski, "Space and Time", In [3].

[16] H. ミンコフスキー，上川友好訳「相対性原理」，東海大学出版会 (1969). 原著 H. Minkowski, "Das Relativitätsprinzip", Göttingen 数学会の講演 (1907). 英訳 In [3].

[17] W. パウリ，内山龍雄訳『相対性理論』，講談社 (1974).

[18] L. クラウス，青木薫訳『宇宙が始まる前には何があったのか？』，文藝春秋 (2017).

[19] 風間洋一『相対性理論入門講義』，培風館 (1997).

[20] E. テイラー，J.A. ホイーラー，曽我見郁夫，林浩一訳『時空の物理学：相対性理論への招待』，現代数学社 (1991).

[21] H. Poincaré, "Sur la dynamique de l'e1ectron", Comptes rendus le I'Académie des scinence Paris. Séance du 5 juillet, Tome CXL, n° 23, p.1504 á 1508, (1905). *R. C. Circ. mat. Palermo*, **21** 129 (1906).

[22] H. Minkowski, "Die Grundgleichungen für die elektromagnetishen Vorgänge in bewegten Körpern", *Nachr. Ges. Wiss. Göttingen*, 53 (1908).

[23] ファインマン，レイトン，サンズ，坪井忠二訳『ファインマン物理学　力学』，岩波書店 (1967).

[24] G.C. Wick, "Properties of Bethe-Salpeter Wave Functions", *Phys. Rev.*, **96**, 1124-1134 (1954).

[25] 小林啓祐『原子炉物理』，コロナ社 (1996).

[26] A. アインシュタイン，矢野健太郎訳『相対論の意味』岩波書店 (1958). 原著 A. Einstein, *The Meaning of Relativity*, Princeton University Press (1956).

[27] 竹内薫『宇宙のシナリオとアインシュタイン方程式』，工学社 (2003).

[28] 松田卓也，木下篤哉『相対論の正しい間違え方』，丸善出版 (2001).

[29] 松田卓也『特殊相対性理論のパラドックス，2 台のロケットのパラドックスを巡って』相対論の歩み，別冊・数理科学，サイエンス社 (2005).

[30] 松田卓也，木下篤哉「特殊相対論における 2 台の宇宙船のパラドックス」，
A_Paradox_of_Two_Space_Ship.pdf

[31] A. アインシュタイン，上川友好訳「物体の慣性はそのエネルギーに依存するか？」，東海大学出版会 (1969). 原著 A. Einstein, *Ist die Tragheit eines Körpers von seinem Energieinhalt abhängig*？(1905). 英訳 In [3].

[32] 前野昌弘『何がなんでも $E=mc^2$？(電磁気編)』(2006),
http://homepage3.nifty.com/iromono/PhysTips/mass.html.

[33] R. ローズ，神沼二真，渋谷秦一訳『原子爆弾の誕生 (上)』，紀伊国屋書店 (1995).

[34] TNT 換算 https://ja.wikipedia.org/wiki/TNT%E6%8F%9B%E7%AE%97 (2017.10.25). 計算に便利なように，1 TNT 換算グラムは 1000 カロリーと定義されている．

[35] Little Boy https://en.wikipedia.org/wiki/Little_Boy (2017.11.6).

[36] F. G. Gosling, "The Manhattan Project: Making the Atomic Bomb", DOE/MA-0001 United States Department of Energy (1999).

[37] Edwin, Hubble, "A Relation between Distance and Radial Velocity among Extra-Galactic Nebulae", *Proceedings of the National Academy of Sciences of the United States of America*, Volume 15, Issue 3, pp.168-173 (1929).

[38] D. オーヴァバイ，島居祥二他訳『宇宙はこうして始まりこうして終わりを告げる』，白揚社 (2002).

[39] 国立天文台，平成 29 年度版『理科年表』，丸善出版 (2013).

[40] S. Perlmutter,1 G. Aldering, G. Goldhaber *et. al*, "Measurements of Ω and Λ from 42 high-redshift supernovae", *The Astrophysical Journal*, **517**, 565-586 (1999).

[41] 『最も遠い銀河の世界記録を更新』——宇宙史の暗黒時代をとらえ始めたすばる望遠鏡，http://subarutelescope.org/Pressrelease/2006/09/13/j_index.html

[42] B. グリーン，青木薫訳『宇宙を織りなすもの (上)』，草思社 (2009).

[43] L. R. リーバー，水谷淳訳『数学は相対論を語る』，ソフトバンククリエイティブ (2012).

[44] R. P. キルシュナー, 井川俊彦訳『狂騒する宇宙』，共立出版 (2004) p.135.

[45] George F. Smoot, "Nobel Lecture: Cosmic microwave background radiation anisotropies: Their discovery and utilization", *Rev. Mod. Phys.*, **79**, 1349 (2007).

[46] Adrienne Erickcek, "How to Generate the Cosmological Power Asymmetry during Inflation" (2008).

[47] Sadra Jazayeri, *et al.*, "Primordial anisotropies from cosmic strings during inflation", arXiv:1703.05714v1 [astro-ph.CO] 16 Mar 2017.

[48] 岡村定矩ほか編『人類の住む宇宙 (第 2 版)』，日本評論社 (2017).

[49] Torsten Flieβbach, 杉原亮ほか訳『一般相対性理論』，共立出版 (2005).

[50] A. アインシュタイン，金子務編訳『未知への旅立ち——アインシュタイン新自伝ノート』，小学館 (1991).

[51] J. B. ハートル，牧野伸義訳『重力 アインシュタインの一般相対性理論入門』，ピアソン・エデュケーション (2008).

[52] 砂川重信『相対性理論の考え方』, 岩波書店 (1993).

[53] W. リンドラー, 小沢清智, 熊野洋訳『特殊相対性理論』, 地人書館 (1989).

[54] 戸田盛和『相対性理論 30 講』, 朝倉書店 (2006).

[55] E. F. テイラー, J. A. ホイーラー, 牧野伸義訳『一般相対性理論入門——ブラックホール探査』, ピアソン・デュケーション (2004).

[56] 寺沢寛一『数学概論』, 岩波書店 (1955).

[57] パウンド・レブカ実験, Pound-Rebka Experiment Pound, R. V.; Rebka Jr. G. A. (November 1, 1959). "Gravitational Red-Shift in Nuclear Resonance", *Phys. Rev. Lett.*, 3 (9): 439–441.

[58] C. メラー, 永田恒夫, 伊藤大介訳『相対性理論』, みすず書房 (2005).

[59] D. ケネフィック, 松浦俊輔訳 『重力波とアインシュタイン』, 青土社 (2008).

[60] B. F. シュッツ, 江里口良治, 二間瀬敏史訳『シュッツ相対論入門』, 丸善出版 (2015).

[61] L. サスキンド, 村田陽子訳『ブラックホール戦争—— スィーヴン・ホーキングとの 20 年越しの戦い』, 日経 BP 社 (2010).

[62] 須藤靖『一般相対論入門』, 日本評論社 (2008).

[63] C. W. Misner, K. S. Throne and J. A. Wheeler, 若野省己訳『重力理論』, 丸善出版 (2011).

[64] P.A.M. ディラック, 江沢洋訳『一般相対性理論』, ちくま学芸文庫筑摩書房 (2009).

[65] R. ペンローズ, 竹内薫訳『宇宙の始まりと終わりはなぜ同じなのか』, 新潮社 (2014). p.84, p.98

[66] 内田虎雄『発散級数論』, 大雅堂 (1950).

[67] 石黒一男『発散級数論』, 森北出版 (1977).

[68] 松下泰雄『フーリエ解析』, 培風館 (2001), p.92.

[69] 溝畑茂『数学解析 (上)』, 朝倉書店 (2004).

索　引

数字

あ行

か行

さ行

た行

な行

は行

ま行

や行

ら行

小林啓祐 (こばやし・けいすけ)

略歴

1936年，埼玉県生まれ.

1960年，東北大学大学院理学研究科原子核理学専攻修了.

京都大学工学部原子核工学教室助手，助教授，教授を経て，京都大学名誉教授．工学博士.

著書

『原子炉物理』(コロナ社) (1996)

『解析的延長がわかれば特殊相対性理論がわかる』(工学社) (2009)

図で読み解く 特殊および一般相対性理論の物理的意味

2017年12月20日　第1版第1刷発行

2018年 2月25日　第1版第2刷発行

著　者	小林　啓祐
発行者	串崎　浩
発行所	株式会社　日本評論社
	〒170-8474 東京都豊島区南大塚3-12-4
	電話　(03) 3987-8621 [販売]
	(03) 3987-8599 [編集]
印　刷	二美印刷
製　本	松岳社
装　幀	林 健造

ISBN978-4-535-78856-5